现代铁路新技术丛书——电力牵引

轨道交通电气传动控制系统

张 斌　缪仲翠　张海明 编

西南交通大学出版社
·成都·

图书在版编目（CIP）数据

轨道交通电气传动控制系统/张斌，缪仲翠，张海明编. —成都：西南交通大学出版社，2013.3
（现代铁路新技术丛书. 电力牵引）
ISBN 978-7-5643-2153-6

Ⅰ. ①轨… Ⅱ. ①张… ②缪… ③张… Ⅲ. ①轻轨车辆－电气设备－电力传动－控制系统 Ⅳ. ①U239.5

中国版本图书馆 CIP 数据核字（2013）第 009201 号

现代铁路新技术丛书——电力牵引
轨道交通电气传动控制系统
张 斌 缪仲翠 张海明 编

责 任 编 辑	李芳芳
特 邀 编 辑	蒋冬清
封 面 设 计	本格设计
出 版 发 行	西南交通大学出版社 （成都二环路北一段 111 号）
发行部电话	028-87600564　87600533
邮 政 编 码	610031
网　　　址	http://press.swjtu.edu.cn
印　　　刷	成都蓉军广告印务有限责任公司
成 品 尺 寸	185 mm × 260 mm
印　　　张	19.5
字　　　数	485 千字
版　　　次	2013 年 3 月第 1 版
印　　　次	2013 年 3 月第 1 次
书　　　号	ISBN 978-7-5643-2153-6
定　　　价	39.00 元

图书如有印装质量问题　本社负责退换
版权所有　盗版必究　举报电话：028-87600562

前　言

　　轨道交通电气传动又称电力牵引，是以电能为动力的一种轨道运输牵引动力形式。它以电力系统或发电厂为电源，通过牵引变电所从电力系统受电，经降压、变频或交流，由接触网向电力机车、动车组供电。电力机车或动车的牵引电动机将电能转换为机械能，驱动铁路列车、电动车组和城市轨道交通电动车辆组运行。近年来我国轨道交通发展迅速，已经出现高速铁路、城际客运专线、城市地铁和轻轨以及磁悬浮列车等多种形式。轨道交通成为国民经济交通领域的主力军。

　　为了适应轨道交通电气传动与控制系统的发展状况，在编辑本书的过程中做了以下几方面的努力：

　　（1）注意基础知识和专业知识相联系，使读者能由浅入深地掌握电力传动控制系统。

　　（2）尽量反映电力牵引系统的发展过程和现状，力求有一定理论深度。

　　（3）在分析电力牵引系统的同时，兼顾一般性质的电力传动控制系统的分析和设计方法。

　　全书共分8章，第1章介绍了轨道交通发展概况以及电力机车传动技术概况；第2章涉及基础理论，讲述了电传动力学基础，同时从轮轨关系的作用出发论述了电力牵引的基本理论，以及黏着、牵引特性和列车运动方程等基本概念；第3章介绍了交-直型电力机车的电气线路，包括主电路和辅助电路；第4章介绍了电力牵引直流传动控制系统，着重讨论了直流电动机闭环自动控制系统的组成和分析分析设计方法；第5章对交-直型电力机车控制系统进行了讨论，以典型交-直型电力机车为例分析了系统的组成和工作原理；第6章介绍了交流调速系统基础，分析了交流电力传动系统的工作原理和控制模式；第7章介绍了交流拖动电力机车的特性，以及交流电力机车的组成和工作方式；第8章介绍了高速磁悬浮列车控制系统的发展概况和一般工作原理。

　　本书由兰州交通大学张斌副教授、缪仲翠副教授、张海明高级工程师共同编写。张斌编写第1~5章，缪仲翠编写第6、7章，张海明编写第8章。

　　本书出版得到了兰州交通大学自动化学院的领导和自动化系教师的关心和支持，特别是费克玲和张鑫老师的大力支持。盛怡、焦元钊和刘继凯为本书作了一些文字和插图方面的工作，全书由董海鹰教授主审。在此，向他们表示衷心的感谢！

　　由于编者水平有限，书中难免存在不妥之处，恳请读者和行业专家批评指正。

作　者

2013年2月

目 录

1 轨道交通概论 ·· 1
  1.1 轨道交通的发展及分类 ··· 1
  1.2 世界各国的轨道交通发展概况 ··· 8
  1.3 电力机车传动技术概况 ··· 16

2 电传动力学基础和牵引理论基础 ·· 22
  2.1 电传动力学基础 ·· 22
  2.2 轮轨相互作用原理 ·· 29
  2.3 列车运行阻力 ·· 39
  2.4 列车运动方程 ·· 44
  2.5 牵引特性 ·· 46

3 交-直型电力机车的电气线路 ··· 49
  3.1 概 述 ·· 49
  3.2 交-直型电力机车主电路 ··· 52
  3.3 机车牵引负载电路 ·· 66
  3.4 机车电气制动电路 ·· 72
  3.5 机车主电路保护 ··· 82

4 电力牵引直流传动控制系统 ·· 87
  4.1 概 述 ·· 87
  4.2 闭环控制的直流调速系统 ·· 88
  4.3 转速、电流双闭环直流调速系统和调节器的工程设计方法 ················ 117

5 交-直型电力机车控制系统 ·· 128
  5.1 6G 型机车控制系统 ··· 128
  5.2 SS_4 型机车控制系统 ·· 130
  5.3 8K 型机车控制系统 ··· 138
  5.4 SS_3 型机车控制系统 ·· 151

6 交流调速系统基础 ·················· 155
6.1 异步电机的调速原理 ·············· 155
6.2 异步电动机的变频调速控制方式 ······ 165
6.3 交流传动系统的主电路和 PWM 控制方式 ···· 173
6.4 基于异步电动机稳态模型的变压变频调速 ···· 189
6.5 矢量控制变频调速系统 ············ 196
6.6 直接转矩控制的基本原理 ··········· 220

7 交流拖动电力机车 ················· 225
7.1 概 述 ························ 225
7.2 交流电力机车传动主电路 ··········· 228
7.3 牵引变压器 ···················· 235
7.4 牵引变流器 ···················· 242
7.5 辅助电路 ····················· 266
7.6 牵引电机及悬挂方式 ·············· 269
7.7 机车控制监视系统（TCMS） ········ 271

8 高速磁悬浮列车控制系统 ············ 287
8.1 磁悬浮铁路发展概况 ·············· 287
8.2 磁悬浮系统分类 ················· 290
8.3 磁悬浮列车工作原理 ·············· 292

参考文献 ·························· 305

1 轨道交通概论

交通运输对社会发展的影响巨大，是社会生产、流通、分配、消费以及人们工作、旅游等的先决条件，常被喻为一个城市、一个国家的血液循环系统。轨道交通很早就作为公共交通在城市中出现，在相当长的一段时间里，铁路曾是人们中长距离出行及运输的主要工具，但随着汽车和航空业的发展，轨道交通一度被冷落，特别是在经济发达、人口密度较小的国家。但是由于新型运输产生了大量污染、事故和资源消耗等问题，轨道交通技术正是在这种背景下由兴到衰，再到近年来的复兴。

城市化正成为当今世界发展的重要趋势，在城市化历程中，不同规模与发展阶段的城市产生不同的交通需求，需要通过相应的运输工具及技术装备来满足。伴随着近年来高速铁路系统、城市地铁、轻轨技术在全世界范围内的较好发展，大运量的轨道交通在现代大城市中起着越来越重要的作用。为了克服由于城市化的发展带来的交通堵塞、环境污染等城市问题，必须加快发展具有快捷、安全、准时、容量大、能耗低、污染轻特点的轨道交通，这已成为人们的共识。

1.1 轨道交通的发展及分类

1.1.1 轨道交通的产生及发展

1. 轨道交通的产生

两千多年之前，出现在希腊、马耳他和罗马帝国的马拉轨道车辆可称为轨道交通的雏形，它使用加工过的石材作为轨道，轨道有凹槽，从而限制车轮只能在轨道上行走。这种交通形式再次出现于欧洲是在1550年，工业革命初期通常使用木材作轨道，为了延长木制轨道的使用寿命，人们在轨道面上包了一层铁皮。18世纪中叶，开始出现铁质车轮，这大大加剧了轨道的损坏，因此发明了铁制的轨道，由于这种轨道强度不够，容易变形，18世纪末叶，又出现了类似现代钢轨的轨道形式。使用轨道运输的优势是明显的：用较少的材料制成轨道而无需加工整个车辆通过的路面，轨道面提供了一个较为平整的、硬度较高的车轮滚动面，并且可以把运输物的重量通过轨道分散地分布于地面上，历史记载早期的矿区、林区曾使用了这种运输形式。不止于此，在早期的西方城市，随着城市规模的扩大、城市化进程的发展，只有利用交通工具才能保证城市经济生活的正常进行。由于市内交通客流有一定的路线，在客流集中的路线上使用轨道交通不仅有助于缓解交通拥挤，而且这种交通方式拥有较快的速度。正是在这种背景之下，1828年，在巴黎出现了一种可供14人乘坐的单行"公共马车"，并以固定路线运载乘客，这是历史上第一条公共交通线，随后又演变成马拉轨道车，从而拉开城市轨道交通发展的序幕。自从巴黎的马拉轨道车面世后,世界上其他一些城市也纷纷仿效,如 1829 年的伦敦街头出现了公共马拉轨道车辆,1832 年纽约市建成了第一条马车铁道,1860 年前后,公共马拉轨道车辆更是风靡北美各大城市。

有别于其他陆上的车辆交通,载人、载物的轨道运输车辆行驶在特定的轨道上,轨道起了支承、传递车辆荷载的作用,为了使车辆只在轨道上行驶,轨道还提供了导向作用。这种运输形式就称为轨道交通。轨道交通系统就是利用车辆在固定导轨(1 根或 2 根)上运行来输送旅客或货物的交通系统。而城市轨道交通作为城市公共交通网络的重要组成部分,泛指城市中在不同形式轨道上运行的大、中运量城市公共交通工具,是地铁、轻轨、单轨铁路、自动导轨、磁悬浮等轨道交通的总称。

2. 轨道交通的发展

在轨道交通的发展历程中,有这样一些突出的事件:

(1)蒸汽机车、内燃机车的诞生

随着英国工业革命的功绩之一——以煤作为能源的蒸汽机的问世,人们自然想到将它用于驱动车辆运动。1787 年,英国工程师默托克发明了一辆用蒸汽机驱动的无轨火车。出于对这种新交通工具运载能力的惧怕,也考虑到由蒸汽机牵引的重型车辆对道路的高要求,伦敦运输业向法院提起了诉讼,英国法律裁决这种庞然大物不能在公路上行驶,只能运行在专用轨道上。在这种形势下,火车的发展几乎是顺理成章的了。

1803 年,英国人特里维西克制造了世界上第一台可以真正使用的铁路蒸汽机车。1823 年,斯蒂芬森主持修建英格兰北部煤矿城市斯多克顿至河边城市达林顿之间的第一条商用铁路,正式将火车推向实用。1825 年 9 月 27 日,由机车、煤水车、32 辆货车和 1 辆客车组成的载重量约 90 吨的"旅行"号列车,由设计者斯蒂芬森亲自驾驶,从伊库拉因车站出发共运行了 31.8 km。斯托克顿—达林顿铁路的正式开业运营,标志着近代铁路运输业的开端。而第一条城市间铁路服务是 1830 年在英国的利物浦至曼彻斯特之间开始的,利物浦与曼彻斯特铁路显示了铁路的巨大发展潜力。很快铁路便在英国和世界各地通行起来,使铁路主导着世界交通运输达一个世纪之久。

工业革命加剧了欧洲的城市化,交通拥塞导致的一系列问题使人们尝试用新的思维来解决问题,当时唯一可以依托的机械动力交通手段就是火车,而那时的火车主要用于城市间的交通、大城市和周边小城镇之间的联系,火车站都建于当时城市的边缘,将蒸汽列车引入市中心的构想导致了地铁的产生。1863 年 1 月 10 日,世界上第一条用蒸汽机车牵引的地下铁道线路在英国伦敦建成通车,这条地铁从帕丁顿(Paddington)到法灵顿(Farringdon),总长 6 km。由于列车在地下隧道内运行,隧道里烟雾熏人,通风成问题,但还是受到了人们的欢迎。更进一步的想法是将蒸汽列车放到高架的街道上行驶。1868 年,查尔斯·T·哈维(Charles T Harvey)在纽约的格林尼治街建造了一条由电缆牵引的高架线,但这项投资经济上并不成功。1871 年,新管理者将它改造为由一台小的蒸汽机车牵引的线路。

由于传统的蒸汽机完全通过外燃的方式将热能转化为机械能,热量主要在汽缸外流通,大部分热量几乎都通过锅炉和烟囱散发出去了,因此蒸汽机的热效率非常低。此外,蒸汽机启动之前还需要一段时间的预热,使用起来很不方便,而且以煤作燃料的蒸汽机空气污染很严重。1860 年,法国发明家卡诺发明了一台实用的、用煤气作燃料、用电火花作点火装置的内燃机。1862年，法国工程师德罗夏总结卡诺的热机理论和内燃机的研制实践，提出了内燃机的四冲程循环理论，使内燃机的发展具有了坚实可靠的理论基础。1876年，德国工程师奥托造出了第一台以四冲程理论为依据的煤气内燃机。与此同时，19世纪中叶以来，燃料工业发生了一次巨大的变革。1854年，美国工程师西里曼成功发明了石油的分馏方法，使汽油、煤油和柴油等优质燃油投入应用。1883年，德国发明家戴姆勒成功研制了第一台以汽油为燃料的内燃机。1892年，德国工程师狄塞尔制造出一台用柴油作燃料的高压缩型自动点火内燃机。从此，柴油机这种马力大、体积小、重量轻和效率高的新式动力机逐渐取代了蒸汽机，成为工业上的主要动力机，也促进了汽车工业和航空业的起步与发展。当然大功率内燃机在轨道交通中也得到了应用，即内燃机车。

（2）电力机车的诞生

世界上第一条地下铁道的诞生，为人口密集的大都市发展公共交通提供了宝贵的经验。1879年，德国工程师沃纳·冯·西门子（Werner Von Siemens）在柏林博览会展示实用电力机车，1881年，世界上第一条实用的电气化铁路在柏林市郊投入运营。其后，北美城市也建造了几条试验线，于1888年成功地试验出技术先进的电力机车。此后，电力机车迅速推广应用。电力驱动机车的研制成功，使地下客运环境和服务条件得到了空前的改善，地铁建设显示出强大的生命力。世界上第一条电力驱动的地铁是1890年12月18日在伦敦开通的。此后建设的地铁都不再使用蒸汽机车而采用电力机车牵引。

而电进入城市交通的另一个方面是有轨电车的诞生。1881年德国柏林工业博览会期间，西门子展示了其发明的一列三辆编组的有轨电车（Tram），能乘坐6人，在400 m的跑道上演示。虽然这种有轨电车使用两根钢轨作为输电电极，很不安全，但这次演示给世人以重要启示。1888年在美国弗吉尼亚州的里士满市，出现了世界上第一个投入商业运行的有轨电车系统，它采用了架空电缆和受电弓供电。有轨电车作为一种行驶在道路路面上的有轨交通工具，投资省、见效快、乘坐方便，又可以观赏街景，因而迅速在欧美各城市中蔓延。

（3）动车组的出现

1897年，芝加哥南部当局决定将高架铁路电气化，并与当时的工程技术专家法兰克林·斯卜拉格（Franklin J. Sprague）签订了合同。斯卜拉格的一个重要贡献是发明了能同时控制多个发动机的操控系统，动车组应运而生（Multiple Units，或称多单元动车系统）。在这种系统中，每辆车均自带发动机，但全部由第一辆车的驾驶员操纵（在没有斯卜拉格的发明之前，使用多个串联一起的电动车厢会导致各样的问题，例如，各车发动机的速度不一、车厢之间的挂钩出现黏合等，而且列车的行走不顺畅，使乘客感到不适，严重时甚至可能导致出轨）。

动车组采用的牵引运行方式称为动力分散式，相对于传统的列车牵引运行方式——动力集中式（列车通常由一台动力机车牵引无动力车辆在轨道上行驶，机车大多是在列车的最前端牵引车辆，亦有自车尾逆推甚至机车置中牵引的情况，还有由两台机车前后推拉的动力集中列车模式），动力分散式列车有如下优点：由于列车的牵引动力可以分散设置，因而可以按需要增减动轴，使列车总功率不受机车功率所限制；动力分散式列车的启动容易，加速度较动力集中式列车高，有利于提高行车密度，更适合高密度停车、站距短的路线，同时可有更快的运行速度；动力效率较高，特别是在斜坡上；动力分散式列车的轴重和簧下重量都比动力集中式中的机车小，列车运行时轮对对路轨的损害较低，有利于降低线路维修费用；动力分散式因为有较多的牵引电动机，所以再生制动的效果较好（对于停站较多的近郊通勤铁路、地下铁路，此优点特别明显）。著名的动力分散式列车有：日本新干线各型列车、德国 ICE、中国高速铁路 CRH 各型动车组、法国 TGV 等。

1.1.2 轨道交通的分类

世界各国在各自轨道交通的发展历程中，根据相对位置、运营范围、系统容量、路权、车辆类型等，提出了不同的分类形式，并赋予了各种名称。轨道交通的基本类型通常包括干线铁路、地铁系统、轻轨系统、市郊铁路、单轨系统、新交通系统共六类。为了能够在不同的目标下合理地选择轨道交通系统形式，可以依据不同的标准对轨道交通基本类型进行分类。

1. 按线路敷设方式分类

按轨道相对地面位置或构筑物的形态划分，轨道交通可分为以下三类。

① 地下线：位于地下（或水下）隧道内的那部分轨道交通线。线路构筑物形态为单线或双线隧道。

② 地面线：位于地面的轨道交通线。线路构筑物形态为路堤或路堑。

③ 高架线：位于高架桥上的轨道交通线。线路构筑物形态为高架桥。

2. 按路权分类

路权是指轨道交通系统运行线路与其他交通的隔离程度。以此为依据，轨道交通系统可分为 A，B，C 三种类型。

① A 类为全封闭系统，与其他交通完全隔离，不受平交道和人车的干扰，一般用于高、大容量及 1.6 万人/小时以上交通容量的轨道交通系统。

② B 类为半封闭系统，沿行车方向采用路缘石、隔离栅、高差等措施与其他交通实体隔离，但在部分交叉路口仍与横向的人车平交混行，受交叉路口信号系统控制，一般用于 1.6 万人/小时以下交通容量的轨道交通系统。

③ C 类为开放式系统，即不实行实体分隔，轨道交通与其他交通混合出行，在路口按照信号规定驶停，或可享有一定的优先权，诸如用道路标线或特殊信号等保留车道，有轨电车通常使用此形式。

3. 按导向方式分类

根据不同的导向方式，轨道交通系统可分为轮轨导向及导向轮导向。一般钢轨钢轮系统（地铁、轻轨、有轨电车）属前一类型，启动较快；单轨及新交通系统等胶轮车辆属后一类型。

4. 按轮轨支撑形式分类

轮轨支撑形式，即车辆与转移车重的行驶表面之间的垂直接触与运行方式，从这一标准出发，轨道交通系统可分为钢轮钢轨系统、胶轮混凝土轨系统以及特殊系统。钢轮钢轨系统包括市郊铁路、地铁、轻轨、有轨电车；胶轮混凝土轨系统主要指单轨及新交通系统；特殊系统则包括支撑面置于车辆之上的悬挂式单轨系统、磁悬浮式轨道系统等。

1 轨道交通概论

5. 按系统运能分类

系统运能即运送能力，通常用单方向每小时的输送能力（断面乘客通过量）表示。根据我国现行的《城市快速轨道交通工程项目建设标准》，轨道交通按系统容量可分为Ⅰ，Ⅱ，Ⅲ级，分别对应大于或等于 5 万人次/小时、3 万人次/小时～5 万人次/小时、1 万人次/小时～3 万人次/小时的单方向小时断面客流输送能力，也分别称为高运能、大运能、中运能的轨道交通。对应于不同运能级别的轨道交通系统，线路、车辆及编组、路权、信号等设备都要与之匹配。按照不同的交通容量范围，轨道交通可分为特大、大、中、小容量四种系统。其中，特大容量系统一般指市郊铁路，其单向小时断面流量可达到万万人，大容量轨道交通通常指常规地铁，中容量轨道交通包括轻轨、单轨、小型地铁和新交通系统，小容量轨道交通系统则多指有轨电车。

6. 按车辆特征分类

根据车辆不同的驱动方式，轨道交通车辆可分为电传动车、线性电机车、独轨车、自动导轨车、磁悬浮车等。

7. 按运营范围分类

① 干线铁路：铁路网中具有重要地位的铁路线。凡能保证全国运输联系，并具有重要政治、经济和国防意义，或达到规定客货运量的铁路，都属于铁路干线。

② 城际铁路：城际线由于承担沿线区域内的直达客流和主要城镇之间的客流，要求线路进入城市中心区，以便发挥城际快线高密度、小编组、公交化出行的特点，最大范围地吸引客流。服务范围覆盖城市市域（即城市与其他城市）的轨道交通系统，这类交通系统在各国的名称不同。例如，法国的区域快速铁路 RER（Regional Express Railway）、德国的 S-Bahn（Stadt Bahn）、美国的区域快速轨道交通（Regional Rapid Rail Transit）、日本的私铁（市域范围内）等。

③ 城市轨道交通：服务范围以中心城区为主的轨道交通系统，包括市郊铁路、城市地铁、轻轨交通、单轨交通等。

1.1.3 城市轨道交通的系统制式

虽然从专业的角度可以对轨道交通系统以运能、线路敷设方式、路权、车辆驱动方式、运营范围等多个方面进行比较严密、细致的划分，但这对于不熟悉城市轨道交通专业的非专业人员是不易理解和交流的。此外，各国在应用过程中形成了很多名称，有些名称在不同的国家形成了不同的含义。例如，欧洲有些城市所指的"轻轨"与我国的"轻轨"含义不同，他们所指的是现代有轨电车。为了便于专业人员及非专业人员相互交流，有必要归纳几种典型的城市轨道交通系统类型作为系统制式，而系统制式的名称需要兼顾本国习惯，简明、综合地反映城市轨道交通系统的本质及主要的特征。

从目前国内外城市轨道交通发展状况看，城市轨道交通的系统制式主要有地铁、轻轨、单轨、自动导轨、城市铁路、磁浮交通。各种制式的主要特征如下。

1. 地　铁

"地铁"是"地下铁道交通"的简称，由于最初修建在地下，因而在英美称为 Underground Railway 或 Subway，在法国称为 Metro（Metropolitan Railway），在德国称为 U-Bahn。它是一种在城市中修建的全封闭、线路全部或大部分位于市区的、快速、大运量的轨道交通，通常以电力牵引，其单向高峰小时客运能力可达 60 000 人次左右，其线路通常设在地下隧道内，也有的在城市中心以外地区从地下转到地面或高架桥上。大而快是地铁的本质特征，车体较宽（2.8~3.0 m），速度较高（80 km/h 及以上），站间距在 0.5~1.0 km（市中心），在郊区可达 2 km 左右，运量单方向为 3 万人/小时左右，无平交道口，列车信号与控制系统先进。

2. 轻轨交通

轻轨交通是对传统的有轨电车利用现代科技进行改造后的各类有轨电车系统的总称，由国际公共交通联合会（UITP）于 1978 年 3 月在比利时首都布鲁塞尔召开的会议上正式统一命名的，英文为 Light Rail Transit，简称"轻轨"，英文缩写为 LRT。与地铁相比，轻轨系统在"大"与"快"方面，至少有一方面有所降低，使得其运量比地铁小，一般为 1 万人/小时~3 万人/小时。例如，因车辆宽度较小（一般在 2.6 m 及以下）而降低了系统容量；因车辆最高运行速度较低（如 70 km/h），站间距缩短（如 500~800 m），线路存在部分平交道口等。

需要说明的是，在我国根据《城市快速轨道交通工程项目建设标准（试行本）》，用轻轨来命名中运量的地铁（包括地面和高架铁路），而欧洲所说的"轻轨"，一般是特指现代有轨电车交通。为了与欧洲的定义兼容，因此将轻轨分为两类：一类是准地铁，其车型和轨道结构类似地铁，与地铁的不同之处在于运量和轴重较小，曲线半径较小，以及"最大坡度"较大，此外并无多大区别；另一类为运量比公共汽车略大，在地面行驶，路权可以共用的新型有轨电车，它是在传统的有轨电车基础上发展起来的，由于其造价低、无污染、乘坐舒适、建设周期较短而被许多国家的大、中城市所接受，近年来不断得到发展和推广。因此，国外开发的轻轨交通系统主要有三种类型：

① 旧车改进型。

将老式有轨电车分阶段地加以改造，使其车辆逐步实现高性能化，轨道线路专用化或地下化，并实现计算机调度控制。德国、比利时、瑞士、意大利等国家修建的轻轨铁路属于这种类型。

② 新线建设型。

英、法和北美等国家从 1970 年开始对比较经济的城市轻轨系统进行了探讨，部分利用废弃的旧线修建新线，如法国巴黎的 RER（Regional Express Railway）系统。

③ 新交通系统型。

它比新线建设型更进一步，是作为一个独立系统开发的轻轨交通系统。加拿大温哥华建成的全自动的线性电机驱动的轻轨交通系统和英国伦敦船坞地（Docklands）的轻轨系统相当于这种类型。

3. 单轨交通

单轨交通（Monorail）是指以单一轨道来支承或悬挂车辆并提供导向作用使车辆运行

的轨道交通系统。按结构形式，单轨交通可分为跨座式和悬挂式两种类型。前者车辆的走行装置（转向架）跨骑在走行轨道上，其车体重心处于走行轨道的上方。后者车体悬挂于可在轨道梁上行走的走行装置的下面，其重心处于走行轨道梁的下方。单轨交通大多采用高架轨道结构，其轨道可以是钢梁或钢筋混凝土梁等形式。单轨交通仍属于轮轨运行模式，但与传统的钢轮钢轨、双轨线路相比，其特点是占用的空间较小、转弯及爬坡能力强，即能够实现大坡度和小曲线半径运行，噪声和振动较低，在城市中运行具有交通和旅游观光的双重作用。

4. 自动导轨交通

自动导轨运输系统 AGT（Automated Guide Way Transit）一般泛指无人驾驶的车辆在专用路权等条件下沿导轨行驶在固定轨道上的新型运输系统。典型的 AGT 系统由计算机进行全自动控制，无论是轮轨运行还是"水平电梯"运行，其共同的特点是始终沿着一条固定的轨道自动运行。AGT 系统的车辆外形类似公共汽车，采用电力驱动、橡胶轮走行，在全隔离的专用走行道上行驶，并设有专用的导向轨导向。其导向方式有两种：一种为中央导向，在线路的中央设有导向轨条，对应于车辆底架下部伸出的导向轮，在车辆走行时，导向轮紧贴导向轨滚动而实现车辆的导向，这种方式的导向轨凸出在线路的中央沿着线路向前延伸。另一种为侧面导向，在车辆走行装置的外侧装设水平的导向轮，在走行道两侧矮墙上装设导向轨滚道。当车辆走行时，车辆前后两侧的导向轮沿着导向轨滚动，从而实现车辆的自动导向。轨道可用特制的混凝土做成，也可用钢板焊接而成，轨道结构较复杂。AGT 系统既可用于博览游乐场、机场的内部运输，也可用于一般公共交通。

5. 城市铁路

在城市区域内主要承担城市交通功能、线路主要位于地上的铁路系统。与地铁比较，城市铁路的主要特征是站距短、绝大部分位于地面以上。其站距一般为 1 km（市区）、3~5 km（郊区），比传统铁路的 10 km 以上的站距小得多，从而适应了城市客流需求的特点；其线路位于地面以上，使之建设成本及运营成本比地铁小得多。与轻轨相比，城市铁路列车车体较宽（一般与城市间铁路列车同宽），轴重及最高速度也较大。区域快速铁路（服务于城市市区及郊区）、市郊铁路（仅服务于城市郊区）、通勤铁路（主要服务于中心城与卫星城之间上下班的通勤交通）都是其特殊的时空表现形式。

6. 磁悬浮交通

磁浮车辆的推进原理与线性电机相同，都是采用线性电机驱动车辆前进，只是线性电机车没有离开轨道，而磁浮车辆离开轨道有一定的间隙，实现了无接触运行。用于城市交通的磁浮系统为中低速，速度一般在 100 km/h 左右，中低速磁悬浮列车的主要特点：一是"短定子、长转子"，即定子安装在车辆上，转子铺设在轨道上；二是需要对车辆供电；三是磁悬浮系统的寻向稳定依靠自稳来实现。磁浮系统的最大优点是低噪声、行驶阻力小、转弯及爬坡能力强。其缺点是列车发生故障之后救援相对困难。

1.2 世界各国的轨道交通发展概况

1.2.1 国外轨道交通发展概况

1. 大容量轨道交通的起源与发展

（1）干线铁路和城际铁路

自1825年英国开通第一条铁路，铁路立刻获得了世界先进工业国家的青睐。1840—1913年是世界铁路发展的"黄金时代"，由于铁路机车制造已相当完善，轨道结构也不断改进定型，各国修建铁路的热情日益高涨，铁路发展速度明显加快。1840年，世界铁路营业里程为8 000 km，到1913年已达110万km。在这一修路的高潮中，以美国为例，1881—1890年，平均每年修建1万km铁路；德国1866—1870年，投资的70%用于修建铁路；俄国1861—1873年，投资的63%用于修建铁路。作为交通大动脉的铁路的大量修建和超前发展，奠定了这些国家工业化的坚实基础。到1913年，世界铁路的运营里程已达110万km，并垄断了陆上交通运输。铁路霸主的地位一直延续到1940年，达到了铁路发展的鼎盛时期，此时的运营里程高达135.6万km。

随着城市规模的不断扩大，居住区与商业经济区的逐渐分离，以及大城市—卫星城建设格局的形成，单一的城市轨道交通（地铁、轻轨）已不能满足快速增长的城市交通客流的需求，在美国、法国、英国和日本等交通发达国家，就逐步形成了城际铁路与城市轨道交通接驳的格局。

自20世纪40年代开始，铁路受到了公路和航空的竞争冲击。随着高速公路的发展，铁路的优势逐渐减小，长距离上更不能同航空竞争，铁路一度被冷落，特别是在经济发达、人口密度较小的国家。1964年日本东海道新干线的运营，是铁路发展史上的一个新的里程碑。它不仅成功吹响了铁道技术革命的号角，也改变了人们对轨道交通的看法。东海道新干线联系了东京和大阪，全长515.4 km，运营最高时速为210 km，平均时速也达160 km，成为高速列车研制的典范。日本新干线的成功，不单显示其运量大、投资省、污染小的优点，更充分地发挥了高速又不失安全的特点。由于新干线的开通，维系两地的民航被迫关闭。法国TGV于1989年12月创造了515.3 km/h的行车速度纪录，2007年更创造了547 km/h的世界纪录，继日本、法国之后，世界各国相继开始了高速铁路的积极建设和规划。

（2）地 铁

轨道交通是作为大运量、快速公共交通工具进入城市的。1863年1月10日，世界上第一条用蒸汽机车牵引的地铁线路在英国伦敦建成通车。伦敦地铁的产生有其内在的发展条件与需求，首先是铁路运输技术日趋成熟，铁路客运需求增长迅速。铁路发展和工业革命使伦敦等大城市建立了许多工厂，大量的人口涌入城市，刺激了城市交通需求的增长；其次是伦敦市区交通拥挤状况日益严重。1890年12月8日伦敦首次用盾构法施工，建成用电气机车牵引的5.2 km的另一条线路。而地铁在其他城市的推广使用归功于电力机车的发明与应用。1892年6月6日，芝加哥建成世界上第二条蒸汽驱动地铁，1895年5月，建成世界第二条电气化地铁；1896年5月8日，布达佩斯也建成一条电气化地铁。电气化地铁的应用解决了地铁通道的空气污染问题。据有关资料统计，1863—1924年，世界上共有17个城市修建了地铁，包括英国的伦敦和格拉斯哥、美国的纽约和波士顿、匈牙利的布达佩斯、奥地利的维也纳、法国的巴黎、德国的柏林、汉堡、西班牙的马德里和巴塞罗那等，因而1863—1924年为世界地铁建设的初步发展阶段。

1925—1949年为世界地铁建设的停滞萎缩阶段，随着第二次世界大战的爆发和汽车工业的发展，地铁建设处于低潮，只有日本的东京、大阪，苏联的莫斯科等少数城市在此期间修建了地铁。

1950—1969年为世界地铁建设的再发展阶段，第二次世界大战以后的20余年中，由于汽车的过度增加，使城市道路异常堵塞，轨道交通因此重新得到了重视，而且从欧美扩展到亚洲的日本、韩国、巴西、伊朗、埃及等国家，这期间约有28个城市相继建成了地铁，包括意大利的罗马和米兰、加拿大的蒙特利尔、日本的名古屋等。

1970—至今为世界地铁建设的高速发展阶段。20世纪70年代能源危机之后，迎来了世界地铁建设的高潮。一方面包括日本、韩国等一些新兴的发达国家的大城市开始快速发展地铁网络；另一方面，欧美等发达国家重新提倡发展公共交通，大力扩展地铁网络。地铁建设在原有的基础上，取得了长足的进展。地铁区别于普通铁路及常规公交系统而具备很大的城市交通客运能力，其关键在于采用了全封闭线路、保障高密度行车的通信信号、容量大且集散快速的车辆及高站台等措施。而要达到这些要求并不一定要把线路修建在地下，实际上，各国根据自己的特点还通过其他途经来实现轨道交通系统的快速和大容量的目标。这些途径实质与上述是相同的，但在各国的称呼、经营管理方式有所不同。巴黎的RER采取了将城市铁路与地铁结合起来的模式，RER线在经过市中心区时接近于地铁，在郊区则接近于城市铁路。

据统计，截至2005年底，国外有108个城市拥有近70 km的地铁网里程。

2. 中容量轨道交通的起源与发展

中容量轨道交通包括地面有轨电车、现代有轨电车、单轨交通、线性电机车等轨道交通系统。中容量轨道交通的发展起源于地面有轨电车。

（1）有轨电车

有轨电车已有100多年的历史，自1888年世界上第一个有轨电车系统在美国弗吉尼亚州的里磁门德市（Richmond）投入商业运行，作为公共交通工具，有轨电车在世界各国很快得到广泛应用，至1890年末，有轨电车迅速替代了有轨马车及缆索铁道。此后，有轨电车发展很快，以美国为例，到20世纪20年代，有轨电车的数量最多时达到8万多辆，线路总长达25 000 km；到20世纪30年代，欧洲、日本、印度和我国的有轨电车有了很大发展。旧式有轨电车行驶在道路中间，与其他车辆混合运行，又受交叉口红绿灯的控制，运行速度慢、噪声大、加减速性能差。到20世纪30年代和40年代，随着汽车工业的迅速发展，西方国家私人小汽车数量急剧增长，大量的汽车涌上街头，城市道路面积严重不足，于是导致世界上各大城市纷纷拆除有轨电车线路。美国的有轨电车系统在50年代和60年代基本上被拆除了。然而，有轨电车也有其优点：诸如它可以在路面直接换乘、可以小单位频繁发车、节约能源，而且无污染，造价低廉，所以东欧及亚洲一些城市没有拆光，并一直保留至今。但汽车数量的过度增长使城市交通又出现了新的问题：诸如交通堵塞、行车速度下降、空气污染和噪声严重，在闹市区甚至连停车也很难找到适当地方。在20世纪60、70年代的地铁建设高潮发展时期，出于地铁造价昂贵，建设进度受财政和其他因素制约，西方一些人口密集的大城市，除考虑修建地下铁道外，又重新把注意力转移到地面轨道交通方式上来。利用现代高科技改造和发展有轨电车系统，开发了新一代噪声低、速度高，走行部转弯灵活，乘客上、下方便，甚至照顾到老人和残疾人上、下的低地板新型有轨电车。在线路结构上，采用了降噪技术措施，在速度要求较高的线路上，采用专用车道；而在繁忙道路交叉处进入半地下或高架，相互影响小；对速度要求不高的线路可与道路平行，与汽车混合运行，在欧美已取得了显著成效。20世纪80年代开始，环保问题、能源结构问题突出，全世界又掀起了新一轮的轻轨交通系统的建设高潮。据不完全统计，截至2005年年底，国外有50个城市拥有轻轨交通线路，总长约2 010 km，说明轻轨交通正在发挥着重要作用。

（2）单轨交通

最早的单轨系统可以追溯到1821年英国人亨利·帕尔默（P. H. Palmer）因开发单轨系统所获得的发明专利。1824年，帕尔默在伦敦码头区布设世界上第一条木制单轨运输线路用以运载货物，比蒸汽铁路还早，不过它是用马来牵引的。1888年，法国人夏尔·拉蒂格（Charles Lartigue）在爱尔兰建造了一条15 km客货两用的跨座式独轨系统，由蒸汽机车牵引，运营了将近36年，是动力式单轨系统走向实用的标志。1893年，德国人欧根·朗根（Eugen Langen）发明了悬挂式单轨车辆，1901年，一条13.3 km的悬挂式单轨铁路在德国伍珀塔尔市投入运营，它沿着贯穿市区的河谷搭建钢架吊悬车厢并采用电力驱动方式，称为Langen式或Wuppertal式独轨系统，该系统运营至今无任何伤亡记录，被列为世界高效率运输系统之一，这也是利用街道上空建设单轨铁路的开始。

1952年，瑞典人阿尔塞尔·莱昂纳特·文纳·格伦（Axel Leonart Wenner Gren）研究出新型的跨座单轨系统，以其名字命名为ALWEG型独轨系统。ALWEG型单轨系统很快地成为世界独轨的风尚：1959年，美国洛杉矶迪斯尼乐园首先建造了2.3 km的游客输送系统；1961年，意大利的都灵（Torino）建成了1.16 km的客运路线；1962年，美国西雅图市配合世界博览会的游客运输，建造了1.5 km的从市中心区到展览会场大门的游客输送系统；1971年美国东岸奥兰多的迪斯尼世界（Disney World）完成了4.4 km的游客输送系统。ALWEG型单轨系统在发展成型后至20世纪70年代的10多年间，虽然进展较快，但仅限于游乐园或展览会场区内的游客运输，尚未进入城市交通领域。到了80年代后期，欧洲的独轨交通开始进入城市轨道交通体系。日本（5个城市）、美国（4个城市）、澳大利亚的悉尼和英国的奥尔顿·托尔都采用这种类型。

在法国企业管理股份有限公司（SAFEGE）与法国国铁及巴黎快速运输局（RATP）共同协作研制下，1960年，在巴黎南方奥尔良市完成了1.4 km长的一种新式悬挂式单轨系统的试验，并用参与厂商所属集团名称的缩写字母命名为SAFEGE型单轨系统。它的特点是走行轨道梁为钢制箱形断面，底部开口，充气轮胎组成的转向架在轨道梁内走行，车体悬挂在转向架下面，车辆走行平稳，噪声低。日本是世界上第一个应用SAFEGE型单轨系统的国家，于1964年在名古屋的东山动物园建造了470 m长的游园路线，另外，日本的湘南江岛线和千叶线均采用该形式。

目前，ALWEG型及SAFEGE型逐渐成为现代单轨系统的两大主流技术。与普通双轨道交通相比，跨座式和悬挂式独轨交通具有钢轮钢轨系统无法替代的特点，特别适合于地形复杂、高低起伏较大、对防振降噪要求较高的场合。

（3）AGT 系统

为了解决城市交通所出现的拥挤、堵塞、噪声与废气污染等日趋严重的问题，自 20 世纪 60 年代末以来，日本、美国、法国和加拿大等国家开发了多种不同的驱动方式、控制方式以满足运输需要的所谓新交通系统，旨在改善城市公共客运，与小汽车竞争。这种系统在美国早期被称为水平电梯、空中巴士或快速运输通道，近年来则统称为运人系统。法国与日本将 AGT 技术进一步发展，并应用于城市地区的中等运量的大众运输，在法国简称 VAL（法文为 Vehicule Automatique Leger，英文为 Light Automated Vehicle）；在日本，则以"新交通系统"统称属于 AGT 技术类型的中运量快速运输系统。

AGT 系统运行的速度视运距的远近有快有慢，整个系统无人值守，由计算机自动控制运行。AGT 系统可依其服务容量与路径形式分成下列三种。

① 穿梭/环路式快速运输系统。

穿梭/环路式快速运输（Shuttle/Loop Transit，SLT）系统是 AGT 系统中最简单的一种，分穿梭式与环路式两种。穿梭式使用较大型车厢（容量约 100 人），通常具有站位，沿着固定路线行驶。从甲地驶到乙地，再从乙地驶回甲地，如此来回输送，其作用如同高楼中的自动电梯，因此又称为水平电梯。除可作两点间直接输运外，中途亦可设站。环路式则沿环状路径绕圈行驶，中途设站停留。

② 群体快速运输系统。

群体快速运输（Group Rapid Transit，GRT）系统的主要服务对象为具有相同出发地点与目的地的群体乘客，通常使用载运量为 12~70 人的中型车厢。GRT 与 SLT 的不同之处在于，因容量较小，除可有较密的班次外，还可设置分岔路线，以便选择性地绕行主线、支线收集乘客。运行班次间隔为 3~60 s，服务方式可分定时排班或中途不停留的区间快速运输。1974 年 1 月启用的德克萨斯州达拉斯机场的 Airtrans 以及 1975 年通车的西弗吉尼亚大学摩根敦（Morgantown）运人系统均属 GRT 的应用例子。

③ 个人快速运输系统。

从技术层次及载运形态而言，个人快速运输系统（Personal Rapid Transit，PRT）才是真正的运"人"快速运输系统（True Personal Rapid Transit）。其主要特色为使用具有 2~6 人容量的小型车厢，在计算机控制系统的控制下，在复杂的路网中运行，并经由岔道转出/进入主干线运载乘客。

SLT 系统虽然在技术应用层面上较简单，但它既可提供机场或城市特定区内的环流交通功能，也可以在各种活动中心（如购物中心、运输中心、娱乐园区等）间作串联式的联络服务，因此，其运载容量不但高于群体快速运输系统与个人快速运输系统，而且可以"单节"或"连挂"成列车的方式，适应中运量系统范围内的客运需求，故在美国被称为"运人系统"。自动导轨运输系统在日本被称为新交通系统，1968 年，首先由东京大学着手进行一项类似于美国 PRT 式的 CCVS（Computer Controlled Vehicle System）计划。1973 年 3 月，日本车辆制造株式会社开发的两辆 VONA（Vehicles of New Age）在千叶县的谷津游园开通启用，成为日本最早的 AGT 运输工具。1975 年，冲绳海洋博览会分别使用神户制铁研发的 KRT（Kobe Rapid Transit）及三菱重工研发的海洋博 CVS（Computer Controlled Vehicle）作为展览会的交通工具。20 世纪 70 年代，日本在 AGT 技术方面的研究成果非常丰硕，约有 8 个机种在此期间产生。法国在中运量自动导轨系统的发展中，也有着相当高的技术经验与运营成就。1983

年 5 月 16 日，中运量轨道交通系统 VAL 在法国里尔正式通车，使里尔成为全世界第一个以全自动化方式服务城市的公共运输系统。

1.2.2 我国轨道交通发展概况

在 1840 年鸦片战争前后，有关铁路的知识开始传入中国，当时爱国有识之士如林则徐、魏源等人先后著书立说，介绍铁路知识。1876 年，英商在上海至吴淞间非法修筑的吴淞铁路是中国的首条铁路，全长 14.5 km，这条铁路经营了一年多时间后，迫于来自保守派和民间的压力，被清政府赎回拆除后运往台湾高雄。

唐胥铁路是中国自建并保存下来的第一条铁路，由唐山矿区至胥各庄，长 9.2 km。唐胥铁路掀开了中国铁路建设的序幕，以后该线继续扩建，到 1894 年修通 282 km，奠定了京山（北京—山海关）铁路的基础。

谈到中国的轨道交通，就不能不提中国铁路技术专家詹天佑。詹天佑 12 岁离开中国到美国康涅狄格州的纽哈文城留学，17 岁进入耶鲁大学雪菲尔科学学院专攻铁路。1904 年，詹天佑负责京张铁路的建造工程，1909 年 9 月 24 日，通车的京张铁路穿越燕山山脉，沿途地势陡峭，地形险要，施工艰难，这是中国第一条不借助外国、完全由中国工程人员自建的铁路。辛亥革命期间，孙中山邀约詹天佑协助他制订大铁路的规划，在《实业计划》中提出 10 年内修建 10 万英里（16.1 万千米）铁路的宏伟目标，并称"修筑铁路使中国全境四通八达，是发展中国财源的第一要求"。孙中山铁路发展计划的问世，表明中国人对铁路的认识发生了巨大的变化。1876—1912 年 36 年间，中国共修筑铁路 9 968.5 km，主要有京奉（北京—奉天即今沈阳）、京汉（北京—汉口）、津浦（天津—南京浦口）、京张（北京—张家口）等铁路，此时中国的铁路技术落后，采用的制式混杂，仅铁路轨距就有五种之多，有 1.435 m 的标准距、1.524 m 的宽轨，以及 0.762 m，1 m 和 1.067 m 的三种窄轨。

新中国成立前夕，旧中国铁路总里程为 21 949 km，其中能够勉强维持通车的铁路仅 1.1 万公里，且分布极不均衡，当时全国铁路的客运量为 1 亿人次，货运量仅 5 000 多万吨。各大城市都没有建设地铁，而城市有轨电车几乎与世界同步发展。1906 年 2 月，中国第一条有轨电车在天津正式通车，1908 年，上海第一条有轨电车建成通车，1909 年，大连也建成了有轨电车，随后，北京、天津、沈阳、哈尔滨、长春、鞍山等城市都相继修建了有轨电车，在当时城市的公共交通中发挥了骨干作用。旧式有轨电车行驶在城市道路中间，与其他车辆混合运行，又受路口红绿灯的控制，运行速度很慢，正点率低，而且噪声大，舒适性差，但仍不失为居民出行的便捷交通工具。新中国成立以来，我国铁路发展在数量和质量两个方面都取得了明显的进步，铁路建设取得了举世瞩目的成就，全国铁路营业里程（不含地方铁路）从 1949 年的 2 万余千米增长到 2008 年年底的 8 万余千米，完成客运量 14.6 亿人、货运量约 33 亿吨，以 1961 年我国第一条电力牵引翻越秦岭的山区铁路通车为起始，电气化铁路从零已发展到 2008 年年底的 2.8 万千米。

1969 年 10 月建成通车的北京地铁 1 号线（复兴门—苹果园）揭开了我国第一条地铁的历史序幕。截至 2008 年，北京地铁已开通的线路包括 1 号线、2 号线、5 号线、8 号线、10 号线、13 号线、八通线和机场快轨，运营线路总里程 199.6 千米，共有 123 座运营车站。2008 年，北京地铁客运量首次突破 12 亿人次大关，奥运期间，地铁首次实现 45 小时不间断运营，并创下了日运送乘客492万人次的历史纪录。2009年,北京在建包括4号线、6号线一期、8号线二期、9号线、10号线二期、亦庄线和大兴线共7条线路,2009年开工建设15号线一期、昌平线、房山线、西郊线、7号线、14号线,北京在建的地铁数量将达到13条地铁线路。预计到2015年,13条新线陆续建成,北京轨道交通运营总里程将随之猛增至561公里。与此同时,北京市还规划建设京津、京沪、京石、京张等7条城际高速铁路客运专线,目前京津城际铁路已建成通车,京沪、京石已开工建设,其余线路正在开展前期工作。

天津市地铁始建于1970年4月,地铁工程由于中国当时实行的停缓建政策,再加上资金限制被迫停建。1981年重新启动,至1984年12月建成第一条地铁,线路长7.4千米。2001年该线停止运营进行既有线改造,新建的天津地铁1号线于2005年12月通车,该线总长约26.2千米,设22座运营车站。2004年3月,津滨轻轨一期工程通车运营,计划于2010年全线开通,总长约52.76千米。

上海市地铁1号线于1990年开工建设,1995年5月建成通车,截至2008年年底,上海已运营的轨道交通线路共有5条,全长计145 km,是目前我国线路最长的城市轨道交通系统。至2008年全网统计年客运量为11.22亿人次,2008年12月31日,上海轨道交通日客流量达430.7万人次,首次突破400万人次大关。

2000年,我国的第一条单轨交通在重庆开始修建,由于重庆是山城,线路纵断面坡度很大,采用了橡胶轮单轨形式的轻轨。第一条较新线东起重庆市商业中心校场口,西至大渡口区,全长19.15 km,设有18个车站。这是我国自行设计、施工的第一条跨座式单轨交通线,分左右线双向行驶。

截至2008年年底,我国各城市开通运营的轨道交通线路见表1.1。

表1.1 我国城市轨道交通运营线路统计

城市	线路号	起讫站	运营里程/km	车站(座)
北京	1号线	苹果园—四惠东	31.04	23
	2号线	西直门—西直门	23.61	18
	5号线	天通苑北站—宋家庄	27.6	23
	8号线	北土城—森林公园南门	4.5	4
	10号线	巴沟站—劲松站	24.69	22
	13号线城铁路	西直门—回龙观—东直门	40.85	16
	八通线	四惠站—土桥站	19	13
	机场线	东直门—2号、3号航站楼	28	4
上海	1号线	莘庄—富锦路	36.39	28
	2号线	淞虹路—张江高科	25.2	17
	3号线	上海南站—江杨北路	40.3	29
	4号线	宜山路—宜山路	33.7	26
	8号线	市光路—航天博物馆	37.4	28
	9号线	松江新城—宜山路	30.7	13

续表 1.1

城市	线路号	起讫站	运营里程/km	车站（座）
上海	5号线（轻轨）	莘庄—闵行开发区	17.206	11
	6号线（轻轨）	港城路—灵岩南路	31.118	27
	磁浮线	龙阳路—浦东国际机场	33	2
广州	1号线	西朗—广州东站	18.48	16
	2号线	三元里—万胜围	27.18	17
	3号线	广州东站—体育西路 天河客运站—番禺广场	36.33	18
	4号线	金洲—万胜围	40.9	13
天津	1号线	刘园—双林	26.188	22
	津滨轻轨一期	中山门—滨海新区	45.4	14
重庆	2号线（单轨）	较场口—新山村	19.15	18
南京	1号线	奥体中心—迈皋桥	21.72	16
武汉	1号线一期	硚口区宗关—黄浦路	10.234	10
长春	轻轨一期及二期	长春火车站长影世纪城	31.96	31
大连	3号线	主线：火车站—金石滩 支线：开发区—九里	63.45	20
深圳	一期工程	世界之窗—罗湖 少年宫—福田口岸	21.87	20
香港		6条线	87.7	50
台北		6条线	92.9	80

2009年，我国在建的城市轨道交通线路见表1.2。

表 1.2 我国城市轨道交通在建线路统计

城市	项目名称	起讫站	建设规模/km
北京	4号线	南四环公益西桥—安河桥北	28.6
	6号线一期工程	呼家楼站—草房站	41.513
	8号线二期	森林公园南门站—回龙观东站 北土城站—美术馆东街	17.46
	9号线	丰台区的郭公庄—白石桥	16.8
	10号线二期	劲松—万柳	32.46
	亦庄线	宋家庄站—亦庄火车站	23.2
	大兴线	南四环的公益西桥—天宫院站	22.2
上海	2号线西延段二期	淞虹路站—徐泾站	8
	2号线东延段	龙阳路站—浦东国际机场站	30.6
	7号线一期	祁华路站—花木路站	35

续表 1.2

城市	项目名称	起讫站	建设规模/km
上海	7号线北延伸	祁华路站—美兰湖站	9.969
	9号线二期	宜山路站—杨高中路站	14.5
	10号线主线	新江湾城站—虹桥火车站	36
	10号线支线	龙溪路站—航中路站	
	11号线北段一期	嘉定北站—江苏路站	33.16
	11号线支线	嘉定新城站—安亭站	12.8
	11号线北段二期	江苏路站—罗山路站	21
	12号线	七莘路站—金穗路站	40.4
	13号线世博段	卢浦大桥站—长清路站	4
	13号线一期	华江路站—南京西路站	15.9
广州	2号线北延段	三元里—嘉禾望岗	13.6
	2号线南延段	广州新客站—江南西	13.1
	3号线北延段	机场北—广州东站	30.0
	4号线北延段一期	车陂南—万胜围	2.4
	4号线北延段二期	黄村—车陂南	3.0
	8号线西延段	晓港—凤凰新村	3.4
天津	2号线	曹庄—李明庄	22.5
	3号线	华苑产业园区—小淀	29.51
	津滨轻轨二期	天津站至中山门	7.35
重庆	1号线	朝天门—大学城	36.08
	3号线一期	南坪—龙头寺	21
	3号线延伸段	鱼洞—二塘	16
南京	1号线南延线	安德门站—药科大学	24.47
	2号线一期	河西汪家村—马群	25.14
	2号线东延线	马群站—体育学院站	12.67
武汉	1号线二期工程西延线	宗关站—吴家山开发区	11.26
	1号线二期工程东延线	黄浦路站—堤角	6.99
	2号线一期工程	江汉区金银潭—洪山区的鲁巷光谷广场	27.985
长春	三期工程	临河街—长春铁路客运站	16.98
沈阳	1号线	黎明文化宫—张士开发区	28.32
	2号线	松山路站—世纪广场站	21.64
西安	1号线	咸阳森林公园—骊山	23.9
	2号线	西安北客站—韦曲南	26.4
成都	1号线	大丰—华阳广都街	31.6
	2号线	石牛村—龙泉东站	50.65

随着近年来大规模铁路建设全面展开，截至 2008 年年底，中国铁路营业里程已达 8 万千米，路网质量也发生了巨大变化，全国铁路复线里程 2.9 万千米，复线率达到 36.2%，电气化里程 2.8 万千米，电气化率达到 34.6%。

① 在客运专线及城际轨道交通建设方面，建成运营了京津城际、合宁铁路，开工建设了京沪、哈大、京石、石武、武广、广深港、郑西、石太、甬台温、温福、福厦、厦深、合武、胶济、汉宜、津秦等客运专线以及沪宁、广珠、昌九、长吉、成灌、海南东环等城际铁路项目，合计建设规模超过 9 300 km。我国第一条具有自主知识产权、国际一流水平的高速城际铁路——京津城际铁路正式通车运营，实现动车组时速 350 km 的商业运营世界最高水平，大大缩短了京津间时空距离，有力地支持了北京奥运会的成功举办。

② 煤运通道建设成绩显著。为缓解煤运通道紧张状况，在加快建设客运专线、实现客货分线运输的同时，陆续开工建设了大秦铁路扩能及集疏运工程、包西通道、集张铁路、临策铁路，京包线大包、包惠电气化、新菏兖日电气化等。同时，还在加快推进集包第二双线、张家口至唐山、山西中南部通道、锡乌铁路、宁西复线等项目建设。大秦铁路大量开行 1 万吨和 2 万吨重载组合列车，运量由 2002 年的 1 亿吨增长到 2008 年的 3.5 亿吨，创造了世界铁路重载运输奇迹。

③ 西部铁路和区际通道建设亮点频现。西部地区铁路建成投产了青藏铁路、渝怀铁路等，开工建设了宜万铁路、精伊霍铁路、大瑞铁路、奎北铁路、玉溪至蒙自铁路、黔桂扩能等项目，这些项目的实施将进一步完善西部地区路网布局，促进西部大开发战略实施。青藏铁路于 2006 年 7 月 1 日提前建成通车运营，为西藏经济社会发展、促进西藏同全国交流做出了极大贡献。

④ 1997 年、1998 年、2000 年、2001 年、2004 年和 2007 年，中国铁路进行了 6 次大提速，几乎涉及所有的铁路干线，提速包括客车和货车。2004 年 1 月，国家《中长期铁道网规划》经国务院审议通过，是截至 2020 年我国铁路建设的蓝图。其发展目标为到 2020 年，全国铁道营业里程将达到 10 万千米，主要繁忙干线实现客货分线，复线率和电化率均达到 50%；运输能力满足国民经济和社会发展需要，主要技术装备达到或接近国际先进水平。规划建设新线约 1.6 万千米，规划既有线增建二线 1.3 万千米，既有线电气化 1.6 万千米，预计工程总投资约 3.5 万亿元以上。

随着社会经济的持续发展及城市化进程的推进，我国大城市建设轨道交通的需求日益增长，轨道交通将有着良好的发展前景。

1.3 电力机车传动技术概况

轨道交通系统是集多工种、多专业于一身的复杂系统，近年来，世界轨道交通借助电力牵引等新技术，实现了客运高速和货运重载两大战略目标，完成了从传统产业向现代化产业发展的历史性转变。而轨道交通电力牵引系统荟萃了电力电子、计算机检测与控制、电机驱动技术、电气工程技术等多种学科的先进技术，正朝着智能化、模块化、轻量化、节能型、免维修方向发展，必将在城际高速轨道交通、区域重载轨道交通、城市快捷轨道交通等各个方面推动轨道交通的现代化。

在交通运输中，采用电动机驱动来满足车辆牵引的电气传动部分，称为电力牵引控制系统，它以牵引电机为控制对象，通过开环或闭环控制系统对电机的牵引力和速度进行调节，以满足车辆牵引和制动特性的要求。例如，干线集中动力的电力机车、内燃电力传动机车、分散动力的干线客运电动车组、地铁和轻轨列车等，采用的都是电力牵引传动控制系统。

根据所采用的驱动电机是直流电机还是交流电机的不同，轨道交通电力牵引系统通常分为以下两类。

① 直流电力牵引系统：采用直流电动机作为驱动电机，由直流电源经直流变换器（DC-DC）向直流牵引电机供电。

② 交流电力牵引系统：采用交流电动机作为驱动电机，可由直流电源经电力电子器件构成的逆变器将直流电源转换为可调压、变频的三相交流电源，再向交流牵引电机供电，也可采用交流-直流-交流方式向三相交流牵引电机供电。

下面简要介绍标志现代轨道交通技术进步的电力机车。

1.3.1 电力机车的组成

电力机车是将所取得的电能转换成机械能以产生牵引功率的机车。为了实现能量的传输与变换，电力机车的硬件组成主要有以下部件。

1. 车顶高压设备

包括受流装置、空气断路器或真空断路器、防止大气过电压的装置和高压侧电压、电流检测装置，这部分设备的基本功能是保证通过弓、网动态接触，使机车从牵引变电所获得可靠的供电。

2. 转向架中的机电能量变换装置及力的传递机构

转向架作为机车车辆的走行部分，装设于车辆与轨道之间，完成引导车辆沿着轨道行驶、并承受和传递来自车体及线路的各种载荷缓和其动力的作用。转向架可分为动力转向架和非动力转向架，一般由构架、弹簧悬挂装置、轮对轴箱装置和制动装置等组成，对于动力转向架还装有牵引电机及传动装置，如齿轮减速器、万向节空心轴传递装置等。其中牵引电机是电力牵引控制系统的调节对象，由于牵引电机的电压和电流一般都很大，目前基本采用大功率电力电子元件构成的变流器实现对牵引电机的控制。

3. 车内变流设备

主要包括牵引变压器和牵引用变流器以及相关的附加设备，如通风机、压缩机、泵等，它们的任务是实现电能形式的变换，将来自接触网的或第三轨的电压变换为可调频率和可调幅值的电压或电流，供给牵引电动机，以满足变频变压的要求。对于由交流接触网供电的机车，绝大多数都是采用电压型的交-直-交变频器。仅在一些市郊运输的电动车组中，部分采用电流型的交-直-交变频器。对于多流制电力机车或电动车组，在进入由直流接触网供电的区段时，变流器的电路将转换为直-交逆变器，有时还可以把网侧的四象限脉冲整流器电路转换为斩波器，以适当调节中间回路电压。

1.3.2 电力牵引供电方式

当今世界各国电气化铁路采用的电流制，也就是牵引供电制主要有四种：直流 3 000 V；直流 1 500 V；交流单相 15 kV，$16\frac{2}{3}$ Hz；交流单相 25 kV，50 Hz，这些电流制的出现和延续是与某一时期的经济、技术发展状况及社会背景有关的。如意大利北部、法国和西班牙部分地区的牵引供电网为直流 3 kV，而交流单相 15 kV，$16\frac{2}{3}$ Hz 的使用则集中在德国、奥地利、瑞士等国。对这些历史遗留下来的、今天仍在使用的供电制进行全面改造，势必耗费巨额的费用，似乎也没有必要，设计合适的机车是解决问题的一个办法。因此，对于采用多种电流制供电的一些欧洲国家，为满足国际联运和越区运营的需要，许多机车采用双流制或多流制供电方式。

为了简化接触网的结构和成本，牵引供电制逐渐发展成了直流供电制和单相交流供电制两种。直流供电制主要用于城市地铁和轻轨交通中，因为在这类公共场合有些只允许使用低压电源，并且电网中的电压降比较小。在我国，地铁和轻轨主要采用直流 750 V（北京、天津和长春等北方地区采用第三轨供电）和直流 1 500 V（上海、广州和深圳等南方地区采用高架接触网供电）两种制式。无轨电车采用直流 600 V 供电制式。但从减少电能损失、加大供电距离以降低牵引供电站数目及投资而言，采用直流 1 500 V 比 750 V 更为经济，而高耐压电力电子器件的不断发展，为城轨电力牵引系统采用直流 1 500 V 供电提供了有效的技术保障。20 世纪 20 年代以后，欧洲已实现 50 Hz 的供电制，地区电网相互连接建成高压大电网。对于电气化铁路而言，采用公共电网的频率也变得极为重要。在接触网电压提高到 25 kV 的情况下，采用交流单相工频即 25 kV，50 Hz 的供电制，在干线铁路交通中被证实在经济上更具竞争力。20 世纪 50 年代我国自电气化铁路建设之初就采用了 25 kV，50 Hz 的交流单相供电制。

在干线铁路中广泛采用的现代交流供电方式，主要是通过安装在机车上的单相牵引变压器将电压变为机车所需的各种电压等级，然后通过各种变换器供给牵引电机、辅助传动和照明等系统。由于牵引变压器很重，通过采用变流器直接取代变压器的方法，使得设备重量大为减轻，效率也得到了一定的提高。

1.3.3 电力机车电传动方式

电力机车电传动方式可分为直流传动（直流供电加直流驱动）、交-直传动（交流供电加直流驱动）、直-交传动（直流供电加交流驱动）和交流传动（交流供电加交流驱动）几大类。

自 1879 年出现第一条电气化铁路以来，电力机车主要是直流传动型或交-直传动型，即采用的牵引电机为直流电动机。这是因为直流电机调速方便，通过改变电机端电压或励磁电流即可调节电机的转速。传统的调压或调磁是采用有触点电器和电阻进行的有级调速，因而直流电机的特性受到一定的影响。自大功率半导体器件出现后，采用半导体斩波器取代传统的调阻控制，牵引性能明显改善。20 世纪 70 年代广泛采用晶闸管和逆导晶闸管作为斩波器，但由于这两种元件都没有自关断能力，当它们作为斩波器主器件时，需要一套复杂的强迫换向电路，使斩波器的效率、控制性能及换向可靠性都受到了很大限制。到了 20 世纪 80 年代，大功率自关断电力电子器件开发取得重大进展，特别是门极可关断晶闸管（Gate Turn-off，GTO）容量达到 4 500 V/3 000 A 的实用水平，采用 GTO 斩波器，无须强迫换流电路，使机车主电路大为简化，且工作频率有所提高，因而可以减少平波电抗器和滤波器容量，既改善了机车运行性能，又做到了小型化、轻量化。出于直流串励牵引电机启动性能好、调速范围宽、过载能力强、控制简单等特点，能满足机车的运行要求，多年来直流串励电动机一直是作为各种机车的主要牵引动力。但直流牵引电机存在的主要缺点是有换向器，这就造成直流牵引电机在高压大功率时换向困难、结构复杂、工作可靠性较差、维修麻烦等弊病。

与直流电机相比，交流电机具有结构简单、成本低、运行可靠、维护量小等优点。但交流电动机调节速度比较困难，由于受技术条件的制约，在牵引领域交流电机长期没有得到实际应用。异步电动机调速方法基本上可分为变极调速、变转差调速和变频调速三类。变极调速，即改变电机的磁极对数，如从三相变为四相、六相，转速会减小，属于有级调速；变转差调速不能改变电动机的同步速度，其调速范围有限，同时还存在损耗大、效率低的缺点。变频调速则是通过改变电源的供电频率来改变转速以达到调速的目的，在调速范围内无论是低速区还是高速区，都能保持很小的转差率，因而具有效率高、调速范围广、调节精度高等优点。在 20 世纪 30 年代，人们已经认识到变频调速是交流电动机最为理想的调速方法。但是为了改变供电频率，它需要一套变频电源。过去采用的旋转变频机组或离子变流器由于设备笨重庞大、可靠性差，故变频调速技术的发展缓慢，真正投入实际运行的装置很少。20 世纪 60 年代，随着电力电子技术的发展和变频调速装置的研制成功，交流调速方法重新受到人们的重视，成为交流电动机调速的发展方向。20 世纪 70 年代中期，在世界范围内出现能源危机，节约能源成为人们关注的问题，许多过去一般不调速的传动装置，如水泵等负载，为了减少电能损失，也都采用了调速传动。由此，对交流电动机调速技术的发展起了很大的推动作用。

1971 年，BBC 公司与 Henschel 公司成功研制了第一批采用脉宽调制变频器和异步电机的 DE-2500 交流传动内燃机车，紧接着，前联邦德国铁路与 BBC 公司及有关机车制造公司配合，成功研制了世界第一批 BR120 型交流传动电力机车，通过实际运行，证实了交流传动系统的一系列优点，如牵引力大、黏着利用好、制动性能优越以及维修量小等，在世界铁路部门产生了广泛而深刻的影响,也促使人们认识到交流传动电力机车的实用价值和经济效益。

20 世纪 90 年代以来，由于电力电子技术和微电子技术的迅猛发展，新一代电力电子元件如绝缘栅极双极性晶体管（Insulated Gate Bipolar Transistor，IGBT）和智能功率模块（Intelligent Power Module，IPM）及大功率半导体器件的问世、高压大功率可调压调频变流器的开发成功及其在电力牵引中的大量应用，加上现代控制理论和控制技术的应用，交流传动调速技术取得了突破性的进展，逐步具备了调速范围宽、稳速精度高、动态响应快以及可作四象限运行等优良的技术性能，因而极大地推动了机车交流传动的应用和发展。现代交流传动的控制方式，常见的有三种：一种方法是标量控制——转差频率电流控制；另两种方法是矢量控制——转子磁场定向控制和直接转矩控制。

转差频率电流控制的理论基础，是基于稳态下的电磁关系，能实现电动机调速过程中对电压、频率的平稳调节，控制原理简单，易于实现，但以该方法实施控制难以保证系统获得良好的动态特性。

转子磁场定向矢量控制采用电机的动态模型，通过磁场定向方式，借助矢量变换，将交流电动机三相动态方程变换为旋转坐标系下的两相正交模型，从而将控制变量分解成磁链分量和转矩分量。从理论上讲可获得较理想的动态特性，但由于其中采用了许多线性调节器，因而对磁场定向的精度要求较高、对系统参数变化敏感等，所以实现起来有一定难度。

直接转矩矢量控制以简明的物理过程为基础，不需要像转子磁场定向控制那样需进行复杂的坐标变换计算，而是采用了直接在定子坐标系中计算定子磁链和电机转矩的方法，因而能极方便地实现磁链与转矩的闭环控制，获得良好的动态响应调速特性。但直接转矩控制方法在低速时受定子绕组电阻及转速测量的影响很大，而且在低速走六边形轨迹时，转矩脉动现象比较突出，使得变流装置的器件结温不易估算，从而影响到装置的优化设计。

使用三相交流异步电动机作为牵引电机有着显著优越的技术经济指标，一般来说有以下优点：

① 功率大、体积小、重量轻、运行可靠。

② 有良好的牵引性能。异步电动机的恒功率区比直流电动机大许多，转速更高，启动牵引力大，持续功率大，有利于实现重载和高速牵引。通过合理地利用系统的调压、调频特性，可以实现宽范围的平滑调速。另外，通过调节调频特性能使机车启动时产生较大的启动转矩。

③ 优良的黏着特性。由于异步交流电动机变频调速系统具有很硬的机械特性，防空转性能较好，车轮更不容易打滑或者空转。

④ 显著的节能效果。在交-直-交电力机车上，由于成功应用了四象限脉冲整流器，使得机车在 1/4 额定功率以上时的功率因数接近于 1，这在减小电网对信号和通信系统的谐波干扰和充分利用电网的传输功率方面都有很大的意义。此外，交流传动电力机车不需增加任何设备，就能实现再生制动，经济效益显著。

目前，世界上的电力牵引动力已转向以交流传动为主体。发达国家新造的高速机车、重载机车及客货通用机车已全部为交流传动机车。由于交流传动技术具有一系列直流牵引无法比拟的优点，因而交流电力牵引系统是今后世界各国轨道交通发展的总趋势。

1.3.4 我国电力机车的技术发展概况

我国电力机车的技术发展分成四个阶段，形成四代产品，同国际上技术发展路径相类似，经历了由直流电传动到交-直电传动再到交流电传动三个技术体系。我国干线电力牵引由于一开始决策正确，采用 25 kV 工频交流供电制式，所以没有经过直流电传动体系，而直接进入交-直电传动体系。其过程也是经过了从二极管全波整流和调压开关调幅式有级调压，调压开关粗调和晶闸管相控微调相结合的级间平滑调压，到多段桥晶闸管相控无级调压的交-直电传动系统的三代产品。第一代产品为 SS_1、SS_2 型；第二代产品为 SS_3 型；第三代产品为多机型组成，其共同的特征是采用多段桥（3 段或 4 段）相控无级调压方式。第一至第三代产品为交-直传动方式，仅以调压调速方式和单轴功率级来区分；而第四代电力机车的基本特征则以电传动方式来确定，即交流电传动方式定为第四代产品标志。

1. 交-直传动技术——第1代电力机车采用的传动技术

1958年底,我国试制出第1台干线电力机车6Y1型,经运行试验后,于1962年前后共试制了5台样车投入宝凤线试运行。但由于一些重要设备一直存在技术和质量问题,加上当时大功率电力电子器件尚未成熟,尤其是引燃管整流器难以达到实际运用要求,因此,6Y1型电力机车未能投入批量生产。随着我国电力电子工业的发展,大功率整流二极管开始进入工程实用阶段,为机车电传动技术的发展提供了必要条件。正是在这样的技术背景下,在6Y1型电力机车基础上,我国第一代有级调压、交-直传动电力机车——SS_1型电力机车于1968年试制成功,1969年开始批量生产,使我国机车电传动技术进入交-直传动时期。

2. 第2代电力机车的传动技术

可控型器件——晶闸管的出现,使机车电传动技术跨上了一个新台阶。SS_3型电力机车正是作为我国机车电传动技术由二极管整流有级调压到相控无级调压的第2代交-直传动客货用电力机车,1978年底,由株洲电力机车厂和株洲电力机车研究所共同研制成功。SS_3型电力机车主电路采用牵引变压器低压侧调压开关分级与晶闸管级间相控调压相结合的平滑调压调速技术,使机车获得良好的调速性能。

3. 第3代电力机车的传动技术

随着大功率晶闸管性能的提高,相控技术成熟应用到机车电传动领域,其代表车型为SS_4型电力机车。SS_4型机车是1985年开发的相控无级调压、交-直传动8轴重载货运电力机车,是我国相控机车的"代表作",与后续开发的SS_5,SS_6,SS_7,SS_8及SS_9型电力机车一起,构成我国晶闸管相控调压、交-直传动的系列产品。

4. 交流传动技术

我国自20世纪70年代开始交流传动技术的研究,1996年,第一台4轴4 000 kW交流传动干线电力机车AC4000研制成功,标志着我国电力机车的研制进入了高科技领域,实现了我国机车牵引传动从常速到高速和从交-直传动到交-直-交传动的两个里程碑式的跨越。在内燃机车方面,交流传动也在逐渐地取代直流传动。1999年,被命名为"捷力号"机车的交流传动内燃机车在青岛四方机车车辆厂诞生,标志着我国交流传动内燃机车实现了"零"的突破。目前我国已研制成功DJ_1、DJ_2、DJ_3、"熊猫号"等交流传动电力机车,"中原之星"、"中华之星"、"蓝箭号"交流传动高速动车组以及交流传动内燃机车。

2 电传动力学基础和牵引理论基础

2.1 电传动力学基础

2.1.1 直线运动

1. 距离、速度、加速度和力

当物体作直线运动时，假定其移动距离为 s（m），速度为 v（m/s），加速度为 a（m/s^2），且均为时间 t（s）的函数，那么这些量相互之间有下述关系：

① 速度与距离的关系为

$$v = \frac{\mathrm{d}s}{\mathrm{d}t} \tag{2.1}$$

② 加速度与速度及距离的关系为

$$a = \frac{\mathrm{d}v}{\mathrm{d}t} = \frac{\mathrm{d}^2 s}{\mathrm{d}t^2} \tag{2.2}$$

③ 匀速运动时的距离与速度的关系为

$$s = s_0 + v_1 t \tag{2.3}$$

其中，s_0 表示初始位置；v_1 表示速度，为常数。

④ 匀加速运动时的速度、加速度与距离的关系为

$$v = v_0 + a_1 t \tag{2.4}$$

$$s = v_0 t + \frac{1}{2} a_1 t^2 \tag{2.5}$$

⑤ 如果物体的质量为 M（kg），加速度为 a（m/s^2），力为 F（N），则力与加速度及质量的关系，即运动方程式为

$$F = Ma = M \frac{\mathrm{d}v}{\mathrm{d}t} = M \frac{\mathrm{d}^2 s}{\mathrm{d}t^2} \tag{2.6}$$

上式表明，力与加速度成正比，其比例系数为质量，它表示获得加速度的难易，亦即惯性的大小。

工程上常将作用于 1 kg 质量物体的地球引力作为力的单位，用 kgf 表示。kgf 与国际单位制的力的单位牛顿（N）之间的关系为

$$1\text{ kgf} = 9.8\text{ N} \tag{2.7}$$

2. 直线运动的功、功率、动能

当力 F（N）作用于物体并使该物体在力的方向上移动 s（m）时所做的功为

$$W = \int_0^s F \mathrm{d}s \tag{2.8}$$

力为常数时所做的功为

$$W = Fs \tag{2.9}$$

做功快慢的程度，即单位时间所做的功称为功率，可表示为

$$P = \frac{\mathrm{d}W}{\mathrm{d}t} = F\frac{\mathrm{d}s}{\mathrm{d}t} = Fv \tag{2.10}$$

质量为 M（kg）的物体以 v（m/s）的速度运动时，该物体所具有的动能为

$$A = \frac{1}{2}Mv^2 \tag{2.11}$$

能量的单位与功的单位相同。也就是说，为了使物体的速度由零上升到 v，需要对物体做大小等于 A 的功；另一方面，具有动能为 A 的物体在停止之前，只具有大小为 A 的做功能力。

2.1.2 旋转运动

1. 转矩、角速度

电动机带动物体旋转的能力用转矩表示，如图 2.1 所示，在电动机轴上安装一根杠杆，并在杆端固定一弹簧秤，通电后力就作用于秤，秤可以指示出多少牛顿的力。秤的读数（力的单位）与杠杆的长度（长度的单位）的乘积，就是转矩，即

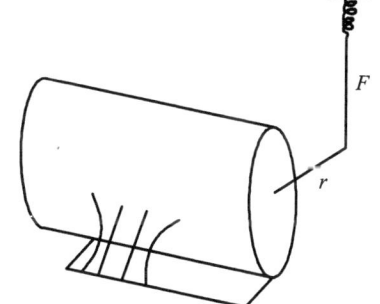

图 2.1 测量电动机的转矩

$$T = Fr\ (\text{N} \cdot \text{m}) \tag{2.12}$$

如果按弹簧秤的刻度（kg）来读力 F，转矩 T 的单位就是 kgf·m。则 N·m 与 kgf·m 的关系为

$$1\text{ kgf} \cdot \text{m} = 9.8\text{ N} \cdot \text{m} \tag{2.13}$$

当电磁力作用在电功机的转子上，会产生使转轴旋转的转矩，即电磁转矩。电磁转矩是电机内部依靠电磁相互作用而产生的，是"电生磁、磁生电、电磁相互作用"的物理过程。

在旋转运动中，与直线运动时的距离相对应的量为角度 θ（rad），它与杠杆的长度无关；与直线运动的速度、加速度相对应的量分别为角速度 ω（rad/s）、角加速度 α_θ（rad/s²）。这些量之间的关系如下：

角速度与角度的关系为

$$\omega = \frac{d\theta}{dt} \qquad (2.14)$$

角加速度与角速度及角度的关系为

$$\alpha_\theta = \frac{d\omega}{dt} = \frac{d^2\theta}{dt^2} \qquad (2.15)$$

匀角速度运动时，角速度与角度的关系为

$$\theta = \theta_0 + \omega_1 t \qquad (2.16)$$

式中，θ_0 表示初始角度；ω_1 表示角速度，为常数。

匀角加速度运动时的角加速度、角速度与角度的关系为

$$\omega = \omega_0 + \alpha_{\theta 1} t \qquad (2.17)$$

$$\theta = \omega_0 t + \frac{1}{2}\alpha_{\theta 1} t^2 \qquad (2.18)$$

2. 转动惯量、飞轮矩 GD^2 和运动方程

如图 2.2 所示，在距旋转轴 r（m）处有一质量为 m（kg）的质点、在绕轴旋转时的速度与角速度、加速度与角加速度的关系为

$$\left.\begin{array}{l} v = r\omega \\ a = r\alpha_\theta \end{array}\right\} \qquad (2.19)$$

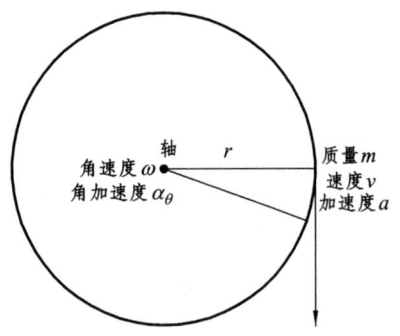

图 2.2 旋转时的速度与角速度

因此，若把式（2.6）两边乘以 r，且代入式（2.12）及式（2.19），则

$$T = mr^2 \alpha_\theta \;(\text{N} \cdot \text{m}) \qquad (2.20)$$

将式（2.20）与式（2.6）进行比较，若让力 F 及加速度 a 分别与转矩 T 及角加速度 α_θ 相对应，显然，mr^2 与质量 M 相对应。

设旋转体旋转的转矩为 T，则它是作用于旋转体各质点的转矩之总和，即

$$T = \sum \tau = \alpha_\theta \sum mr^2 \qquad (2.21)$$

令 $J = \sum mr^2$，则 J 称作旋转体对轴的转动惯量，它是构成该旋转体各质点的质量与各自至旋转轴距离平方的乘积 mr^2 的总和。转动惯量满足：

$$J = \sum mr^2 = mR^2 \qquad (2.22)$$

式中，$M = \sum m$ 表示旋转体的总质量；R 表示等值距离，其含义是，当把物体的总质量集中在距旋转轴的距离为 R 时的转动惯量等于该旋转体具有的转动惯量。等值距离又称作旋转半径。

于是与直线运动式（2.6）相对应，旋转运动的运动方程式（转矩与角加速度及转动惯量之间的关系）为

$$T = Ja_\theta = J\frac{d\omega}{dt} \qquad (2.23)$$

工程中通常不用转动惯量的旋转半径，而用对应 4 倍转动惯量时的旋转直径，称作飞轮矩，用 GD^2 表示，则

$$GD^2 = 4J \ (\text{kg}\cdot\text{m}^2) \qquad (2.24)$$

计算复杂形状旋转体的 GD^2 时，需要把整体分成能简单计算的小块，求出每一块的 GD^2，再求和。

在工程计算时，有时使用转动惯量的标幺值进行分析计算。转动惯量标幺值为

$$H = 2\pi^3 f \frac{GD^2}{S_N}\left(\frac{n}{60}\right)^2 \qquad (2.25)$$

式中，S_N 为电机的视在功率，V·A；f 为电机的电源频率，Hz；n 为电机转速，r/min。转动惯量标幺值表示的是电机加速转矩的标幺值为 1 时，电机由转速为零加速到额定转速时所需时间。

3. 旋转运动的功、功率和动能

若转矩为 T（N·m），角度为 θ（rad），则旋转运动所做的功与式（2.9）的形式相同，即

$$W = T\theta \qquad (2.26)$$

功率表达式与式（2.10）的形式相同，即

$$P = \frac{dW}{dt} = T\omega \qquad (2.27)$$

式中，T，ω 的单位分别为 N·m，rad/s。

通常使用电动机每分钟的转数 n（r/min）表示角速度。n 与 ω 的关系为

$$\omega = \frac{2\pi n}{60} \qquad (2.28)$$

由此，旋转运动的功率为

$$P = \frac{2\pi}{60}Tn = 0.1047Tn \ (\text{W}) \qquad (2.29)$$

当转矩用 T'（kg·m）表示时，旋转运动的功率为

$$P = \frac{2\pi}{60}gT'n = 1.027T'n \ (\text{W}) \qquad (2.30)$$

转动惯量为 J（kg·m²）的物体以速度 ω（rad/s）旋转时的动能表达式与式（2.11）形式相同，即

$$A = \frac{1}{2}J\omega^2 \text{ (J)} \tag{2.31}$$

若用飞轮矩 GD^2（$\text{kg} \cdot \text{m}^2$）代替转动惯量，并用转速 n（r/min）代替角速度，则旋转运动的动能为

$$A = \frac{GD^2}{2 \times 4}\left(\frac{2\pi n}{60}\right)^2 = \frac{GD^2 n^2}{730} \text{ (J)} \tag{2.32}$$

当转速由 n_1（r/min）变化 n_2（r/min）时，动能的变化为

$$\Delta A = \frac{GD^2}{730}(n_1^2 - n_2^2) \text{ (J)} \tag{2.33}$$

当转速下降时，有 ΔA 的能量从旋转体释放出去；转速上升时，旋转体从外界得到 ΔA 的能量并积蓄起来。此时，吞吐能量的速度即功率：

$$P = \frac{dA}{dt} = \frac{GD^2}{365}n\frac{dn}{dt} \text{ (W)} \tag{2.34}$$

4. 飞轮矩 GD^2 的折算及惯性系数

折算是分析电机性能的重要方法。它将某一体系的物理量经过适当放大、缩小或者转换，变成另一体系的物理量，这样能够简化分析计算。例如，在分析变压器时，将副边的电压、电流、电阻等经过适当变换，可以将原本电气上没有直接联系的原边和副边连成一个等值电路，从而可以通过对等值电路的分析计算，计算出原副边的电压、电流等的大小和变压器的其他性能。在分析异步电动机时，对它的转子量经过频率变换、相数变换、匝数变换等一系列变换，得到和变压器相类似的等值电路。

折算的基础是折算前后能量不发生变化，即应该使折算前后的功率计算式相等。如对变压器进行折算时，由于副边电压和电流分别乘以变压器的系数 k 和 $1/k$，为了保持功率计算式不变，副边电阻需要乘以 $1/k^2$。如果出现折算前后功率计算式不相等，则功率计算式需要乘以某一系数。

当考察一个由电动机驱动负载的系统时，电动机的转动惯量是影响电动机机械性的重要参数。在这类系统中，既有与电动机转速不同的旋转负载，也有作直线运动的负载。但是，同样的转动惯量，对应不同的转速，所具有的动能是不一样的，对电动机性能的影响也不一样。GD^2 的折算是以电动机的转速为基础，把所有反映动能的常数进行折算后，看成是一个参数作用于电动机，再对电动机进行动力计算。

假定电动机转子的飞轮矩为 $(GD^2)_M$，旋转负载的飞轮矩为 $(GD^2)_L$，直线运动负载的质量为 M（kg）。这些负载分别用齿轮、皮带或曲轴同电动机连接起来，若电动机的转速为 n_M（r/min），旋转负载的转速为 n_L（r/min），直线运动负载的速度为 v（m/s），由式（2.13）、式（2.14），得系统总的动能为

$$\begin{aligned}A &= \frac{(GD^2)_M n_M^2}{730} + \frac{(GD^2)_L n_L^2}{730} + \frac{Mv^2}{2} \\ &= \frac{n_M^2}{730}\left[(GD^2)_M + (GD^2)_L \frac{n_L^2}{n_M^2} + \frac{365v^2}{n_M^2}M\right]\end{aligned} \tag{2.35}$$

式中，[ ]内的三项之和是折算到电动机轴上总的 GD^2。

由式（2.35）可知飞轮矩折算的原则是：

① 作旋转运动的负载的 GD^2 折算到电动机轴上时，要乘以负载转速与电动机转速之比的平方。

② 作直线运动物体的质量 M 乘以 $365(v/n_M)^2$，就可得折算到电动机转子上的 GD^2。

由此可见，转动惯量的折算是将转速不同或者运动方式不同的负载折算到同一转速时，反映系统总动能的等值参数。

将上述已折算到电动机轴上的负载和电动机的系统总飞轮矩，与电动机自身飞轮矩的比称作惯性系数，用 FI 表示，即

$$FI = \frac{J_M + J_L}{J_M} = \frac{(GD^2)_M + (GD^2)_L}{(GD^2)_M} \qquad (2.36)$$

2.1.3 电动机所需输出功率的计算基础

选择电动机、计算电动机所需功率，主要依据负载所需功率、电动机工作制及传动效率。计算电动机所需输出功率需要考虑电动机的运转持续方式，即电机的工作制。电机的工作制有连续工作制、短时工作制、周期工作制等。连续工作制的电动机可以在连续运转状态输出额定功率，如数小时、数天甚至更长时间不停运转。短时工作制的电动机只是在较短的时间间隔内运转并输出额定功率。这里的短时指的是电动机运转时间比电动机运转时电动机发热引起的温度升高所对应的时间要短许多。通常，电动机在输出一定负载后，会使电动机的铁芯和绕组发热，电机的机壳或者电动机的冷却风扇不停地将电动机的热量散发到周围冷却介质中，经过一定时间，电动机的温度将达到平衡。对于几千瓦的电动机，到达热平衡的时间约为几十分钟，或 1~2 小时。因此如果电动机的运转时间仅为数分钟，可以认为电动机是工作在短时工作制。例如，家庭用的吸尘器、搅拌机等均属于短时工作制。周期工作制指的是电动机交替处于运转和待机状态。运转时电动机输出功率，待机时不输出功率。家庭用的电冰箱属于周期工作制。

对于连续工作的负载，需要选择连续工作的电动机；对于短时工作或者是周期工作负载，应该选择相对应的电动机。如果使用连续工作的电动机驱动短时工作或者是周期工作负载，电动机的容量可以适当减小。但是，如果使用短时工作的电动机驱动连续工作的负载，电动机的容量需要仔细校核。否则，电动机的发热可能烧毁电动机。

连续运转的电动机的额定输出功率可以由负载运转所需功率去确定。而计算负载所需功率，主要是根据负载特点，确定负载的力或者转矩，以及负载的速度、加速度等，下面分别予以分析。

1. 由力和速度确定输出功率

克服 F（N）的力，并使物体以速度 v（m/s）运动所需的功率为

$$P = Fv \text{（W）} \qquad (2.37)$$

有相当多的负载可以用上式去计算功率。考虑到从负载实际做功部分到电动机之间，总有动力传递装置，要产生功率损耗，因此，电动机的输出功率必须比负载的实际有效功率大。

假定机械效率为 η_L（效率通常用百分值表示，为使公式简单起见，假定 η_L 表示的是小数值），则负载轴输入功率 P_L 为

$$P_L = \frac{Fv}{\eta_L} \text{（W）} \tag{2.38}$$

若用 F'（kgf）表示力，用 v'（m/min）表示速度，则负载轴输入功率为

$$P_L = \frac{Fv}{\eta_L} = \frac{9.8F'v'}{60\eta_L} = \frac{F'v'}{6.12\eta_L}\text{(W)} = \frac{F'v'}{6\,120\eta_L}\text{（kW）} \tag{2.39}$$

电动机的额定输出功率要比 P_L 留有 10%~20% 的余量。

（1）垂直提升功率

根据式（2.39），以速度 v'（m/min）提升质量为 M（kg）的物品所需功率为

$$P_L = \frac{Mv'}{6.12\eta_L}\text{(W)} = \frac{Mv'}{6\,120\eta_L}\text{（kW）} \tag{2.40}$$

式中，η_L 通常为 0.8 左右。

（2）水平行走功率

如图 2.3 所示，负载克服阻力在水平方向移动，假定移动部分的质量为 M（kg）、速度为 v'（m/min）、行走阻力系数为 λ（每千克重量的阻力，用 kgf/kg 表示），于是行走所需力为 λM（kgf），由式（2.39）得水平行走功率为

$$P_L = \frac{9.8\lambda Mv'}{60\eta_L} = \frac{\lambda Mv'}{6.12\eta_L}\text{(W)} = \frac{\lambda Mv'}{6\,120\eta_L}\text{（kW）} \tag{2.41}$$

车轮在轨道上或平整路面上行走时 λ 值为 0.01~0.03，车轮在沙石路面等不平整的道路上行走时 λ 值为 0.1~0.2，效率 $\eta_L = 0.7~0.9$。

（3）在倾斜面上行驶的功率

如图 2.4 所示，使质量为 M（kg）的物体在斜面上以速度 v（m/s）或 v'（m/min）行驶时，要按图中所示将力分解成两个分力。由此得出在斜面上行驶的功率：

$$P_L = \frac{9.8(M\sin\alpha + \lambda M\cos\alpha)v}{\eta_L}\text{（W）} = \frac{\lambda(M\sin\alpha + \lambda M\cos\alpha)v'}{6.12\eta_L}\text{（kW）} \tag{2.42}$$

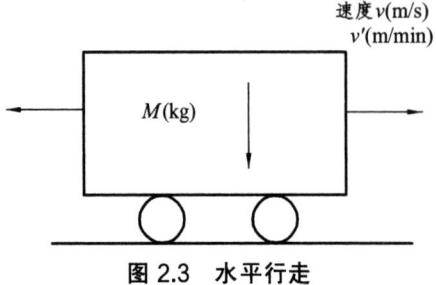

图 2.3 水平行走

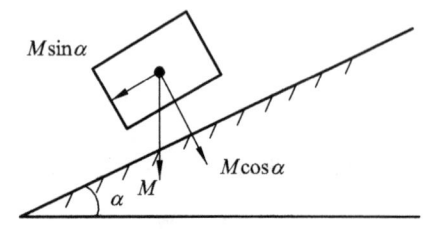

图 2.4 在倾斜面上行驶的物体

2. 由转矩和角速度确定输出功率

在式（2.27）、式（2.30）中加进效率即可得到克服阻力矩 T（N·m）或 T'（kgf·m）并以角速度 ω（rad/s）或 n（r/min）旋转时所需的功率。

转矩单位为 N·m，角速度单位为 rad/s 时，电动机轴功率为

$$P_\mathrm{L} = \frac{T\omega}{\eta_\mathrm{L}}\ (\mathrm{W}) \tag{2.43}$$

转矩单位为 kgf·m，转速单位为 r/min 时，电动机轴功率为

$$P_\mathrm{L} = \frac{1.027 T'n}{\eta_\mathrm{L}}\ (\mathrm{W}) \tag{2.44}$$

如图 2.5（a）所示，在半径为 r（m）的圆周切线方向上作用大小为 F（N）或 F'（kgf）的力，并以 ω（rad/s）或 n（r/min）旋转时的功率用下式计算：

$$P_\mathrm{L} = \frac{Fr\omega}{\eta_\mathrm{L}}\ (\mathrm{W}) = \frac{1.027 F'r\omega}{\eta_\mathrm{L}}\ (\mathrm{W}) \tag{2.45}$$

在生产机械中，F 相当于切削力。

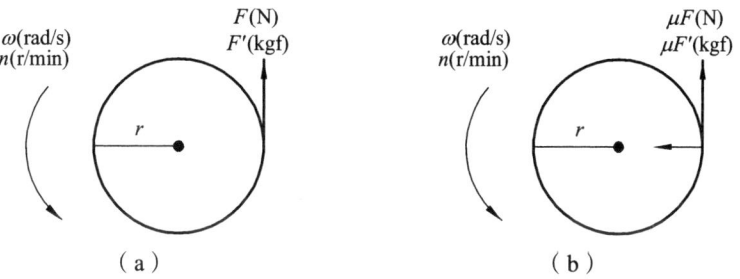

图 2.5 旋转物体的作用力

如图 2.5（b）所示，若摩擦系数为 μ，反抗由垂直于圆周的力 F（N）或 F'（kgf）所产生的摩擦力，并以角速度 ω（rad/s）或 n（r/min）旋转时的功率可由下式计算：

$$P_\mathrm{L} = \frac{\mu Fr\omega}{\eta_\mathrm{L}}\ (\mathrm{W}) = \frac{1.027 \mu F'r\omega}{\eta_\mathrm{L}}\ (\mathrm{W}) \tag{2.46}$$

当轴由轴承支撑而旋转时，若轴承支撑的质量为 M（kg），轴承的直径为 d（m），转速为 n（r/min），轴承的摩擦系数为 μ，则克服轴承损耗使轴旋转所需功率可由下式计算：

$$P_\mathrm{b} = 1.027 \mu M \frac{d}{2} n\ (\mathrm{W}) \tag{2.47}$$

2.2 轮轨相互作用原理

自世界上第一条铁路诞生以来，轨道运输技术不断发展，与之相适应的牵引动力亦是多

种多样,出现了蒸汽机车、内燃机车、电力机车、动车组等。它们广泛用于干线铁路运输、城市交通及工矿运输。

上述运输方式,都依赖于车轮与钢轨的相互作用,虽然钢轨限制了机车车辆的运动范围,自由度小,但与其他运输方式比较,轨道运输具有运量大、速度快、耗能省、运费低、占地少、污染小的特点,因而成为世界各国的主要运输手段。为此,必须研究轮轨相互作用的理论,因为它是轨道运输的基础。

2.2.1 动轮与钢轨间的黏着

目前,绝大多数城市轨道交通车辆属于钢轮钢轨式,运行的任何一种工况,都依赖于车轮和钢轨的相互作用力。

采用电传动方式的机车车辆,其牵引动力由牵引电动机通过传动机构,传递给机车的轮对,这些传递电机能量的机车轮对,称为动轮对。

由于车轮和钢轨的相互作用,产生使车辆运动的反作用力。根据物理学中关于摩擦的概念,轮轨之间的切向作用力就是静摩擦力。最大静摩擦力是钢轨对车轮的反作用力的法向分力与静摩擦系数的乘积。但实际上,动轮与钢轨间切向作用力的最大值比物理学上的最大静摩擦力要小一些,情况也更复杂一些。

在分析机车车辆的轮轨相互作用时,有两个十分重要的概念:"黏着"和"蠕滑"。

1. 黏 着

如图 2.6 所示为机车以速度 v 在平直线路上运行时一个动轮对的受力情况(忽略内部各种摩擦阻力),为了分析清楚,图中将接触的动轮与钢轨稍作分离画出。

设 P_i 为一个动轮对作用在钢轨上的正压力,又称为轮对的轴重。牵引电动机作用在动轮上的驱动转矩 T_i,可以用一对力形成的力偶代替。力 F_i' 和 F_i 分别作用在轮轴中心 O 点和轮轨接触处的 O' 点,其大小为 $F_i = F_i' = T_i/R_i$,R_i 为动轮半径。

在正压力 P_i 的作用下,车轮和钢轨的接触部分紧压在一起。切向力 F_i 使车轮上的 O' 点具有向左运动的趋势,并通过 O' 点作用在钢轨上。由于轮轨接触处存在着摩擦,车轮上 O' 点向左运动的趋势将引起向右的静摩擦力 f_i,即钢轨对车轮的反作用力,通常 f_i 又称为轮周牵引力。f_i 的反作

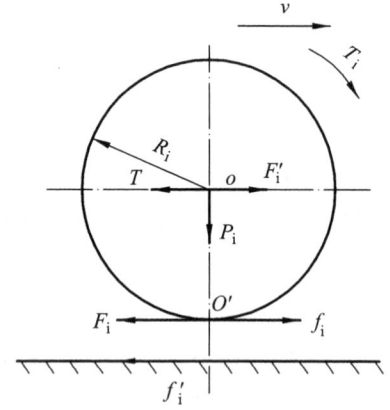

图 2.6 动轮对受力分析

用力 f_i' 表示车轮作用在钢轨上的力,其值 $f_i = f_i'$。当车轮与钢轨间未产生滑动时,车轮上的 O' 点受到两个相反方向的力 F_i 和 f_i 的作用,而且

$$f_i = F_i \tag{2.48}$$

这时,O' 点保持相对静止,轮轨之间没有相对滑动,在力 F_i' 的作用下,动轮对做纯滚动运动。

由于正压力而出现的保持动轮与钢轨接触处相对静止的现象称为"黏着"。黏着状态下的

静摩擦力 f_i 又称为黏着力。

轮轨间的黏着与静力学中的静摩擦的物理性质十分相似。驱动转矩 T_i 产生的切向力 F_i 增大时，黏着力 f_i 随之增大，并保持与 F_i 相等。当切向力 F_i 增大到某一数值时，黏着力 f_i 达到最大值。此后切向力 F_i 如再继续增大，f_i 反而迅速减小。试验证明，黏着力 f_i 的最大值 f_{max} 与动轮对的正压力 P_i 成正比，其比例常数称为黏着系数，用 μ 表示。即

$$f_{max} = \mu P_i \tag{2.49}$$

式（2.49）表明，在轴重一定的条件下，轮轨间的最大黏着力由轮轨间黏着系数的大小决定。当轮轨间出现最大黏着力，此时若继续加大驱动转矩，一旦切向力 F_i 大于最大黏着力，动轮上的 O' 点将向左移动，轮轨间出现相对滑动，黏着状态被破坏。动轮与钢轨的相对运动由纯滚动变为既有滚动，也有滑动。此时钢轨对动轮的反作用力 f_i 由静摩擦力变为滑动摩擦力，其值迅速减小，并使动轮的转速上升。这种因驱动转矩过大，使轮轨间的黏着关系被破坏，使轮轨间出现相对滑动的现象，称为"空转"。动轮出现空转时，轮轨间只能依靠滑动摩擦力传递切向力，传递切向力的能力大大削弱，同时造成动轮踏面和轨面的擦伤。因此，机车在牵引运行时应尽量防止出现动轮的空转。

黏着系数是由轮轨间的物理状态确定的。加大每轴的正压力即轴重，可以提高每轴牵引力，但轴重受到钢轨、路基、桥梁等限制。动力分散型的城市轨道交通车辆，动轴数较多，很容易达到整列车所需的牵引力，因而轴重较小，这对保护轮轨的正常使用是有利的。

2. 蠕 滑

分析牵引工况轮轨接触处的弹性变形（见图 2.7），可以进一步深化对黏着的认识。

在动轮正压力的作用下，轮轨接触处产生弹性变形，形成椭圆形的接触面。从微观上看，两接触面是粗糙不平的。由于切向力 F_i 的作用，动轮在钢轨上滚动时，车轮和钢轨的粗糙接触面产生新的弹性变形，接触面间出现微量滑动，即"蠕滑"。

蠕滑的产生是由于在车轮接触面的前部产生压缩，后部产生拉伸；而在钢轨接触面的前部产生拉伸，后部产生压缩。车轮上被压缩的金属，在接触表面的前部与钢轨被拉伸的金属相接触。随着动轮的滚动，车轮上原来被压缩的金属陆续放松，并被拉伸，而钢轨上原来被拉伸的金属陆续被压缩，因而在接触面的后部出现滑动。

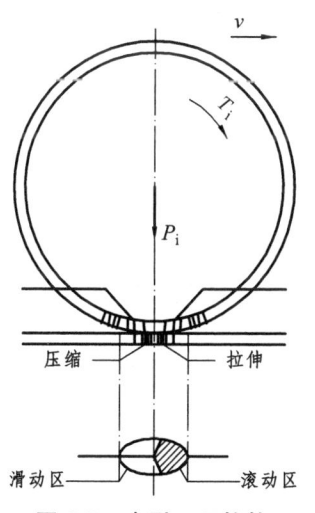

图 2.7 牵引工况轮轨

轮轨接触面存在两种不同的状态：接触面的前部，轮轨间没有相对滑动，称为滚动区，在图 2.7 中用阴影线表示；接触面的后部轮轨间有相对滑动，称为滑动区。这两个区域的大小随切向力的变化而变化。当切向力增大时，滑动区面积增大，滚动区面积减小。当切向力增大超过一定程度时，滚动区面积为零，整个接触面间出现相对滑动，轮轨间的黏着被破坏，即出现空转。这时，牵引力急剧减小，钢轨和车轮都受到一定的磨损。这是一种应尽量避免的不正常状态。如果列车启动时，机车动轮发生空转，列车不仅启动困难，严重的时候，还可能造成钢轨和动轮的严重磨损。

蠕滑是滚动体的正常滑动。动轮在滚动过程中必然会产生蠕滑现象。伴随着蠕滑产生静摩擦力，轮轨之间才能传递切向力。由于蠕滑的存在，牵引时动轮的滚动圆周速度将比其前进速度高。这两种速度的差称为蠕滑速度，用蠕滑率σ表示蠕滑的大小。

$$\sigma = \frac{\omega R_\mathrm{i} - v}{v} \tag{2.50}$$

式中，v表示动轮的前进速度；ω表示动轮转动的角速度；R_i为动轮半径。

轮轨间由于摩擦产生的切向力反过来作用于驱动机构，随着切向力的增大，驱动机构内的弹性应力也增大。当切向力达到极限时，由于蠕滑的积累波及整个接触面，发展为真滑动；积累的能量使车轮本身加速，这时驱动机构内的弹性应力被解除。由于车轮的惯性和驱动机构的弹性，在轮轨间出现滑动—黏着—再滑动—再黏着的反复振荡过程，一直持续到重新在驱动机构中建立起稳定的弹性应力为止。

空转与滑行是电力牵引中一个重要的特殊现象。机车牵引力的实现是依靠轮轨之间的黏着力，一旦牵引电机所产生的牵引力或制动力超过轮轨之间的黏着力，就产生空转或者滑行，该动轴上的牵引力或制动力急剧下降，同时钢轨或轮缘被擦伤。所以机车在运用中应尽量避免这种现象的发生。

影响机车空转与滑行的因素很多。而牵引电机联结方式是重要因素之一。轮轨之间的黏着系数是随着振动和表面状态等因素而不规则地变动，所以当黏着力用得很足时，就会引起频繁空转。黏着性能的好坏主要取决于空转后能否立即再黏着，而牵引电机联结方式对于这种再黏着特性和再黏着后牵引力的恢复特性有很大影响。

实践表明机车牵引电机主线路的并联连接具有较高的防空转能力，能较好利用机车的黏着力，而串联连接较易发生空转。为了分析其原因，首先研究机车轮对空转发生的条件，为此设机车速度为v，对于其中某一动轮对相应于牵引电动机牵引特性$F_\mathrm{l} = f(v_\mathrm{l})$，速度$v_\mathrm{l}$相应于电机转速$n_\mathrm{l}$。假如有偶然的原因，例如，牵引力突然增加或轨面不干净使黏着系数下降，致使动轮踏面与轨面的黏着受到破坏，造成动轮踏面的滑行。

从以上分析可以看出，牵引电动机的特性如何对机车的防空转能力有很大的影响。电机的机械特性愈硬，其防空转能力愈强。直流串激电动机的机械特性较软，比较容易发生空转。除此以外，还应当注意，当电机端压为常数时为自然机械特性。实际情况是轮对发生滑行时，引起电机电流的变化，而电流的变化又引起电机端压的变化。正是由于牵引电机并联连接时，机械特性比串联连接时要硬，使前者具有较好的防空转能力。当发生滑行时，如果牵引电机端压有升高的趋势，那么它是具有较软的变电压下的机械特性，空转的可能性就大。所以分析牵引电机连接对于防空转能力的问题，实际就是分析电机发生滑行后，电机端压变化快慢的程度。

2.2.2 牵引力的形成及限制

1. 牵引力的形成

如图 2.6 所示，由于轮轨间存在黏着，静止的动轮受驱动转矩T_i的作用后，动轮上的O'点受到大小相等、方向相反的切向力F_i和黏着力f_i的作用。O'点保持相对静止，成为动轮的瞬时转动中心。作用在轮轴中心 O 点的力 F_i'，将使动轮绕 O' 点转动，引起轴承对轮轴的水平反作用力 T。只要驱动转矩足够大，动轮即绕瞬时转动中心转动，瞬时转动中心沿钢轨不断前移，机车产生平移运动。

从整个机车来看，驱动转矩归算到轮心的作用力 F_i' 和轴承对轮轴的反作用力 T 是一对内力，而钢轨对动轮的摩擦反作用力 f_i 是动轮受到的唯一水平外力。由于 f_i 的存在，机车才有可能产生平移运动。这个外力称为动轮的轮周牵引力。

机车的轮周牵引力 F 为机车各动轮的轮周牵引力之和，即

$$F = \sum f_i \tag{2.51}$$

机车的轮周牵引力部分克服机车内的各种阻力，其余通过转向架、车体传递到车钩，牵引列车前进。车钩上的那部分牵引力称为车钩牵引力，以 F_w 表示，则

$$F_w = F - W \tag{2.52}$$

式中，W 为机车总阻力。

由以上分析可知，机车的牵引力是动轮受驱动转矩作用后形成的。换句话说，调节驱动转矩可以控制列车的牵引工况。而驱动转矩是可以控制的，因此机车的牵引力可以受司机控制。

2. 黏着对牵引力的限制

如上所述，通过调节牵引电机转矩的大小，可以改变切向力 F_i 的值，只要黏着没有被破坏，由式（2.48）就可以得到不同的轮周牵引力。而机车所能实现的最大牵引力受黏着条件的限制。由黏着条件决定的最大黏着力，也就是动轮不空转所能实现的最大牵引力，用 F_μ 表示，称为黏着牵引力。

$$F_\mu = \mu_{\max} G \tag{2.53}$$

式中，$\mu_{\max}$ 为机车的最大黏着系数；G 为黏着重量。

机车黏着重量的常用单位为 kN，与机车黏着质量间有如下关系：

$$G = P_\mu g \tag{2.54}$$

式中，P_μ 为机车黏着质量；g 为重力加速度，$g = 9.8$（m/s²）。
则

$$F_\mu = \mu_{\max} P_\mu g \tag{2.55}$$

当机车各动轴中的驱动转矩归算到轮缘的作用力之和超过黏着牵引力时，黏着条件相对最差的动轮首先会产生空转，机车的牵引力立即下降。

机车的黏着质量确定之后，实际能够得到的最大牵引力，取决于动轮钢轨间的最大黏着系数 $\mu_{\max}$，而机车在运行中，动轮与钢轨间的黏着系数受很多因素影响，实际中黏着牵引力 F_j 的计算通常用式（2.56）表示：

$$F_j = \mu_j P_\mu g \text{（kN）} \tag{2.56}$$

式中，F_j 为计算黏着牵引力；μ_j 为机车的计算黏着系数；P_μ 为机车黏着质量；g 为重力加速度。

由此可见，轮轨间的黏着力是轮轨相互作用并产生机车牵引力的根源，因此，提高牵引力的措施有以下三方面：一是加大机车功率，使得能在一定时间内将更多的电能或化学能转化为机械能；二是提高轮轨间的黏着系数，从而能将产生的机械能更有效地转化为牵引力；三是增加机车的动轴数，因为黏着牵引力与机车的黏着重量成正比，但每轴的正压力，即轴重，受钢轨、路基、桥梁等设施的限制，所以，欲增加机车的牵引力也可从增加机车的动轴数入手。

2.2.3 黏着系数与改善黏着的方法

1. 计算黏着系数

计算黏着系数 μ_j 不同于理论最大黏着系数 μ_{max}（$\mu_j < \mu_{max}$），它包含了机车轴重和牵引力分配不均、运行中轴重增减载、牵引力的波动、轮轨间滑动等不利因素的影响，并且主要与轮轨表面清洁状况和机车运行速度有关。因此不可能用理论方法制定一个包括各种因素的计算公式，牵引计算中采用的计算黏着系数 μ_j 是通过专门试验得出的试验表达式。它是在正常黏着条件下得到的，当黏着条件不好时，必须采用撒砂等改进黏着的措施。铁道部编制的《列车牵引计算规程》（TB/T 1407—1998）中规定的计算黏着系数的计算公式如下：

国产各型电力机车的计算黏着系数 μ_j，按下式计算：

$$\mu_j = 0.24 + \frac{12}{100 + 8v} \tag{2.57}$$

6K 型电力机车的计算黏着系数 μ_j，按下式计算：

$$\mu_j = 0.189 + \frac{8.86}{44 + v} \tag{2.58}$$

8G 型电力机车的计算黏着系数 μ_j，按下式计算：

$$\mu_j = 0.28 + \frac{4}{50 + 6v} - 0.0006v \tag{2.59}$$

ND_5 型内燃机车的计算黏着系数 μ_j 按下式计算：

$$\mu_j = 0.242 + \frac{72}{800 + 11v} \tag{2.60}$$

式中，v 为机车的运行速度，km/h。

2. 影响黏着系数的主要因素

（1）气候状况及外界因素

干燥清洁的动轮踏面与钢轨表面黏着系数高，冰、霜、雪等天气的冷凝作用或小雨使轨面轻微潮湿时轨面黏着系数低。大雨冲刷、雨后生成薄锈使黏着系数增大；油垢使黏着系数减小。在钢轨上撒砂则能较大地提高黏着系数。

不同轨道的黏着系数不同，需要经多次实验后计算其平均值。

（2）线路质量

钢轨愈软或道砟的下沉量愈大，黏着系数愈小；钢轨不平或直线地段两侧钢轨顶不在同一水平，动轮所处位置的轨面状态不同都会使黏着系数减小。

（3）车辆运行速度和状态

车辆运行速度增高，加剧了动轮对钢轨的纵向和横向滑动及车辆振动，使黏着系数减小。特别是轮轨表面被水污染情况下，黏着系数随速度增加而急剧下降。

车辆运行中由各种因素导致轴重转移，也影响着黏着系数。如车辆过弯道时，造成车辆车轮一侧增载，另一侧减载，造成黏着系数大幅降低，曲线半径愈小，黏着系数降低愈多。牵引与制动工况对黏着系数也有影响，牵引时的黏着系数比制动时要大一些。

（4）动车有关部件的状态

各动轴上牵引电动机的特性不完全相同，在同一运行速度下产生牵引力大的轮对将首先发生空转；各个动轮的直径不同，直径小的动轮发出的牵引力大，容易首先发生空转；各个动轮的动负荷不同，运行中动负荷轻的动轮将首先空转。空转必然导致动车的黏着系数减小。

3. 改善黏着的方法

改善黏着的方法有两大类：一是修正轮轨表面接触条件，改善轮轨表面不清洁状态；二是设法改善轨道车辆的悬挂系统，以减轻轮对减载带来的不利影响。通常采用如下改善黏着的措施：从车辆往钢轨上撒干砂，用机械或化学等方法清洗钢轨、打磨钢轨，改进闸瓦材料如用增黏闸瓦，改善车辆悬挂减小轴重转移。

2.2.4 轴重转移与补偿

机车的轴重是指机车在静止状态时，每个轮对加于钢轨的正压力，在机车出厂前应将机车各轴的轴重调整至尽可能相同。实际上，当机车在牵引运行时，由于轮周牵引力与作用在车钩上的列车阻力不在同一水平线上，使得各轮对的轴重发生变化，有的增载，有的减载。这种机车运行时的轴重重新分配的情况称为牵引力作用下的轴重转移。当然，机车总的黏着质量是不会改变的。

轴重转移一般由两部分组成：一部分是因车钩牵引力和中央支承处的水平作用力不在同一水平线上而引起的转向架之间的轴重转移，前转向架的轴重减载，后转向架的轴重增载；另一部分是因轮周牵引力与中央支承处的水平作用力不在同一水平线上而引起的转向架内部的轴重转移，前轴轴重减载，后轴轴重增载。实际的轴重转移计算比较复杂，除了轮对与转向架及转向架与车体间的弹簧对轴重转移计算有很大影响，轴重转移还受到机车的结构参数、牵引电动机的布置方式和传动方式等许多因素影响。

由式（2.53）可知，轮对发挥的最大黏着力与轴重成正比。轴重越小，轮对发挥的最大黏着力越小，轮对也越容易产生空转。因此，当机车牵引运行时，通常减载最大的轮对将首先产生空转，使整个机车发挥的黏着牵引力减小。

轴重转移导致机车黏着牵引力减小的原因是机车的黏着质量没有得到充分利用。通常用黏着质量利用系数 η 来反映黏着质量利用的程度，即

$$\eta = \frac{G - \Delta G_{\max}}{G} \tag{2.61}$$

式中，G 为机车重量；$\Delta G_{\max}$ 为转移的最大轴重。

在牵引工况下，轴重转移必然会产生，在某些情况下甚至可以达到轴重的 20%或更高，也就是黏着质量的 20%或更多一些没有发挥作用。不仅如此，往往当轴重转移最大时，正是机车发挥最大牵引力的时候。例如，当机车启动及爬坡时，正需要发挥较大的牵引力，而此时轴重转移恰恰也最大。因此，努力减小轴重转移，提高黏着质量利用系数，对充分发挥机车的牵引力具有重要意义。为了减小轴重转移的影响，可以采用低位牵引拉杆和电气补偿的方法，提高黏着质量利用系数。

轴重转移的电气补偿是利用电气控制的办法，使驱动轴重小的动轴牵引电动机的输出转矩减小，而驱动轴重大的动轴牵引电动机的输出转矩加大，以加大机车牵引力。

2.2.5 列车制动力

列车制动力是利用制动装置产生的、与列车运行方向相反、阻碍列车运行的、司机可以根据需要调节的外力，是一种人为的降低列车运行速度或停车的阻力。制动力和列车运行阻力虽然都阻碍列车的运行，但制动力是人为和可控的。另外，制动力较运行阻力大得多，毕竟制动力的目的是为了控制列车的运动。

列车的制动根据用途可分为两种：常用制动和紧急制动。常用制动是在列车正常运行情况下，调节和控制列车运行速度的措施，作用比较缓和，力的大小可以人为调节。根据制动级数，常用制动力一般为制动装置制动能力的 20%~80%。紧急制动，是列车在出现事故等紧急情况下的异常措施，其目的是要求列车尽快停止运动，因此，制动作用猛烈，制动力为制动装置的全部制动能力。另外，紧急制动装置经常备有冗余设备，以确保在列车发生断电等紧急情况下也能保证制动效果，这与常用制动是有区别的。

目前，世界上应用于轨道交通的制动方式很多，根据制动原理的不同，大体上可分为黏着制动和非黏着制动。黏着制动是古老的制动方式，其制动能力来自轮轨的黏着力，因此制动能力大小受黏着条件的限制。黏着制动主要有闸瓦制动、盘式制动、电阻制动和再生制动等形式。非黏着制动与黏着制动的制动原理不同，是比较新型的制动方式，制动能力不受黏着条件限制，主要有磁轨制动、涡流制动、翼板制动等。

1. 制动方式

产生制动力的方法可分为以下三类：

（1）空气（摩擦）制动：包括闸瓦制动和盘式制动

闸瓦制动是以压缩空气为动力源，将制动缸的力通过杠杆传动系统对闸瓦施力，从而将闸瓦压紧车轮踏面由摩擦产生机械制动力。这种制动方式会引起轮对和闸瓦磨损，需要经常更换闸瓦。

盘式制动也以压缩空气为动力源，与闸瓦制动不同之处在于，闸瓦制动是利用闸瓦和车轮踏面构成摩擦面，盘式制动则利用制动盘和转动夹钳上的闸片形成摩擦面。

（2）电气制动：包括电阻制动和再生制动

电力机车和电传动内燃机车利用牵引电机的可逆原理，在制动工况时把牵引电动机变为发电机，动轴在列车惯性力的推动下，通过齿轮带动牵引电机的转子旋转发电，将列车的动能变为电能而形成制动力。这时，牵引电动机轴上的反向转矩，作用在动轮上形成电制动力，称为电气制动。采用这种制动可以提高列车运行速度，降低轨道车辆轮对及闸瓦的磨损。

如果利用特设的制动电阻使电气制动时牵引电机所产生的电能转化为热能散发掉，称为电阻制动或能耗制动。如果将电能重新反馈回电网中去加以利用，就称为再生制动或反馈制动，可见，这种制动方式能够节约电能。

空气（摩擦）制动和电气制动产生的制动力，同牵引力产生原理一样，都是通过轮轨黏着产生的。

（3）电磁制动：包括磁轨制动和轨道涡流制动

磁轨制动是在转向架的两个侧架下面各安装一个制动用的电磁铁，制动时将电磁铁放下并接通激磁电流利用电磁吸力压紧钢轨，通过电磁铁上的磨耗板与轨面之间的滑动摩擦产生制动力。

轨道涡流制动也是将电磁铁悬挂在转向架侧架下面，制动时将电磁铁下放到距轨面 7～10 mm 处，电磁铁通电后与钢轨相对运动使钢轨感应出电涡流，产生的电磁吸力作为制动力。

电磁制动的最大优点是所产生的制动力不受轮轨间的黏着条件限制。

空气制动是轨道交通中使用的基础制动装置，尽管在当今的干线铁路列车及地铁列车中，空气制动不是作为优先的制动方式，但当电气制动在受制动电流及列车速度限制时，需要用空气制动来补充其制动力的不足；另外，在任何情况下的紧急制动，空气制动更加可靠。

地铁的制动方式主要有：空气制动、电气制动以及空电配合制动。空电配合制动是通过制动器和列车上的其他控制设备，合理分配电制动和空气制动的大小和比例，从而能实现比较理想的制动力，对列车实现分级制动控制。电制动优先、空气制动配合的制动方式是地铁与城际铁路制动的重要不同之处。

2. 通过轮轨黏着产生制动力的原理

正如前面所述，空气制动和电气制动都是通过轮轨黏着产生制动力的。下面以闸瓦制动为例，说明通过轮轨黏着产生制动力的过程。

如图 2.8 所示是一个轮对利用闸瓦制动产生制动力的示意图。通过制动缸的压缩空气 p_b 施加到活塞上，产生推力，经过制动杠杆系统的放大作用，对安装于制动杆顶端的闸瓦施加

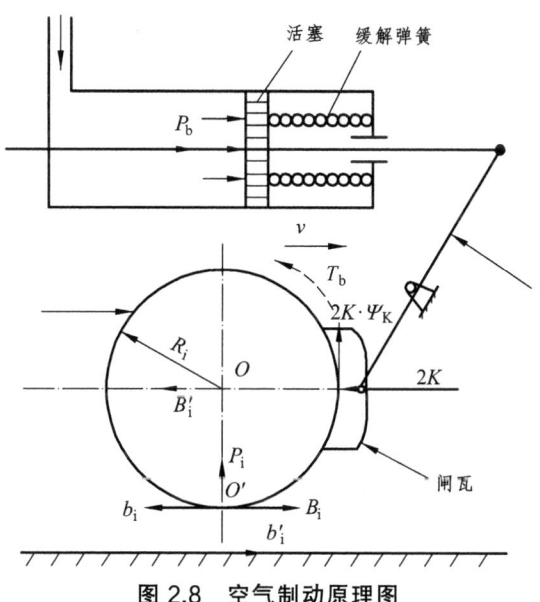

图 2.8　空气制动原理图

压力,闸瓦在压力的作用下,被紧紧压到车轮踏面上。

设一个轮对上有两块闸瓦,在忽略其他各种摩擦阻力的情况下,轮对在平直道上滚动惰行。若每块闸瓦以力 K 压向车轮踏面,闸瓦与踏面间引起与车轮转动方向相反的滑动摩擦力为 $2\Psi_K K$(Ψ_K 为动轮与闸瓦间的滑动摩擦系数)。这种闸瓦制动不仅可用于机车动轮对上,也可以用于车辆的非动轮对上。对于机车或车辆来说,此摩擦力是内力,不能使列车减速,但作用于轮对上的摩擦力形成的转矩与牵引电动机产生的转矩一样,通过轮轨间的黏着,引起与列车运动方向相反的外力,从而实现了列车的减速。

摩擦力 $2\Psi_K K$ 对车轮的作用效果相当于制动力矩 T_b,并满足以下关系:

$$T_b = 2\Psi_K K R_i \tag{2.62}$$

应用类似牵引力形成的分析方法,转矩 T_b 可以用作用在轮轨接触处和轴心处的力偶(B_i,B_i')代替。力偶的力臂为车轮半径 R_i,且作用力:

$$B_i = B_i' = T_b / R_i = 2\Psi_K K \tag{2.63}$$

轮轨接触处因轮对的正压力 P_i 而存在黏着,切向力 B_i 将引起钢轨对车轮的静摩擦反作用力 b_i,则 $b_i = B_i = 2\Psi_K K$。b_i 作用于车轮踏面的 O' 点,作用方向与列车运行方向相反,是阻止列车运行的外力,称为制动力。制动力 b_i 也是轮轨间的黏着力,因而也受到黏着条件的限制,即

$$b_i \leq \mu_b P_i g \tag{2.64}$$

式中,μ_b 为制动时轮轨间的黏着系数;P_i 为黏着质量。

制动时轮轨间的黏着系数不同于牵引时的黏着系数。我国《列车牵引计算规程》规定的机车、车辆制动时轮轨间的黏着系数 μ_b 如下:

干燥轨面 $\quad \mu_b = 0.0624 + \dfrac{45.6}{v+260}$ (2.65)

潮湿轨面 $\quad \mu_b = 0.0405 + \dfrac{13.55}{v+120}$ (2.66)

式中,v 为机车的运行速度,km/h,公式适用范围 $v \leq 120$ km/h。

整个列车总的闸瓦制动力为机车、车辆所有轮对闸瓦制动力之和,即

$$B = \sum b_i \tag{2.67}$$

制动力的大小可以采用加减闸瓦压力来调节,但不能大于黏着条件所允许的最大值。否则车轮被闸瓦"抱死",车轮与钢轨间产生相对滑动,车轮的制动力变为滑动摩擦力,且数值立即减小,使得轮子在钢轨上继续滑行,这种现象称为"滑行"。滑行时制动力大为降低,制动距离增加;还会擦伤车轮与钢轨的接触面,因此应尽量避免。

电气制动与摩擦制动的不同只是制动转矩由电机产生,而制动力都是通过轮轨黏着产生的,同样应避免滑行。

3. 闸瓦制动力

通过对闸瓦制动原理的分析,可知影响闸瓦制动的因素有:一是闸瓦压力;二是闸瓦和

车轮踏面的摩擦系数。由于闸瓦压力不能无限增大，它受到黏着条件等的制约，因此，提高空气制动能力的关键是提高闸瓦和车轮间的摩擦系数。

影响闸瓦摩擦系数的因素主要有 4 个，即闸瓦的材质、列车的速度、闸瓦压强和制动初速度。其中，闸瓦材质是影响闸瓦摩擦系数的最重要的因素。铸铁闸瓦是长期以来用于机车、车辆制动器上的材料。经过多年来的使用和改进，铸铁闸瓦现在主要有普通铸铁闸瓦（含磷量 0.3% 左右）、中磷铸铁闸瓦（含磷量 0.7%～1.0%）、高磷铸铁闸瓦（含磷量 2% 以上）及稀土铸铁闸瓦（含磷量 1%～1.3%）。

《列车牵引计算规程》规定的各种闸瓦的实算摩擦系数公式如下：

中磷铸铁闸瓦 $\quad \varphi_k = 0.64 \times \dfrac{K+100}{5K+100} \times \dfrac{3.6v+100}{14v+100} + 0.0007(110-v_0)$ （2.68）

高磷铸铁闸瓦 $\quad \varphi_k = 0.82 \times \dfrac{K+100}{7K+100} \times \dfrac{17v+100}{60v+100} + 0.0012(120-v_0)$ （2.69）

式中，K 为一块闸瓦的实算闸瓦压力，kN；v 为制动过程中列车的运行速度，km/h；v_0 为制动初速，km/h。

在现今的城市轨道交通中，由于电制动优先，因此空气制动的计算主要用作紧急制动情况的验证。其计算方法可以参考牵引计算规程的有关空气闸瓦制动的计算方法，或根据具体动车组中空气制动装置的说明进行计算。

2.3　列车运行阻力

列车运行阻力是与列车运行方向相反、阻碍列车运行的、司机不可控制的外力，简称列车阻力，用 W 表示。由于列车由机车和车辆组成，因而运行阻力也分别由它们产生，设作用在机车上的阻力为 W'、作用在车辆上的阻力为 W''，则作用在列车上的阻力为

$$W = W' + W'' \quad (2.70)$$

按产生原因，列车阻力可分为两类：基本阻力和附加阻力。

试验表明，作用在机车、车辆上的阻力，绝大部分都与其质量成正比。因此，牵引计算中常用单位质量的阻力来计算作用在机车、车辆上的阻力，称为单位阻力，分别用 w'、w'' 表示，单位是 N/kN。

机车的单位阻力为

$$w' = W'/m_1 g \quad (2.71)$$

车辆的单位阻力为

$$w'' = W''/m_2 g \quad (2.72)$$

式中，m_1 为机车质量；m_2 为车辆总质量，单位都为吨（t）。

则作用在列车上的单位总阻力 w 为

$$w = w' + w'' \quad (2.73)$$

2.3.1 基本阻力

基本阻力是机车和车辆在运行中任何情况下都存在的阻力，用 W_0 表示。

引起基本阻力的因素很多，归纳起来可分为以下五类。

1. 轴颈与轴承间的摩擦阻力

列车运行时，机车、车辆所有轮对的轴颈与轴承之间都将产生摩擦阻力，阻止轮对的转动。这部分阻力与轴布置、摩擦系数和轮对尺寸有关。

2. 轮轨间的滚动摩擦阻力

车轮压在轨面上，轮轨间形成椭圆形接触面。当车轮滚动时，轨面因挤压而变形，引起的附加阻力，即为滚动摩擦阻力。滚动摩擦阻力受轴重、轮轨材料的硬度、线路质量、车轮半径、运行速度等的影响，其值一般较小。

3. 轮轨间的滑动摩擦阻力

车轮的圆锥形踏面、某些轮对组装不正、同一轮对的车轮直径不等，都将导致车轮在滚动的同时存在纵向和横向的滑动而成滑动摩擦阻力。

4. 冲击阻力

列车运行时，由于钢轨接缝、轨道不平直以及轮轨擦伤等原因，引起轮轨间的冲击，另外，机车车辆间也存在着纵向和横向的冲击和振动，这些都将消耗机车能量，这些能量所相当的阻力称为冲击阻力。

以上四类阻力均属于机械阻力。

5. 空气阻力

列车运行时，由于与周围空气发生相对运动，而使列车前面的空气被压缩、尾部的空气稀薄产生涡流，从而形成前后两端的压力差，这部分阻力称为压差阻力。此外，因机车、车辆突出部分及转向架等在运行时，扰动空气而产生扰动阻力。这些阻碍列车运行的阻力，称为空气阻力。列车的空气阻力与列车最大截面面积、空气密度、列车表面形状有关，与空气相对速度的平方成正比。因此高速列车的空气阻力成为基本阻力的主要部分。

上述引起列车基本阻力的五种因素，随着列车速度的高低而有不同的影响。启动时，几乎没有空气阻力，以轴颈与轴承间的摩擦阻力、轮轨间的滚动摩擦阻力为主；低速运行时，轴颈与轴承间的摩擦阻力占较大比例，速度提高后，轮轨间的滑动摩擦阻力、冲击振动阻力以及空气阻力的比重逐渐增大；高速运行时，空气阻力成为基本阻力的主要部分，因此，高速列车的外形流线化就特别重要。

产生列车基本阻力的原因较多，影响因素复杂。因此列车的基本阻力难以用纯理论公式计算，只能用通过大量试验综合得出的试验公式来计算。在《列车牵引计算规程》中，规定了各型机车车辆单位基本阻力的计算公式。

（1）电力机车单位基本阻力

以下为各型电力机车的单位基本阻力的计算公式

SS_1, SS_3 及 SS_4 型	$w_0' = 2.25 + 0.019v + 0.000\ 323\ 2v^2$	（2.74）
SS_7	$w_0' = 1.40 + 0.003\ 8v + 0.000\ 348v^2$	（2.75）
SS_8	$w_0' = 1.02 + 0.003\ 5v + 0.000\ 426v^2$	（2.76）
6K	$w_0' = 3.25 + 0.009\ 2v + 0.000\ 308v^2$	（2.77）
8G	$w_0' = 2.55 + 0.008\ 3v + 0.000\ 212v^2$	（2.78）

（2）客车单位基本阻力

21，22 型客车（v_{max} = 120 km/h）	$w_0'' = 1.66 + 0.007\ 5v + 0.000\ 155v^2$	（2.79）
25B，25G 型客车（v_{max} = 140 km/h）	$w_0'' = 1.82 + 0.010\ 0v + 0.000\ 145v^2$	（2.80）
准高速单层客车（v_{max} = 160 km/h）	$w_0'' = 1.61 + 0.004\ 0v + 0.000\ 187v^2$	（2.81）
准高速双层客车（v_{max} = 160 km/h）	$w_0'' = 1.24 + 0.003\ 5v + 0.000\ 157v^2$	（2.82）

（3）货车单位基本阻力

滚动轴承货车（重车）	$w_0'' = 0.92 + 0.004\ 8v + 0.000\ 125v^2$	（2.83）
滑动轴承货车（重车）	$w_0'' = 1.07 + 0.001\ 1v + 0.000\ 236v^2$	（2.84）
油罐车专列（重车）	$w_0'' = 0.53 + 0.012\ 1v + 0.000\ 080v^2$	（2.85）
空货车（不分车型）	$w_0'' = 2.23 + 0.005\ 3v + 0.000\ 675v^2$	（2.86）

油罐车与其他货车混编时，按滚动轴承货车基本阻力公式计算。

以上各式中，v 为运行速度，单位为 km/h。

从以上计算公式可以看出，机车车辆单位基本阻力可归纳为

$$w_0 = A + Bv + Cv^2 \tag{2.87}$$

其中，A，B，C 为常数，公式中第 1，2 项相应于阻力产生原因中的第 1～4 项，而公式中第 3 项代表空气阻力，它与速度的平方成正比。

《列车牵引计算规程》只给出了城际列车的基本阻力计算公式，而对于动车组，不同的动车组有不同的计算公式。

下面给出部分公式供参考：

广州地铁	$w_0 = 2.755\ 1 + 0.014v + 0.000\ 75v^2$	（2.88）
广州地铁 B 型	$w_0 = 2.4 + 0.014v + 0.001\ 293v^2$	（2.89）

2.3.2 附加阻力

附加阻力是个别情况下发生的阻力。例如，在坡道上运行时的坡道附加阻力 W_i、在曲线上运行时的曲线附加阻力 W_r、在隧道内运行时的隧道附加阻力 W_s 等。启动阻力是指机车和车辆由静态到动态的综合性阻力。

1. 坡道附加阻力

机车、车辆在坡道上运行时，除了基本阻力以外，还有坡道附加阻力的作用，简称坡道阻力。坡道阻力是列车的重力沿轨道下坡方向的分力。

如图2.9所示，一段线路 AB，长度为 l，坡段终点 B 对始点 A 的高度差为 h，设 AB 与水平线 AC 的夹角为 α，则坡度千分数为

$$i = \frac{BC}{AB} \times 1\,000 = \frac{h}{l} \times 1\,000 = 1\,000\sin\alpha \quad (‰) \tag{2.90}$$

坡度千分数 i 上坡时为正值，下坡时为负值。

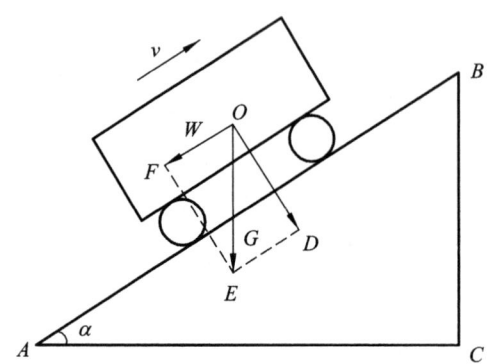

图2.9 坡道附加阻力示意图

若有一车辆在坡道 AB 上运行，其重力为 G（单位为 kN），其值按比例用线段 OE 表示，则此力可分解为 OD 和 OF 两个分力。其中垂直分力 OD 作用于钢轨，被钢轨的反力所平衡，分力 OF 作用方向与车辆的运行方向相反，形成坡道阻力，用 W_i（kN）表示。

如图2.9所示，直角三角形 ABC 与 EOF 是相似三角形，其对应边成比例，则

$$\frac{OF}{OE} = \frac{BC}{AB} \tag{2.91}$$

$$OF = \frac{BC}{AB} \times OE = OE\sin\alpha \tag{2.92}$$

$$W_i = G\sin\alpha \tag{2.93}$$

车辆重力的单位是 kN，坡道附加阻力的单位是 N，为了统一成 N，上式右边应乘以 1 000，则

$$W_i = 1\,000 G\sin\alpha \tag{2.94}$$

和基本阻力一样，坡道阻力通常也用单位阻力 w_i 表示，则平均到车辆每 kN 重力上的单位坡道阻力为

$$w_i = W_i/G = 1\,000\sin\alpha \tag{2.95}$$

根据式（2.90），有

$$w_i = i \quad (\text{N/kN}) \tag{2.96}$$

例如，列车在 6‰ 的坡道上运行，上坡时的坡度千分数 $i = 6$，单位坡道阻力 $w_i = 6$ N/kN；下坡时的坡度千分数 $i = -6$，单位坡道阻力 $w_i = -6$ N/kN。坡道阻力有正负之分，负阻力实际上起牵引力的作用。

动车组的单位坡道阻力计算也可依照式（2.96）计算。

2. 曲线附加阻力

机车、车辆在曲线上运行时的阻力大于同样条件下直线上运行时的阻力，其增大部分叫曲线附加阻力，简称曲线阻力。

引起曲线阻力的因素很多，主要有：机车、车辆在曲线上运行时，有些车轮轮缘压向外侧钢轨、有些车轮轮缘压向内侧钢轨，使轮缘与钢轨内侧面的摩擦增加；在离（向）心力的作用下，车轮向外（内）侧移动，使轮轨间的横向滑动增加；由于同轴两车轮沿着不同直径的滚动圆滚动，使轮轨间的纵向滑动增加；进入曲线后，转向架围绕心盘转动时，上下心盘之间产生的摩擦，轴瓦瓦头与轴颈之间的摩擦加剧，都使阻力增加。

可见，曲线阻力的影响因素比较复杂，难以用理论推导出计算公式，通常采取对比的方法，并考虑主要的、易于计算的因素，经试验得出试验公式。

按《列车牵引计算规程》规定，在圆曲线上运行的机车车辆，其单位曲线阻力试验公式为

$$w_\text{r} = \frac{600}{R} \text{（N/kN）} \tag{2.97}$$

式中，600 为试验常数；R 为曲线半径，m。

如果已知曲线中心角 α 及所对弧长 l_r，也可求得曲线阻力。

根据曲线中心角与所对弧长成正比的几何定理，有

$$\frac{2\pi R}{360} = \frac{l_\text{r}}{\alpha} \tag{2.98}$$

$$R = \frac{360 l_\text{r}}{2\pi\alpha} = 57.3 \frac{l_\text{r}}{\alpha} \tag{2.99}$$

将上式代入式（2.97）得

$$w_\text{r} = \frac{10.5\alpha}{l_\text{r}} \text{（N/kN）} \tag{2.100}$$

式中，α 为曲线中心角，（°）；l_r 为曲线中心角所对应的弧长，m。

3. 隧道空气附加阻力

列车进入隧道时，对隧道内的空气产生冲击作用，使列车头部受到突然增大的正面压力。进入隧道后，列车驱使空气移动，造成列车头部的正压与尾端负压，由于机车和车辆外形结构的原因，空气形成紊流，造成空气与列车表面及隧道表面的摩擦，产生摩擦阻力。以上两项阻力之和称为隧道空气阻力。列车在空旷地段运行也有空气阻力。所谓隧道空气附加阻力，是指隧道内空气阻力与空旷地段空气阻力之差，用 w_s 表示。

列车的隧道空气附加阻力与隧道长度、隧道截面面积、列车运行速度、列车外形等许多因素有关。隧道越长，隧道空气附加阻力越大；列车越长，隧道空气附加阻力也越大。当前，理论上计算隧道空气附加阻力尚不成熟，通常采用经验公式或试验确定。

对于城市轨道交通而言，如果是地铁系统，则不存在单独计算隧道空气附加阻力的问题，

因为计算列车基本阻力时,已经考虑了其隧道空气附加阻力的影响。

4. 其他附加阻力

如前所述,机车、车辆的基本阻力公式是在一定的气候条件下通过试验得出的。气候条件变化时列车的阻力亦将发生变化。如空气阻力将随风速和风向发生很大变化;严寒季节将使润滑油黏度增大,也会增大摩擦阻力。因此,大风或低气温将引起因气候条件产生的附加阻力。

5. 启动阻力

机车、车辆停止时,轴颈与轴承之间的润滑油被挤出,油膜减薄;同时,轴箱温度降低,油的黏度增大,故启动时轴颈与轴承间的摩擦阻力增大。另外,车轮在停止时更深地压入钢轨,从而增大了启动时的滚动阻力。此外,列车启动时,要求有较大的加速力以克服列车的静态惯性力(或者叫作从静态到动态的启动加速力)。因此,列车启动阻力是包括启动加速力在内的综合性阻力。

当列车由高速向低速运行,运行速度低于 10 km/h 时,机车、车辆的单位基本阻力允许按 10 km/h 时的单位基本阻力计算。而列车启动时,是由静态向动态转变的过程,影响单位启动阻力的随机因素很多,数值变化很大,启动阻力应专门计算,不适用上述规定。

列车启动时,机车、车辆的启动阻力经验公式如下:

电力、内燃机车的单位启动阻力 $w_q' = 5$(N/kN) (2.101)

滚动轴承货车单位启动阻力 $w_q'' = 3.5$(N/kN) (2.102)

滑动轴承货车的单位启动阻力 $w_q'' = 3 + 0.4i_q$(N/kN) (2.103)

2.4 列车运动方程

所谓列车运动方程,就是从定量的角度讨论列车在运动过程中,受到的外力与其运动状态的动态变化关系,包括列车受到的合力与所获得的加速度的关系,列车速度与运行距离的关系,运行距离与消耗时间的关系等。

如前所述,当机车牵引车辆行驶时,在整个列车上作用着很多力。这些力有些是不直接影响列车运动状态的,如与路面垂直的力以及一些相互抵消的内力等。有些是直接影响列车运行状态的外力,这些直接影响列车运行状态的力有牵引、阻力、制动力三种。

列车在外力的作用下会产生运动状态的改变,也就是使速度发生变化。当列车速度变化时,机车车辆的轮对以及传动机构、电动机等旋转部件的角速度也相应变化。

2.4.1 列车运动方程式的导出

列车运动方程建立的基础,是将列车视为刚性系统,即在外力作用下不会发生变形,利用系统合力所做的功等于系统动能增量的动能定律而推导出来。

列车动能包括两部分：一部分是列车线性运动的动能；另一部分是列车旋转部分的转动动能。

$$E_k = \frac{mv^2}{2} + \sum \frac{J\omega^2}{2} \tag{2.104}$$

式中，E_k 为列车动能；m 为列车质量；J 为列车旋转部分的转动惯量；ω 为列车旋转部分的角速度。

设旋转部分的换算半径为 R_h，根据 $\omega = v/R_h$，代入式（2.104），可得

$$E_k = \frac{mv^2}{2} + \sum \frac{Jv^2}{2R_h^2} = \frac{mv^2}{2}\left(1 + \sum \frac{J}{mR_h^2}\right) = \frac{mv^2}{2}(1+\gamma) \tag{2.105}$$

式中，$\gamma = \sum \frac{J}{mR_h^2} = \frac{\sum J/R_h^2}{m}$ 为回转质量系数，即列车旋转部分的动能折算质量与列车全部质量的比值。

对式（2.105）两端进行微分，得

$$dE_k = m(1+\gamma)v dv \tag{2.106}$$

由于动能增量等于合力所做的微功，即

$$dE_k = C dS \tag{2.107}$$

式中，C 为列车所受外力的合力，S 为运行距离，而 $dS = v dt$。

由式（2.106），（2.107），则 $Cv dt = m(1+\gamma)v dv$，即 $\frac{dv}{dt} = \frac{C}{m(1+\gamma)}$，从而得列车运动方程为

$$C = m(1+\gamma)\frac{dv}{dt} \tag{2.108}$$

式中，若取国际单位制，则速度 v 单位为 m/s，时间 t 取 s，合力 C 取 N，列车总质量 m 取 kg。

γ 为列车回转质量系数，因机车车辆形式和列车组成而异，可以通过试验得出。表 2.3 为不同类型机车或列车及动车组的 γ 值。

表 2.3 不同类型机车或车辆的回转质量系数

类型	电力机车	内燃机车	客车	重货车	空货车	动车组	
						动力集中	动力分散
γ	0.15~0.25	0.10~0.15	0.04~0.06	0.03~0.04	0.08~0.10	0.06~0.08	0.08~0.11

2.4.2 列车运行状态

当电传动机车牵引列车时，列车有以下三种运行状态：

1. 牵引状态

牵引状态下，牵引电动机通电转动，将电能变为机械能，驱动机车使列车运行。

可见，牵引状态下列车上作用的外力有牵引力 F 与阻力 W，如果设机车的质量为 m_1；车辆的总质量为 m_2，则式（2.108）中的 $m = m_1 + m_2$，因此，牵引状态的列车运动方程式可写成

$$F - W = (1+\gamma)(m_1 + m_2)\frac{\mathrm{d}v}{\mathrm{d}t} \qquad (2.109)$$

如果 $F > W$，则 $\mathrm{d}v/\mathrm{d}t > 0$，说明列车在加速运行。

如果 $F < W$，则 $\mathrm{d}v/\mathrm{d}t < 0$，说明列车在减速运行，在列车上坡时是有可能发生这种运行情况的。

当 $F = W$，则 $\mathrm{d}v/\mathrm{d}t = 0$，说明列车在等速运行或是停止不动。

2. 惰行状态

在惰行状态下，牵引电动机不通电，列车靠惯性运行。列车上作用的外力只有阻力 W，则惰行状态的列车运动方程式可写为

$$-W = (1+\gamma)(m_1 + m_2)\frac{\mathrm{d}v}{\mathrm{d}t} \qquad (2.110)$$

在一般情况下，W 是正值，也就是阻力 W 是阻止列车运行的。这时 $W > 0$，则 $\mathrm{d}v/\mathrm{d}t < 0$，列车减速运行。

但当列车在一个较大的下坡道上向下惰行时，也可能 $W < 0$，这时 $\mathrm{d}v/\mathrm{d}t > 0$，列车加速运行。此外，在下坡道上向下运行时，也会发生 $W = 0$ 的情况，这时 $\mathrm{d}v/\mathrm{d}t = 0$，列车等速惰行。

3. 制动状态

制动状态下，列车被施加制动力，使列车减速运行。可见，除阻力 W 外，还有制动力 B 作用在列车上，则制动状态的列车运动方程式可写为

$$-(W+B) = (1+\gamma)(m_1 + m_2)\frac{\mathrm{d}v}{\mathrm{d}t} \qquad (2.111)$$

在一般情况下，$W + B > 0$，则 $\mathrm{d}v/\mathrm{d}t < 0$，列车减速运行。

当列车在大的下坡道上向下行驶时，可以设想也许会发生 $(W+B) < 0$ 的情况，这时 $\mathrm{d}v/\mathrm{d}t > 0$，列车仍在加速。当然这种情况只有在调节速度的制动时才是允许的。因为在加上制动力以后，列车仍加速向下运行，那就很可能造成危险事故。

如果 $(W+B) = 0$，则 $\mathrm{d}v/\mathrm{d}t = 0$，说明列车等速向下运行。

式（2.109）~（2.111）中牵引力 F、阻力 W、制动力 B 的单位都为千牛（kN），加速度的单位为米/秒^2（m/s^2），质量的单位为吨（t）。

2.5 牵引特性

列车牵引力随列车速度变化的规律称为列车的牵引特性。

列车的牵引特性反映了列车运行过程中牵引力在数量上的变化，是表示列车工作能力的最重要的特性之一。

3.1.3 整流线路

我国干线电力机车采用 50 Hz 工频单相整流线路。SS_1 型电力机车均采用单相桥式整流线路，单相整流线路整流电压的脉动较大，为了改善牵引电动机在脉动电压下工作的换向性能，在机车主电路中设有平波电抗器。SS_3 型电力机车主电路采用牵引变压器低压侧调压开关分级与晶闸管级间相控调压相结合的平滑调压调速技术，使机车获得良好的调速性能。SS_4 型机车采用相控无级调压、交-直传动，是我国相控机车的经典电路，与后续开发的 SS_5，SS_6，SS_7，SS_8 及 SS_9 型电力机车一起，构成我国晶闸管相控调压、交-直传动的系列产品。

3.1.4 调速方式

机车启动和调速是列车牵引中最根本的任务。对于电力机车，可以有各种不同的方案来实现机车调速。不同的调速方案对机车的性能、功率因数和谐波干扰都有很大的影响。调速方案的基本要求是：不中断主电路的供电，并且尽可能地使牵引力变化平滑，冲击力小，要有尽可能多的速度运行级，均匀地分布在机车的工作速度范围内，平滑无级调速是较理想的调速方式。在电力机车上利用晶闸管进行平滑无级调速，不但可使机车功率平滑地变化，而且晶闸管具有反应速度快的优点。当机车动轴发生空转时，晶闸管调节系统可以迅速作出反应，调节电机负载电流，使牵引电动机空转不至于发展。

通过直流或脉流牵引电动机的磁场削弱可进一步提高机车速度，这是电力机车常用的方法，因为这种方法可以在机车高速时更好地发挥牵引电动机的功率，而并不需要增加牵引电动机的额定容量。增加一些削磁用的开关设备，要比为提高机车速度而增加牵引变压器和牵引电机的容量经济得多。近年来，由于晶闸管的应用，有些机车采用他励或复励牵引电动机，它具有较好的防空转性能，并可实现平滑无级的磁场削弱。

3.1.5 电气制动方式

机车电气制动可分电阻制动和再生制动两种。从能量利用来看，电阻制动虽然不如再生制动，但是电阻制动的主电路工作比较可靠、稳定和制动的速度范围较广，技术也较简单，故在电力机车上得到广泛的使用。

电阻制动时通常将所有电动机串励绕组串联起来接成他励，由牵引变压器供电。

电力机车再生制动时反馈给电网的电能可供运行于同一区段的电力机车使用，或者反馈给交流电网的一次侧线路，经济效益较大，同时可以取消制动电阻及其转换开关，使机车主电路得到简化。但是采用再生制动的机车必须采用全控整流线路，控制线路较为复杂。此外再生制动时，机车功率因数很低，电网电压和电流波动较大，对通信和运行于同一区段的其他整流器电力机车工作有较大的干扰作用。

除机车主电路以外，机车辅助电路是保证机车正常运行不可缺少的部分，主电路中的各种大功率电器设备的冷却和各种气动机械装置的压缩机风源，都要用三相异步电动机来驱动。为了将车上的单相电源转换成三相，在机车辅助电路内设有旋转式的异步劈相机或静止式的晶闸管分相装置。

3.2 交-直型电力机车主电路

机车性能与整流电路的选择有很大关系，从供电性能来说，机车最主要的指标有两个：一个是功率因数和谐波电流；另一个是机车的效率和节能。为了提高机车的功率因数，减少谐波电流，可以有各种方法。而为了节能，应该采用可以再生的全控整流电路。但是，这些措施都带来一定的技术难度和制造费用的增加，所以实际机车整流电路是随着电子技术的不断发展而变化的，开始是不控整流电路，用高压侧或低压侧调压开关进行有级调压，然后是二段半控桥整流电路，进行无级平滑调压。近来采用经济四段半控整流电路。再生制动在 SS_5 和 8K 机车上有应用。

3.2.1 6G 型机车主电路

6G 型电力机车为无级调压机车，它的轴式是 Co—Co，采用二段半控桥顺序控制整流电路。主变压器次边有四个牵引绕组，每个额定电压为 500 V，分别给四个半控整流电路供电，四个整流电路分成两组，每组两个半控整流电路串联连接，分别给转向架Ⅰ或Ⅱ的三台牵引电机供电。如图 3.1 所示为其中一组给一个转向架三台电机供电的原理图，其中 TFQRM 为电流互感器，次边接有过载继电器 QRM，当次边发生过载或短路时，通过 QRM 去开断原边的主断路器。半控桥 RM_1 和及 RM_2 串联连接。调节分成第一和第二调节区。在第一调节区时，RM_2 桥闭锁，不参加工作，负载电流经 RM_2 桥的整流管 D_3 和 D_4 续流。此时控制 RM_1 桥的晶闸管 T_1 和 T_2，可使平均输出电压从零增加到 450 V；在第二调节区间，RM_1 桥的晶闸管 T_1 和 T_2 保持满开放，即 $\alpha=0$，同时控制 RM_2 桥的晶闸管 T_3 和 T_4，可使平均输出的电压从 450 V 增加到 900 V。图 3.1

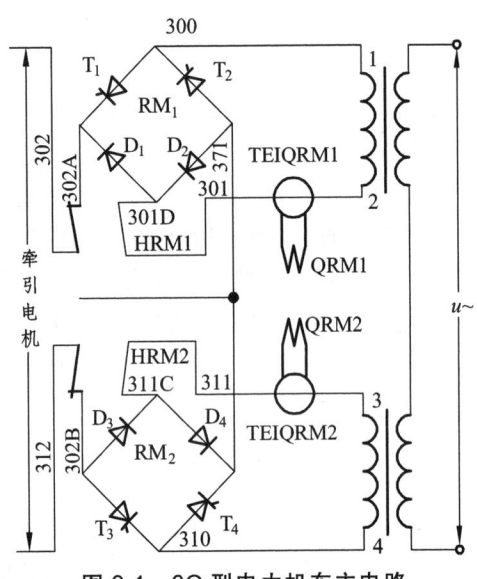

图 3.1 6G 型电力机车主电路

中 HRM 为故障隔离开关，当有一个半控桥整流桥有故障时，用相应的 HRM 将其切除，而另一半控整流桥可以继续工作。

3.2.2 SS_4 型机车主电路

SS_4 型机车为八轴电力机车，由两节组成，每节的电气设备相同，可以单独使用，它的轴式是 2（Bo-Bo）。每节有两个转向架，每个转向架上有两台牵引电机。如图 3.2 所示为一节车的电气线路原理图。主变压器有 4 个牵引绕组，2 个组成一组，分别给牵引电机 1M 和 2M 或 3M 和 4M 供电。牵引绕组 a_1x_1 和 a_3x_3 为中抽式，绕组 $a_1b_1(a_3b_3)$、$b_1x_1(b_3x_3)$ 的空载额定电压为 335 V，绕组 $a_2x_2(a_4x_4)$ 的空载额定电压为 670 V。所以绕组 $a_1x_1(a_3x_3)$ 和 $a_2x_2(a_4x_4)$ 叠加电压为

1 340 V，如用全电压的相对值来表示这样连接，可组成 1/4，1/4，1/2 三段不等分整流桥。

每节机车主整流器分成两组，每组由两个整流桥串接而成，如 11 与 13，12 与 14。11（12）为六臂桥，由四臂晶闸管 $T_1 \sim T_4$ 与两臂二极管 D_1，D_2 组成。每臂由五个元件并联。13（14）为普通的四臂桥，由 T_5，T_6 及 D_3，D_4 组成。三段不等分桥，可通过 $T_1 \sim T_6$ 之间的顺序移相与开关控制相结合的排列组合控制方式，达到等分四段整流桥的效果，如图 3.3 所示。

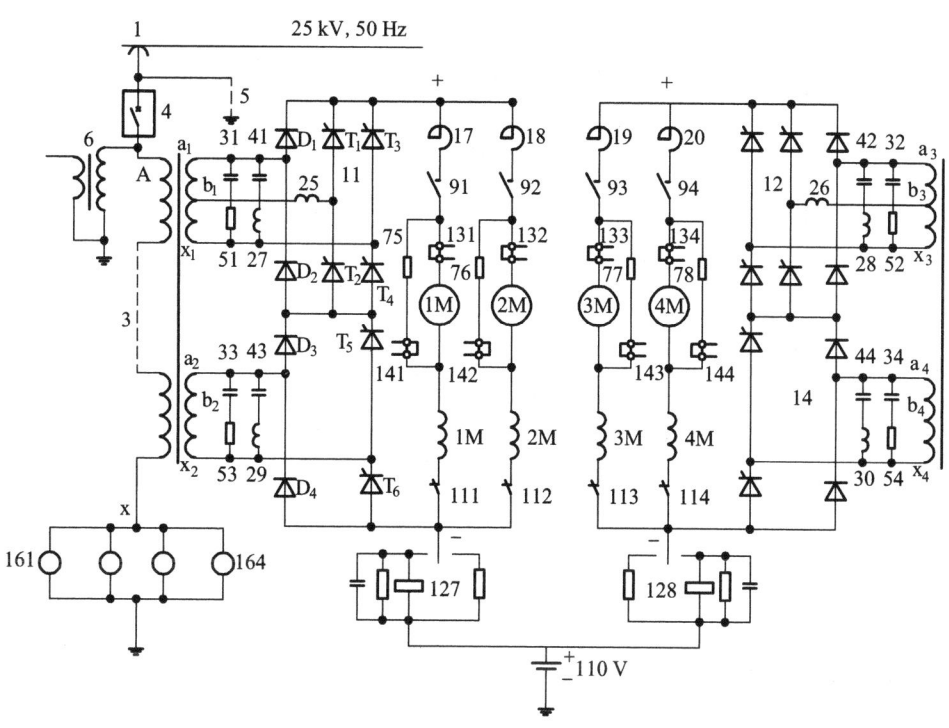

图 3.2　SS_4 型机车牵引工况简化主电路

1—受电弓；3—主变压器；4—真空断路器；5—主放电器；6—高压电压互感器；11~14—主整流器；17~20—平波电抗器；25，26—环流电抗器；27~30—滤波电感；41~44—滤波电容；31~34—过压吸收电容；51~54—过压吸收电阻；75~78—限流电阻；91~94—线路接触器；111~114—牵引电机隔离开关；127~128—主接地继电器；131~134—换流电抗器；141~144—直流电压互感器；161~164—接地电刷；1M~4M—牵引电动机

第 Ⅰ 段：触发 T_1，T_2，绕组 a_1b_1 投入工作，T_1，T_2，D_1，D_2 桥移相，整流电压为 $0 \sim \frac{1}{4}U_d$（U_d 为总整电压），D_3，D_4 续流。

第 Ⅱ 段：T_1，T_2 维持满开放，再触发 T_3，T_4，绕组 b_1x_1 投入工作，顺序移相，整流电压为 $\frac{1}{4}U_d \sim \frac{1}{2}U_d$。

第 Ⅲ 段：封锁 T_3 和 T_4，T_5 和 T_6 突然满开放，绕组 a_2x_2 投入工作，T_1 和 T_2 从头移相，整流电压为 $\frac{1}{2}U_d \sim \frac{3}{4}U_d$。此段为关键的开关状态（关 T_3，T_4，开 T_5，T_6）与顺序移相（T_1，T_2）相结合的工况。

第Ⅳ段：T_1，T_2，T_5，T_6 维持满开放，T_3、T_4 再度顺序移相，整流电压为 $\frac{3}{4}U_d \sim U_d$。至此，全部过程完成。

由上可见，在整流电压为 $1/2U_d$ 瞬间，即在Ⅱ—Ⅲ段的转换过程中，产生开关式跳跃，这是本控制方式的独特与关键之处，由控制系统的逻辑转换环节来保证。

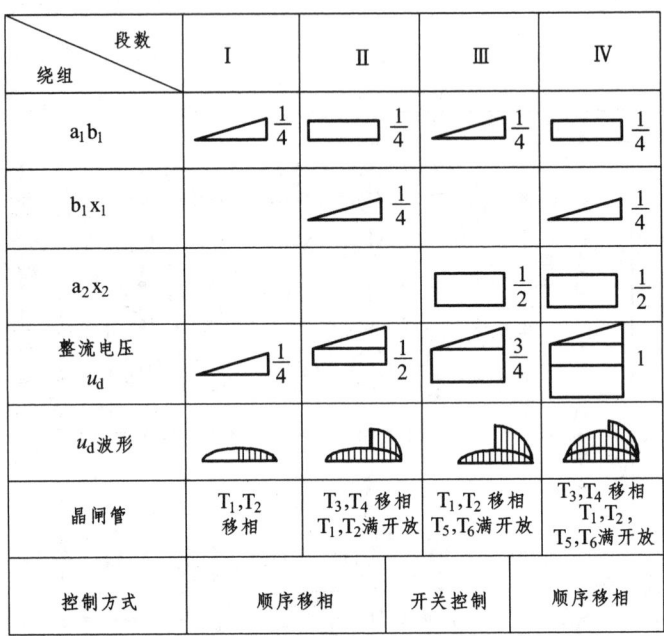

图 3.3 三绕组经济四段半控的控制方式及波形图

3.2.3 8K 型机车主电路

与 SS_4 型机车相似，8K 型机车为 2（Bo-Bo）八轴机车，由两节四轴机车组成，每节电气设备相同，可单独使用。每个转向架的两台牵引电机串联连接，由一个全控桥 P.C 和一个半控桥 P.M 串联的整流电路供电，如图 3.4 所示。图中 R_{SH} 为两台电机串激绕组的固定分路电阻，T_{223} 和 T_{243} 为磁场削弱晶闸管，可进行平滑无级削磁。

除磁场削弱晶闸管为单独一只元件外，其余的所有桥臂 $T_{11} \sim T_{14}$，$T_{21} \sim T_{22}$，$D_{23} \sim D_{24}$，每臂均有两只串联元件压装在一起，晶闸管重复峰值正反向电压为 2 200 V，正向平均电流为 1 700 A。整流二极管反向峰值电压为 2 200 V，正向平均电流为 2 500 A。

整流调压系统的调节顺序是这样安排的：首先开放全控桥，整流输出电压从 0 上升到 1/2 全电压。此时半控桥未输出电压，仅有二极管 D_{23}，D_{24} 构成电机电流通路；其次，开始

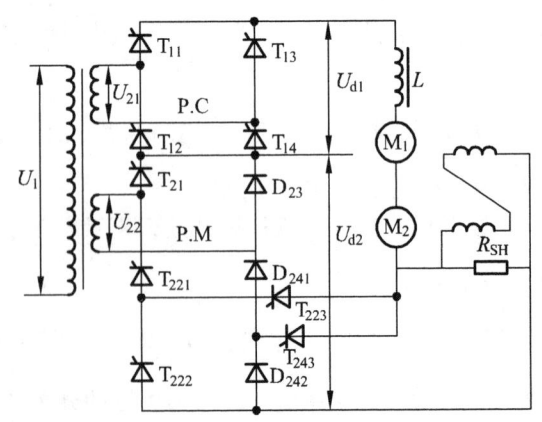

图 3.4 8K 型机车主电路简图（牵引工况）

半控桥的调压，使的整流电压从 1/2 全电压上升至满电压 U_N；当半控桥晶闸管满开放后，开始励磁分路晶闸管的调节，无级削弱磁场，达到电机继续升速的目的。

图 3.5 为全控桥牵引工况时元件导通图及波形图。其中两个晶闸管臂 T_{12}，T_{14} 近似作二极管工作，分别在 α_0 和 $\pi+\alpha_0$ 导通，α_0 为最小限制角，而 T_{11}，T_{13} 调节臂分别在 α 和 $\pi+\alpha$ 导通。以下假设为理想整流且滤波电感为足够大的条件，以四个时间间隔的五种工作状态来叙述：

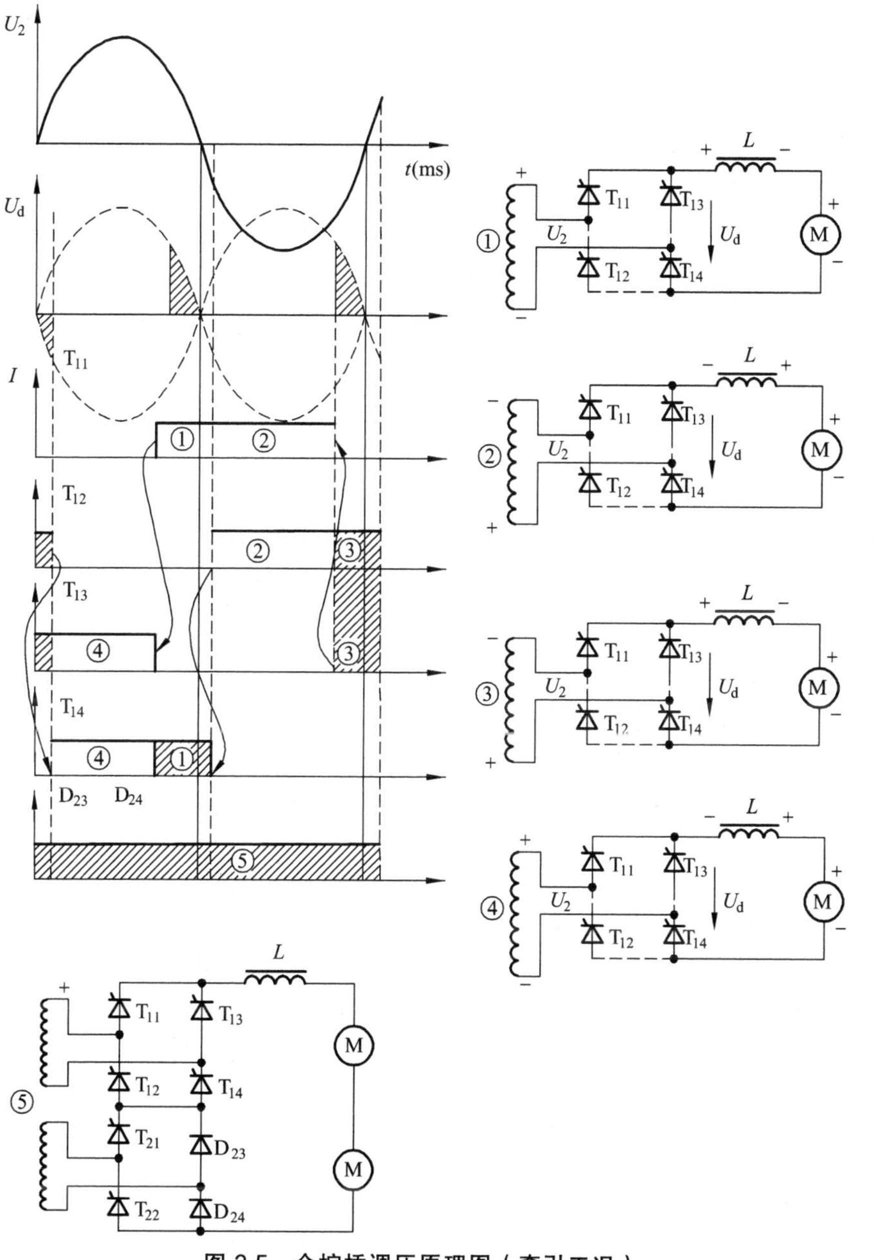

图 3.5　全控桥调压原理图（牵引工况）

①～④—元件导通的四个时间间隔；⑤—半波桥续流电路

① 当电源电压 U_2 为正半波（即上"正"下"负"），且 $\omega t=\alpha$ 时，T_{11} 触发导通，此时 T_{14} 原先已导通，所以 $I_{T11}=I_{T14}=I_d$，为整流状态。

② 上面的状态一直维持到电压 U_2 过 0 并至负半波（即上"-"下"+"），且 $\omega t = \pi + \alpha_0$，$T_{12}$ 被触发导通，负载电流从 T_{14} 换到 T_{12}，此时 T_{11}，T_{12} 构成电机电流续流电路，$I_{T11} = I_{T12} = I_d$，为续流状态，无输出电压。

③ 仍在电源负半波，且 $\omega t = \pi + \alpha$ 时，T_{13} 触发导通，T_{11} 关断，这样 T_{12} 和 T_{13} 导通，$I_{T13} = I_{T12} = I_d$，为整流状态。

④ $\omega t = 2\pi$ 以后，又回到正半波，且 $\omega t = 2\pi + \alpha_0$ 时，T_{14} 被触发，此时 T_{13}，T_{14} 构成电机电流回路。以后就重复上述过程。由此可见 T_{12}，T_{14} 近似于二极管工作，理论上可以过零时就可触发导通，但为使晶闸管触发可靠而必须加有一定正电位，即延时一个 α_0 角度才触发。T_{11}，T_{13} 的触发延迟角调节范围接近 π（仅减一个 α_0）。

⑤ 半控桥二极管臂 D_{23}，D_{24} 中流过全电机电流，导通角 360°。

从上述分析可得，全控桥四个桥臂在牵引调压过程中的导通角均为半波（即为 180°），即以均匀半控桥进行工作。其优点是可按四个桥臂负荷一致选择统一的元件容量规格。缺点是移相控制对于上、下的各两对臂要分开进行，控制相对复杂。在供电特性上，即功率因数、谐波分量方面比牵引、再生移相范围各为 90° 的对称控制要好。

当全控调压输出满电压后，接着与此串联的半控桥投入工作。它是以通常非对称半控桥进行工作的。如图 3.6 所示，它由两个晶闸管臂 T_{21}，T_{22} 和两个二极管臂 D_{23}，D_{24} 组成。在

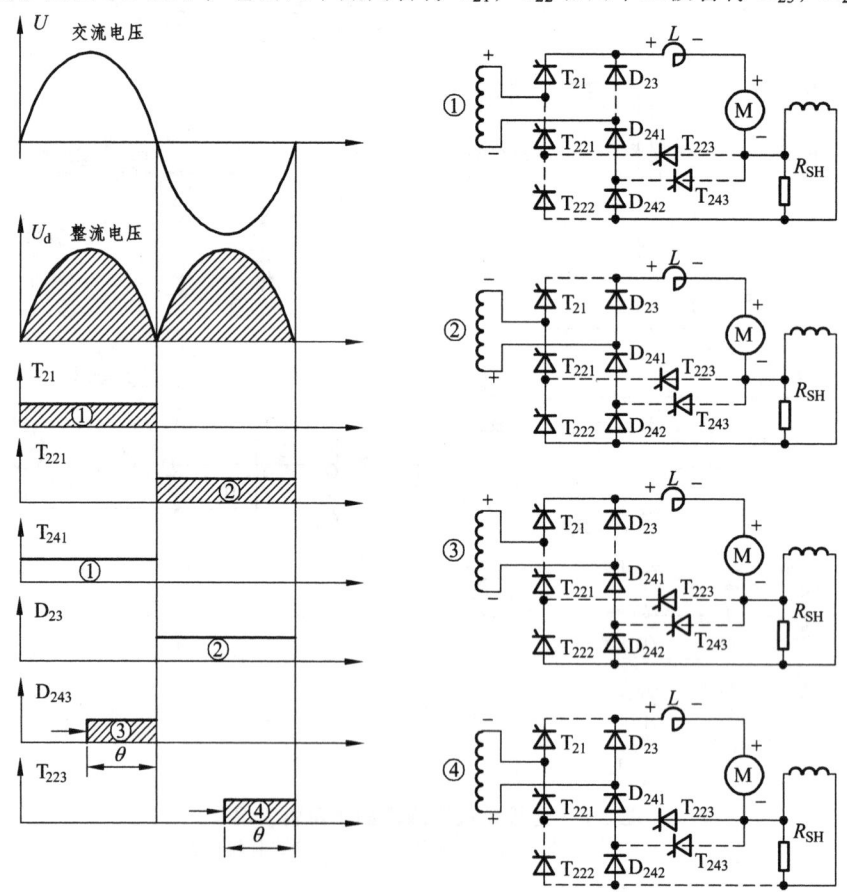

图 3.6 半控桥电路和磁场分路无级调节原理图

①~④—四个时间间隔内的元件导通图

电源正半波 $\omega t = \alpha$ 时，T_{21}，D_{24} 导通，为整流状态；负半波 $\omega T = \pi + \alpha$ 时，T_{22}，T_{23} 导通，为整流状态；其余时间由于整流负载电路内电感足够大，由二极管 D_{23}，D_{24} 构成电机电流续流电路。晶闸管 T_{21}，T_{22} 的调节范围理论上接近 $\pi \sim 0$。而晶闸管导通角为 $(\pi - \alpha)$，二极管的导通角为 $(\pi + \alpha)$。可以看出整流二极管由于兼有续流的功能，而使其导通的角度大于晶闸管，所以选择元件的电流额定值一定要比晶闸管臂大。8K 机车上整流二极管选正向平均电流为 2 500 A，为晶闸管（1 700 A）的 1.47 倍。调节 T_{21}，T_{22} 的触发延迟角，就使半控桥输出电压变化，当达到最小延迟角时达到满电压，其输出电压和全控桥输出电压串联叠加供给牵引电机。当输出电压达到电机允许的最高电压（单台电机最高电压 952 V）时，由逻辑控制系统来调节全控桥输出电压的升降，而半控桥维持满开放状态，满足两桥电压之和不超过电机限压的要求，这是由无级磁场削弱的控制特性决定的。

当电机端电压达到最高值，还要继续升速时，就要进行电机磁场削弱控制。到目前为止，国内运用的电力机车都是采用闭合接触器投入分路电阻的有级磁场削弱电路，这种有级磁场削弱控制，使特性不连续，在转换过程中电流（或牵引力）有突变现象；而且电气设备多，级数又少；另外受电阻、接线电阻和电机磁场绕组电阻温度影响，致使削弱系数达不到设计值。8K 机车用分路晶闸管代替上述电路，可以实现从满磁场到最深削弱磁场（$\beta_{\min} = 55\%$）的连续平滑调节，不仅改善了工作性能，还节省了不少触点开关和发热元件，减少了电路连线，从而减少了维修量，提高了可靠性。

如图 3.7 所示为磁场分路调节原理图及元件导通图。分析中假定为理想整流器和直流半波电抗器电感足够大。①，②工况表示半控桥在满电压输出时，正负半波元件导通图，即正半波为 T_{21} 和 D_{241}，D_{242} 导通；负半波为 T_{221}，T_{222} 和 D_{23} 导通，输出整流全波电压施加于半波电感 L、电机电枢和电机磁场绕组与固定分路电阻 R_{SH} 上。③，④为分路晶闸管工作状态。③正半波，T_{21}，D_{241}，D_{242} 与电枢构成电流通路，在 $\omega t = \alpha$ 时，触发 T_{243}，因 T_{243} 加有正向压降，其值等于磁场绕组上的压降，当 T_{243} 被触发导通时，D_{242} 受反向电压作用而迅速截止，因换流回路中存在 R_{SH} 而大大缩短换流过程。在 $\omega t = \alpha \sim \pi$，$T_{243}$ 导通（导通角 θ），这时电枢电流经 T_{243}，D_{241} 构成回路，即不经过磁场绕组和固定分路电阻，磁场电流 i_F 仅靠磁场绕组电感储存的电能释放来维持，由固定分路电阻 R_{SH} 构成续流电路。④电源负半波，因半控桥工作在满开放工况，所以 $\omega t = \pi$ 时，T_{221}，T_{222} 就被触发导通，D_{241}，T_{243} 就自然关断，待到 $\omega t = \pi + \alpha$ 时，给 T_{223} 触发脉冲而导通，T_{222} 就关断，在 $\omega t = (\pi + \alpha) \sim 2\pi$，电枢电流经 T_{223} 短路，使磁场绕组和 R_{SH} 自成续流。所以只要调节分路晶闸管的导通角 θ 就可以连续调节磁场分路。磁场削弱系数用 $\beta = \dfrac{1}{\pi}(\pi - \theta)$ 公式近似计算。

图 3.7 为晶闸管无级磁场削弱电路电量的波形图，它给出了分路晶闸管导通角 θ 为 50°，70°，100°，120°时的削弱系数 β，分别为 80%，70%，62%，54%。如图 3.7 所示，分路晶闸管中的电流 i_T 是断续的、脉冲式的，分路电阻中的电流波形 i_R 脉动也很大，且 i_R 会反向，这正说明晶闸管开通以后，磁场绕组与分路电阻 R_{SH} 构成续流电路，此时 R_{SH} 中电流反向；电枢电流也有一定的脉动系数（26% ~ 54%）。然而磁场电流 i_F 的波形既连续且脉动系数很小，约 10%。可见此无级连续削弱电路的工作是良好的。图 3.8 进一步给出了不同导通角 θ 时的电枢电流 I、电机电压 U 对磁场削弱系数 β 的关系曲线。由于分路晶闸管是靠电源电压过零自然换流的，为了得到深度削弱系数，要求半控桥满开放工作。

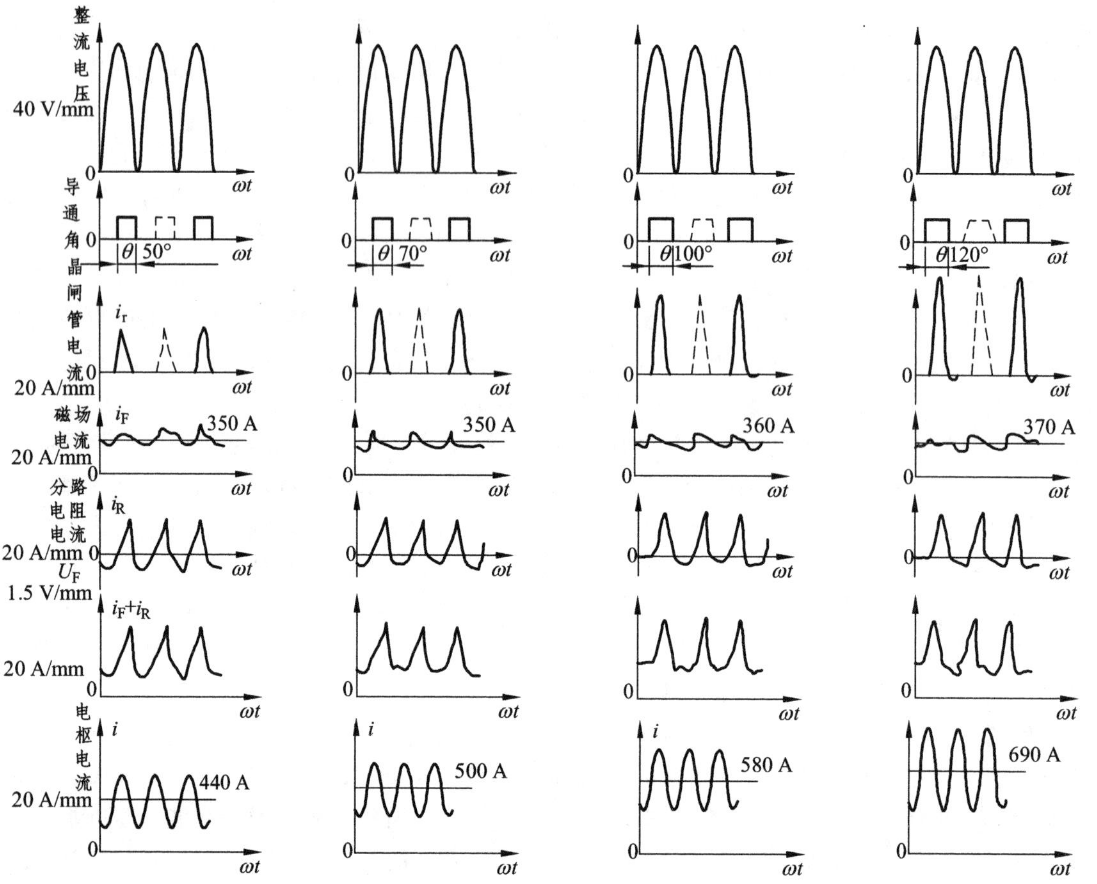

图 3.7 晶闸管无级磁场削弱电路电量波形图

(a) $\theta=50°$, $\beta=80\%$　　(b) $\theta=70°$, $\beta=70\%$　　(c) $\theta=100°$, $\beta=62\%$　　(d) $\theta=120°$, $\beta=54\%$

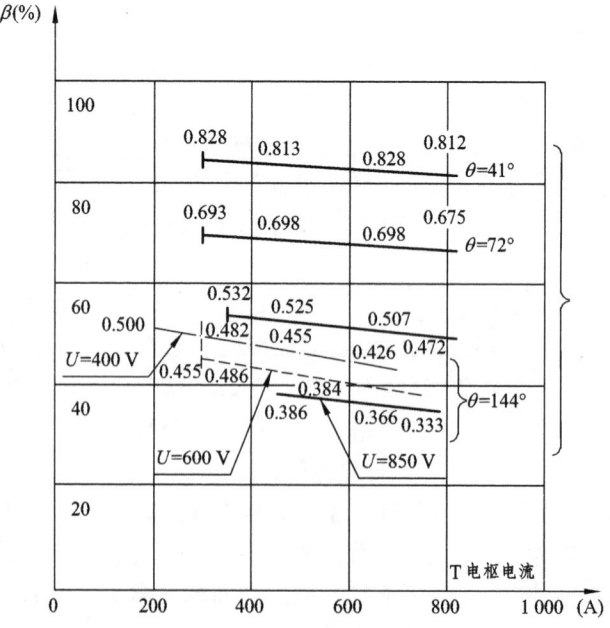

图 3.8　θ, I, U 与 β 的关系曲线

3.2.4 SS₉型电力机车主电路

1. SS₉型电力机车牵引系统概述

SS₉型电力机车是一种用于牵引160 km/h准高速旅客列车的6轴干线客运电力机车。装车功率5 400 kW，能满足长距离、长大坡道上牵引大编组旅客列车运行的运输需要。

SS₉型电力机车是我国交-直牵引电力机车的最后一个型谱，在技术上也是最先进的。SS₉型电力机车牵引系统采用标准化的大功率晶闸管和二极管组成的不等分三段半控桥整流电路，实现了恒流准恒速控制的牵引调速特性。整流桥采取先大桥后小桥的顺控方式，其中一段占1/2的整流电压用于低速区，另两段占1/2的整流电压用于高速区，能提高高速区的功率因数。机车采用晶闸管分路来达到无级磁场削弱，使得机车在整个调速区间内均是无级的，可提高列车高速运行时的平稳性。机车的动力制动为加馈电阻制动，在低速区具有恒定的最大制动力，实现了恒制动力准恒速控制的制动调速特性。机车主变压器采用卧式结构（SS₉-43号以前机车采用立式结构），降低了机车的重心高度，提高了机车运行的稳定性。

SS₉型电力机车为Co-Co轴式，Co转向架保留了传统的"目"字形构架，采用轮对空心轴六连杆驱动装置，一系、二系弹簧悬挂装置，牵引电机架承式全悬挂，新型TDYZ-4单元制动器，单边直齿刚性齿轮传动，使得转向架具有较高的黏着利用率和较好的动力学性能。牵引电机采用ZD115型6极串励脉流牵引电动机，在加速过程中可以发挥最大功率5 400 kW，持续运用时功率留有较大的裕量，加速性能好。车体是整体承载结构，能承受1 960 kN的纵向静载荷且无永久性变形。

SS₉型电力机车辅助电路为采用旋转劈相机的三相交流电源系统（0044号、0045号机车辅助系统采用了辅助逆变器），辅机系统的保护采用了自动开关保护方式。机车设有列车供电柜，能向旅客列车提供两路功率为400 kW的DC 600 V电源，可以满足客车车厢空调、采暖、照明等电器的用电需要。该列车供电系统有两套完全独立的整流装置及控制系统，可同时工作，并可以在司机室微机显示屏上显示供电电流、电压以及故障等相关信息。

SS₉型电力机车的控制技术实现了标准化和模块化，控制装置采用了逻辑控制单元与微机控制方式。可实施牵引工况的恒流准恒速特性控制，制动工况的恒制动力准恒速特性控制，防空转防滑行控制，轴重转移补偿控制，空电联合制动控制等功能，并具有故障记录和故障诊断功能。同时用现代电力电子和微电子技术结合构成的逻辑控制技术取代传统的继电器布线逻辑，用微机发出的指令直接控制接触器等外部负载，避免了多级驱动，提高了系统的可靠性，简化了控制系统的设计，提高了控制系统设计制造的灵活性。

SS₉型电力机车的制动机系统是以DK-1型电空制动机为基础，保持原有的断钩保护、电空联锁、紧急制动时有选择地跳主断、检查列车管折角塞门开通状态等辅助性能，增加了常用制动接口装置、列车电空制动、列车平稳操作、空电联合制动等辅助功能。这些功能的实现，提高了列车运行时的安全性、舒适性，可保证长大坡道上重载列车的安全下坡，同时缩短列车制动距离，延长了机车基础制动装置的使用寿命。

2. SS₉型电力机车牵引系统主要技术参数

SS₉型电力机车牵引系统主要技术参数如表 3.1 所示。

表 3.1　SS₉型电力机车牵引系统主要技术参数

电流制式		单相交流 50 Hz
机车工作电压	额定值	25 kV
	最高值	29 kV
	最低值	19 kV
电传动方式		交-直电传动
机车功率	持续制功率	4 800 kW
	最大功率	5 400 kW
机车牵引力	持续牵引力	169 kN
	启动牵引力	286 kN
	持续额定速度	99 km/h
机车速度	最高运行速度	160 km/h（半磨耗轮）
	最高速度	170 km/h（半磨耗轮）
牵引特性恒功率速度范围		99～160 km/h（半磨耗轮）
功率因数（额定工况）		不小于 0.81
机车电制动方式		加馈电阻制动
轮周电制动功率		不小于 4 000 kW（81～160 km/h）
最大电制动力		180 kN（半磨耗轮）
加馈制动的控制		准恒速特性控制
牵引特性控制方式		恒流准恒速控制
牵引电动机磁场削弱控制方式		相控无级
最深磁场削弱系数		0.49
传动方式		单边直齿传动
传动比		77/31≈2.484

3. SS₉型电力机车牵引系统主电路

SS₉型电力机车牵引系统主电路如图 3.9 所示。

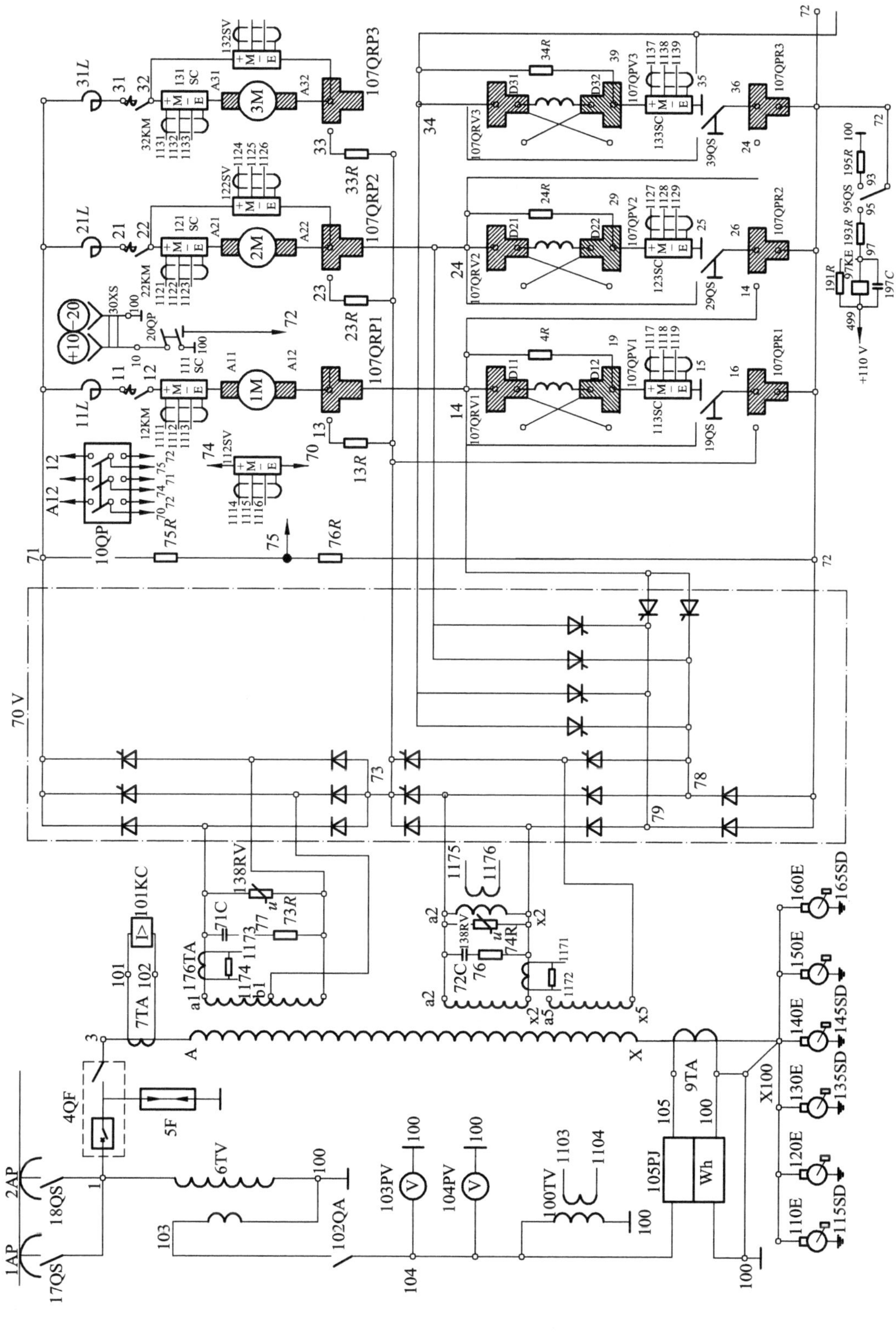

3 交-直型电力机车的电气线路

图 3.9 SS₉型电力机车牵引系统主电路

4. SS₉型电力机车特性

（1）SS₉型电力机车速度特性

SS₉型电力机车的速度特性是指机车运行速度 v 与牵引电动机电枢电流 I_d 之间的关系 $v = f(I_d)$。

SS₉型电力机车速度与牵引电机转速有如下关系：

$$v = \frac{60\pi D}{1\,000\mu_c} n_d \tag{3.1}$$

式中　v——机车速度，km/h；
　　　μ_c——齿轮传动比；
　　　D——车轮直径，一般以半磨耗轮计算，m；
　　　n_d——牵引电机转速，r/min。

$$n_d = \frac{U_d - I_d R_d}{K_e \Phi} \tag{3.2}$$

式中　U_d——牵引电动机端电压，V；
　　　I_d——牵引电动机电枢电流，A；
　　　R_d——牵引电机回路电阻，Ω；
　　　K_e——电机常数；
　　　Φ——主极磁通量，Wb。

其中电机常数 K_e 由下式决定

$$K_e = \frac{pN}{60a} \tag{3.3}$$

式中　p——主极对数；
　　　N——电枢绕组有效导体数；
　　　a——电枢绕组并联支路数。

从而得到

$$v = \frac{60\pi D(U_d - I_d R_d)}{1\,000\mu_c K_e \Phi} \tag{3.4}$$

SS₉型电力机车采用恒流准恒速特性控制，即：低速时的恒流控制和设定速度点的准恒速控制，机车运行电流和速度随司控器调速手柄的级位调节而变化。司控器调速手柄分18级，但级位是连续的，标定的两级位间的位置也可以使用。SS₉型电力机车特性控制如下：

$$I_m = \min\{110n, 880n - 88v, 1\,305\}\,(\text{A}) \tag{3.5}$$

式中　I_m——牵引电机给定电流，A；
　　　v——机车速度，km/h；
　　　n——级位。

SS₉型电力机车牵引特性控制函数如表3.2所示。

表 3.2 SS₉型电力机车牵引特性控制函数表

n 级	1		2		3		4		5		6	
I_m/A	0	110	0	220	0	330	0	440	0	550	0	660
v/(km/h)	10	8.75	20	17.5	30	26.25	40	35	50	43.75	60	52.5
n 级	7		8		9		10		11		12	
I_m/A	0	770	0	880	0	990	0	1 100	0	1 210	0	1 305
v/(km/h)	70	61.25	80	70	90	78.75	100	87.5	110	96.25	120	105.2
n 级	13		14		15		16		17		18	
I_m/A	0	1 305	0	1 305	0	1 305	0	1 305	0	1 305	0	1 305
v/(km/h)	130	115.2	140	125.2	150	135.2	160	145.2	170	155.2	180	165.2

根据机车牵引控制特性及牵引电动机特性,可得出 SS₉型电力机车速度特性曲线如图 3.10 所示。图中 0ABCDEFG 是限制曲线,由于 SS₉型电力机车采用了晶闸管整流及磁场削弱,牵引电机的端电压和励磁电流均可平滑调节,因此机车可以运行在限制曲线内的任何一点。

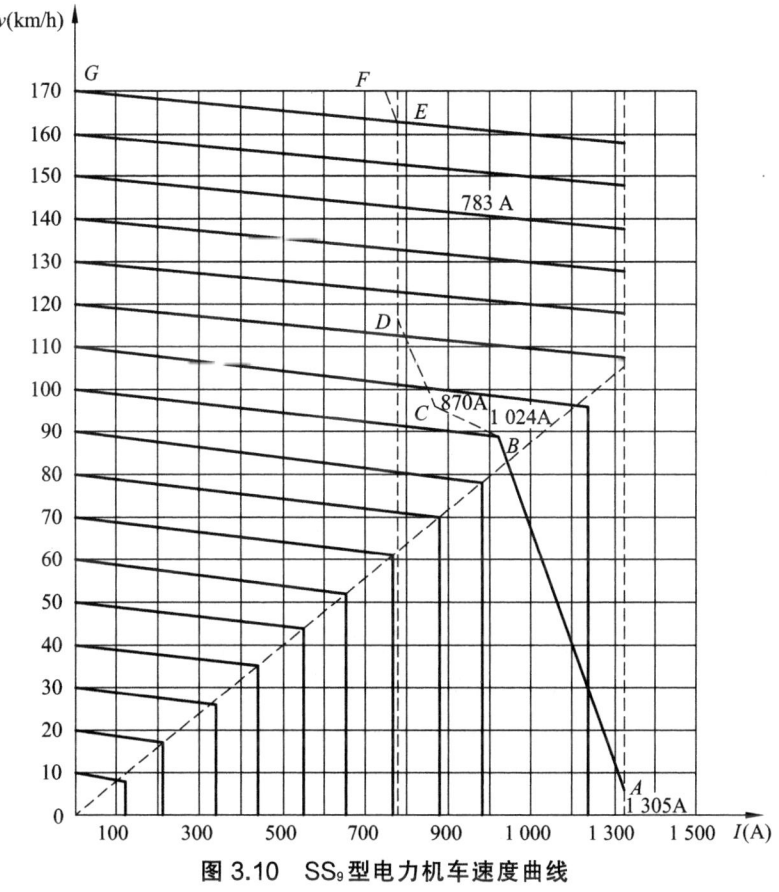

图 3.10 SS₉型电力机车速度曲线

SS₉型电力机车限制曲线由以下限制条件形成:
• 最大启动电流限制。SS₉型电力机车在 0~5 km/h 内启动电流被限制在 1 305 A,如图 3.10 中 0 所示。

- 黏着及最大功率限制。机车从 5 km/h 开始，电流随机车速度的增加而线性下降，到 B 点时，机车功率达到最大值 5 400 kW，其限制曲线如图 3.10 中 AB 所示。
- 牵引电动机额定电压的限制。这是为保证额定电压下安全换向的限制，如图 3.10 中曲线 BC 所示，该曲线为电动机端电压为 990 V 时的自然速度特性。
- 牵引电动机持续制功率的限制。机车运行到 C 点达到牵引电动机的额定电压 990 V，额定电流 870 A，机车如需增加速度，则电压将自动线性超压至 1 100 V，相应的电流由 870 A 降至 783 A，以维持机车功率不变，其限制曲线如图 3.10 中 CD 所示。这时机车若需继续增加速度，则保持电压 1 100 V 不变，采用无级磁场削弱的办法，即将磁场分路系数由 0.87 减小至 0.49，相应限制曲线如图 3.10 中 DE 所示。
- 最深磁场削弱限制。SS_9 型电力机车控制最深磁场削弱系数为 0.49，其限制曲线如图 3.10 中 EF 所示。
- 机车最高速度限制。SS_9 型电力机车最高速度为 170 km/h，其限制曲线如图 3.10 中 FG 所示。

（2）SS_9 型电力机车牵引力特性

SS_9 型电力机车牵引力特性是指机车轮周牵引力 F 与牵引电机电枢电流 I_a 之间的关系 $F = f(I_d)$。

SS_9 型电力机车牵引力可由下式求出

$$F_k = \frac{2N}{D} \mu_c \eta_c T_{zd} \tag{3.6}$$

式中　N——牵引电机台数，SS_9 型电力机车为 6；

　　　η_c——传动效率；

　　　T_{zd}——牵引电机轴上转矩，kN·m。

其中，等于电动机由电磁关系产生的电磁转矩 T_e 减去用于克服电机铁耗和机械损耗形成的转矩 ΔT，即

$$T_{zd} = T_e - \Delta T = C_m \Phi I_d \times 10^{-3} - \Delta T$$

式中，C_m 为电机常数，其值为

$$C_m = \frac{pN}{2\pi a} \tag{3.7}$$

根据牵引电机特性和机车型式试验的数据所得的机车牵引力特性曲线如图 3.11 所示。

（3）SS_9 型电力机车牵引特性

SS_9 型电力机车牵引特性是指机车轮周牵引力 F 与机车速度 v 之间的关系。机车牵引特性可由上述的机车速度特性 $v = f(I_d)$ 和机车牵引力特性 $F = f(I_d)$ 求得。

牵引电机轴上转矩也可以根据电参数表示的转轴功率与机械参数表示的转轴功率相等的原则得出，

$$U_d I_d \eta_d \times 10^{-3} = \omega T_{zd} \tag{3.8}$$

$$T_{zd} = \frac{60}{2\pi n_d} U_d I_d \eta_d \times 10^{-3} \tag{3.9}$$

因此

$$F_k = \frac{3.6 N U_d I_d \mu_c \eta_c \eta_d}{v \times 10^{-3}} \tag{3.10}$$

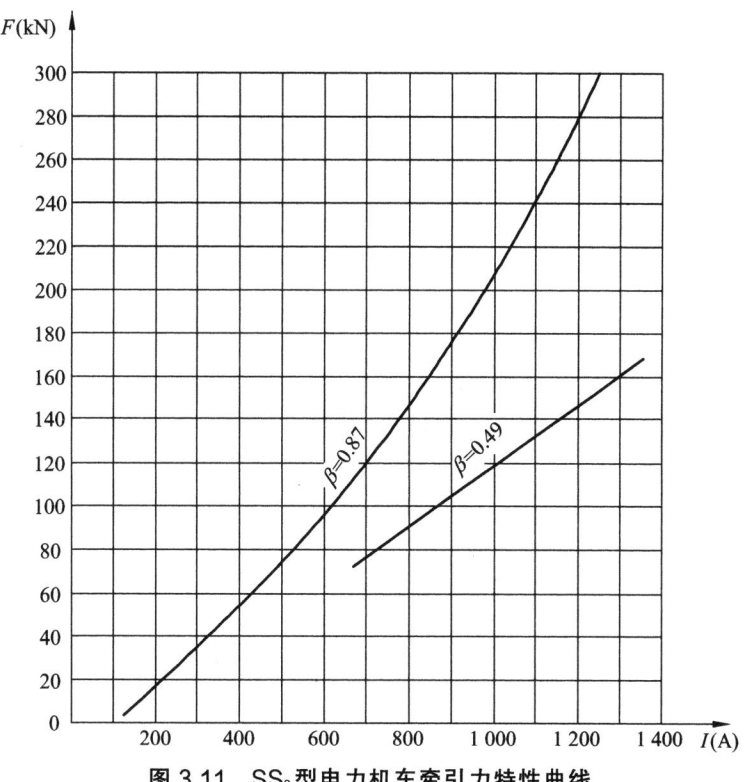

图 3.11 SS₉ 型电力机车牵引力特性曲线

SS₉ 型电力机车牵引特性曲线如图 3.12 所示。曲线中外包络限制曲线可由表 3.3 中所列近似公式计算。

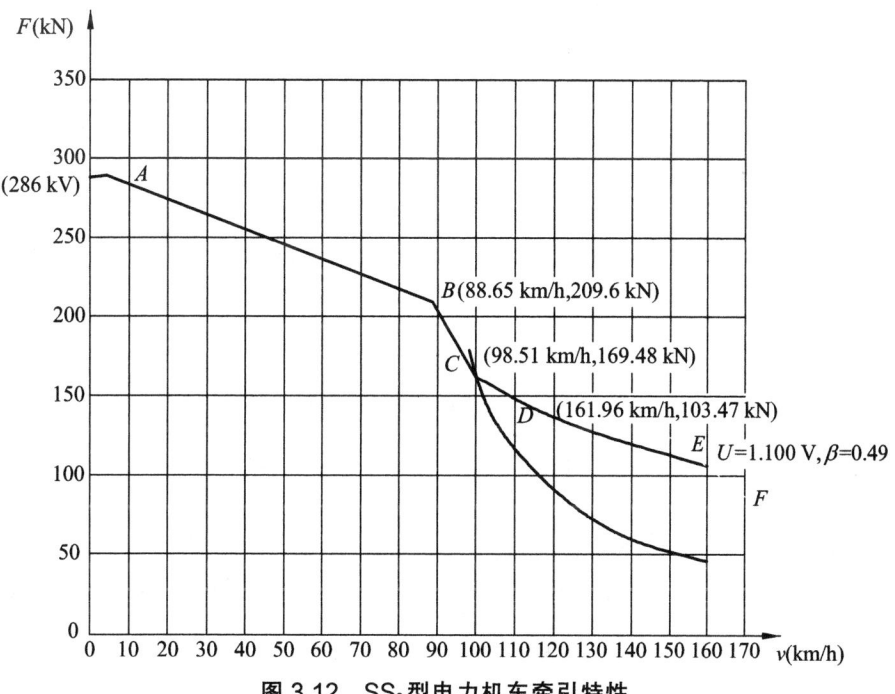

图 3.12 SS₉ 型电力机车牵引特性

表 3.3 计 算 公 式

公式/kN	速度范围/(km/h)
$F = 286$	$0 \sim 5$
$F = 290.566\,6 - 0.913\,3v$	$5 \sim 88.65$
$F = 570.313\,8 - 4.069v$	$88.65 \sim 98.51$
$F = 16\,519.68/v$	$98.51 \sim 161.96$

3.3 机车牵引负载电路

牵引负载电路是电力机车牵引工况下的牵引电动机电路。根据机车轴式，一台电力机车可以有四台、六台或八台牵引电动机共同工作。一台电力机车的牵引力或制动力受到诸多因素的影响。它取决于牵引电机本身的电气特性和机械悬挂方式、电机激磁方式、电机速度控制方式和电机之间的连接方式。此外，还取决于机械走行部分的结构。因为机车牵引力和制动力是受轮轨之间黏着力限制的。一台高性能电力机车要求充分地利用机车的黏着力，要实现这点，必须从机与电两方面全面考虑。本教材仅对影响机车牵引力的电气方面因素进行分析。

3.3.1 牵引电机连接方式

牵引电机之间的连接可以有多种方式。目前交-直型电力机车基本有 4 种，第一种是集中供电，牵引电机并联运行，如图 3.13 所示的 SS_1 型和 SS_3 型电力机车；第二种是部分集中供电，同一转向架牵引电机并联运行，如图 3.14、图 3.15 所示的 6G 型和 SS_4 型电力机车；第三种是部分集中供电，同一转向架牵引电机串联运行，如图 3.16 所示的 8K 型电力机车；第四种是部分集中供电，不同转向架牵引电机并联运行，如图 3.17 所示的 6K 型电力机车。

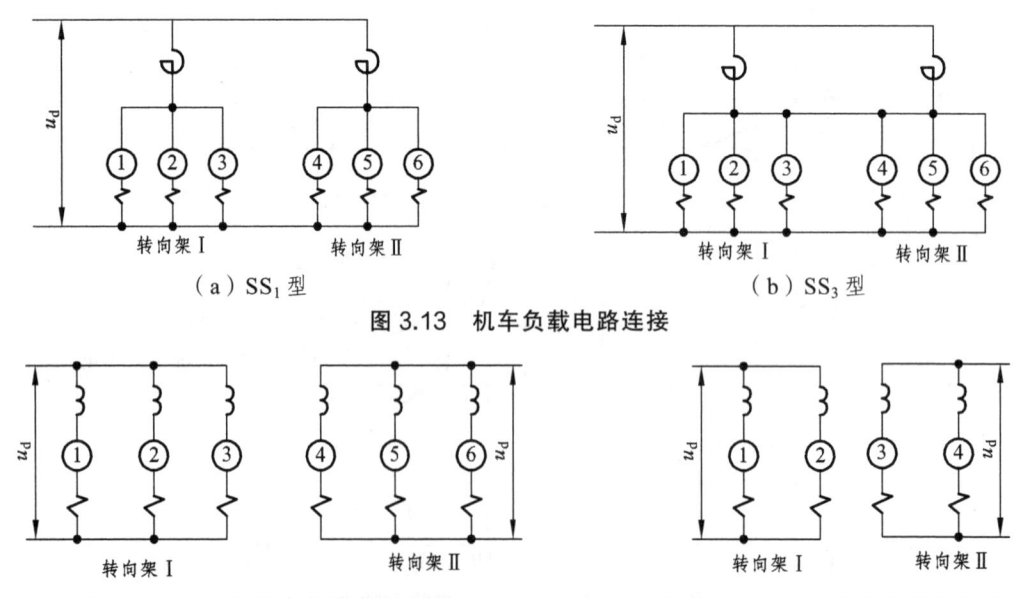

（a）SS_1 型　　　　　　　　　　　　　　（b）SS_3 型

图 3.13 机车负载电路连接

图 3.14 6G 型机车负载电路连接　　　　图 3.15 SS_4 型机车负载电路连接

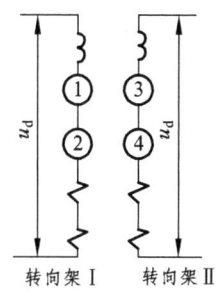

图 3.16　8K 型机车负载电路连接

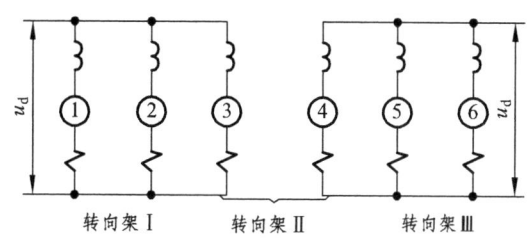

图 3.17　6K 型机车负载电路连接

从以上分析可见，多数电力机车采用按转向架牵引电机并联，由调压整流电路单独向电机供电，其优点是当供电装置发生故障时可以部分切除供电电源，而且按转向架牵引电机分组进行控制比较简单，又便于实现前后转向架牵引电机负载分配的控制。6K 型电力机车牵引电机连接是例外，没有什么优点，主要是因为该机车采用三转向架（Bo-Bo-Bo）轴式，如按转向架牵引电机集中供电，则要分成三组，使整流电路和控制系统复杂化。SS_1 型电力机车是有级调速机车，只宜采用牵引电机全部并联运行。

比较以上电路图可以看出，平波电抗器与牵引电机之间连接也可分为集中、部分集中和分散独立三种。SS_1 型 130 号以前的机车是采用三台牵引电机并联与一台平波电抗器连接线路，如图 3.13（a）所示，在实用中发现，这种电路在切除一台故障电机时，其他正常的两台电机磁场固定分路电阻过热，当切除两台故障电机时，剩下一台正常电机的磁场固定分路电阻严重过热。原因是整流脉动电压中的交流电压，在平波电抗器和电机之间的分配发生了变化，在故障电机切除情况下，正常电机漏抗所承受的交流电压比例增大。致使交流成分增加，引起电机磁场固定，分路电阻流过电流增加而过热。131 号以后的机车改为两台平波电抗器并联，即集中连接方式如图 3.13（b）所示。上述不利的因素依然存在，但在程度上有所缓和，因为切除一台或两台故障电机时，其影响相对减小，为了更好地克服这一缺点，宜采用一台牵引电机使用一台平波电抗器的方案。

对于大功率干线电力机车，由于牵引力大，为了充分利用机车黏着力、一般希望采用牵引电机并联连接，但它的缺点如下：

① 开关电气设备增加。每台牵引电机支路要有接触器、隔离开关、反向器、削弱磁场电阻等。

② 各牵引电机支路负载分配不均。由于电气特性和轮缘直径有允许误差，引起合并联支路电流不等，关于这点下面将详细分析。

③ 最佳额定电压选择问题。如在本章第一节中所述大功率脉流牵引电机最佳额定电压约等于以千瓦表示的电机功率，即 800 kW 电机。最佳额定电压约为 800 V。但从整流电路晶闸管元件的参数来看，800 V 对元件的耐压利用太低，宜采用更高电压而使负载电流减小，这样也有利于其他有触点开关电器，以及减小主电路母线截面面积。所以 8K 型机车采用了同一转向架两台串激牵引电动机串联连接方式，它的缺点是一台故障电机切除时，另一台正常电机也同时被切除，牵引力损失较大。更严重的缺点是容易发生空转。

为了说明牵引电机串联相并联在负载分配方面的影响。以 8K 型机车间一转向架两台电机为例进行分析。首先对两台电机在串联和并联的条件下，由于电机特性和轮径差引起的负载分配不均进行比较,条件是按规定机车各轮径误差不应大于 12 mm,各牵引电机特性误差不得超过 ±4%。

先假设电机特性一致,而动轮直径不同,设为 D_{K1} 为 1 140 mm,D_{K2} 为 1 250 mm,TAO-649D 型电机在 U = 865 V 时,从串联时特性图(见图 3.18)和并联时特性图(见图 3.19)可以得到如表 3.4 所示的结果。

如表 3.4 所示,轮径差引起牵引力差,串联时为 9.6%,并联时达 31%。

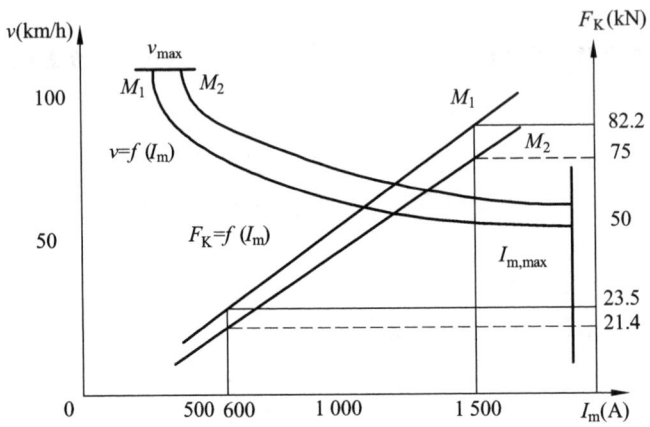

图 3.18 电机串联时轮径差引起牵引力差图解

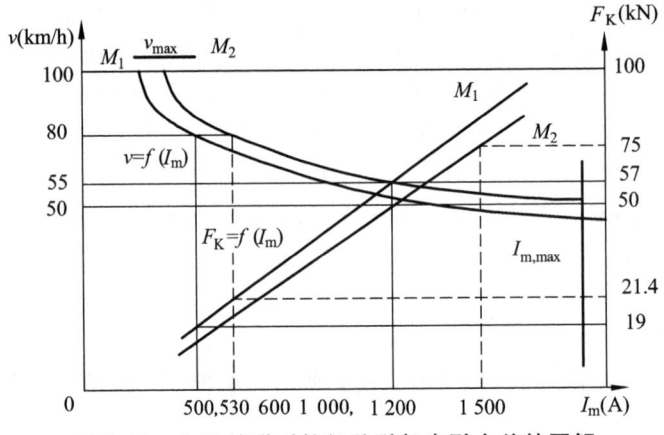

图 3.19 电机并联时轮径差引起牵引力差的图解

表 3.4 电机轮径差引起牵引力差

项目 方式	I_2/A	F_2/kN	I_1/A	F_1/kN	ΔF/%
串 联	1 500	75	1 500	82.2	9.6
并 联	1 500	75	1 120	57	31
串 联	600	21.4	600	23.5	9.6
并 联	600	21.4	530	19	12.6

假定轮径相同，而 TAO-649D 电机特性有 $\Delta U = \pm 2.5\%$ 的差异时，引起轴牵引力的差别可以由图 3.20 和图 3.21 求得，结果如表 3.5 所示。

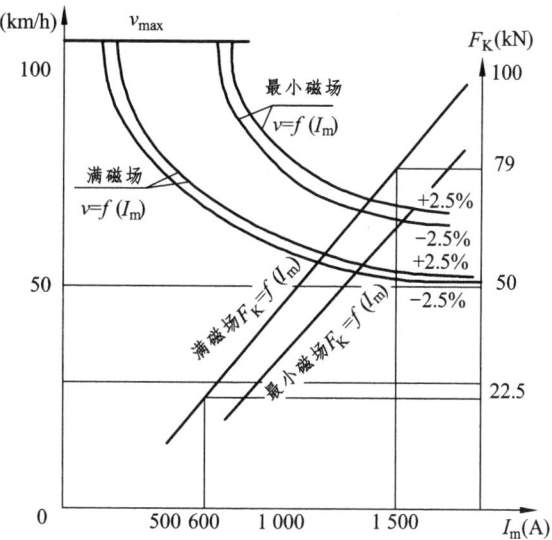

图 3.20　电机串联时特性差引起牵引力变化图解

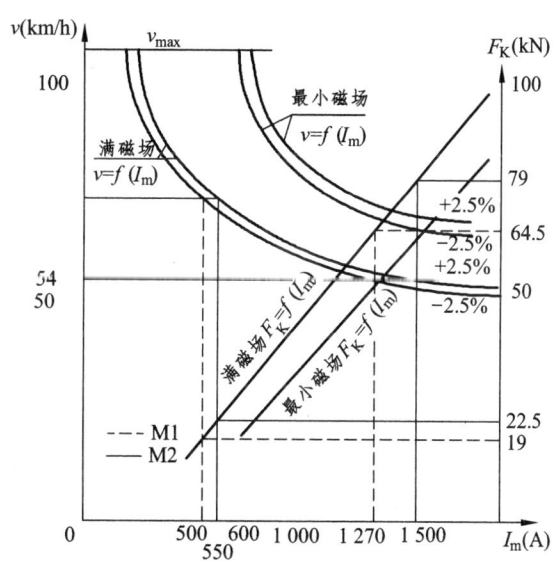

图 3.21　电机并联时特性差引起牵引力变化图解

表 3.5　电机特性差异引起牵引力差

方式 \ 项目	I_2/A	F_2/kN	I_1/A	F_1/kN	ΔF
串　联	1 500	79	1 500	79	微小
并　联	1 500	79	1 270	64.5	21%
串　联	600	22.5	600	22.5	微小
并　联	600	22.5	500	19	18.5%

由表 3.5 可见，串联时由特性差引起的牵引力变化微小，而并联时却有 21%的差别。

上述比较可以说明，若采用电机并联方式，因轮径差最大会引起 31%的牵引力变化，如进一步减小轮径差，虽可使牵引力差缩减，但会增加机车维修量；而电机特性差引起的 21%牵引力差更是难以解决。若采用电机串联方式，电机特性差引起的牵引力差几乎没有；而轮径差引起的最大牵引力差不超过 10%，这还可以用轴重转移的电气补偿法来解决。根据法国的经验，同一转向架内 $\Delta D_K \leqslant 20$ mm，每单节车 $\Delta D_K \leqslant 40$ mm，可以使轴牵引力基本接近，即 $F_1 \approx F_2 \cdot F_3 \approx F_4$。由此说明电机串联方式能和低牵引拉杆结构得到最佳配合。

应当指出，两台电机串联容易引起空转。为了解决这个问题，法国自 1980 年开始进行了多方式防空转试验，最后研制出用于 8K 型机车，能检测速度差 Δv、加速度 γ、加速度导数 $\mathrm{d}\gamma/\mathrm{d}t$ 的电子空转保护系统，可以得到良好的空转保护性能。并能防止串联电机中一台电机空转引起的超压环火现象的发生。8K 型机车除了设置了检测电机端压的电子式继电器，还设了有触点空转安全继电器（$\Delta v \geqslant 12$ km/h 时动作）作后备保护，以确保电机安全运行。

显然，电机串联导致了电路简化和有触点电器的节省，既提高了机车运用的可靠性，又降低了机车的造价。此方法颇有独到之处，成功与否取决于防空转装设的有效性和可靠性。

3.3.2 牵引电机空转与滑行

空转与滑行是电力牵引中一个重要的特殊现象。机车牵引力的实现是依靠轮轨之间的黏着力，一旦牵引电机所产生的牵引力或制动力超过轮轨之间的黏着力，就产生空转或者滑行，该动轴上的牵引力或制动力急剧下降，同时钢轨或轮缘被擦伤。所以机车在运用中应尽量避免这种现象的发生。

影响机车空转与滑行的因素很多。而牵引电机连接方式是重要因素之一。轮轨之间的黏着系数是随着振动和表面状态等因素不规则地变动，所以当黏着力用得很足时，就会引起频繁空转。黏着性能的好坏主要取决于空转后能否立即再黏着，而牵引电机连接方式对于这种再黏着特性和再黏着后牵引力的恢复特性有很大影响。

实践表明主线路的并联连接具有较高的防空转能力，能较好地利用机车的黏着力，而串联连接较易发生空转。为了分析其原因，首先研究机车轮对空转发生的条件，为此设机车速度为 v，对于其中某一动轮对相应于牵引电动机牵引特性 $F_1 = f(v_1)$，速度 v_1 相应于电机转速 n_1，如图 3.22 所示的 A 点。假如有偶然的原因，例如，牵引力突然增加或轨面不干净使黏着系数下降，致使动轮踏面与轨面的黏着受到破坏，造成动轮踏面的滑行。

滑行的发生并不意味着一定发展成为轮对的空转。在滑行时仍然存在牵引力，不过此时要用动摩擦系数 φ' 来代替黏着系数 φ（$\varphi'<\varphi$），滑行时可能的最大牵引力将为 $P_{黏} \times \varphi'$，如图 3.22 所示的 A' 点。摩擦系数 φ' 是随着电机转速的增加而减小，所以产生滑行后最大允许的牵引力 $P_{黏} \times \varphi'$ 将是如图 3.22 所示的 $A'B'$ 曲线，它表示的是牵引力的极限值。现在再来看，当由于滑行而使电机转速 n 增高时，牵引电动机牵引力的变化，直流串激电机在转速增大时牵引力减小，所以当发生滑行时牵引电机牵引力变化将如图 3.22 中 AB 曲线所示，图中表示牵引电机牵引力随着电机转速升高而下降很快，结果和 $A'B'$ 曲线相交于 M 点，这表示在 M 点以前，电机牵引力大于由摩擦系数 φ' 决定的牵引力极限值，会使滑行继续发展，电机转速将增大，但到交叉点 M 时，这种滑行使停止发展，转速不会进一步的升高。如果此时破坏黏着的偶然

因素消失，正常的黏着条件得到恢复，极限牵引力上移，如图中的 $A''B''$ 虚线所示，则牵引电视转速将下降，回到滑行前的转速 n_1，这种滑行并没有发展成为电机空转。

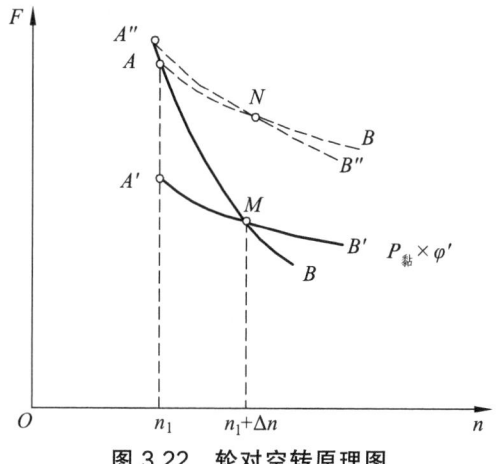

图 3.22　轮对空转原理图

当牵引电机牵引力随转速增加下降速度不是很快，如图 3.22 中的 AB 虚线所示，这时牵引电机的牵引力将始终大于极限牵引力 $A'B'$ 曲线，电机转速将不断增加，发展成为空转。对于这种情况，甚至于当破坏黏着的偶然因素消失，正常的黏着条件得到恢复，也有可能由于转速上升很快，在黏着条件恢复时电机转速已经超过图中 N 点相应的数值，转速将继续增大，空转已不可避免。

从以上分析可以看出，牵引电动机的特性如何，对机车的防空转能力有很大的影响。电机的机械特性愈硬，其防空转能力愈强。直流串激电动机的机械特性较软，比较容易发生空转。除此以外，还应当注意，当电机端压为常数时为自然机械特性。实际情况是轮对发生滑行时，引起电机电流的变化，而电流的变化又引起电机端压的变化，所以对于图 3.22 中电机牵引力变化曲线 AB，显然是指变电压下的电机机械特性。正是由于牵引电机并联连接时，机械特性比串联连接时要硬，使前者具有较好的防空转能力。预先指出，当发生滑行时，如果牵引电机端压有升高的趋势，那么它是具有较软的变电压下的机械特性，空转的可能性就大。所以分析牵引电机连接对于防空转能力的问题，实际就是分析电机发生滑行后，电机端压变化快慢的程度。

现以 SS_4 型和 $8K$ 型两种机车主电路为例来说明。SS_4 型机车同一转向架两台牵引电机并联连接（见图 3.2），如果牵引电机 1 开始发生空转，电机转速上升，电流减少，但作用在电机 1 和 2 的端电压维持不变（防空转保护未动作之前），所以发生空转的牵引电机 1 具有恒电压机械特性。而对于 $8K$ 型机车（见图 3.3），同一转向架两台牵引电机串联连接，当牵引电机 1 发生空转时，尽管整流电路输出直流电压 U_d 在防空转保护动作之前仍维持不变，但是，作用在电机 1 和 2 的端电压分配会急剧变化，空转发生前电机 1 和 2 各自承受 $\frac{1}{2}U_d$，发生空转后空转牵引电机 1 的端电压急剧增加，而牵引电机 2 的端电压则相应减少。原因是两个牵引电机的串激绕组串接，流过相同的激磁电流，当有一台电机发生空转时，负载电流（即激磁电流）减少，根据电机反电势 $E = K_\tau \Phi n$ 可知，没有空转的牵引电机的反电势将随着磁通减少而减小（因没有空转，n 不变），结果是整流电路输出直流电压 U_d 将大部分作用在发生空转电机两端，从公式 $n = \dfrac{U - IR}{K_\tau \Phi}$ 可知，

71

随着磁通下降和端压上升，开始空转的电机的转速将愈益增加。

综合以上分析可以提出，并联连接具有较好的防空转能力，即使有一台电机发生空转，其他电机发生空转的可能性也较小。而且，对整个机车来说，由于一台电机空转而引起的牵引力损失也是较小的。在串联连接时、电机 1 空转失去牵引力，还使与其串联的电机牵引力减少，机车总牵引力损失就比较大。所以从防空转能力的角度来说，希望主电路牵引电动机并联连接。但对于功率不大的机车，空转现象不十分突出，又考虑到电机最佳电压选择的问题，可以采用串联连接。

3.3.3 牵引电机励磁方式

交-直型电力机车普遍采用串激牵引电机，串激电机具有牛马特性，即启动牵引力大，随着机车速度增加，牵引力相应地减小，基本上具有恒功特性，所以十分适合机车牵引的需要。它的最大缺点是软特性和防空转能力差，容易超速。相反，并激或他激直流电机具有硬特性和较好的防空转能力。并激直流电机除了有较好的防空转性能以外，其他的牵引性能均不如串激电机，故在机车上没有得到应用。他激电机情况有所不同。随着电力电子技术和微电子控制技术的日益发展，他激或复激直流牵引电动机的应用受到了重视，因为它具有良好的防空转性能，而牵引所需的牛马特性，可以通过晶闸管整流电路的控制加以实现。所以 6K 型电力机车采用了复激牵引电动机，三台牵引电机共用一个他励电源。电阻制动时，将串激绕组切除，变成他激电机。

如以上所述，他激或复激电机具有硬特性，所以空转发展的速度较慢。图 3.23 表示轮对滑行速度 v_{CK} 与空转发展过程的试验曲线。从这关系曲线可以得出一个结论：对于他激牵引电机要求有高灵敏度的防空转保护系统，因为空转保护是通过检测速度或加速度变化量来整定的，如空转保护灵敏度不够，采用他激牵引电机就不能体现其优越性。而在利用高灵敏度的方法来控制空转发生的情况下应用他激牵引电机，牵引力可提高 10%~12%，同时可减小轮毂与钢轨的磨耗。

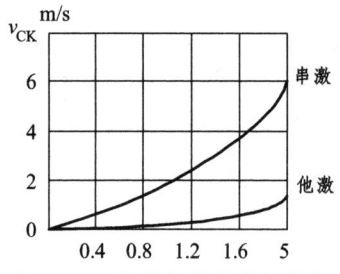

图 3.23 串激和他激电机滑行速度与时间关系

6K 型机车采用复激牵引电动机，这是因为串激电机具有一些难舍的特性，如在电网电压急剧变化的过程中具有自动调节的能力和即使在电机特性及轮径等都有差别时，并联运行的串激电机负荷分配还是比较良好。所以 6K 型机车串激磁场占 30%，他激磁场与 60%。为了简化他激电源装置，两台牵引电机他激绕组串联，由一台半控桥整流电路供电。当然，更好的是各轴每台牵引电机他激绕组独立供电和控制。但经济上不合算，技术基础也不十分牢靠。

3.4 机车电气制动电路

3.4.1 电阻制动

1. 电阻制动的优缺点

电阻制动对于提高列车运行安全和改善运行指标具有重大意义。而电力机车的优点之一是可以进行电阻制动，这是利用电机的可逆性原理，将牵引工况的电动机运行转变为制动工况的发电机运行。列车采用电阻制动有下列优点：

① 提高列车运行的安全性。

列车除机械制动系统外，由于配备了电气制动系统，因而提高了列车运行的安全性。随着列车速度、载重和长度的迅速提高，电阻制动的作用更加明显。因为随着列车上述因素的增长，机械制动效果下降，机械摩擦系数随着温度明显下降，故在高速时列车的机械制动系统呈现不稳定性。而电阻制动则相反，高速时制动效果越发明显，而且与制动时间长短无关。国外经验表明对于不同列车，电阻制动的作用不完全相同。对于客运列车和城郊电动列车，电阻制动的作用主要是提高列车运行的安全性。经验表明，即使不用机械制动，仅用电阻制动也可使时速为 100 km/h 的 1 000 t 客车在 700 m 之内停车。如果用于列车减速制动，电阻制动已可完全满足要求。对于重载列车，尤其是重载下坡，如大秦和宝凤段等，仅用电阻制动不可能满足要求，此时，电阻制动和机械制动必须同时使用，如果只用其中之一，无法很好地满足列车制动的要求。

② 减少了闸瓦和轮缘磨耗。

机械制动时，接触表面温度很高，闸瓦和轮缘的磨耗十分严重。根据国外调查表明，不用电阻制动，1 km 长线路每年由于机械制动而产生的铁粉达 100 t。采用电阻制动可使列车从高速减速到 30 km/h 左右。低于 30 km/h 电阻制动的效果下降，宜采用机械制动。在低速范围内机械制动效果较好，此时，机械磨耗并不严重。因为机械制动的磨耗主要取决于制动力的强度，高速时所需制动强度大，低速时所需强度小。

③ 提高了列车下坡运行速度。

采用机械制动时，列车下坡速度波动较大，使列车平均下坡时速下降。这是由于每次机械制动后，至少用 1 min 才能恢复风压。如在 10‰ 下坡道上，1 min 可使列车速度增加 15 km/h。如果是接连多次进行机械制动，每次所需恢复风压的时间则更长，列车速度波动更大，有时由于闸瓦发热，摩擦系数下降，不得不停车凉闸。采用电阻制动，制动性能与制动时间长短无关，由此可使列车下坡速度提高 8%。例如，可使货车下坡速度平均提高 10～15 km/h 或更多。其结果提高了运输能力，节约了机车车辆所需数量。据国外研究表明：采用电阻制动的经济效益多半是由于列车下坡平均速度明显提高，对于重载列车尤其如此。

④ 节约了能量。

采用电阻制动可使列车的动能得到较好地利用。例如，由于下坡速度提高，列车下冲动能大，平道上惰行距离增加。根据国外对同类型 $BJ180^T$ 和 $BJ180^K$ 的比较结果，前者采用电阻制动比后者不采用电阻制动节能 3.6%。尽管 $BJ180^T$ 机车在电阻制动时辅助机组从电网要吸取 250 kW 功率。

⑤ 易于实现制动力自动控制。

与再生制动相比较，电阻制动控制电路比较简单，制动力调节十分方便，可以采用恒流、恒速或恒制动力闭环控制，以及实现黏着、功率、电流、安全整流和速度各种极限限幅控制。高性能的自动控制系统，可使电阻制动性能获得充分的发挥。

电阻制动的主要缺点是低速时制动力直线下降。该缺点目前有下列几种克服方法：

① 采用加馈电阻制动。

电阻制动在低速时，由于制动电流减少而下降。为了维持制动电流不变，可在制动电路外接附加制动电源来实现，但为此要消耗额外电能。据计算表明，所需外加制动功率几乎与机车的额定功率相等。从理论上讲，加馈电阻制动可使机车制停。而实际由于牵引电机整流片不允许静止不动地长时间流过额定电流，所以无法实现因这样会使这些载流整流片过热而烧损。

（2）将制动电阻分成两级。

高速时制动电阻较大，以便获得大的制动功率和制动力的调节范围；低速时制动电阻较小，以便增加低速时的制动力。例如，SS_4型机车制动电阻可分成 1.000 52 Ω 和 0.60 Ω 两级。

2. 制动特性及范围

（1）制动特性

在制动工况时，牵引电动机作为发电机运行。由于串激发电机电气的不稳定性，且励磁绕组与电枢绕组串联时，磁通难以控制，故电阻制动时牵引电机一般改为他励，这样可以在较大范围内调节制动力，方便地控制列车的运行速度。

制动力调节的方法，可从电机电磁转矩公式（3.10）看出。式中 C_M 为电机结构常数；Φ 为磁通；I_Z 为制动电流。T 值大小可通过改变电机励磁磁通或制动电流来实现。改变制动电流可用制动电阻分级切换来实现。但这使主电路切换电器增多，故一般采用调节电机励磁电流。对于电力机车励磁电源是从主变压器经可控整流装置供电。

$$T = C_m \Phi I_L \tag{3.10}$$

根据制动时牵引电机电势平衡等式

$$E = K_e \Phi n = I_Z R_\tau \tag{3.11}$$

式中，C_E 为电机常数；n 为电机转速，则可将式（3.10）改写为

$$T = \frac{K_e C_m}{R_Z} \Phi^2 n \tag{3.12}$$

或

$$T = \frac{C_m R_Z}{C_e} \cdot \frac{I_Z^2}{n} \tag{3.13}$$

考虑到机车制动力 B 和速度 v 为

$$B = \frac{2m\mu}{\eta \cdot D_K} \cdot T \text{（kN）} \tag{3.14}$$

和

$$v = \frac{60\pi D_K}{\mu \times 10^3} \cdot n \text{（km/h）} \tag{3.15}$$

式中　m——牵引电机台数；

　　　μ——齿轮传动比；

　　　$\eta = 0.97 \times 0.975$——机械传动效率与电机空载效率的乘积；

　　　D_K——动轮直径，mm。

将它们代入式（3.12）和式（3.13），可得机车制动力公式为

$$B = 10.6 \frac{K_e C_m m \mu^2}{\eta R_Z D_K^2} \varphi^2 v \ (\text{kN}) \tag{3.16}$$

或

$$B = 377 \times 10^{-3} \frac{C_m m R_Z}{\eta \cdot K_e} \cdot \frac{I_Z^2}{v} \ (\text{kN}) \tag{3.17}$$

根据等式（3.16）和式（3.17），绘出制动力特性如图 3.24 中曲线①和③，显然①为直线，而③为双曲线。

（2）制动工作范围

列车在制动时由于受到电机、制动电阻和机车本身一些因素的限制，只允许在一定的范围内使用电阻制动。如图 3.24 所示，通常受下列五个因素限制。

① 最大励磁电流限制。

根据电机允许最大励磁电流所求出的制动力 B 与机车速度 v 的关系如图 3.24 中曲线①，一般允许最大值选择等于额定电流，但考虑其热容量比制动电阻大，可适当超过。但不能超过太多，一则发热不允许；二则是磁路饱和，磁通增加有限，效果不明显。

② 黏着力限制。

根据列车牵引计算规定，计算制动时的黏着系数 φ_{iT} 应比牵引时低 20%，故可表示为

$$\varphi_i f = 0.8 \mu_f = 0.8 \left(0.24 + \frac{12}{100 + 8v} \right) \tag{3.18}$$

由此得出，机车能够实现最大黏着制动力：

$$B_{\mu\max} = \varphi_a \cdot P_\mu \tag{3.19}$$

式中，P_μ 为机车黏着重量；$\beta_{\mu\max}$ 如图 3.24 中曲线②所示。

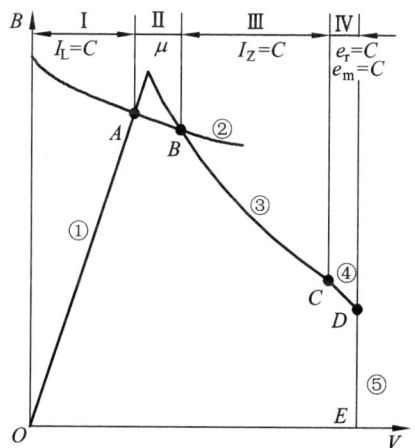

图 3.24　电阻制动工作范围

Ⅰ—励磁电流限制；Ⅱ—黏着系数限制；Ⅲ—制动电流限制；Ⅳ—整流限制

③ 最大制动电流限制。

此值根据牵引电机电枢绕组或制动电阻的允许发热量而定。由于电机热容量大，故最大制动电流一般取决于制动电阻的容量。只要制动电阻发热允许，电机电枢电流在制动时适当过载

是允许的。为了充分发挥制动效果，目前，电力机车的制动功率一般等于或大于机车小时功率。

④ 牵引电机安全整流限制。

直流电机安全整流取决于电抗电势 e_r 和片间最大电压 e_m。前者引起火花，后者会造成环火。对于有补偿绕组的牵引电机，由于气隙中磁场畸变不大，e_m 值较小，所以随着机车速度的增加首先起限制作用的是 e_r 值；反之，对于无补偿绕组电机，则是 e_m 值先起限制作用。电抗电势 e_r 正比于机车速度与制动电流的乘积，即 $e_r \propto vI_1$。所以要维持 e_r 值在一定允许值时，必须随着机车速度的提高，相应地减小制动电流，如图 3.24 曲线④所示。它比双曲线③下降更快。片间最大电压 e_m 与制动电流成正比，而与励磁电流 I_L 成反比，即 $e_m \propto \dfrac{I_Z}{I_L}$。因为 I_L 增大，使电枢反应加剧；而 I_L 减少，使主磁场变弱，磁路不饱和，磁场畸变严重，所以 e_m 值限制多数发生在削磁运行的高速工况。

⑤ 机车构造速度限制。

如图 3.24 中曲线⑤所示，它受机车机械走行部分强度的限制。实际上还可能受到线路允许速度的限制。

以上制动工作范围 OABCDE 所限定的面积等于制动功率，即正比于 B_V。该面积越大，表示调节范围越大。同时，在紧急停车制动过程中，倘若能按曲线⑤→①来调节制动力，即可取得电阻制动的最佳效果。以上制动特性是在制动电阻 R_Z 等于常值时求出的。图 3.25 表示 SS$_3$ 型机车制动电阻分成两段时的制动特性及工作范围。由图可见，减少制动电阻 R_Z 可改善机车低速时的制动性能，但是高速时制动功率和调节范围下降（见图 3.25 虚线）。图 3.25 中绘有阴影线的面积代表采用加馈电阻制动，维持制动力 B 等于常数时，使列车制停所需外加功率。显然，制动电阻越大，加馈电阻制动的外加功率将正比地增大。

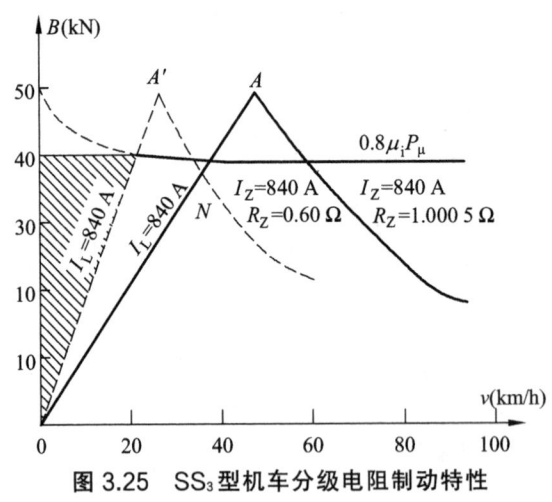

图 3.25 SS$_3$ 型机车分级电阻制动特性

3.4.2 再生制动

1. 再生制动的优缺点

以电机为牵引动力的电力机车的显著优点之一就是可以进行电气制动。除电阻制动外，另一种更有经济效益的电气制动是再生制动。在干线电力机车上，再生反馈电能可供其他机车牵引或其他工矿企业使用，所以具有巨大的节能效益。随着铁道电气化的迅速发展，电力机车用电量在全国用电量的百分比中将会逐年上升。如果能采用再生制动，机车带来的节能效果将十分可观。从国外资料来看，由于采用再生制动可节能 10%～15%。除此以外，再生制动具有调速范围大、防滑性能好、减少闸瓦和轮缘磨耗等优点。如国外对同类型三种机车进行对比得出：再生制动机车 BJ180^F 比电阻制动机车 BJ180^F 闸瓦损失减少 2～3 倍，而比无电气制动机车 BJ180^K 减少 8～10 倍。但是，再生制动由于存在以下问题，在我国交-直型电力机车上未能大力推广。

① 交-直型电力机车再生制动时功率因数低。晶闸管相控机车的主要缺点之一是功率因数低，尤其是再生制动时更低，如 6G 型机车有两台可再生制动，其功率因数在 0.5 左右。

② 谐波成分增加，对电网干扰较大。再生制动时电网电流与电压波形畸变一般比牵引时严重，特别是在换向期间波形畸变更加严重。

③ 再生制动的控制系统比较复杂。电阻制动系统有稳定性好、控制简单的优点。控制牵引电机的他励电流，可实现对制动力的调节。但再生制动系统的稳定性较差，制动力的调节既可以通过调节电机的他励电流，也可以通过调节逆变器的电压来实现，控制比较复杂而且要求精确度高，因为励磁电流或逆变器电压少量的变化，都会引起制动电流，即制动力很大的波动。为此，在制动电路内设有附加的稳定电阻，来限制制动电流的变化。提高系统的稳定性，但稳定电阻使制动时再生反馈电能减少，制动效率下降。

④ 再生制动机车必须采用全控桥，对触发系统的可靠性要求高。机车在牵引工况丢失触发脉冲，会使输出整流电压下降，负载电流及其牵引力相应减少；而在再生制动时，丢失触发脉冲，则意味着没有进行正常换向，将造成再生的颠覆，即交-直流电压叠加短路，对元件和电机的安全运行威胁较大。

⑤ 机车采用电气制动时，制动力集中于机车动轮上，不像空气机械制动，制动力是通过机车车辆的闸瓦均匀地作用于整个列车上。所以在过弯道的线路上进行电气制动时，机车后面的车辆的惯性力将产生横向作用力，故对线路和车辆提出了更高的要求。

上述缺点是客观存在的，但从我国目前的技术水平来说是不难克服的，国外一些成功的经验值得借鉴。例如为了改善功率因数，减少谐波干扰，可通过多段桥的不对称控制，或加装滤波器来改善。

2. 再生制动基本原理

为了实现再生制动，必须采用全控整流桥，如图 3.26 所示，当控制角 $\alpha \geqslant 90°$ 时，整流电压平均值为负值，即

$$U_\mathrm{d} = \frac{2U_\mathrm{m}}{\pi}\cos\alpha \quad (3.20)$$

制动电流可以表示为

$$I_\mathrm{d} = \frac{E - |U_\mathrm{d}|}{R} = \frac{K_\mathrm{e} n \Phi - |U_\mathrm{d}|}{R} \quad (3.21)$$

其中，$E = K_\mathrm{e} n \Phi$ 为牵引电机电动势；R 为制动回路总电阻，

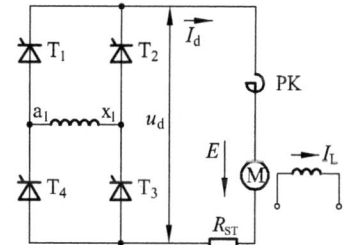

图 3.26　单相全控桥再生电路

包括电机、平波电抗器电阻和附加的稳定电阻 R_{ST}。从式（3.20）和式（3.21）可知，调节制动电流 I_d 可采用调节磁通 Φ，即励磁电流；或者逆变器电压 U_d，即控制角 α 的方法来实现。式（3.21）中转速 n 取决于列车速度，而再生制动回路电阻一般不变，其中稳定电阻 R_{ST} 要求从制动效率和稳定性两方面折中考虑。8K 型电力机车 $R_{ST} = 0.45\ \Omega$，消耗 1/3 制动功率，国外 BJ180^P 型电力机车 $R_{ST} = 0.145\ \Omega$，，消耗 10%～15%制动功率。

再生制动在整个调节过程中，大致可分为三个阶段，如图 3.27 所示。

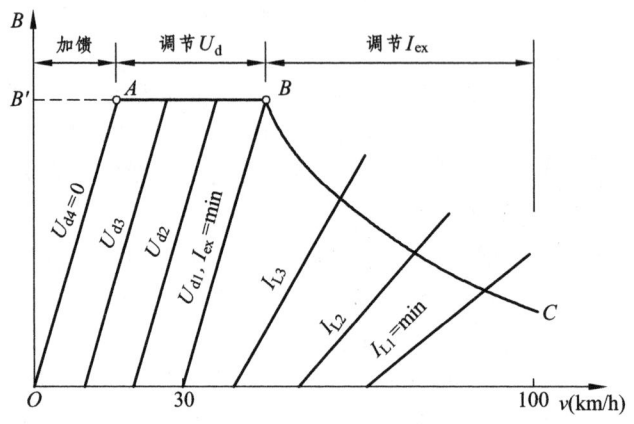

图 3.27 再生制动三个区域的特性

① 调节励磁电流 I_L。

机车在高速时进行再生制动，为了提高功率因数，可维持逆变器电压 U_d 为最大，且基本为常值，通过改变励磁电流来调节制动电流 I_d，如图 3.27 中 BC 段所示。随着机车速度下降，相应增加励磁，直至达到额定值为止。励磁电流最小值受牵引电机安全换向所限制，一般不应小于电机电流的 40%～45%。在这区段内制动力受到制动功率的限制，以及电机在高速下的安全换向等限制，随着机车速度增加，制动力要相应减小。

② 调节逆变器电压 U_d。

在励磁电流调到额定值后维持常数不变，调试控制 α 角改变逆变器电压 U_d，减少 U_d 可维持制动电流为常数，即制动力 B 不变，如图 3.27 AB 段所示，直到 $U_d = 0$ 为止。

③ 加馈电阻制动。

逆变器转变为整流工况运行，电压 U_d 改变极性。从等式（3.9）可知，制动电流是由电机电势 $E = C_e n \Phi$ 和整流电压 U_d 共同产生的。可保持机车低速时制动力不变，如图 3.27 中虚线 AB' 所示。图中 $U_d = 0$ 的 OA 线斜率取决于制动回路电阻的大小，电阻越小，相应于 A 点的速度越低，该电阻一般小于电阻制动机车的制动电阻。

上述三种工况中，前两种工况为再生工况，其功率因数取决于控制方式，目前存在两种控制方式：

- $\beta =$ 常数控制。

如图 3.28 所示，提前角 $\beta = \gamma + \delta$，其中，γ 为换向重叠角；δ 为晶闸管恢复阻断角。晶闸管关断需要一定的时间，因为硅片载流子恢复需要一定的时间，约为几十到几百微秒。对于 50 Hz 工频来说不到 5°。为了留有足够的裕量，δ 一般取 10°～20°。换向角 γ 是随制动电流 I_d、回路电抗 X_d 和变压器电压（换向电势）而变化。固定 β 角控制必须考虑到最不利的情况，即

I_{dmax}，X_{dmax} 和 U_{zmax}，由此计算出换向重叠角可达 $40°\sim 50°$。例如，6G 型电力机车采出固定 β 角控制，$\beta = 55°$。从图 3.28 可见，若认为换向期间电流线性变化，交流电流在 $\frac{1}{2}\gamma$ 处过零。因此基波功率因数可表示为

$$\cos\varphi_1 = \cos\left(\beta - \frac{\gamma}{2}\right) \tag{3.22}$$

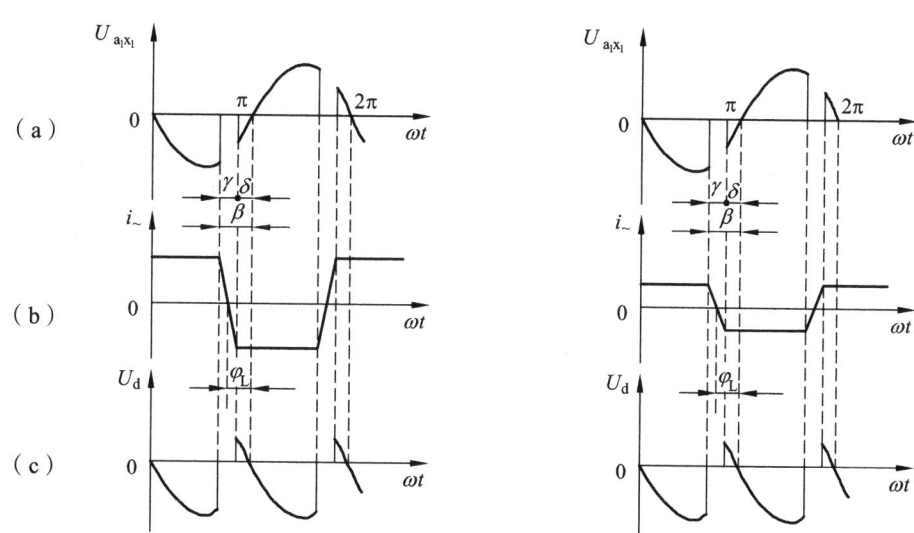

图 3.28 再生工况波形 $\beta = \gamma + \delta = $ 常数

为了粗略地估计基波功率因数，可忽略不计 γ 角的影响，认为 $\gamma = 0$，则式（3.22）可改写为

$$\cos\varphi_1 \approx \cos\beta \tag{3.23}$$

如果 $\beta = 55°$，则 $\cos\varphi_1 \approx \cos 55° = 0.57$，所以功率因数不高。这种控制方式在 γ 角减小时，如 I_d 或 X_d 减小时，δ 角相应地增大，如图 3.28（b）所示。δ 角的大小对功率因数影响甚大。从图 3.28 可以看出，在 δ 角期间不是在反馈电能，而是从电网吸收电能，这样就会显著地减少再生反馈能量的平均值，结果是功率因数严重恶化，为此提出 δ 角为常数控制。

- $\delta = $ 常数控制。

选取足够的 δ，使其为恒值，提前角 $\beta = \gamma + \delta$ 将随着换向重叠角 γ 的变化而自动进行调节，在 γ 角减小至图 3.29（b）所示情况时，β 角相应地减小，所以功率因数有所提高。这种控制方式要精确地检测出投向角 γ 的大小。8K 型电力机车和国外 BJ180^P 型电力机车均采用 $\delta = $ 常数控制，相应的 δ 角为 $9°$ 和 $18°\sim 22°$。

为了实现对图 3.26 全控桥电压 U_d 的调节，采用不对称触发方式。图 3.30 表示改变控制角 α 调节逆变器电压 U_d 的波形图，对于 $\beta = $ 常数或 $\delta = $ 常数均适用，但要求控制角 α 的触发脉冲不得进入 β 范围之内，即 α 角的调节范围为 $0\sim(\pi - \beta)$。设在 $\omega t = (0 - \alpha)$ 期间，图 3.26 中晶闸管 T_1 和 T_3 导通，变压器二次绕组电势 U_{Lmax} 自 a_1 指向 x_1，绕组中电流 i 与电势 U_{Lmax} 反向，表示在再生工况时向电网反馈电能，如图 3.30（a）~（d）所示。在 $\omega t = \alpha$ 瞬间，触

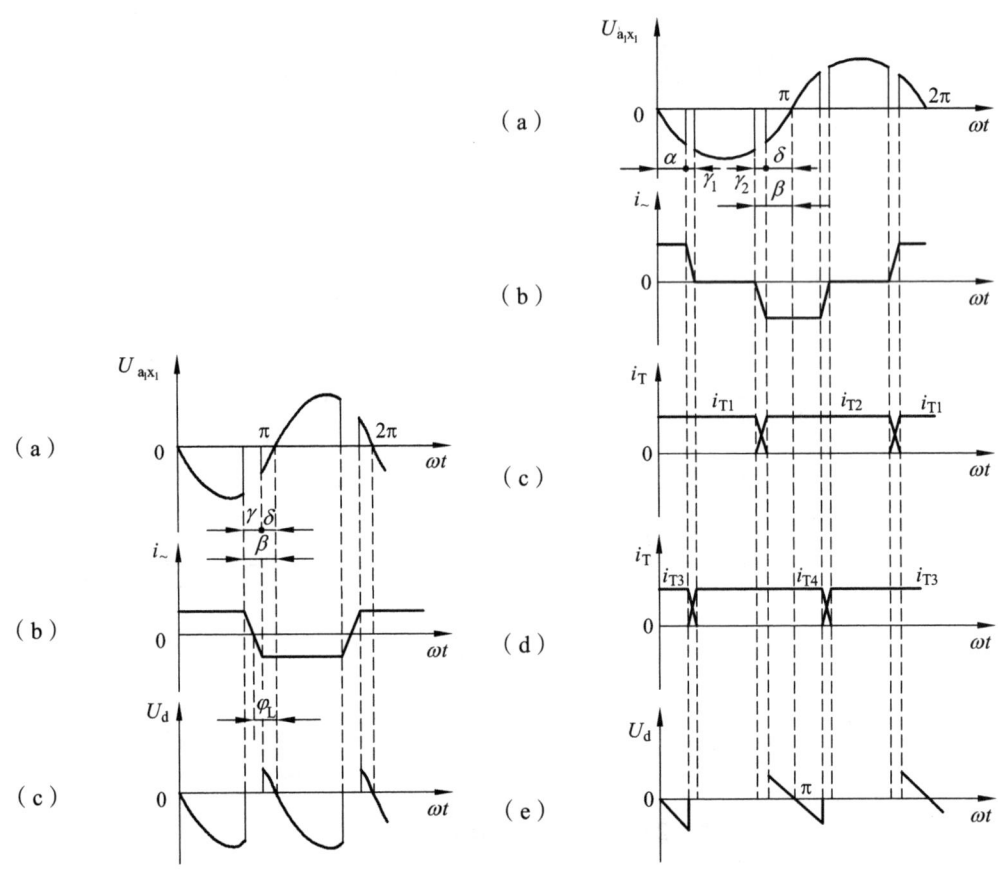

图 3.29 再生工况波形，δ = 常数控制　　图 3.30 不对称触发波形

发 T_4，由于晶闸管 T_4 在 a_1x_1 和 T_3，T_4 回路内受正向阳极电压，因而触发导通，开始 $T_3 \rightarrow T_4$ 的换向，这时元件 T_2 由于没有触发脉冲仍然处于截止状态，电机的负载电流 I_d 经 T_3 与 T_4 并联，和 T_1 形成续流电路，在换向期间 $\gamma = \gamma_1$，变压器二次绕组被 T_3，T_4 短接，交流电压呈现缺口，所以换向期间网压畸变严重；另外，从换向开始起，逆变器输出电压 U_d，由于 T_1 和 T_4 导通形成续流电路而等于零，如图 3.30（e）所示，在 $\omega t = \alpha + \gamma_1$ 换向结束，变压器绕组内没有电流，如图 3.30（b）所示。在 $\omega t = \pi - \beta$ 时，触发元件 T_2，由于它在 a_1x_1 和 T_1，T_2 回路内受正向阳极电压，所以触发导通，开始 $T_1 \rightarrow T_2$ 的换向，在此 γ_2 换向期间，变压器二次绕组再次被 T_1 和 T_2 短接。交流电压呈现缺口；在 $\omega t = \pi - (\beta - \gamma_2)$ 时，第二次换向结束，变压器绕组内流过负载电流 $i = i_d$，如图 3.30（a），（b）和（e）所示。在 $\omega t = (\pi - \delta) \sim (\pi + \delta)$ 期间输出电压 U_d 有正有负，逆变器平均电压则取决于它们的代数和，倘若控制角 α 下降到等于 δ，则可得 $U_d = 0$，相当于图 3.27 中 OA 线工况，如果控制角 α 继续减少，或者控制 δ 的触发脉冲向前移动，平均输出电压 U_d 将变为正值，即由再生逆变工况转变为牵引整流工况，进入所谓的加馈电阻制动。

3. 再生制动主电路

机车再生制动主电路一般是与牵引时所采用的主电路相对应，例如，8K 型电力机车牵引

3 交-直型电力机车的电气线路

时主电路是一台转向架的两台牵引电机串联连接,由一台整流装置经平波电抗器供电,在再生时,将电机励磁改为他励,由另外专门的励磁整流装置进行供电,同时在主电路内串入附加稳定电阻,可能还有专门用来再生颠覆时作保护的直流高速开关(8K 型机车无此开关)。8K 型机车再生主电路如图 3.31 所示,采用牵引电机串联连接,有利于牵引或制动力的均匀分配,因为并联时,由于牵引电机特性差异或动轮轮径不同所引起的电流分配不均比较严重,相应地使牵引或制动力分配不均。串联时两台电机的电流总是相等的,由于电机特性和动轮直径不同所引起的牵引或制动力不均是比较小的。另外,串联连接使主电路的开关电器数量最少,线路简单。但是,电机串联连接的防空转和防滑性能较差,由于 8K 型机车采用了灵敏度很高的防空转系统,故可选用牵引电机串联连接。

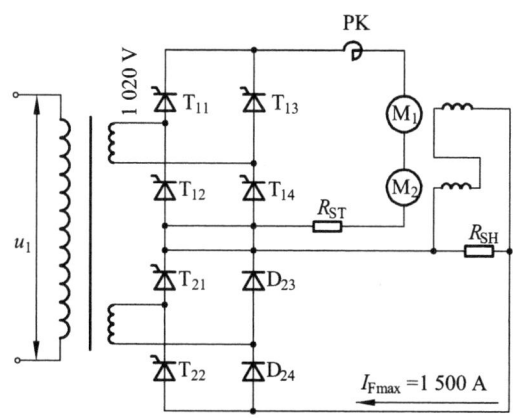

图 3.31 8K 型机车再生工况主电路

8K 型机车牵引时主电路采用二段桥调压,第一段桥为全控桥,第二段为半控桥;在再生制动时只用第一段全控桥。采用一段桥调节 U_d 时,功率因数不高,同样在牵引时二段桥功率因数也较低。为了满足机车功率因数的要求,8K 型机车装有滤波器,对 3,5 次谐波进行滤波,同时对基波分量进行超前移相,使总的功率因数得以改善。

SS$_4$ 型电力机车牵引时主电路采用四段桥,一台转向架两台牵引电机并联运行,假如改为再生制动机车,主电路如图 3.32 所示。四段桥的控制比较复杂,但牵引和制动时的功率因数可以提高,若要求不十分苛刻,不装滤波器,也可基本满足要求。即使要装,其容量与尺寸将会显著减小,所以采用四段桥控制比较合理。如图 3.32 所示的两台电机并联,各支路内串有稳定电阻 R_{ST},其作用是增加系统的稳定度和减少由于电机特性及动轮直径不同所引起的电流分配不均,在满足这些条件下,R_{ST} 应尽可能小,以提高机车再生效率。

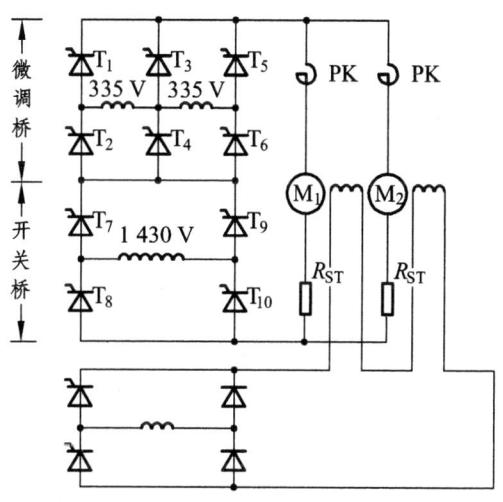

图 3.32 SS$_4$ 型机车再生工况主电路之一

3.5 机车主电路保护

当主电路主要电气设备发生短路、过载、接地、过电压四类故障时，相应的保护电器动作，以避免电气设备因上述故障而损坏。各类交-直型电力机车的主电路保护措施大致相同，现以 SS_1 型机车为例加以说明。保护电路中保护电器及其参数如表 3.6 所示。

表 3.6 主电路保护的种类和保护电器主要参数

保护分类	保护电路			整定值	动作时间/s	执行器件	
	代号	名称	型号参数				
主电路 短路及过载	4	主断路器	TDZ_1-200/25 200 MV·A, 25 kV 400 A	400（1±5%）A	主触头 0.025 闸刀 0.045~0.055	8→4$_{断}$	
	8	网侧过流继电器	JL14-20J/5 额定 5 A	10（1±5%）A	约 0.1	8→4$_{断}$	
	57~62	牵引过流继电器	TJZ_1-800/20 800 AT, 1 500 V	780（1±5%）A	1.2 倍≤0.3 3 倍≤0.1	4$_{断}$	
	79, 80	制动过流继电器	TJL_1-800/20 800 AT, 1 500 V	460（1±5%）A	1.2 倍≤0.3 3 倍≤0.1	励磁接触器 84$_{断}$	
接地	88	主接地继电器	TJJ_2-18/20 1 500 V 等级	18（1±5%）V 系统≤77 V	1.2 倍≤0.3 3 倍≤0.1	牵引	4$_{断}$
						制动	4,84$_{断}$
过电压	19	网侧放电间隙	间隙（110±1）mm	冲击波 90 kV 工频 66 kV		变电所油开关	
	R_1C_1~R_4C_4	二次侧过电压吸收器	C：CH6 9.6 μF, 1.5 kV R：ZG11-200 5 Ω, 800 W	对地点位≤6 kV			

由表 3.6 可见，主断路器 4 是机车的主要保护装置。当主电路发生短路、过载、接地故障时，主断路器作为主要执行开关，担当了分断网侧电路的作用。此外，当调压开关由于传动机构或控制电路故障发生卡位时，也由主断路器来执行分断电路的任务。

3.5.1 主电路短路保护电路

1. 电网侧电路短路或接地

电网侧绕组 AX 的 A 端或中间任何一点接地的故障是最严重的短路故障，短路阻抗很小，短路电流很大，且上升很快，主断路器及变电所有开关均会跳闸。短路时，故障电流通过网侧电流互感器 7 的网侧绕组（一匝），当短路电流超过 400 A 时，即互感器二次绕组电流超过 10 A 时，电流继电器 8 动作，接通主断路器 4 的分闸线圈，主断路器分断。

当车顶母线、瓷瓶对地放电或短路时，短路电流不流过互感器 7，主断路器 4 不会跳闸，由牵引变电所执行保护。

2. 二次侧绕组或其一段短路

主变压器二次侧绕组的整段或一段,可能由于内部或外部接线而短路。此时主断路器是否跳闸,取决于绕组及线路阻抗的大小。当不考虑电网阻抗时,在 9 级以下绕组短路及一小段绕组短路时,由于一、二次绕组匝比太大,二次侧短路电流虽高达数万安,但网侧电流还达不到 400 A 整定值,主断路器不会跳闸。

3. 硅整流器击穿短路

鉴于 SS_1 型电力机车为硅整流装置集中供电,使硅臂具有较大的短路过载能力,可采用主断路器作为硅臂击穿的短路保护,在三个周波内切断网侧电源,而不需其他特殊短路保护方式。至于级间转换硅二极管击穿,由快速熔断器(750 V,600 A)进行保护。

4. 牵引电动机闪络

牵引电动机运行中由于换向器换向恶化可能导致闪络短路,此时接在各电枢回路中的过流继电器 57～62 动作,使主断路器分断。

牵引电动机闪络相当于硅整流器直流负载侧短路,由于该电路内有时间常数较大的平波电抗器,其短路电流增长速度较慢,对硅整流元件无多大威胁。

3.5.2 主电路过载保护

牵引时由于启动电流过大,或由于几台电机空转卸载导致不空转电机增载,过载电流超过 780 A 时,牵引过流继电器动作,主断路器分断,以保护牵引电动机,防止发生闪络或其他破坏性故障。

电阻制动工况时,如励磁电源柜电子控制环节故障,最大制动电流越过限制值 430 A,而增加到 460 A 时,制动过流继电器 79、80 动作,励磁回路的交流侧电空接触器 84 打开及切除励磁电源,以免制动电阻烧损。制动过载多半是在机车速度较高情况下,励磁电流给得过大引起的,也可能是制动电阻短路所造成。

3.5.3 主电路接地保护

主电路接地故障是由于电气设备或导线的绝缘破损所造成的。与车体钢结构直接接触的为"死接地";裸露导线部分通过空气对钢结构放电,或通过绝缘物表面对钢结构爬电的为"活接地"。如果上述不正常接地点出现两点以上,将导致短路故障而烧损设备或导线,故必须设接地保护。其主要保护手段是采用接地继电器。本电路所采用的是 TJJ_2-18/20 型主接地继电器(见表 3.6),与 TJL_1 型过流继电器属于同一铁标系列,其磁路及外形基本相同。继电器代号为 88,它具有两个线圈,一个为主动作线圈,与主电路连接,其绝缘按高压考虑(1 500 V);另一个为接地信号恢复用辅线圈,短时加直流电压 110 V。除动作线圈外,其他部分均为低压部分。

动作线圈动作电压为 18(1±5%)V,线圈电阻 120 Ω,相应动作电流为 150(1±5%)mA,

线圈匝数为 4 000,线径为 0.29 mm,继电器动作线圈电感实测值为 0.9~1 H。线圈电感对限制接地电流的交流分量具有一定作用,而继电器动作主要取决于接地电流的直流分量。

接地继电器与主电路连接时,要注意选择合适的接地点,其选择原则是:

① 使主电路的对地电位尽量降低;

② 使接地保护的有效范围最宽,"死区"最小;

③ 适当照顾主电路绝缘的薄弱环节。

下面按上述情况对接地点进行分析。

1. 牵引工况

图 3.33 为 SS_1 型电力机车牵引工况接地保护系统电路图。由图可见,接地继电器 88 的动作线圈两端与电阻 R_6 并联,然后一侧串联电阻 R_5,另一侧与机车后备电源蓄电池(110 V)正极相连,经蓄电池后接地。接地点选择在主电路直流侧牵引电动机附加极 H_2 端和平波电抗器之间的 N_2 点,即负极端。选择 N_2 点接地是考虑到调压整流电路平时各点电位均衡。另一方面考虑到蓄电池负极接地,当机车主电路某点有接地故障时,使接地电流的方向(见图 3.33 中的 I_G)与蓄电池直流电势方向一致。图中假定 N_1 点有接地故障,其接地点 G' 与蓄电池接地点 G 通过车体成为同一等电位点,于是接地继电器支路 $N_2 \rightarrow G$ 与牵引电机并联,接地电流 I_G 成为整流输出的很小一部分,如图 3.33 所示。加在支路 $N_2 \rightarrow N_{311}$ 之上的电压为牵引电机电压 U_d 和蓄电池电压 U_k 之和,即 $U_d + U_k$。由于此电压很高,串联电阻 R_5 能起一点降压作用。从降压作用看,希望 R_5 大一些,但要考虑 N_2 点接地故障时,在控制电压为最低值 77 V 时,加在 88 动作线圈上的电压能达到 18 V 的动作电压。本电路取 R_5 为 300 Ω,R_6 为 500 Ω,R_{88} 设计值为 120 Ω,支路总电阻为 397 Ω,当 U_k 为 77 V 时,求得

$$U_{88} = \frac{97}{397} \times 77 = 18.8 \text{ V} > 18 \text{ V}$$

可见,在最低控制电压下,N_2 点接地时,接地继电器 88 仍能动作,故可以认为该接地保护电路是无"死区"的。

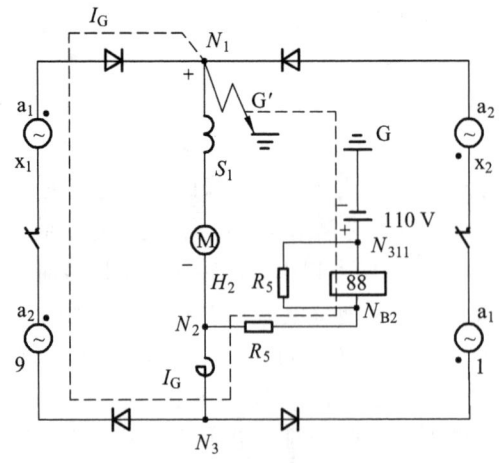

图 3.33 SS_1 型机车牵引工况接地保护

(33 级,正接 N_1 点接地)图中虚线为通过接地继电器的接地电流 I_G

在 N_5 点接地故障时，相当于接地继电器支路与平波电抗器并联，由于平波电抗器两端的电压接近于全波整流后的交流分量，而 TJJ_2 型主电路接地继电器电磁系统是按直流设计的。为避免由于交流磁通引起继电器不必要的抖动，在 88 线圈上并联电阻 R_6（500 Ω）。88 线圈电感 L 实测 0.9～1 H。平波电抗器中的交流主频率主要是 100 Hz，88 线圈电抗为

$$x_{88} = 2\pi fL = 2\pi \times 100 \times (0.9 \sim 1) = 565 \sim 628 \ (\Omega)$$

即大部分交流分量将从分流电阻 R_6 中通过。

当二次侧各点，如 a_1，x_1，9 等发生接地故障时，加于接地支路间的电压为半波整流电压，其波形和数值与级位及负联电流有关。

在未发生接地故障前，N_2 点处于低电位，而 N_1 点对地电位等于电机端压加上 U_k，因而处于高电位（$U_d + U_k$）。在接地故障发生的一瞬间，接地点电位变为 0，使 N_1 或 N_2 点对地电位发生变化。

试以 N_1 点接地为例。计算加于 88 线圈上的电压，设牵引电动机端压 $U_d = 1\,600$ V。则

$$\begin{aligned}U_{88} &= (U_d + U_k)\frac{R_6 \cdot R_{88}}{R_6 + R_{88}} \Big/ \left(R_5 + \frac{R_6 \cdot R_{88}}{R_6 + R_{88}}\right) \\ &= (1\,600 + 110) \times \frac{500 \times 120}{500 + 120} \Big/ \left(300 + \frac{500 \times 120}{500 + 120}\right) \\ &= 1\,710 \times 0.243\,9 = 417 \ (V)\end{aligned}$$

式中，0.243 9 为接地支路的分压比；417 V 为动作线圈动作电压 18 V 的 23.2 倍，继电器会瞬时动作，因其动作时间为 0.1 s，并立即接通主断路器分闸线圈，其主触头固有分闸时间为 0.025 s，若能及时断弧，则主接地继电器动作线圈通电时间为 0.125 s，若加上 40～60 ms 灭弧时间，则总通电时间为 0.165～0.185 s。如果中间控制电路某些环节出了故障，使主断路器不能及时断开，必然导致接地继电器动作线圈烧毁，故必须加强其动作检查。

由分析可知，主电路有关点接地后，接地点的对地平均电位为负值或为 0，故与蓄电池电压 U_k 总是叠加关系，总能保证接地继电器 88 动作。

2. 电阻制动工况

当机车在电阻制动工况时，接地保护系统电路如图 3.34 所示。该系统的第一个特点是：蓄电池电压 U_k、励磁电源电压 U_L 和牵引电动机电势 E_d 的方向与接地电流 I_G 的方向始终相同，因而加在 88 线圈上的接地电压为上述三种电势叠加后再乘以分压比。如图 3.34 所示，当电机 M_1 的 H_{21} 点发生接地时：

$$U_{88} = (U_k + U_L + E_{d1}) \times 0.243\,9$$

该系统的第二个特点是牵引电动机在正常情况下，附加极端处于高电位，主极端处于低电位，正好与牵引工况相反。

制动工况下主电路接地时，接地继电器 88 动作后励磁回路交流侧电空接触器 84 打开，同时跳开主断路器，切除励磁电源，同时给出接地故障信号。

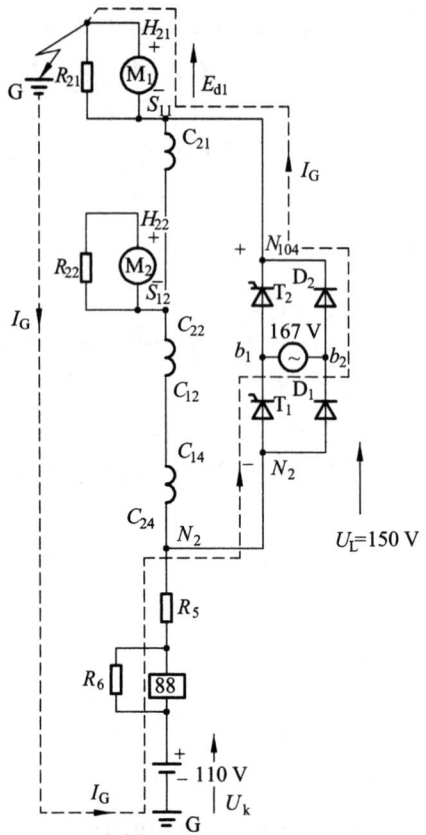

图 3.34 电阻制动工况接地保护
（电机 M_1H_{21} 点接地故障，图中虚线为接地电流 I_G）

4 电力牵引直流传动控制系统

4.1 概　述

在各类电力牵引机车系统中，为改善和提高牵引性能指标，简化司机手动操作，自动控制起着重要的作用。在手动控制基础上发展起来的自动控制系统，按照系统有无反馈环节，可分为开环控制系统和闭环控制系统。如我国生产的 SS_1 型和由苏联进口的 8G 型电力机车，其调速是以变换绕组抽头的调压开关调节电机电压为主来进行的，属于开环调速系统；而我国生产的 SS_3 型、SS_4 型，以及引进法国的 6G 型、西欧的 8K 型和日本的 6K 型，其调速均是以结合可控硅电子开关自动调节电机电压为主来进行的，属于闭环调速系统。开环调速系统虽然结构简单，成本低，但由于其牵引调速性能差，渐渐满足不了现代社会对牵引机车的要求，而一个设计得很好的闭环调速系统可以大大提高牵引调速性能，取得明显的经济技术效果。以机车启动过程为例，当采用恒流闭环自动控制，随着列车速度的提高，牵引电动机的反电势增加，这时通过恒流闭环自动调节的作用外加于牵引电动机两端的电压相应提高，使牵引电流按黏着条件一直维持在最大值，启动牵引力也维持在最大值。由于黏着条件得到充分发挥，启动牵引力大且恒定，因此机车启动快而且平稳。

在电力牵引系统中，牵引电机是被控制的调节对象。一般由于牵引电机的电压和电流都很大，目前，基本都采用晶闸管元件构成的变流器实现对牵引电机的控制。典型的电力牵引闭环自动控制系统的构成如图 4.1 所示。

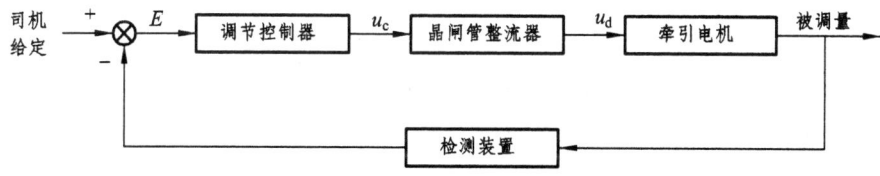

图 4.1　电力牵引闭环自动控制系统构成框图

系统的基本工作原理如下：将司机给定量和检测到的被调量的反馈值进行比较，形成偏差信号 E，然后按偏差经调节控制器控制晶闸管整流器的输出电压，即控制牵引电机的输入电压，从而达到控制被调量的目的。通常为达到调速、提高牵引性能的目的，牵引电机的被调量可以是转速、电压、电流、功率或者励磁电流等。图 4.1 中的"调节控制器"通常由电子调节器（如比例调节器、比例积分调节器等）和晶闸管整流器的触发器构成。触发器一般包括移相器和脉冲功率放大器，如图 4.2 所示。

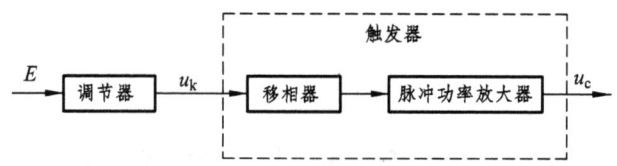

图 4.2 调节控制器构成框图

在闭环控制系统中,如果要控制的被调量仅有一个,则可由单变量反馈构成单闭环控制系统。如果要控制的被调量有多个,则需构成多变量反馈的多闭环控制系统。如图 4.3 所示是一种常用的同时控制牵引电机转速和电流的双闭环控制系统。

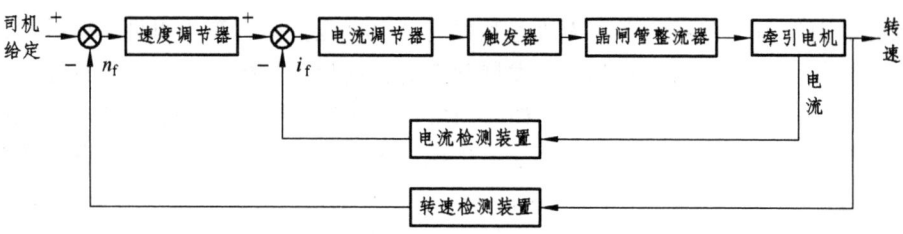

图 4.3 转速、电流双闭环自动控制系统构成框图

采用这种结构,可以实现牵引机车的恒流启动和恒转速运行,从而提高牵引性能。

在上述结构中,如果采用比例(P)调节器,则从本章后面小节的分析中将会看到,调速系统在稳态时,反馈量与司机给定量之间存在着偏差,这类系统我们称之为有静差调速系统;如果调节器中包括积分(I)调节器,则调速系统在稳态时可以实现无偏差,相应称这类系统为无静差调速系统。

本章着重讨论电力牵引闭环自动控制系统,从理论上进一步阐述前面章节具体机车控制系统的基本工作原理。首先根据闭环控制系统的构成,介绍和推导系统中各个环节的数学模型,然后结合数学模型分别对单闭环有静差、单闭环无静差以及双闭环调速系统进行动、静态分析。

4.2 闭环控制的直流调速系统

直流电动机转速和其他参量之间的稳态关系可表示为

$$n = \frac{U - IR}{K_e \Phi} \quad (4.1)$$

式中 n ——转速,r/min;
   U ——电枢电压,V;
   I ——电枢电流,A;
   R ——电枢回路总电阻,Ω;
   Φ ——励磁磁通,Wb;
   K_e ——由电机结构决定的电动势常数。

在上式中，K_e是常数，电流I是由负载决定的，因此调节电动机的转速有三种方法：
① 调节电枢供电电压U。
② 减弱励磁磁通Φ。
③ 改变电枢回路电阻R。

对于要求在一定范围内无级平滑调速的系统来说，以调节电枢供电电压的方式为最好。改变电阻只能实现有级调速；减弱磁通虽然能够平滑调速，但调速范围不大，往往只是配合调压方案，在基速（额定转速）以上作小范围的弱磁升速。因此，自动控制的直流调速系统往往以变压调速为主。

4.2.1 直流调速系统用的可控直流电源

变压调速是直流调速系统的主要方法，调节电枢供电电压需要有专门的可控直流电源。常用的可控直流电源有以下两种。
① 静止式可控整流器：用静止式的可控整流器获得可调的直流电压。
② 直流斩波器或脉宽调制变换器：用恒定直流电源或不控整流电源供电，利用电力电子开关器件斩波或进行脉宽调制，产生可变的平均电压。

下面分别对各种可控直流电源及由它供电的直流调速系统做概括性的介绍。

1. 静止式可控整流器

采用闸流管或汞弧整流器的离子拖动系统是最早应用静止式变流装置供电的直流调速系统。它虽然克服了旋转变流机组的许多缺点，而且大大缩短了响应时间，但闸流管容量小，汞弧整流器造价较高，维护麻烦，万一水银泄漏，将会污染环境，危害人身健康。

1957年，晶闸管（俗称可控硅整流元件，简称"可控硅"）问世，到了20世纪60年代，已生产出成套的晶闸管整流装置，逐步取代了旋转变流机组和离子拖动变流装置，使变流技术产生了根本性的变革。如图4.4所示是晶闸管-电动机调速系统（简称V-M系统，又称静止的Ward-Leonard系统）的原理图。图中VT是晶闸管可控整流器，通过调节触发装置GT的控制电压U_c来移动触发脉冲的相位，即可改变整流电压U_d，从而实现平滑调速。与旋转变流机组及离子拖动变流装置相比，晶闸管整流装置不仅在经济性和可靠性上都有很大提高，而且在技术性能上也显示出较大的优越性。晶闸管可控整流器的功率放大倍数在10^4以上，其门

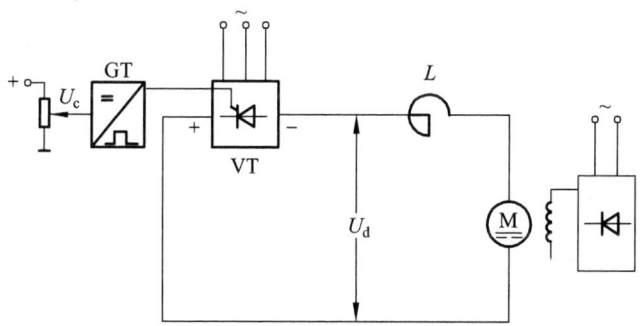

图4.4 晶闸管-电动机调速系统（V-M系统）原理图

极电流可以直接用电子控制，不再像直流发电机那样需要较大功率的放大器。在控制作用的快速性上，变流机组是秒级，而晶闸管整流器是毫秒级，这将会大大提高系统的动态性能。

晶闸管整流器也有它的缺点。首先，由于晶闸管的单向导电性，它不允许电流反向，给系统的可逆运行造成困难。由半控整流电路构成的 V-M 系统只允许单象限运行[见图 4.5（a）]，全控整流电路可以实现有源逆变，允许电动机工作在反转制动状态，因而能获得二象限运行[见图 4.5（b）]。必须进行四象限运行时[见图 4.5（c）]，只好采用正、反两组全控整流电路，所用交流设备要增加一倍。

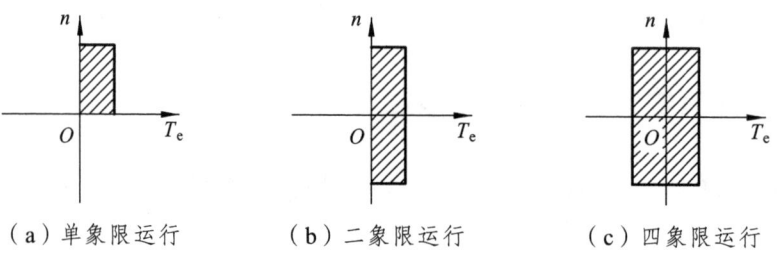

（a）单象限运行　　（b）二象限运行　　（c）四象限运行

图 4.5　V-M 系统的运行范围

晶闸管的另一个问题是对过电压、过电流和过高的 du/dt 与 di/dt 都十分敏感，其中任一指标超过允许值都可能在很短的时间内损坏器件，因此必须有可靠的保护电路和符合要求的散热条件，而且在选择器件时还应留有适当的余量。现代的晶闸管应用技术已经成熟，只要器件质量过关，装置设计合理，保护电路齐备，晶闸管装置的运行是十分可靠的。

最后，谐波与无功功率造成的"电力公害"是晶闸管可控整流装置进一步普及的障碍。当系统处于深调速状态，即在较低速运行时，晶闸管的导通角很小，使得系统的功率因数很低，并产生较大的谐波电流，引起电网电压波形畸变，殃及附近的用电设备，这就是所谓的"电力公害"。在这种情况下，必须添置无功补偿和谐波滤波装置。

2. 直流斩波器或脉宽调制变换器

在干线铁道电力机车、工矿电力机车、城市电车和地铁电力机车等电力牵引设备上，常采用直流串励或复励电动机，由恒压直流电网供电。过去用切换电枢回路电阻来控制电机的启动、制动和调速，在电阻中耗电很大。为了节能，并实行无触点控制，现在多改用电力电子开关器件，如快速晶闸管、GTO，IGBT 等。采用简单的单管控制时，称作直流斩波器，后来逐渐发展成采用各种脉冲宽度调制开关的电路，统称脉宽调制交换器。

直流斩波器-电动机系统的原理如图 4.6（a）所示，其中 VT 用开关符号表示任何一种电力电子开关器件，VD 表示续流二极管。当 VT 导通时，直流电源电压 U_s 加到电动机上；当 VT 关断时，直流电源与电机脱开，电动机电枢经 VD 续流，两端电压接近于零。如此反复，得到电枢端电压波形 $u=f(t)$，如图 4.6（b）所示，好像是电源电压 U_s 在 t_{on} 时间内被接上，又在（$T-t_{on}$）时间内被斩断，故称"斩波"。这样，电动机得到的平均电压为

$$U_d = \frac{t_{on}}{T}U_s = \rho U_s \tag{4.2}$$

式中　T——功率开关器件的开关周期，s；

t_{on}——开通时间，s；

ρ——占空比，$\rho = t_{on}/T = t_{on}f$，其中 f 为开关频率。

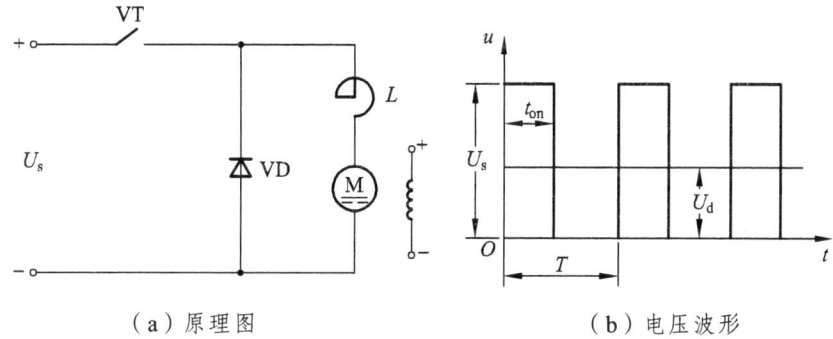

（a）原理图　　　　　　　　　　　（b）电压波形

图 4.6　直流斩波器-电动机系统的原理图和电压波形

图 4.7（a）给出了一种可逆脉宽调速系统的基本原理图（略去续流二极管），由 $VT_1 \sim VT_4$ 共 4 个电力电子开关器件构成桥式（或称 H 形）可逆脉冲宽度调制（Paise Width Modulation，PWM）变换器。VT_1 和 VT_4 同时导通或关断，VT_2 和 VT_3 同时通断，使电动机 M 的电枢两端承受电压 $+U_s$ 或 $-U_s$。改变两组开关器件导通的时间，也就改变了电压脉冲的宽度，得到电动机两端电压波形，如图 4.7（b）所示。

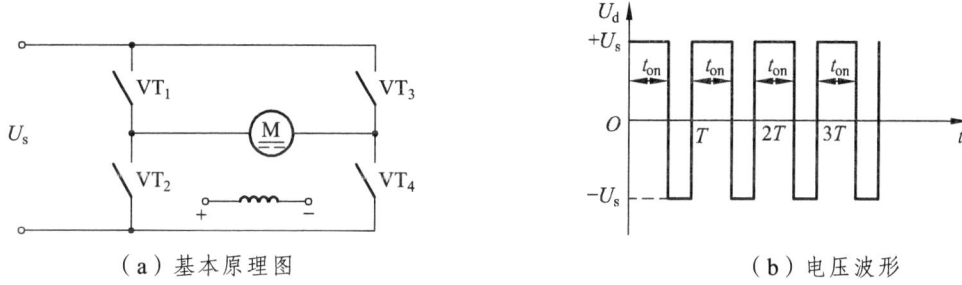

（a）基本原理图　　　　　　　　　　　（b）电压波形

图 4.7　桥式可逆脉宽调速系统基本原理图和电压波形

如果用 t_{on} 表示 VT_1 和 VT_4 导通的时间，开关周期 T 和占空比 ρ 的定义和上面相同，则电动机电枢端电压平均值为

$$U_d = \frac{t_{on}}{T}U_s - \frac{T-t_{on}}{T}U_s = \left(\frac{2t_{on}}{T}-1\right)U_s = (2\rho-1)U_s \tag{4.3}$$

4.2.2　晶闸管-电动机系统（V-M 系统）的主要问题

V-M 系统本质上是带 R，L，E 负载的晶闸管可控整流电路，关于它的电路原理、电压和电流波形、机械特性等问题，都已在"电力电子技术"课程中讲授。为了承上启下，本节按照分析和设计直流调速系统的需要，重点归纳 V-M 系统的几个主要问题：① 触发脉冲相位控制；② V-M 系统的机械特性；③ 晶闸管触发和整流装置的放大系数和传递函数。

1. 触发脉冲相位控制

在图 4.4 的 V-M 系统中，调节控制电压 U_c，从而移动触发装置 GT 输出 m 脉冲的相位，即可方便地改变可控整流器 VT 输出瞬时电压 u_d 的波形，以及输出平均电压 U_d 的数值。如果把整流装置内阻 R_{rec} 移到装置外边，看成是其负载电路电阻的一部分，那么，整流电压便可以用其理想空载瞬时值 u_{do} 和平均值 U_{do} 来表示，相当于用图 4.8 所示的等效电路代替图 4.4 的实际主电路。这时，瞬时电压平衡方程式可写作：

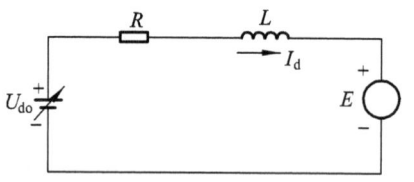

图 4.8　V-M 系统主电路的等效电路图

$$u_{do} = E + i_d R + L \frac{di_d}{dt} \tag{4.4}$$

式中　E——电动机反电动势，V；

　　　i_d——整流电流瞬时值，A；

　　　L——主电路总电感，H；

　　　R——主电路等效电阻，Ω，$R = R_{rec} + R_a + R_L$；

　　　R_{rec}——整流装置内阻，Ω，包括整流器内部的电阻、整流器件正向压降所对应的电阻、整流变压器漏抗换相压降相应的电阻；

　　　R_a——电动机电枢电阻，Ω；

　　　R_L——平波电抗器电阻，Ω。

对 u_{do} 进行积分，即得理想空载整流平均电压 U_{do}。

用触发脉冲的相位角 α 控制整流电压的平均值 U_{do} 是晶闸管整流器的特点。U_{do} 与触发脉冲相位角 α 的关系因整流电路的形式而异，对于一般的全控整流电路，当电流波形连续时，$U_{do} = f(\alpha)$ 可用下式表示：

$$U_{do} = \frac{m}{\pi} U_m \sin \frac{\pi}{m} \cos \alpha \tag{4.5}$$

式中　α——从自然换相点算起的触发脉冲控制角；

　　　U_m——$\alpha = 0$ 时的整流电压波形峰值，V；

　　　m——交流电源一周内的整流电压脉波数。

对于不同的整流电路，各参数的数值如表 4.1 所示。

表 4.1　不同整流电路的整流电压波形峰值、脉波数及平均整流电压

整流电路	单相全波	三相半波	三相全波	六相半波
U_m	$\sqrt{2}U_2$ [①]	$\sqrt{2}U_2$	$\sqrt{2}U_2$	$\sqrt{2}U_2$
m	2	3	6	6
U_{do}	$0.9\,U_2\cos\alpha$	$1.17\,U_2\cos\alpha$	$2.34\,U_2\cos\alpha$	$U_2\cos\alpha$

注：① U_2 是整流变压器二次侧额定相电压的有效值。

由式（4.5）可知，当 $0<\alpha<\dfrac{\pi}{2}$，$U_{do}>0$，晶闸管装置处于整流状态，电功率从交流侧输送到直流侧；当 $\dfrac{\pi}{2}<\alpha<\alpha_{\max}$ 时，$U_{do}<0$，装置处于有源逆变状态，电功率反向传送。

2. 晶闸管-电动机系统的机械特性

当电流连续时，V-M 系统的机械特性方程式为

$$n=\dfrac{1}{C_e}(U_{do}-I_d R)=\dfrac{1}{C_e}\left(\dfrac{m}{\pi}U_m\sin\dfrac{\pi}{m}\cos\alpha-I_d R\right) \tag{4.6}$$

式中 C_e——电机在额定磁通下的电动势系数，$C_e=K_e\varPhi_N$。

改变控制角 α，可得一簇平行直线。只要电流连续，晶闸管可控整流器就可以看成是一个线性的可控电压源。

当电流断续时，由于非线性因素，机械特性方程要复杂得多。以三相半波整流电路构成的 V-M 系统为例，电流断续时机械特性须用下列方程组表示：

$$n=\dfrac{\sqrt{2}U_2\cos\varphi\left[\sin\left(\dfrac{\pi}{6}+\alpha+\theta-\varphi\right)-\sin\left(\dfrac{\pi}{6}+\alpha-\varphi\right)e^{-\theta\cot\varphi}\right]}{C_e\left(1-e^{-\theta\cot\varphi}\right)} \tag{4.7}$$

$$I_d=\dfrac{3\sqrt{2}U_2}{2\pi R}\left[\cos\left(\dfrac{\pi}{6}+\alpha\right)-\cos\left(\dfrac{\pi}{6}+\alpha+\theta\right)-\dfrac{C_e}{\sqrt{2}U_2}\theta n\right] \tag{4.8}$$

式中 φ——阻抗角，$\varphi=\arctan\dfrac{\omega L}{R}$；

θ——一个电流脉波的导通角。

当阻抗角 φ 值已知时，对于不同的控制角 α，可用数值解法求出一族电流断续时的机械特性曲线（应注意：当 $\alpha<\dfrac{\pi}{3}$，特性略有差异。对于每一条特性曲线，求解过程都计算到 $\theta=\dfrac{2\pi}{3}$ 为止，因为 θ 角再大时，电流便连续了。对应于 $\theta=\dfrac{2\pi}{3}$ 的曲线是电流断续区与连续区的分界线。

图 4.9 绘出了完整的 V-M 系统机械特性，其中包含了整流状态（$\alpha<90°$）和逆变状态（$\alpha>90°$），电流连续区和电流断续区。由图可见，当电流连续时，特性还比较硬，断续段的特性则很软，而且呈显著的非线性，理想空载转速翘得很高。

一般分析调速系统时。只要主电路电感足够大，可以近似地只考虑连续段，即用连续特性及其延长线（图中用虚线表示）作为系统的特性。对于断续特性比较显著的情况，这样做距实际较远，可以改用另一段较陡的直线来逼近断续段特性，如图 4.9

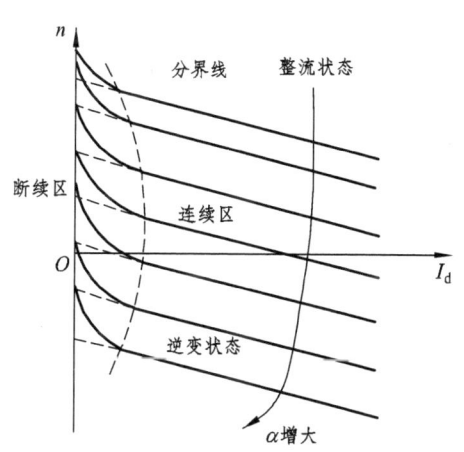

图 4.9 完整的 V-M 系统机械特性

所示。这相当于把总电阻 R 换成一个更大的等效电阻 R'，其数值可以从实测特性上计算出来，严重时 R' 可达实际电阻 R 的几十倍。

3. 晶闸管触发和整流装置的放大系数和传递函数

在进行调速系统的分析和设计时，可以把晶闸管触发和整流装置当作系统中的一个环节来看待。应用线性控制理论时，须求出这个环节的放大系数和传递函数。

实际的触发电路和整流电路都是非线性的，只能在一定的工作范围内近似看成线性环节。如有可能，最好先用实验方法测出该环节的输入-输出特性，即 $U_d = f(U_c)$ 曲线。设计时，希望整个调速范围的工作点都落在特性的近似线性范围之中，并有一定的调节余量。这时，晶闸管触发和整流装置的放大系数可由工作范围内的特性斜率决定，计算方法如下：

$$K_s = \frac{\Delta U_d}{\Delta U_c} \tag{4.9}$$

如果不可能实测特性，只好根据装置的参数估算。例如，当触发电路控制电压 V_o 的调节范围是 0～10 V，对应的整流电压 U_d 的变化范围是 0～220 V 时，可取 $K_s = 220/10 = 22$。

在动态过程中，可把晶闸管触发与整流装置看成是一个纯滞后环节，其滞后效应是由晶闸管的失控时间引起的。众所周知，晶闸管一旦导通后，控制电压的变化在该器件关断以前就不再起作用，直到下一相触发脉冲来到时才能使输出整流电压发生变化，这就造成整流电压滞后于控制电压的状况。

下面以单相全波纯电阻负载整流波形为例来讨论上述的滞后作用以及滞后时间的大小（见图4.10）。假设在 t_1 时刻某一对晶闸管被触发导通，控制角为 α_1，如果控制电压 U_c 在 t_2 时刻发生变化，由 U_{c1} 突降到 U_{c2}，但由于晶闸管已经导通，U_c 的变化对它已不起作用，整流电压并不会立即响应，必须等到 t_3 时该器件关断以后，触发脉冲才有可能控制另一对晶闸管。设新的控制电压 U_{c2} 对应的控制角为 α_2，则另一对晶闸管在 t_4 时刻才能导通，平均整流电压因而降低。假设平均整流电压是从自然换相点开始计算的，则平均整流电压在 t_3 时刻从 U_{do1} 降低到 U_{do2}，从 U_c 发生变化的时刻 t_2 到 U_{do} 响应变化的时刻 t_3 之间，便有一段失控时间 T_s。应该指出，如果有电感作用使电流连续，则 t_3 与 t_4 重合，但失控时间仍然存在。

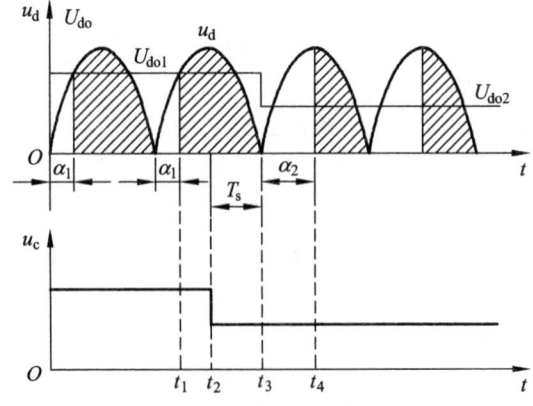

图 4.10 晶闸管触发与整流装置的失控时间

显然，失控时间 T_s 是随机的，它的大小随 U_c 发生变化的时刻而改变，最大可能的失控时间就是两个相邻自然换相点之间的时间，与交流电源频率和整流电路形式有关，由下式确定：

$$T_{smax} = \frac{1}{mf} \tag{4.10}$$

式中　f——交流电源频率，Hz；
　　　m——一周内整流电压的脉波数。

相对于整个系统的响应时间来说，T_s 是不大的，在一般情况下，可取其统计平均值 $T_s = \frac{1}{2}T_{smax}$，并认为是常数。或者按最严重的情况考虑，取 $T_s = T_{smax}$。表 4.2 列出了不同整流电路的失控时间。

表 4.2　各种整流电路的失控时间（$f = 50\,Hz$）

整流电路形式	最大失控时间 T_{smax}/ms	平均失控时间 T_{smax}/ms
单相半波	20	10
单相桥式（全波）	10	5
三相半波	6.67	3.33
三相桥式、六相半波	3.33	1.67

若用单位阶跃函数表示滞后，则晶闸管触发与整流装置的输入-输出关系为

$$U_{do} = K_s U_c \cdot 1(t - T_s) \tag{4.11}$$

利用拉氏变换的位移定理，则晶闸管装置的传递函数为

$$W_s(s) = \frac{U_{do}(s)}{U_c(s)} = K_s e^{-T_s s} \tag{4.12}$$

由于式（4.12）中包含指数函数 $e^{-T_s s}$，它使系统成为非最小相位系统，分析和设计都比较麻烦。为了简化，先将该指数函数按台劳级数展开，则式（4.12）变成：

$$W_s(s) = K_s e^{-T_s s} = \frac{K_s}{e^{T_s s}} = \frac{K_s}{1 + T_s s + \frac{1}{2!}T_s^2 s^2 + \frac{1}{3!}T_s^3 s^3 + \cdots} \tag{4.13}$$

考虑到 T_s 很小，可忽略高次项，则传递函数便近似成一阶惯性环节：

$$W_s(s) \approx \frac{K_s}{1 + T_s s} \tag{4.14}$$

4.2.3　直流脉宽调速系统的主要问题

自从全控型电力电子器件问世以后，就出现了采用脉冲宽度调制的高频开关控制方式，

形成了脉宽调制变换器-直流电动机调速系统，简称直流脉宽调速系统，或直流 PWM 调速系统。与 V-M 系统相比，PWM 系统在很多方面有较大的优越性：

① 主电路线路简单，需用的功率器件少。
② 开关频率高，电流容易连续、谐波少、电机损耗及发热都较小。
③ 低速性能好，稳速精度高，调速范围宽，可达 1：10 000 左右。
④ 若与快速响应的电动机配合，则系统频带宽，动态响应快，动态抗扰能力强。
⑤ 功率开关器件工作在开关状态，导通损耗小，当开关频率适当时，开关损耗也不大，因而装置效率较高。
⑥ 直流电源采用不控整流时，电网功率因数比相控整流器高。

由于有上述优点，直流 PWM 调速系统的应用日益广泛，特别是在中、小容量的高动态性能系统中，已经完全取代了 V-M 系统。

鉴于"电力电子技术"课程中已涉及全控型器件及其控制、保护与应用技术，本节只着重归纳直流脉宽调速系统的下列问题：① PWM 变换器的工作状态和电压、电流波形；② 直流 PWM 调速系统的机械特性；③ PWM 控制与变换器的数学模型；④ 电能回馈与泵升电压的限制。

1. 直流脉宽调速系统的机械特性

由于采用了脉宽调制，严格地说，即使在稳态情况下，脉宽调速系统的转矩和转速也都是脉动的。所谓稳态，是指电动机的平均电磁转矩与负载转矩相平衡的状态，机械特性是平均转速与平均转矩（电流）的关系。在中、小容量的脉宽调速系统中，IGBT 已经得到普遍的应用，其开关频率一般在 10 kHz 左右，这时，最大电流脉动量在额定电流的 5% 以下，转速脉动量不到额定空载转速的万分之一，可以忽略不计。

采用不同形式的 PWM 变换器，系统的机械特性也不一样。对于带制动电流通路的不可逆电路和双极式控制的可逆电路，电流的方向是可逆的，无论是重载还是轻载，电流波形都是连续的。因而机械特性关系式比较简单，下面就分析这种情况。

对于带制动电流通路的不可逆电路，电压平衡方程式分为两个阶段：

$$U_s = Ri_d + L\frac{di_d}{dt} + E \quad (0 \leq t < t_{on}) \tag{4.15}$$

$$0 = Ri_d + L\frac{di_d}{dt} + E \quad (t_{on} \leq t < T) \tag{4.16}$$

式中，R，L 分别为电枢电路的电阻和电感。

对于双极式控制的可逆电路，只是将式（4.16）中电源电压由 0 改为 $-U_s$，其他均不变，即

$$U_s = Ri_d + L\frac{di_d}{dt} + E \quad (0 \leq t < t_{on}) \tag{4.17}$$

$$-U_s = Ri_d + L\frac{di_d}{dt} + E \quad (t_{on} \leq t < T) \tag{4.18}$$

按电压方程求一个周期内的平均值，即可导出机械特性方程式。无论是上述哪一种情况，

电枢两端在一个周期内的平均电压都是 $U_d = \gamma U_s$，只是 γ 与占空比 ρ 的关系不同，分别为 $\gamma = \rho$ 和 $\gamma = 2\rho - 1$。平均电流和转矩分别用 I_d 和 T_e 表示，平均转速 $n = E/C_e$，而电枢电感压降 $L\dfrac{di_d}{dt}$ 的平均值在稳态时应为零。所以，无论上述哪一组电压方程，其平均值方程都可写为

$$\gamma U_s = RI_d + E = RI_d + C_e n \tag{4.19}$$

则机械特性方程式为

$$n = \frac{\gamma U_s}{C_e} - \frac{R}{C_e} I_d = n_0 - \frac{R}{C_e} I_d \tag{4.20}$$

或用转矩表示为

$$n = \frac{\gamma U_s}{C_e} - \frac{R}{C_e C_m} T_e = n_0 - \frac{R}{C_e C_m} T \tag{4.21}$$

式中　C_m——电机在额定磁通下的转矩系数，$C_m = K_m \Phi_N$；

　　　n_0——理想空载转速，与电压系数 γ 成正比，$n_0 = \dfrac{\gamma U_s}{C_e}$。

如图 4.11 所示为第一、二象限的机械特性，它适用于带制动作用的不可逆电路。双极式控制可逆电路的机械特性与此相仿，只是扩展到第三、四象限了，对于电动机在同一方向旋转时电流不能反向的电路，轻载时会出现电流断续现象，把平均电压抬高，在理想空载时，$I_d = 0$，理想空载转速会翘到 $n_{os} = U_s/C_e$。

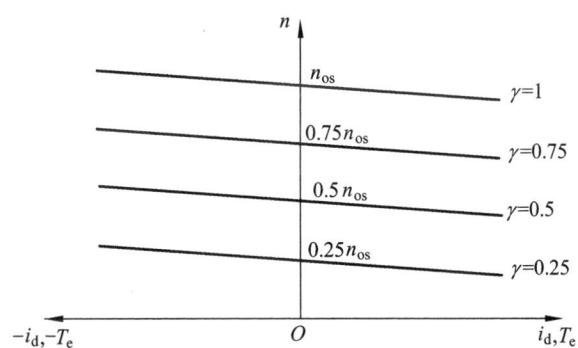

图 4.11　脉宽调整系统的机械特性（电流连续时）

2. PWM 控制与交换器的数学模型

无论哪一种 PWM 变换器电路，其驱动电压都由 PWM 控制器发出。PWM 控制器可以是模拟式的，也可以是数字式的，都已在"电力电子技术"课程中介绍。

PWM 控制与变换器的动态数学模型和晶闸管触发与整流装置基本一致。按照上述对 PWM 变换器工作原理和波形的分析，不难看出，当控制电压 U_c 改变时，PWM 变换器输出平均电压 U_d 按线性规律变化，但其响应会有延迟，最大的时延是一个开关周期 T。因此，PWM 控制与变换器（简称 PWM 装置）也可以看成是一个滞后环节，其传递函数可以写为

$$W_s(s) = \frac{U_d(s)}{U_c(s)} = K_s e^{-T_s s} \quad (4.22)$$

式中 K_s ——PWM 装置的放大系数；
T_s ——PWM 装置的延迟时间，$T_s \leq T$。

由于 PWM 装置的数学模型与晶闸管装置一致，在控制系统中的作用也一样，因此 $W_s(s)$、K_s 和 T_s 都采用同样的符号。

当开关频率为 10 kHz 时，T_s = 0.1 ms，在一般的电力拖动自动控制系统中，时间常数这么小的滞后环节可以近似看成是一个一阶惯性环节，因此：

$$W_s(s) \approx \frac{K_s}{T_s + 1} \quad (4.23)$$

与晶闸管装置传递函数完全一致。但须注意，式（4.23）是近似的传递函数，实际上 PWM 变换器不是一个线性环节，而是具有继电特性的非线性环节。继电控制系统在一定条件下会产生自激振荡，这是采用线性控制理论的传递函数不能分析出来的。如果在实际系统中遇到这类问题，简单的解决办法是改变调节器或控制器的结构和参数。如果这样做不能奏效，可以在系统某一处施加高频的周期信号，人为地造成高频强制振荡，抑制系统中的自激振荡，并使继电环节的特性线性化。

3. 电能回馈与泵升电压的限制

如图 4.12 所示是桥式可逆直流脉宽调速系统主电路的原理图（IGBT 的吸收电路略去未画）。PWM 变换器的直流电源通常由交流电网经不可控的二极管整流器产生，并采用大电容 C 滤波，以获得恒定的直流电压 U_s。电容 C 同时对感性负载的无功功率起储能缓冲作用。由于电容容量较大，突加电源时相当于短路，势必产生很大的充电电流，容易损坏整流二极管。为了限制充电电流，在整流器和滤波电容之间串入限流电阻 R_0（或电抗），合上电源以后，延时用开关将 R_0 短路，以免在运行中造成附加损耗。

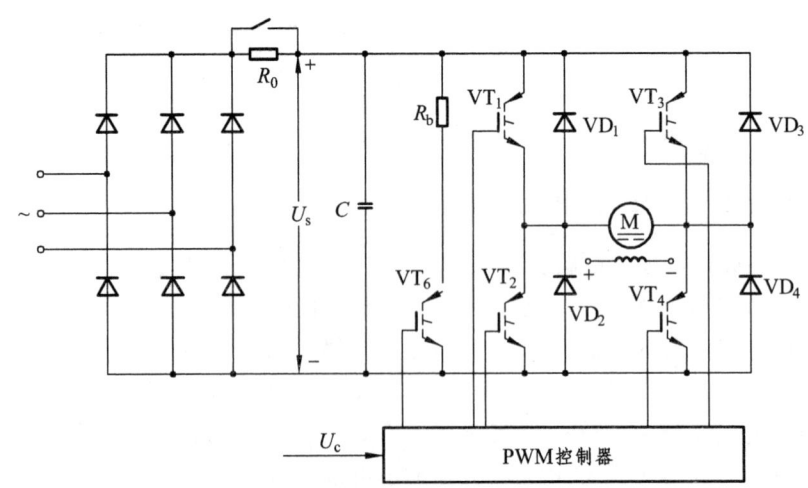

图 4.12 桥式可逆直流脉宽调速系统主电路的原理图

滤波电容器往往在 PWM 装置的体积和重量中占有不小的份额，因此电容器容量的选择是 PWM 装置设计中的重要问题。滤波电容的计算方法可以在一般电工手册中查到，但对于 PWM 变换器中的滤波电容，其作用除滤波外，还有当电机制动时吸收运行系统动能的作用。由于直流电源靠二极管整流器供电，不可能回馈电能，电机制动时只好对滤波电容充电，这将使电容两端电压升高，称作"泵升电压"。假设电压由 U_s 提高到 U_{sm}，则电容储能由 $\frac{1}{2}CU_s^2$ 增加到 $\frac{1}{2}CU_{sm}^2$。储能的增量基本上等于运动系统在制动时释放的全部动能 A_d，于是：

$$\frac{1}{2}CU_{sm}^2 - \frac{1}{2}CU_s^2 = A_d \tag{4.24}$$

按制动储能要求选择的电容容量应为

$$C = \frac{2A_d}{U_{sm}^2 - U_s^2} \tag{4.25}$$

电力电子器件的耐压限制着最高泵升电压 U_{sm}，因此电容量就不可能很小，一般几千瓦的调速系统所需的电容量达到数千微法。在大容量或负载有较大惯量的系统中，不可能只靠电容器来限制泵升电压，这时，可以采用图 4.12 中的镇流电阻 R_b 来消耗掉部分动能。R_b 的分流电路靠开关器件 VT_b 在泵升电压达到允许数值时接通。

对于更大容量的系统，为了提高效率，可以在二极管整流器输出端并接逆变器，把多余的能量逆变后回馈电网。当然，这样一来，系统就更复杂了。

4.2.4 反馈控制闭环直流调速系统的稳态分析和设计

1. 转速控制的要求和调速指标

任何一台需要控制转速的设备，其生产工艺对调速性能都有一定的要求。例如，最高转速与最低转速之间的范围，是有级调速还是无级调速，在稳态运行时允许转速波动的大小，从正转运行变到反转运行的时间间隔，突加或突减负载时允许的转速波动，运行停止时要求的定位精度等。归纳起来，对于调速系统转速控制的要求有以下 3 个方面：

① 调速。在一定的最高转速和最低转速范围内，分挡地（有级）或平滑地（无级）调节转速。

② 稳速。以一定的精度在所需转速上稳定运行，在各种干扰下不允许有过大的转速波动，以确保产品质量。

③ 加、减速。频繁启、制动的设备要求加、减速尽量快，以提高生产率；不宜经受剧烈速度变化的机械则要求启、制动尽量平稳。

为了进行定量分析，可以针对前两项要求定义两个调速指标，叫作"调速范围"和"静差率"。这两个指标合称为调速系统的稳态性能指标。

（1）调速范围

生产机械要求电动机提供的最高转速 n_{max} 和最低转速 n_{min} 之比叫作调速范围，用字母 D 表示，即

$$D = \frac{n_{\max}}{n_{\min}} \tag{4.26}$$

其中，$n_{\max}$ 和 $n_{\min}$ 一般都指电动机额定负载时的最高和最低转速，对于少数负载很轻的机械，如精密磨床，也可用实际负载时的最高和最低转速。

（2）静差率

当系统在某一转速下运行时，负载由理想空载增加到额定值时所对应的转速降落 Δn_N，与理想空载转速 n_0 之比，称作静差率 s，即

$$s = \frac{\Delta n_N}{n_0} \tag{4.27}$$

或用百分数表示：

$$s = \frac{\Delta n_N}{n_0} \times 100\% \tag{4.28}$$

显然，静差率是用来衡量调速系统在负载变化时转速的稳定度。它和机械特性的硬度有关，特性越硬，静差率越小，转速的稳定度就越高。

然而静差率与机械特性硬度的定义是有区别的。一般变压调速系统在不同转速下的机械特性是互相平行的，如图 4.13 中的特性曲线 a 和 b，两者的硬度相同，额定速降 $\Delta n_{Na} = \Delta n_{Nb}$，但它们的静差率却不同，因为理想空载转速不一样。根据式（4.27）的定义，由于 $n_{0a} > n_{0b}$，所以 $s_a < s_b$。这就是说，对于同样硬度的特性，理想空载转速越低时，静差率越大，转速的相对稳定度也就越差。在 1 000 r/min 时降落 10 r/min，只占 1%；在 100 r/min 时同样降落 10 r/min，就占 10%；如果 n_0 只有 10 r/min，再降落 10 r/min，就占 100%，这时电动机已经停止转动了。

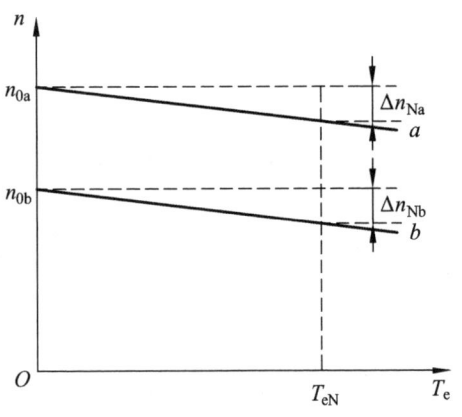

图 4.13　不同转速下得静差率

由此可见，调速范围和静差率这两项指标并不是彼此孤立的，必须同时提及才有意义。在调速过程中，若额定速降相同，则转速越低时，静差率越大。如果低速时的静差率能满足设计要求，则高速时的静差率就更能满足要求了。因此，调速系统的静差率指标应以最低速时所能达到的数值为准。

（3）直流变压调速系统中调速范围、静差率和额定速降之间的关系

在直流电动机变压调速系统中，一般以电动机的额定转速 n_N 作为最高转速，若额定负载下的转速降落为 Δn_N。则按照上面分析的结果，该系统的静差率应该是最低速时的静差率，即

$$s = \frac{\Delta n_N}{n_{0\min}} = \frac{\Delta n_N}{n_{\min} + \Delta n_N} \tag{4.29}$$

于是，最低转速为

$$n_{\min} = \frac{\Delta n_N}{s} - \Delta n_N = \frac{(1-s)\Delta n_N}{s} \tag{4.30}$$

而调速范围为

$$D = \frac{n_{\max}}{n_{\min}} = \frac{n_N}{n_{\min}} \tag{4.31}$$

将上面的式（4.30）代入，得

$$D = \frac{n_N s}{\Delta n_N (1-s)} \tag{4.32}$$

式（4.32）表示变压调速系统的调速范围、静差率和额定速降之间所应满足的关系。对于同一个调速系统，Δn_N 值一定，由式（4.32）可以看出，如果对静差率要求越严，即要求 s 值越小时，系统能够允许的调速范围也越小。一个调速系统的调速范围是指在最低速时还能满足所需静差率的转速可调范围。

【例题 4.1】 某直流调速系统电动机额定转速为 $n_N = 1\,430$ r/min，额定速降 $\Delta n_N = 115$ r/min，当要求静差率 $s \leqslant 30\%$ 时，允许多大的调速范围？如果要求静差率 $s \leqslant 20\%$，则调速范围是多少？如果希望调速范围达到 10，所能满足的静差率是多少？

【解】 要求 $s \leqslant 30\%$ 时，调速范围为

$$D = \frac{n_N s}{\Delta n_N (1-s)} = \frac{1\,430 \times 0.3}{115 \times (1-0.3)} = 5.3$$

若要求 $s \leqslant 20\%$，则调速范围只有

$$D = \frac{1\,430 \times 0.2}{115 \times (1-0.2)} = 3.1$$

若调速范围达到 10，则静差率只能是

$$s = \frac{D\Delta n_N}{n_N + D\Delta n_N} = \frac{10 \times 115}{1\,430 + 10 \times 115} = 0.446 = 44.6\%$$

2. 开环调速系统及其存在的问题

图 4.4 所示的晶闸管-电动机系统和图 4.12 所示的可逆直流脉宽调速系统都是开环调速系统，调节控制电压 U_c 就可以改变电动机的转速，如果负载的生产工艺对运行时的静差率要求不高，这样的开环调速系统都能实现一定范围内的无级调速，所以也有一些应用。但是，许多需要调速的生产机械常常对静差率有一定的要求，例如龙门刨床，由于毛坯表面粗糙不平，加工时负载大小常有波动，但为了保证工件的加工精度和加工后的表面光洁度，加工过程中的速度却必须基本稳定。也就是说，静差率不能太大，一般要求，调速范围 $D = 20 \sim 40$，静差率 $s \leqslant 5\%$。又如热连轧机，各机架轧辊分别由单独的电动机拖动。钢材在几个机架内连续轧制，要求各机架出口线速度保持严格的比例关系，使被轧金属的每秒流量相等，才不致造成钢材拱起或拉断，根据工艺要求，须使调速范围 $D = 3 \sim 10$，即保证静差率 $s \leqslant 0.2\% \sim 0.5\%$。

在这些情况下,开环调速系统往往不能满足要求。

【例题 4.2】 某龙门刨床工作台拖动采用直流电动机,其额定数据如下:60 kW,220 V,305 A,1 000 r/min,采用 V-M 系统,电路总电阻 $R = 0.18\ \Omega$,电动机电动势系数 $C_e = 0.2$ V·min/r。如果要求调速范围 $D = 20$,静差率 $s \leqslant 5\%$,采用开环调速能否满足?若要满足这个要求,系统的额定速降 Δn_N 最多能有多少?

【解】 当电流连续时,V-M 系统的额定速降为

$$\Delta n_N = \frac{I_{dN}R}{C_e} = \frac{305 \times 0.18}{0.2} = 275\ (\text{r/min})$$

开环系统机械特性连续段在额定转速时的静差率为

$$s_N = \frac{\Delta n_N}{n_N + \Delta n_N} = \frac{275}{1\,000 + 27} = 0.216 = 21.6\%$$

这已大大超过了 $s \leqslant 5\%$ 的要求,更不必谈调到最低速了。

如果要求 $D = 20$,$s \leqslant 5\%$,则由式(4.32)可知

$$\Delta n_N = \frac{n_N s}{D(1-s)} \leqslant \frac{1\,000 \times 0.05}{20 \times (1 - 0.05)} = 2.63\ (\text{r/min})$$

由例题 4.2 可以看出,开环调速系统的额定速降是 275 r/min,而生产工艺的要求却只有 2.63 r/min,几乎相差百倍,开环调速已无能为力,采用反馈控制的闭环调速系统能否解决这个问题呢?下面就此问题进行研究。

3. 闭环调速系统的组成及其静特性

与电动机同轴安装一台测速发电机 TG,从而引出与被调量转速成正比的负反馈电压 U_n,与给定电压 U_n^* 相比较后,得到转速偏差电压 ΔU_n,经过放大器 A,产生电力电子变换器 UPE 所需的控制电压 U_c,用以控制电动机的转速。这就组成了反馈控制的闭环直流调速系统。其原理框图如图 4.14 所示。图中,UPE 是由电力电子器件组成的变换器,其输入接三相(或单相)交流电源,输出为可控的直流电压 U_d。对于中、小容量系统,多采用由 IGBT 或 P-MOSFET 组成的 PWM 变换器;对于较大容量的系统,可采用其他电力电子开关器件,如 GTO,IGCT 等;对于特大容量的系统,则常用晶闸管装置。

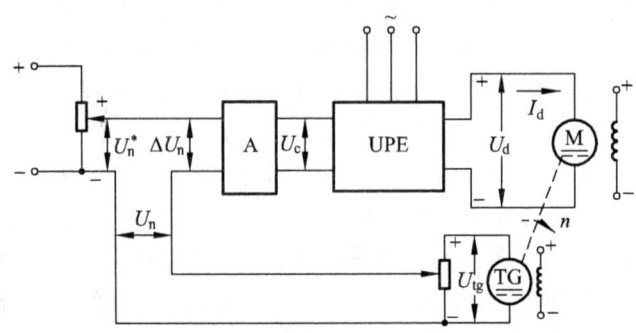

图 4.14 带转速负反馈的闭环直流调速系统原理框图

根据自动控制原理，反馈控制的闭环系统是按被调量的偏差进行控制的系统，只要被调量出现偏差，它就会自动产生纠正偏差的作用。转速降落正是由负载引起的转速偏差，显然，闭环调速系统应该能够大大减少转速降落。

下面分析闭环调速系统的稳态特性，以确定它如何能够减少转速降落。为了突出主要矛盾，先作如下假定：

① 忽略各种非线性因素，假定系统中各环节的输入-输出关系都是线性的。或者只取其线性工作段。

② 忽略控制电源和电位器的内阻。

这样，如图4.14所示的转速负反馈直流调速系统中各环节的稳态关系如下：

电压比较环节　　　　　　$\Delta U_n = U_n^* - U_n$

放大器　　　　　　　　　$U_c = K_p \Delta U_n$

电力电子变换器　　　　　$U_{do} = K_s U_c$

调速系统开环机械特性　　$n = \dfrac{U_{do} - I_d R}{C_e}$

测速反馈环节　　　　　　$U_n = \alpha n$

以上各关系式中

K_p——放大器的电压放大系数；

K_s——电力电子变换器的电压放大系数；

α——转速反馈系数，V·min/r；

U_{do}——电力电子变换器理想空载输出电压，V（变换器内阻已并入电枢回路总电阻 R 中）。

从上述5个环节的关系式中消去中间变量，整理后，即得转速负反馈闭环直流调速系统的静特性方程式：

$$n = \frac{K_p K_s U_n^* - I_d R}{C_e(1 + K_p K_s \alpha / C_e)} = \frac{K_p K_s U_n^*}{C_e(1+K)} - \frac{R I_d}{C_e(1+K)} \tag{4.33}$$

其中，$K = \dfrac{K_p K_s \alpha}{C_e}$，称作闭环系统的开环放大系数，它相当于在测速反馈电位器输出端把反馈回路断开后，从放大器输入起直到测速反馈输出为止总的电压放大系数，是各环节单独的放大系数的乘积。须注意，这里是以 $\dfrac{n}{E} = \dfrac{1}{C_e}$ 作为电动机环节放大系数的。

闭环调速系统的静特性表示闭环系统电动机转速与负载电流（或转矩）间的稳态关系，它在形式上与开环机械特性相似，但本质却有很大不同，故定名为"静特性"，以示区别。

根据各环节的稳态关系式可以画出闭环系统的稳态结构框图，如图4.15（a）所示，图中各方框内的文字符号代表该环节的放大系数。运用结构图运算法同样可以推出式（4.33）所表示的静特性方程式，方法如下：将给定量 U_n^* 和扰动量 $-I_d R$ 看成是两个独立的输入量，先按它们分别作用下的系统[见图4.15（b）、（c）]求出各自的输出与输入关系式，由于已认为系统是线性的，所以可以把二者叠加起来，即得系统的静特性方程式。

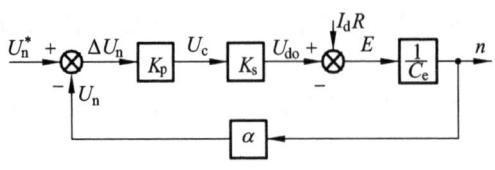
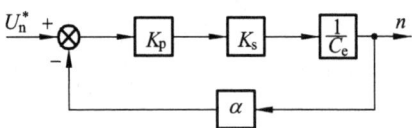

（a）闭环调速系统　　　　　　　（b）只考虑给定作用 U_n^* 时的闭环系统

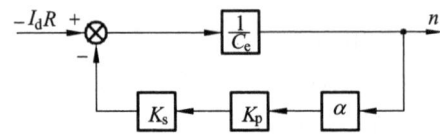

（c）只考虑扰动作用 $-I_dR$ 时的闭环系统

图 4.15　转速负反馈的闭环直流调速系统稳态结构框图

4. 开环系统机械特性和闭环系统静特性的关系

比较一下开环系统的机械特性和闭环系统的静特性，就能清楚地看出反馈闭环控制的优越性。

如果断开反馈回路，则上述系统的开环机械特性为

$$n = \frac{U_{do} - I_d R}{C_e} = \frac{K_p K_s U_n^*}{C_e} - \frac{R I_d}{C_e} = n_{0op} - \Delta n_{op} \tag{4.34}$$

而闭环时的静特性可写成

$$n = \frac{K_p K_s U_n^*}{C_e(1+K)} - \frac{R I_d}{C_e(1+K)} = n_{0cl} - \Delta n_{cl} \tag{4.35}$$

其中，n_{0op} 和 n_{0cl} 分别表示开环和闭环系统的理想空载转速；Δn_{op} 和 Δn_{cl} 分别表示开环和闭环系统的稳态速降。比较式（4.34）和式（4.35）不难得出以下的论断。

① 闭环系统静特性可以比开环系统机械特性硬得多。在同样的负载扰动下，开环系统和闭环系统的转速降落分别为

$$\Delta n_{op} = \frac{R I_d}{C_e}$$

$$\Delta n_{cl} = \frac{R I_d}{C_e(1+K)}$$

它们的关系是

$$\Delta n_{cl} = \frac{\Delta n_{op}}{1+K} \tag{4.36}$$

显然，当 K 值较大时，Δn_{cl} 比 Δn_{op} 小得多，也就是说，闭环系统的特性要硬得多。

② 闭环系统的静差率要比开环系统小得多。闭环系统和开环系统的静差率分别为

$$s_{cl} = \frac{\Delta n_{cl}}{n_{0cl}}, \quad s_{op} = \frac{\Delta n_{op}}{n_{0op}}$$

按理想空载转速相同的情况比较，则 $n_{0op} = n_{0cl}$ 时，有

$$s_{cl} = \frac{s_{op}}{1+K} \tag{4.37}$$

③ 如果所要求的静差率一定，则闭环系统可以大大提高调速范围。如果电动机的最高转速都是 n_N，而对最低速静差率的要求相同，那么，由式（4.32）有

开环时

$$D_{op} = \frac{n_N s}{\Delta n_{op}(1-s)}$$

闭环时

$$D_{cl} = \frac{n_N s}{\Delta n_{cl}(1-s)}$$

再考虑式（4.36），得

$$D_{cl} = (1+K)D_{op} \tag{4.38}$$

需要指出的是，式（4.38）的条件是开环和闭环系统的 n_N 相同，而式（4.37）的条件是 n_0 相同，两式的条件不一样。若在同一条件下计算，其结果在数值上会略有差别，但第②、③两条论断仍是正确的。

④ 要取得上述三项优势，闭环系统必须设置放大器。

上述三项优点若要有效，都必须取决于一点，即 K 要足够大，因此必须设置放大器。在闭环系统中，引入转速反馈电压 U_n 后，若要使转速偏差小，就必须把 $\Delta U_n = U_n^* - U_n$ 压得很低，所以必须设置放大器，才能获得足够的控制电压 U_c。在开环系统中，由于 U_n^* 和 U_c 是属于同一数量级的电压，可以把 U_n^* 直接当作 U_c 来控制，放大器便是多余的了。

把以上四点概括起来，可得下述结论：闭环调速系统可以获得比开环调速系统硬得多的稳态特性，从而在保证一定静差率的要求下，能够提高调速范围，为此所需付出的代价是，须增设电压放大器以及检测与反馈装置。

【例题 4.3】 在例题 4.2 中，龙门刨床要求 $D = 20$，$s \leq 5\%$，已知 $K_s = 30$，$\alpha = 0.015 \text{ V·min/r}$，$C_e = 0.2 \text{ V·min/r}$，如何采用闭环系统满足此要求？

【解】 在例题 4.2 中已经求得 $\Delta n_{op} = 275 \text{ r/min}$，但为了满足调速要求，须有 $\Delta n_{cl} \leq 2.63 \text{ r/min}$，由式（4.36）可得

$$K = \frac{\Delta n_{op}}{\Delta n_{cl}} - 1 \geq \frac{275}{2.63} - 1 = 103.6$$

代入已知参数，则得

$$K_p = \frac{K}{K_s \alpha / C_e} \geq \frac{103.6}{30 \times 0.015 / 0.2} = 46$$

即只要放大器的放大系数等于或大于46，闭环系统就能满足所需的稳态性能指标。

如果仔细考虑一下，读者也许会提出这样的疑问：调速系统的稳态速降是由电枢回路的电阻压降决定的，闭环系统能减少稳态速降，难道是因为电阻减少了吗？显然，这是不可能的，那么降低速降的实质是什么呢？

在开环系统中，当负载电流增大时，电枢压降也增大，转速只能降下来；闭环系统装有反馈装置，转速稍有降落，通过比较和放大反馈电压就会降低。提高电力电子装置的输出电压 U_{do}，使系统工作在新的机械特性上，因而转速又有所回升。在图 4.16 中，设原始工作点为 A，负载电流为 I_{d1}，当负载增大到 I_{d2} 时，开环系统的转速必然降到 A' 点所对应的数值，闭环后，由于反馈调节作用，电压可升到 U_{do2}，使工作点变成 B，稳态速降比开环系统小得多。这样，在闭环系统中，每增加（或减少）一点负载，就相应地提高（或降低）一点电枢电压。因而就改换一条机械特性。闭环系统的静特性就是这样在许多开环机械特性上各取一个相应的工作点，如图 4.16 中的 A，B，C，D，⋯再由这些工作点连接而成的。

由此看来，闭环系统能够减少稳态速降的实质在于它的自动调节作用，在于它能随着负载的变化而相应地改变电枢电压，以补偿电枢回路电阻压降的变化。

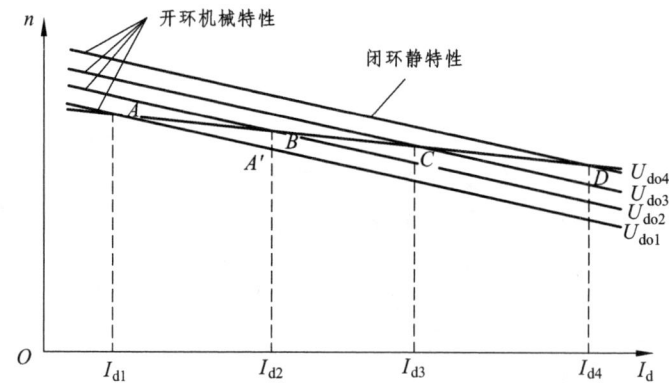

图 4.16 闭环系统静特性和开环系统机械特性的关系

5. 反馈控制规律

转速反馈闭环调速系统是一种基本的反馈控制系统，它具有下述三个基本特征，也就是反馈控制的基本规律。各种不另加其他调节器的基本反馈控制系统都服从于这些规律。

① 只用比例放大器的反馈控制系统其被调量仍是有静差的。从静特性分析中可以看出，闭环系统的开环放大系数 K 值越大，系统的稳态性能越好。然而，只要所设置的放大器仅仅是一个比例放大器，即 K_p = 常数，稳态速差就只能减小，却不可能消除。因为闭环系统的稳态速降为

$$\Delta n_{cl} = \frac{RI_d}{C_e(1+K)}$$

只有 $K = \infty$，才能使 $\Delta n_{cl} = 0$，而这是不可能的。因此，这样的调速系统叫作有静差调速系统，实际上，这种系统正是依靠被调量的偏差进行控制的。

② 反馈控制系统的作用是：抵抗扰动，服从给定。反馈控制系统具有良好的抗扰性能，

它能有效地抑制一切被负反馈环所包围的前向通道上的扰动作用，但完全服从给定作用。

除给定信号外，作用在控制系统各环节上的一切会引起输出量变化的因素都叫作"扰动作用"。上面只讨论了负载变化这样一种扰动作用，除此以外，交流电源电压的波动（使 K_s 变化）、电动机励磁的变化（造成 C_e 变化）、放大器输出电压的漂移（K_p 变化）、由温升引起主电路电阻的增大等，所有这些因素都和负载变化一样，最终都要影响到转速，都会被测速装置检测出来，再通过反馈控制的作用，减小它们对稳态转速的影响。图 4.17 中上述各种扰动作用都表示出来了，反馈控制系统对它们都有抑制功能。但是，如果在反馈通道上的测速反馈系数 α 受到某种影响而发生变化，它非但不能得到反馈控制系统的抑制，反而会增大被调量的误差。反馈控制系统所能抑制的只是被反馈环包围的前向通道上的扰动。

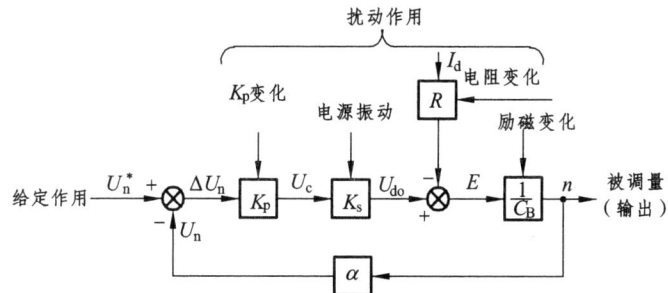

图 4.17 闭环调速系统的给定作用与扰动作用

抗扰性能是反馈控制系统最突出的特征之一。正因为有这一特征，在设计闭环系统时，可以只考虑一种主要扰动作用，例如在调速系统中只考虑负载扰动。按照克服负载扰动的要求进行设计，则其他扰动也就自然都受到抑制了。

与此不同的是在反馈环外的给定作用，如图 4.17 所示中的转速给定信号 U_n^*，它的微小变化都会使被调量变化，丝毫不受反馈作用的抑制。因此，全面地看，反馈控制系统的规律是：一方面能够有效地抑制一切被包在负反馈环内前向通道上的扰动作用；另一方面，则紧紧地跟随着给定作用，对给定信号的任何变化都是"唯命是从"。谈到这里，想起了鲁迅先生的著名诗句："横眉冷对千夫指，俯首甘为孺子牛"，借用来比喻反馈控制系统的作用，是十分贴切的。

③ 系统的精度依赖于给定和反馈检测的精度。如果产生给定电压的电源发生波动，反馈控制系统无法鉴别是对给定电压的正常调节还是不应有的电压波动。因此，高精度的调速系统必须有更高精度的给定稳压电源。

反馈检测装置的误差也是反馈控制系统无法克服的。对于上述调速系统来说，反馈检测装置就是测速发电机。如果测速发电机的励磁发生变化，会使反馈电压失真，从而使闭环系统的转速偏离应有数值。而测速发电机电压中的换向纹波、制造或安装不良造成转子偏心等，都会给系统带来周期性的干扰。采用光电编码盘的数字测速，可以大大提高调速系统的精度。

6. 闭环直流调速系统稳态参数的计算

稳态参数计算是自动控制系统设计的第一步，它决定了控制系统的基本构成环节，有了基本环节组成系统之后，再通过动态参数设计，就可使系统臻于完善。近代自动控制系统的控制器主要是模拟电子控制和数字电子控制。由于具有明显的优点，数字控制系统在实际应用中已占主要地位，但从物理概念和设计方法上看，模拟控制仍是基础。

【例题 4.4】 用线性集成电路运算放大器作为电压放大器的转速负反馈闭环控制有静差直流调速系统如图 4.18 所示，主电路是由晶闸管可控整流器供电的 V-M 系统。已知数据如下：

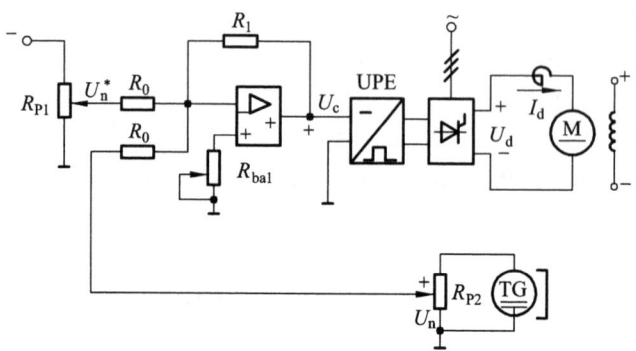

图 4.18 转速负反馈闭环控制有静差直流调速系统原理图

电动机：额定数据为 10 kW，220 V，55 A，1 000 r/min，电枢电阻 $R_a = 0.5 \Omega$。

晶闸管触发整流装置：三相桥式可控整流电路，整流变压器 Y/Y 连接，二次线电压 $U_{21} = 230$ V，电压放大系数 $K_s = 44$。

V-M 系统电枢回路总电阻 $R = 1.0 \Omega$。

测速发电机：永磁式，额定数据为 23.1 W，110 V，0.21 A，1 900 r/min。

直流稳压电源为 ±15 V。

若生产机械要求调速范围 $D = 10$，静差率 $s \leq 5\%$，试计算调速系统的稳态参数（暂不考虑电动机的启动问题）。

【解】

（1）为满足调速系统的稳态性能指标，额定负载时的稳态速降应为

$$\Delta n_{cl} = \frac{n_N s}{D(1-s)} \leq \frac{1\,000 \times 0.05}{10 \times (1-0.05)} = 5.26 \text{（r/min）}$$

（2）求闭环系统应有的开环放大系数。

先计算电动机的电动势系数

$$C_e = \frac{U_N - I_N R_a}{n_N} = \frac{220 - 55 \times 0.5}{1\,000} = 0.192\,5 \text{（V·min/r）}$$

则开环系统额定速降为

$$\Delta n_{op} = \frac{I_N R}{C_e} = \frac{55 \times 1.0}{0.192\,5} = 285.7 \text{（r/min）}$$

闭环系统的开环放大系数应为

$$K = \frac{\Delta n_{op}}{\Delta n_{cl}} - 1 \geq \frac{285.7}{5.26} - 1 = 54.3 - 1 = 53.3$$

（3）计算转速反馈环节的反馈系数和参数。

转速反馈系数 α 包含测速发电机的电动势系数 C_{etg} 和其输出电位器 R_{P2} 的分压系数，即

$$\alpha = \alpha_2 C_{\text{etg}}$$

根据测速发电机的额定数据，有

$$C_{\text{etg}} = \frac{110}{1\,900} = 0.057\,9 \ (\text{V} \cdot \text{min/r})$$

试取 $\alpha_2 = 0.2$。如测速发电机与主电动机直接连接，则在电动机最高转速 1 000 r/min 时，转速反馈电压为

$$U_n = \alpha_2 C_{\text{etg}} \times 1\,000 = 0.2 \times 0.057\,9 \times 1\,000 = 11.58 \ (\text{V})$$

稳态时 ΔU_n 很小，U_n^* 只要略大于 U_n 即可，现有直流稳压电源为 ± 15 V，完全能够满足给定电压的需要。因此，取 $\alpha_2 = 0.2$ 是正确的。于是，转速反馈系数的计算结果是

$$\alpha = \alpha_2 C_{\text{etg}} = 0.2 \times 0.057\,9 = 0.011\,58 \ (\text{V} \cdot \text{min/r})$$

电位器 R_{P2} 的选择方法如下：为了使测速发电机的电枢压降对转速检测信号的线性度没有显著影响，取测速发电机输出最高电压时，其电流约为额定值的 20%，则

$$R_{\text{RP2}} \approx \frac{C_{\text{etg}} n_{\text{N}}}{0.2 I_{\text{Ntg}}} = \frac{0.057\,9 \times 1\,000}{0.2 \times 0.21} = 1\,379 \ (\Omega)$$

此时 R_{P2} 所消耗的功率为

$$W_{\text{RP2}} = C_{\text{etg}} n_{\text{N}} \times 0.2 I_{\text{Ntg}} = 0.057\,9 \times 1\,000 \times 0.2 \times 0.21 = 2.34 \ (\text{W})$$

为了不致使电位器温度很高，实选电位器的瓦数应为所消耗功率的一倍以上，故可将 R_{P2} 选为 10 W，1.5 kΩ 的可调电位器。

（4）计算运算放大器的放大系数和参数。

根据调速指标要求，前已求出闭环系统的开环放大系数应为 $K \geqslant 53.3$，则运算放大器的放大系数 K_p 应为

$$K_p = \frac{K}{\alpha K_s / C_e} \geqslant \frac{53.3}{(0.011\,58 \times 44)/0.192\,5} = 20.14$$

实取 $K_p = 21$。

图 4.18 中运算放大器的参数计算如下：根据所用运算放大器的型号，取 $R_0 = 40$ kΩ，则 $R_1 = K_p R_0 = 21 \times 40 = 840 \ (\text{kΩ})$。

4.2.5　反馈控制闭环直流调速系统的动态分析和设计

前一节讨论了反馈控制闭环调速系统的稳态性能及其分析与设计方法，引入了转速负反馈，且放大系数足够大时，就可以满足系统的稳态性能要求。然而，放大系数太大又可能引

起闭环系统不稳定。这时应再增加动态校正措施,才能保证系统的正常工作。此外,还须满足系统的各项动态指标的要求。为此,必须进一步分析系统的动态性能。

1. 反馈控制闭环直流调速系统的动态数学模型

为了分析调速系统的稳定性和动态品质,必须首先建立描述系统动态物理规律的数学模型,对于连续的线性定常系统,其数学模型是常微分方程,经过拉氏变换,可用传递函数和动态结构图表示。建立系统动态数学模型的基本步骤如下:

① 根据系统中各环节的物理规律,列出描述该环节动态过程的微分方程。
② 求出各环节的传递函数。
③ 组成系统的动态结构框图,并求出系统的传递函数。

以图 4.14 所示的直流闭环调速系统为例,构成该系统的主要环节是电力电子变换器和直流电动机。式(4.14)表示晶闸管触发与整流装置的近似传递函数,式(4.23)表示 IGBT 脉宽控制与变换装置的近似传递函数,它们的表达式是相同的。都是

$$W_s(s) \approx \frac{K_s}{T_s s + 1} \tag{4.39}$$

只是在不同场合下,参数 K_s 和 T_s 的数值不同而已。

他励直流电动机在额定励磁下的等效电路如图 4.19 所示,其中电枢回路总电阻 R 和电感 L 包含电力电子变换器内阻、电枢电阻和电感以及可能在主电路中接入的其他电阻和电感,规定的正方向如图 4.19 所示。

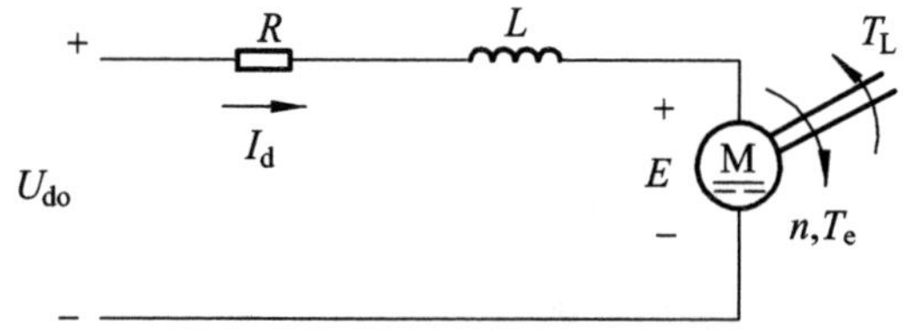

假定主电路电流连续,则动态电压方程为

图 4.19 他励直流电动机在额定励磁下的等效电路

$$U_{do} = RI_d + L\frac{dI_d}{dt} + E \tag{4.40}$$

忽略黏性摩擦及弹性转矩,电动机轴上的动力学方程为

$$T_e - T_L = \frac{GD^2}{375} \cdot \frac{dn}{dt} \tag{4.41}$$

额定励磁下的感应电动势和电磁转矩分别为

$$E = C_e n \tag{4.42}$$

和

$$T_e = C_m I_d \tag{4.43}$$

式中 T_L——包括电动机空载转矩在内的负载转矩,N·m;

GD^2——电力拖动系统折算到电动机轴上的飞轮惯量,N·m²;

C_m——额定励磁下电动机的转矩系数,N·m/A,$C_m = \frac{30}{\pi}C_e$。

再定义下列时间常数:

T_l——电枢回路电磁时间常数，s，$T_l = \dfrac{L}{R}$；

T_m——电力拖动系统机电时间常数，s，$T_m = \dfrac{GD^2 R}{375 C_e C_m}$。

代入式（4.40）和式（4.41），并考虑式（4.42）和式（4.43），整理后得

$$U_{d0} - E = R\left(I_d + T_l \dfrac{dI_d}{dt}\right) \tag{4.44}$$

$$I_d - I_{dL} = \dfrac{T_m}{R} \cdot \dfrac{dE}{dt} \tag{4.45}$$

式中 I_{dL}——负载电流，A，$I_{dL} = \dfrac{T_L}{C_m}$。

在零初始条件下，取等式两侧的拉氏变换，得电压与电流间的传递函数：

$$\dfrac{I_d(s)}{U_{do}(s) - E(s)} = \dfrac{\dfrac{1}{R}}{T_l s + 1} \tag{4.46}$$

电流与电动势间的传递函数为

$$\dfrac{E(s)}{I_d(s) - I_{dL}(s)} = \dfrac{R}{T_m s} \tag{4.47}$$

式（4.46）和式（4.47）的动态结构框图分别画在图 4.20（a）、（b）中。将两图合在一起，并考虑到 $n = E/C_e$，即得额定励磁下直流电动机的动态结构框图，如图 4.20（c）所示。

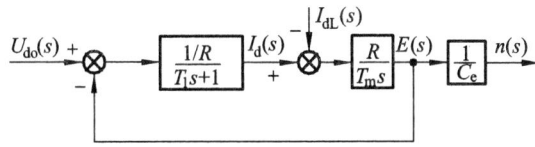

（a）电压电流间的结构框图　　　　（b）电流电动势间的结构框图

（c）直流电动机的动态结构框图

图 4.20　额定励磁下直流电动机的动态结构框图

由图 4.20（c）可以看出，直流电动机有两个输入量，一个是施加在电枢上的理想空载电压 U_{do}，另一个是负载电流 I_{dL}。前者是控制输入量，后者是扰动输入量。如果不需要在结构框图中显现出电流 I_d，可将扰动量 I_{dL} 的综合点前移，再进行等效变换，得图 4.21。

在图 4.14 所示的直流闭环调速系统中还有比例放大器和测速反馈环节，它们的响应都可以认为是瞬时的。因

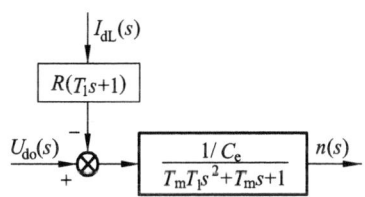

图 4.21　直流电动机动态结构框图的变化

此它们的传递函数就是它们的放大系数。即

$$W_a(s) = \frac{U_c(s)}{\Delta U_n(s)} = K_p \quad (\text{放大器}) \tag{4.48}$$

$$W_{fn}(s) = \frac{U_n(s)}{n(s)} = \alpha \quad (\text{测速反馈}) \tag{4.49}$$

知道了各环节的传递函数后，把它们按在系统中的相互关系组合起来，就可以画出闭环直流调速系统的动态结构框图，如图 4.22 所示。由图可见，将电力电子变换器接一阶惯性环节处理后，带比例放大器的闭环直流调速系统可以近似看作是一个三阶线性系统。

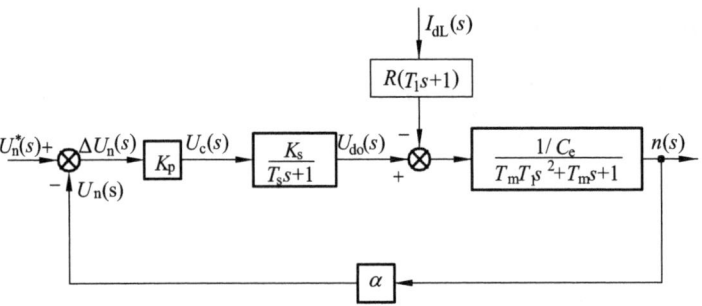

图 4.22 反馈控制闭环直流调速系统的动态结构框图

由图可见，反馈控制闭环直流调速系统的开环传递函数是

$$W(s) = \frac{K}{(T_s s + 1)(T_m T_l s^2 + T_m s + 1)} \tag{4.50}$$

式中，$K = K_p K_s \alpha / C_e$。

设 $I_{dL} = 0$，从给定输入作用上看，闭环直流调速系统的闭环传递函数是

$$W_{cl}(s) = \frac{\dfrac{K_p K_s / C_e}{(T_s s + 1)(T_m T_l s^2 + T_m s + 1)}}{1 + \dfrac{K_p K_s \alpha / C_e}{(T_s s + 1)(T_m T_l s^2 + T_m s + 1)}} = \frac{K_p K_s / C_e}{(T_s s + 1)(T_m T_l s^2 + T_m s + 1) + K}$$

$$= \frac{\dfrac{K_p K_s}{C_e(1+K)}}{\dfrac{T_m T_l T_s}{1+K} s^3 + \dfrac{T_m(T_l + T_s)}{1+K} s^2 + \dfrac{T_m + T_s}{1+K} s + 1} \tag{4.51}$$

2. 反馈控制闭环直流调速系统的稳定条件

由式（4.51）可知，反馈控制闭环直流调速系统的特征方程为

$$\frac{T_m T_l T_s}{1+k} s^3 + \frac{T_m(T_l + T_s)}{1+k} s^2 + \frac{T_m + T_s}{1+k} s + 1 = 0 \tag{4.52}$$

它的一般表达式为

4 电力牵引直流传动控制系统

$$a_0s^3 + a_1s^2 + a_2s + a_3 = 0$$

根据三阶系统的劳斯-赫尔维茨判据，系统稳定的充分必要条件是

$$a_0 > 0, \quad a_1 > 0, \quad a_2 > 0, \quad a_3 > 0, \quad a_1a_2 - a_0a_3 > 0$$

式（4.52）的各项系数显然都是大于零的，因此稳定条件就只有

$$\frac{T_m(T_1+T_s)}{1+k} \cdot \frac{T_m+T_s}{1+k} - \frac{T_mT_1T_s}{1+k} > 0$$

或

$$(T_1+T_s)(T_m+T_s) > (1+K)T_1T_s$$

整理后得

$$k < \frac{T_m(T_1+T_s)+T_s^2}{T_1T_s} \tag{4.53}$$

式（4.52）右边称作系统的临界放大系数 k_{cr}，$K \geq k_{cr}$ 时，系统将不稳定。对于一个自动控制系统来说，稳定性是它能否正常工作的首要条件，是必须保证的。

4.2.6 比例积分控制规律和无静差调速系统

前节指出，用比例积分调节器代替比例放大器后，可使系统稳定，并有足够的稳定裕度，同时还能满足稳态精度指标。从本节分析中将看出，PI调节器的功能不仅如此，还可以进一步提高稳态性能，达到消除稳态速差的目的。也就是说，带比例放大器的反馈控制闭环调速系统是有静差的调速系统，采用比例积分调节器的闭环调速系统则是无静差调速系统。

为了弄清比例积分控制规律，应首先分析一下积分控制的作用。

1. 积分调节器和积分控制规律

图 4.23（a）绘出了用运算放大器构成的积分调节器（I调节器）的原理图，由图可知

$$U_{ex} = \frac{1}{C}\int i\,dt = \frac{1}{R_0C}\int U_{in}\,dt = \frac{1}{\tau}\int U_{in}\,dt \tag{4.54}$$

式中　τ——积分时间常数，$\tau = R_0C$。

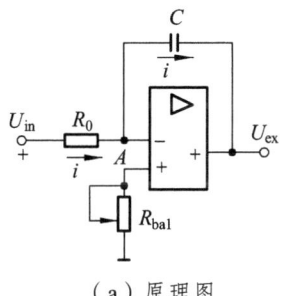
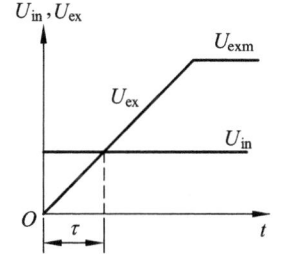

（a）原理图　　（b）阶跃输入时的输出时间特性　　（c）伯德图

图 4.23　积分调节器

当 U_{ex} 的初始值为零时,在阶跃输入作用下,对式(4.54)进行积分运算,得积分调节器的输出时间特性,如图 4.23(b)所示。

$$U_{ex} = \frac{U_{in}}{\tau} t \tag{4.55}$$

因而积分调节器的传递函数为

$$W_i(s) = \frac{U_{ex}(s)}{U_{in}(s)} = \frac{1}{\tau s} \tag{4.56}$$

其伯德图如图 4.23(c)所示。

在采用比例调节器的调速系统中,调节器的输出是电力电子变换器的控制电压 $U_c = K_p \Delta U_n$。只要电动机在运行,就必须有控制电压 U_c,因而也必须有转速偏差电压 ΔU_n,这是此类调速系统有静差的根本原因。当负载转矩由 T_{L1} 突增到 T_{L2} 时,有静差调速系统的转速 n、偏差电压 ΔU_n 和控制电压 U_c 的变化过程如图 4.24 所示。

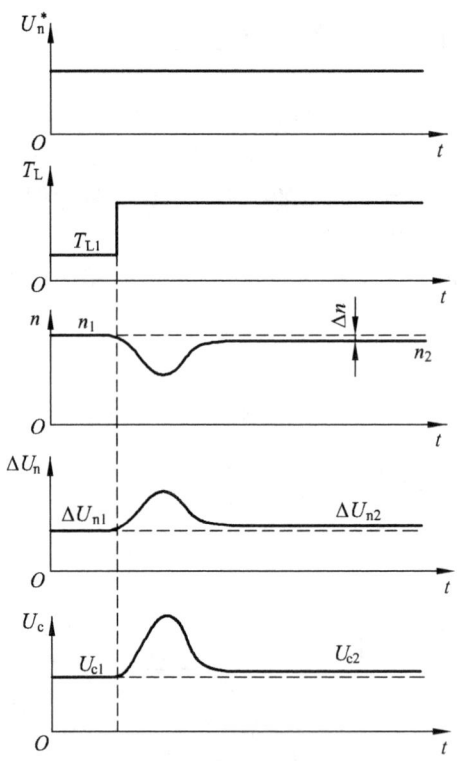

图 4.24 有静差调速系统突加负载时的动态过程

如果采用积分调节器,则控制电压 U_c 是转速偏差电压 ΔU_n 的积分,按照式(4.54),应有

$$U_c = \frac{1}{\tau} \int_0^t \Delta U_n \mathrm{d}t$$

如果ΔU_n是阶跃函数,则U_c按线性规律增长,每一时刻U_c的大小和ΔU_n与横轴所包围的面积成正比,如图4.25(a)所示。图4.25(b)绘出的$\Delta U_n(t)$是负载变化时的偏差电压波形。按照ΔU_n与横轴所包围面积的正比关系,可得相应的$U_c(t)$曲线,图中ΔU_n的最大值对应于$U_c(t)$的拐点。以上都是U_c初值为零的情况,若初值不是零,还应加上初始电压U_{c0},则积分式变成

$$U_c = \frac{1}{\tau}\int_0^t \Delta U_n(t)\mathrm{d}t + U_{c0}$$

动态过程曲线也有相应的变化。

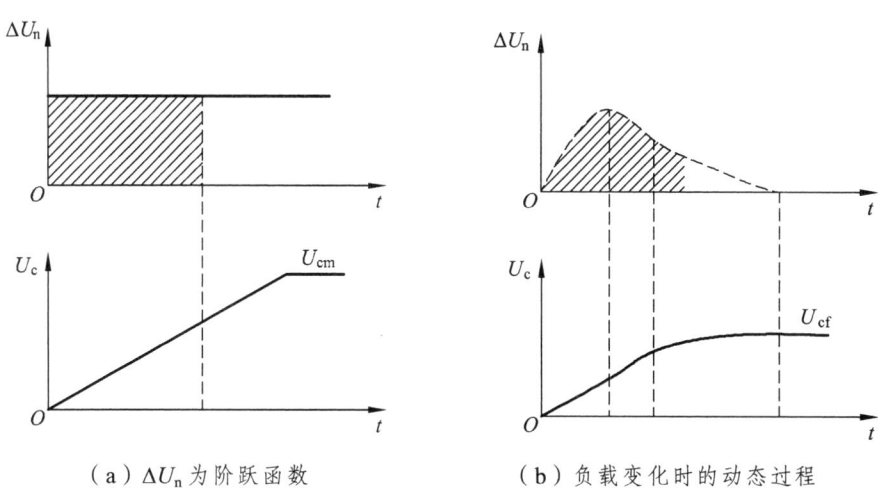

(a) ΔU_n为阶跃函数　　　　(b) 负载变化时的动态过程

图4.25　积分调节器的输入和输出动态过程

如图4.25(b)所示,在动态过程中,当ΔU_n变化时,只要其极性不变,即只要仍是$U^* > U_n$,积分调节器的输出U_c便一直增长;只有达到$U^* = U_n$,$\Delta U_n = 0$时,U_c才停止上升;不到ΔU_n变负,U_c不会下降。在这里,值得特别强调的是,当$\Delta U_n = 0$时,U_c并不是零,而是一个终值U_{cf};如果ΔU_n不再变化,这个终值便保持恒定而不再变化,这是积分控制的特点。正因如此,积分控制可以使系统在无静差的情况下保持恒速运行,实现无静差调速。

当负载突增时,积分控制的无静差调速系统动态过程曲线如图4.26所示。在稳态运行时,转速偏差电压ΔU_n必为零。如果ΔU_n不为零,则U_c继续变化,就不是稳态了。在突加负载引启动态速降时产生ΔU_n,达到新的稳态时,ΔU_n又恢复为零,但U_c已从U_{c1}上升到U_{c2},使电枢电压由U_{d1}上升到U_{d2},以克服负载电流增加的压降。在这里,U_c的改变并非仅仅依靠ΔU_n本身,而是依靠ΔU_n在一段时间内的积累。

将以上的分析归纳起来,可得下述论断:比例调节器的输出只取决于输入偏差量的现状,而积分调节器的输出则包含了输入偏差量的全部历史。虽然现在$\Delta U_n = 0$,只要历史上有过ΔU_n,其积分就有一定数值,足以产生稳态运行所需要的控制电压U_c。积分控制规律和比例控制规律的根本区别就在于此。

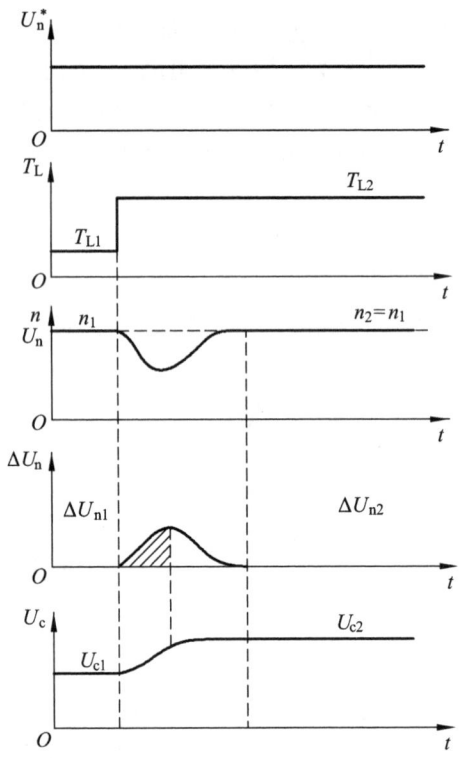

图 4.26 积分控制无静差调速系统突加负载时的动态过程

2. 比例积分控制规律

上面从无静差的角度突出地表明了积分控制优于比例控制的地方,但是从另一方面看,在控制的快速性上,积分控制却又不如比例控制。同样在阶跃输入作用之下,比例调节器的输出可以立即响应,而积分调节器的输出却只能逐渐地变化[见图 4.23(b)]。那么,如果既要稳态精度高,又要动态响应快,该怎么办呢?只要把比例和积分两种控制结合起来就可以实现,这便是比例积分控制。

比例积分调节器输出是由比例和积分两部分相加而成的。在图 4.27 的 PI 调节器原理图上可以看出,突加输入信号时,由于电容 C_1 两端电压不能突变,相当于两端瞬间短路,在运算放大器反馈回路中只剩下电阻 R_1,等效于一个放大系数为 K_{pi} 的比例调节器,在输出端立即呈现电压 $K_{pi}U_{in}$,实现快速控制,发挥了比例控制的长处。此后,随着电容 C_1 被充电,输出电压 U_{ex} 开始积分,其数值不断增长,直到稳态。稳态时,C_1 两端电压等于 U_{ex},R_1 已不起作用,又和积分调节器一样了。这时又能发挥积分控制的优点,实现了稳态无静差。

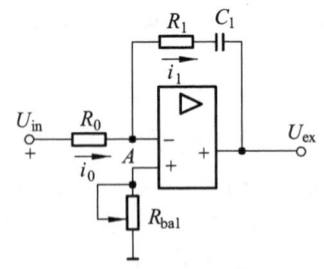

图 4.27 比例积分(PI)调节器线路图

由此可见,比例积分控制综合了比例控制和积分控制两种规律的优点,又克服了各自的缺点,扬长避短,互相补充。比例部分能迅速响应控制作用,积分部分则最终消除稳态偏差。

图 4.28 绘出了比例积分调节器的输入和输出动态过程。假设输入偏差电压 ΔU_n 的波形如图所示,则输出波形中比例部分①和 ΔU_n 成正比。积分部分②是 ΔU_n 的积分曲线,而 PI 调节器的输出电压 U_c 是这两部分之和,即①+②。可见,U_c 既具有快速响应性能,又足以消除调速系统的静差。除此以外,比例积分调节器还是提高系统稳定性的校正装置。因此,它在调速系统和其他控制系统中获得了广泛的应用。

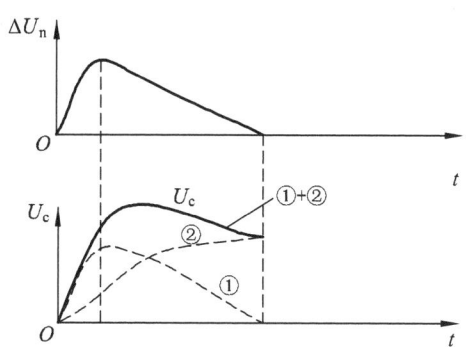

图 4.28 比例积分调节器的输入和输出动态过程

4.3 转速、电流双闭环直流调速系统和调节器的工程设计方法

转速、电流双闭环控制直流调速系统是性能很好、应用最广的直流调速系统。本节着重阐明其控制规律、性能特点和设计方法,是各种交、直流电力拖动自动控制系统的重要基础。

4.3.1 转速、电流双闭环直流调速系统的组成及其静特性

采用 PI 调节的单个转速闭环直流调速系统(以下简称单闭环系统)可以在保证系统稳定的前提下实现转速无静差。但是,如果对系统的动态性能要求较高,例如要求快速启/制动,突加负载动态速降小等,单闭环系统就难以满足需要。这主要是因为在单闭环系统中不能随心所欲地控制电流和转矩的动态过程。

在单闭环直流调速系统中,电流截止负反馈环节是专门用来控制电流的,但它只能在超过临界电流 I_{dcr} 值以后,靠强烈的负反馈作用限制电流的冲击,并不能很理想地控制电流的动态波形。带电流截止负反馈的单闭环直流调速系统启动电流和转速波形如图 4.29(a)所示,启动电流突破 I_{dcr} 以后,受电流负反馈的作用,电流只能再升高一点,经过某一最大值 I_{dm} 后,就降低下来,电机的电磁转矩也随之减小,因而加速过程必然拖长。

对于经常正、反转运行的调速系统,例如龙门刨床、可逆轧钢机等,尽量缩短启/制动过程的时间是提高生产率的重要因素。为此,在电机最大允许电流和转矩受限制的条件下,应该充分利用电机的过载能力,最好是在过渡过程中始终保持电流(转矩)为允许的最大值,使电力拖动系统以最大的加速度启动,到达稳态转速时,立即让电流降下来,使转矩马上与负载相平衡,从而转入稳态运行。这样的理想启动过程波形如图 4.29(b)所示,这时,启动电流呈方形波,转

速按线性增长。这是在最大电流（转矩）受限制时调速系统所能获得的最快的启动过程。

实际上，由于主电路电感的作用，电流不可能突跳，如图 4.29（b）所示的理想波形只能得到近似的逼近，不可能准确实现。为了实现在允许条件下的最快启动，关键是要获得一段使电流保持为最大值 I_{dm} 的恒流过程。按照反馈控制规律，采用某个物理量的负反馈就可以保持该量基本不变，那么，采用电流负反馈应该能够得到近似的恒流过程。问题是，应该在启动过程中只有电流负反馈，没有转速负反馈，达到稳态转速后，又希望只要转速负反馈，不再让电流负反馈发挥作用。怎样才能做到这种既存在转速和电流两种负反馈，又使它们只能分别在不同的阶段里起作用呢？只用一个调节器显然不可能实现，可以考虑采用转速和电流两个调节器，问题是在系统中应该如何连接。

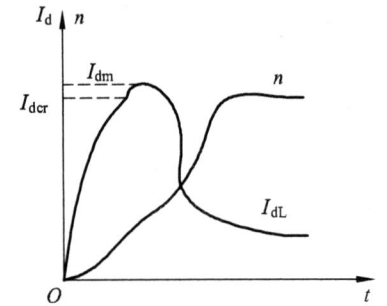
（a）带电流截止负反馈的单闭环调速系统启动过程

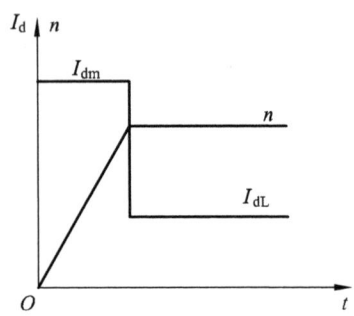
（b）理想的启动过程

图 4.29　直流调速系统启动过程中的电流和转速波形

1. 转速、电流双闭环直流调速系统的组成

为了实现转速和电流两种负反馈分别起作用，可在系统中设置两个调节器，分别调节转速和电流，即分别引入转速负反馈和电流负反馈，二者之间实行嵌套（或称串级）连接，如图 4.30 所示。把转速调节器的输出当作电流调节器的输入。再用电流调节器的输出去控制电力电子变换器 UPE。从闭环结构上看，电流环在里面，称作内环；转速环在外边，称作外环。这就形成了转速、电流双闭环调速系统。

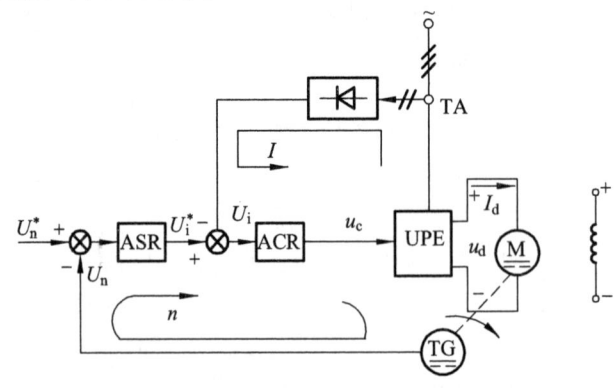

图 4.30　转速、电流双闭环直流调速系统

ASR—转速调节器；ACR—电流调节器；TG—测速发电机；TA—电流互感器；UPE—电力电子变换器；
U_n^*—转速给定电压；U_n—转速反馈电压；U_i^*—电流给定电压；U_i—电流反馈电压

为了获得良好的静、动态性能，转速和电流两个调节器一般都采用 PI 调节器。这样构成的双闭环直流调速系统的电路原理图如图 4.31 所示。图中标出了两个调节器输入和输出电压的实际极性，它们是按照电力电子变换器的控制电压 U_c 为正电压的情况标出的，并考虑到运算放大器的倒相作用。图中还表示了两个调节器的输出部是带限幅作用的，转速调节器 ASR 的输出限幅电压 U_{im}^* 决定了电流给定电压的最大值，电流调节器 ACR 的输出限幅电压 U_{cm} 限制了电力电子变换器的最大输出电压 U_{dm}。

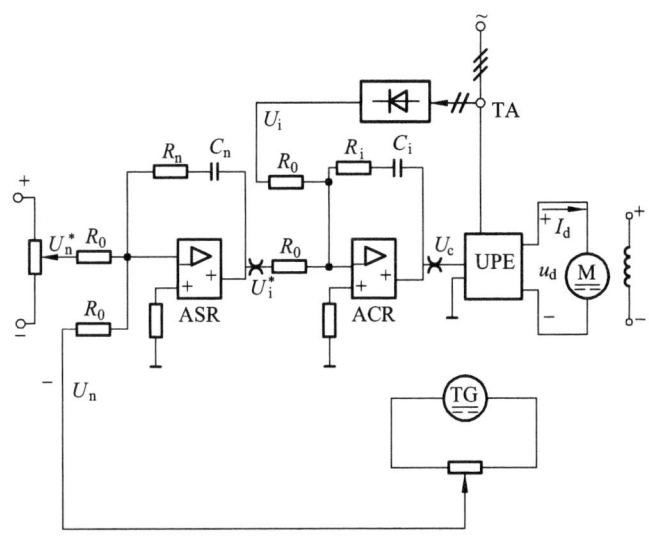

图 4.31 双闭环直流调速系统电路原理图

2. 稳态结构框图和静特性

为了分析双闭环调速系统的静特性，必须先绘出它的稳态结构框图，如图 4.32 所示。它可以很方便地根据原理图（见图 4.31）画出来，只要注意用带限幅的输出特性表示 PI 调节器就可以了。分析静特性的关键是掌握这样的 PI 调节器的稳态特征。一般存在两种状况：饱和——输出达到限幅值，不饱和——输出未达到限幅值。当调节器饱和时，输出为恒值，输入量的变化不再影响输出，除非有反向的输入信号使调节器退出饱和。换句话说，饱和的调节器暂时隔断了输入和输出间的联系，相当于使该调节环开环。当调节器不饱和时，PI 的作用使输入偏差电压 ΔU 在稳态时总为零。

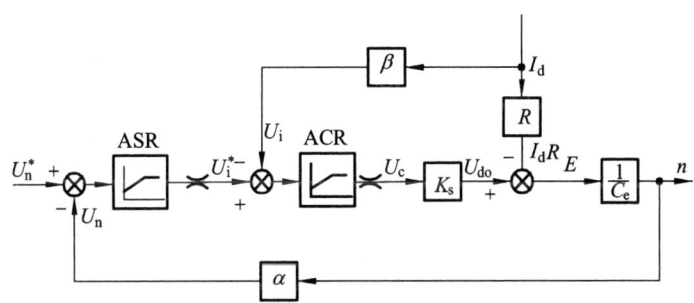

图 4.32 双闭环直流调速系统的稳态结构图

α—转速反馈系数；β—电流反馈系数

实际上，在正常运行时，电流调节器是不会达到饱和状态的。因此，对于静特性来说，只有转速调节器饱和与不饱和两种情况。

（1）转速调节器不饱和

这时，两个调节器都不饱和，稳态时，它们的输入偏差电压都是零，因此有

$$U_n^* = U_n = \alpha n = \alpha n_0$$

$$U_i^* = U_i = \beta I_d$$

由第一个关系式可得

$$n = \frac{U_n^*}{\alpha} = n_0 \tag{4.57}$$

从而得到图 4.33 所示静特性的 CA 段。与此同时，由于 ASR 不饱和，$U_i^* < U_{im}^*$，从上述第二个关系式可知 $I_d < I_{dm}$。这就是说，CA 段特性从理想空载状态的 $I_d = 0$ 一直延续到 $I_d = I_{dm}$，而 I_{dm} 一般都是大于额定电流 I_{dN} 的。这就是静特性的运行段，它是一条具有水平特性的直线。

（2）转速调节器饱和

这时，ASR 输出达到限幅值 U_{im}^*，转速外环呈开环状态，转速的变化对系统不再产生影响。双闭环系统变成一个电流无静差的单电流闭环调节系统。稳态时

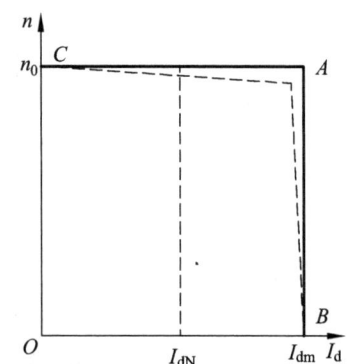

图 4.33 双闭环直流调速系统的静特性

$$I_d = \frac{U_{im}^*}{\beta} = I_{dm} \tag{4.58}$$

其中，最大电流 I_{dm} 是由设计者选定的，取决于电动机的容许过载能力和拖动系统允许的最大加速度。式（4.58）所描述的静特性对应于图 4.33 中的 AB 段，它是一条具有垂直特性的直线。这样的下垂特性只适合于 $n < n_0$ 的情况，因为如果 $n > n_0$，则 $U_n > U_n^*$，ASR 将退出饱和状态。

闭环调速系统的静特性在负载电流小于 I_{dm} 时表现为转速无静差，这时，转速负反馈起主要调节作用。当负载电流达到 I_{dm} 时，对应于转速调节器的饱和输出 U_{im}^*，这时，电流调节器起主要调节作用，系统表现为电流无静差，得到过电流的自动保护。这就是采用了两个 PI 调节器分别形成内、外两个闭环的效果。这样的静特性显然比带电流截止负反馈的单闭环系统静特性好。然而，实际上运算放大器的开环放大系数并不是无穷大。

3. 各变量的稳态工作点和稳态参数计算

由图 4.32 可以看出，双闭环调速系统在稳态工作中，当两个调节器都不饱和时，各变量之间有下列关系：

$$U_n^* = U_n = \alpha n = \alpha n_0 \tag{4.59}$$

$$U_i^* = U_i = \beta I_d = \beta I_{dL} \quad (4.60)$$

$$U_c = \frac{U_{do}}{K_s} = \frac{C_e n + I_d R}{K_s} = \frac{C_e U_n^* / \alpha + I_{dL} R}{K_s} \quad (4.61)$$

上述关系表明，在稳态工作点上，转速 n 是由给定电压 U_n^* 决定的，ASR 的输出量 U_i^* 是由负载电流 I_{dL} 决定的，而控制电压 U_c 的大小则同时取决于 n 和 I_d。或者说，同时取决于 U_n^* 和 I_{dL}。这些关系反映了 PI 调节器不同于 P 调节器的特点。P 调节器的输出量总是正比于其输入量，而 PI 调节器则不然，其输出量的稳态值与输入无关，而是由它后面环节的需要决定的。后面需要 PI 调节器提供多大的输出值，它就能提供多大，直到饱和为止。

鉴于这一特点，双闭环调速系统的稳态参数计算与单闭环有静差系统完全不同，而是和无静差系统的稳态计算相似，即根据各调节器的给定与反馈值计算有关的反馈系数。

转速反馈系数 $\quad \alpha = \dfrac{U_{nm}^*}{n_{max}} \quad (4.62)$

电流反馈系数 $\quad \beta = \dfrac{U_{im}^*}{I_{dm}} \quad (4.63)$

两个给定电压的最大值 U_{nm}^* 和 U_{im}^* 由设计者选定，受运算放大器允许输入电压和稳压电源的限制。

4.3.2 双闭环直流调速系统的数学模型和动态性能分析

1. 双闭环直流调速系统的动态数学模型

在图 4.22 所示的单闭环直流调速系统动态数学模型的基础上，考虑闭环控制的结构（见图 4.32），即可绘出双闭环直流调速系统的动态结构框图，如图 4.34 所示。图中 $W_{ASR}(s)$ 和 $W_{ACR}(s)$ 分别表示转速调节器和电流调节器的传递函数。为了引出电流反馈，在电动机的动态结构框图中必须把电枢电流 I_d 显露出来。

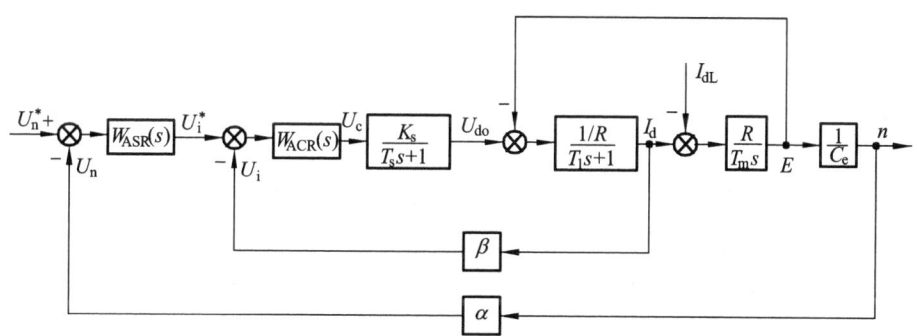

图 4.34 双闭环直流调速系统的动态结构框图

2. 启动过程分析

前已指出，设置双闭环控制的一个重要目的就是要获得接近于图 4.29（b）所示的理想启动过程,因此在分析双闭环直流调速系统的动态性能时,有必要首先探讨它的启动过程。双闭环直流调速系统突加给定电压 U_n^* 由静止状态启动时,转速和电流的动态过程如图 4.35 所示。由于在启动过程中转速调节器 ASR 经历了不饱和、饱和、退饱和三种情况,整个动态过程就分成图中标明的 Ⅰ、Ⅱ、Ⅲ 三个阶段。

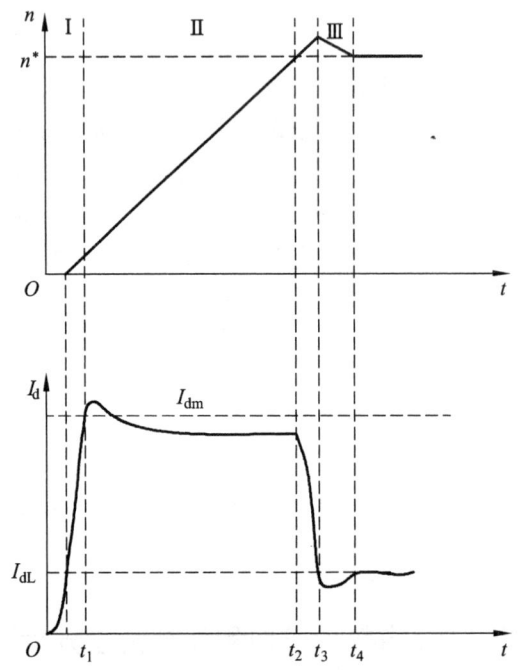

图 4.35 双闭环直流调速系统启动过程的转速和电流波形

第 Ⅰ 阶段（$0 \sim t_1$）是电流上升阶段。突加给定电压 U_n^* 后,经过两个调节器的跟随作用,U_c、U_{d0}、I_d 都跟着上升,但是在 I_d 没有达到负载电流 I_{dL} 以前,电动机还不能转动。当 $I_d \geq I_{dL}$ 后,电动机开始启动。由于电机惯性的作用,转速不会很快增长,因而转速调节器 ASR 的输入偏差电压 $\Delta U_n = U_n^* - U_n$ 的数值仍较大,其输出电压保持限幅值 U_{im}^*,强迫电枢电流 I_d 迅速上升。直到 $I_d \approx I_{dm}$,$U_i \approx U_{im}$,电流调节器很快就压制了 I_d 的增长,标志着这一阶段的结束,在这一阶段中,ASR 很快进入并保持饱和状态,而 ACR 一般不饱和。

第 Ⅱ 阶段（$t_1 \sim t_2$）是恒流升速阶段,是启动过程中的主要阶段。在这个阶段中,ASR 始终是饱和的,转速环相当于开环,系统成为在恒值电流给定 U_{im}^* 下的电流调节系统,基本上保持电流 I_d 恒定,因而系统的加速度恒定,转速呈线性增长。与此同时,电动机的反电动势 E 也按线性增长(见图 4.35)。对电流调节系统来说,E 是一个线性渐增的扰动量(见图 4.34)。为了克服这个扰动,U_{d0} 和 U_c 也必须基本上按线性增长,才能保持 I_d 恒定。当 ACR 采用 PI 调节器时,要使其输出量按线性增长,其输入偏差电压 $\Delta U_i = U_{im}^* - U_i$ 必须维持一定的恒值,也就是说,I_d 应略低于 I_{dm}（见图 4.35）。此外还应指出,为了保证电流环的这种调节作用,在启动过程中 ACR 不应饱和,电力电子装置 UPE 的最大输出电压也需留有余地,这些都是设计时必须注意的。

第 Ⅲ 阶段（t_2 以后）是转速调节阶段。当转速上升到给定值 $n^* = n_0$ 时,转速调节器 ASR 的输入偏差减小到零,但其输出却由于积分作用还维持在限幅值 U_{im}^*,所以电动机仍在加速,使转速超调,转速超调后,ASR输入偏差电压变负,使它开始退出饱和状态,U_i^*和I_d很快下降。但是,只要I_d仍大于负载电流I_{dL},转速就继续上升,直到$I_d = I_{dL}$为止。转矩$T_e = T_L$,则$dn/dt = 0$,转速n才到达峰值($t = t_3$)。此后,电动机开始在负载的阻力下减速,与此相应,在$t_3 \sim t_4$时间内,$I_d < I_{dL}$,直到稳定。如果调节器参数整定得不够好,也会有一段振荡过程。在最后的转速调节阶段,ASR和ACR都不饱和,ASR起主导的转速调节作用,而ACR则力图使I_d尽快地跟随其给定值U_i^*,或者说,电流内环是一个电流随动子系统。

综上所述,双闭环直流调速系统的启动过程有以下三个特点:

(1)饱和非线性控制

随着ASR的饱和与不饱和,整个系统处于完全不同的两种状态,在不同情况下表现为不同结构的线性系统,只能采用分段线性化的方法来分析,不能简单地用线性控制理论来分析整个启动过程,也不能简单地用线性控制理论来笼统地设计这样的控制系统。

(2)转速超调

当转速调节器ASR采用PI调节器时,转速必然有超调。转速略有超调一般是容许的,对于完全不允许超调的情况,应采用其他控制方法来抑制超调。

(3)准时间最优控制

在设备允许条件下实现最短时间的控制称作"时间最优控制",对于电力拖动系统,在电动机允许过载能力限制下的恒流启动,就是时间最优控制。但由于在启动过程Ⅰ、Ⅲ两个阶段中电流不能突变,实际启动过程与理想启动过程相比还有一些差距,不过这两段时间只占全部启动时间中很小的成分,可称作"准时间最优控制"。采用饱和非线性控制的方法实现准时间最优控制是一种很有实用价值的控制策略,在各种多环控制系统中普遍地得到应用。

最后,应该指出,对于不可逆的电力电子变换器,双闭环控制只能保证良好的启动性能,却不能产生回馈制动。在制动时,当电流下降到零以后,只好自由停车。必须加快制动时,只能采用电阻能耗制动或电磁抱闸。必须回馈制动时,可采用可逆的电力电子变换器。

3. 动态抗扰性能分析

一般来说,双闭环调速系统具有比较令人满意的动态性能。对于调速系统,最重要的动态性能是抗扰性能,主要是抗负载扰动和抗电网电压扰动的性能。

(1)抗负载扰动

由图4.34可以看出,负载扰动作用在电流环之后,因此只能靠转速调节器ASR来产生抗负载扰动的作用。在设计ASR时,应要求有较好的抗扰性能指标。

(2)抗电网电压扰动

电网电压变化对调速系统也产生扰动作用。为了在单闭环调速系统的动态结构框图上表示出电网电压扰动ΔU_d和负载扰动I_{dL},把图4.22重画成图4.36(a)。图中的ΔU_d和I_{dL}都作用在被转速负反馈环包围的前向通道上,仅就静特性而言,系统对它们的抗扰效果是一样的。但从动态性能上看,由于扰动作用点不同,存在着能否及时调节的差别。负载扰动能够比较快地反映到被调量n上,从而得到调节,而电网电压扰动的作用点离被调量稍远,调节作用受到延滞,因此单闭环调速系统抑制电压扰动的性能要差一些。

如图4.36(b)所示的双闭环系统中,由于增设了电流内环,电压波动可以通过电流反馈得到比较及时的调节,不必等它影响到转速以后才反馈回来,抗扰性能大有改善。因此,在双闭环系统中，由电网电压波动引起的转速动态变化会比单闭环系统小得多。

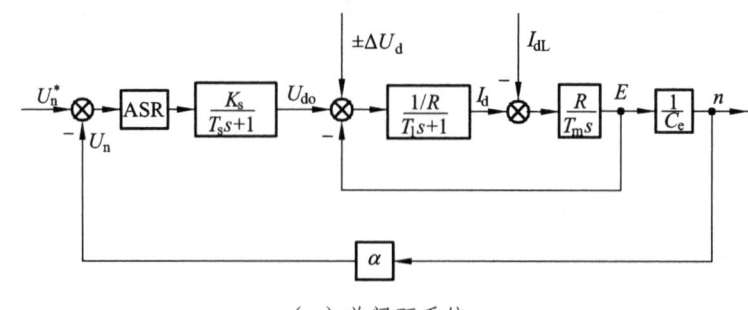

（a）单闭环系统

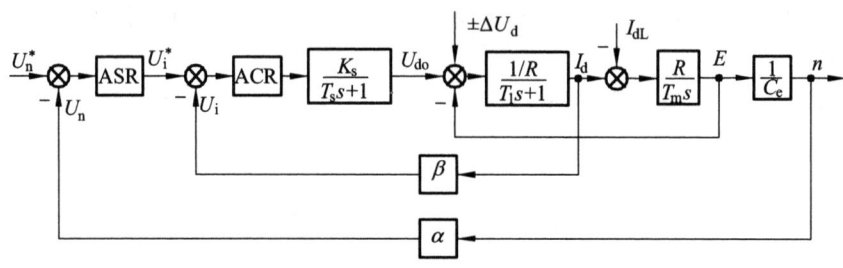

（b）双闭环系统

图 4.36　直流调速系统时动态抗扰作用

$\pm \Delta U_d$——电网电压波动在可控电源电压上的反映

4. 转速和电流两个调节器的作用

综上所述，转速调节器和电流调节器在双闭环直流调速系统中的作用可分别归纳如下。

（1）转速调节器的作用

① 转速调节器是调速系统的主导调节器，它使转速 n 很快地跟随给定电压 U_n^* 变化，稳态时可减小转速误差，如果采用 PI 调节器，则可实现无静差。

② 对负载变化起抗扰作用。

③ 其输出限幅值决定电动机允许的最大电流。

（2）电流调节器的作用

① 作为内环的调节器，在转速外环的调节过程中，它的作用是使电流紧紧跟随其给定电压 U_i^*（即外环调节器的输出量）变化。

② 对电网电压的波动起及时抗扰的作用。

③ 在转速动态过程中，保证获得电动机允许的最大电流，从而加快动态过程。

④ 当电动机过载甚至堵转时，限制电枢电流的最大值，起快速的自动保护作用。一旦故障消失，系统立即自动恢复正常。这个作用对系统的可靠运行来说是十分重要的。

4.3.3　调节器的工程设计方法介绍

在双闭环直流调速系统中，转速和电流调节器的结构选择与参数设计须从动态校正的方面来解决。在本章第 2 节中针对单闭环系统采用的借助伯德图设计串联校正装置的方法,当然也适用于双闭环系统。问题是设计每一个调节器时,都须先求出该闭环的原始系统开环对数频率特性,再根据性能指标确定校正后系统的预期特性,经过反复试凑,才能确定调节器的特性,从而选定其结构并计算参数。反复试凑过程也就是系统的稳、准、快和抗干扰诸方面矛盾的正确解决过程,需要有熟练的设计技巧才行。于是便突显建立更简便实用的工程设计方法的必要性。

现代的电力拖动自动控制系统,除电机外,都是由惯性很小的电力电子器件、集成电路等组成的。经过合理的简化处理,整个系统一般都可以近似为低阶系统。而用运算放大器或数字式微处理器可以精确地实现比例、积分、微分等控制规律,于是就有可能将多种多样的控制系统简化或近似成少数典型的低阶结构。如果事先对这些典型系统做比较深入的研究,把它们的开环对数频率特性当作预期的特性。弄清楚它们的参数与系统性能指标的关系,写成简单的公式或制成简明的图表,则在设计时,只要把实际系统校正或简化成典型系统,就可以利用现成的公式和图表来进行参数计算,设计过程就要简便得多。这样,就有了建立工程设计方法的可能性。

有了必要性和可能性,各种工程设计方法便相继提出。其中有德国西门子公司提出的"调节器最佳整定"法,包括"模最佳"和"对称最佳"两种参数设计方法,传入我国后,习惯上分别称作"二阶最佳"和"三阶最佳"设计。这种方法已在国际上普遍应用,其公式简明好记,但也存在一些问题:只有所谓的"最佳"参数计算公式。调试系统时,如果系统性能不够满意,不能明确调整参数的方向;特别是没有考虑到调节器饱和这一关键问题,使计算结果存在不小的误差。上海大学陈伯时教授经过对该方法的深入分析研究,并吸取随动系统设计用的"震荡指标法"和我国学者提出的"模型系统法"的长处,归纳出调节器的工程设计方法,经过一段时间的应用与实践,已证明是实用有效的。

建立调节器工程设计方法所遵循的原则是:
① 概念清楚、易懂。
② 计算公式简明、好记。
③ 不仅给出参数计算的公式,而且指明参数调整的方向。
④ 能考虑饱和非线性控制的情况,同样给出简单的计算公式。
⑤ 适用于各种可以简化成典型系统的反馈控制系统。

如果要求更精确的动态性能,可参考"模型系统法"。对于复杂的不可能简化成典型系统的情况,可采用高阶系统或多变量系统的计算机辅助分析和设计。

1. 控制系统的动态性能指标

生产工艺对控制系统动态性能的要求经折算和量化后可以表达为动态性能指标。自动控制系统的动态性能指标包括对给定输入信号的跟随性能指标和对扰动输入信号的抗扰性能指标。

(1) 跟随性能指标

在给定信号或参考输入信号 $R(t)$ 的作用下,系统输出量 $C(t)$ 的变化情况可用跟随性能指标来描述。当给定信号变化方式不同时,输出响应也不一样。通常以输出量的初始值为零时给定信号阶跃变化下的过渡过程作为典型的跟随过程。这时的输出量动态响应称作阶跃响应。常用的阶跃响应跟随性能指标有上升时间、超调量和调节时间。

① 上升时间 t_r。

图 4.37 绘出了阶跃响应的跟随过程，图中的 C_∞ 是输出量 C 的稳态值。在跟随过程中，输出量从零起第一次上升到 C_∞ 所经过的时间称作上升时间，它表示动态响应的快速性。

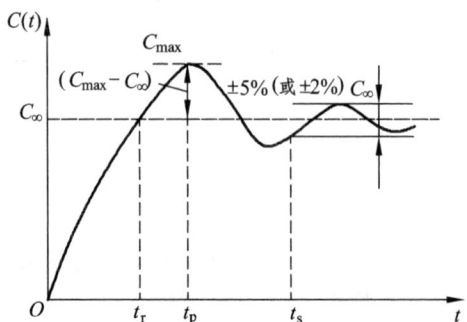

图 4.37 典型的阶跃响应过程和跟随性能指标

② 超调量 σ 与峰值时间 t_p。

在阶跃响应过程中，超过 t_r 以后，输出量有可能继续升高，到峰值时间 t_p 时达到最大值 C_{max}，然后回落。C_{max} 超过稳态值 C_∞ 的百分数叫作超调量，即

$$\sigma = \frac{C_{max} - C_\infty}{C_\infty} \times 100\% \qquad (4.64)$$

超调量反映系统的相对稳定性。超调量越小，相对稳定性越好。

③ 调节时间 t_s。

调节时间又称过渡过程时间，它衡量输出量整个调节过程的快慢。理论上，线性系统的输出过渡过程要到 $t = \infty$ 才稳定，但实际上由于存在各种非线性因素，过渡过程到一定时间就终止了。为了在线性系统阶跃响应曲线上表示调节时间，认定稳态值上下 $\pm 5\%$（或取 $\pm 2\%$）的范围为允许误差带。将输出量达到并不再超出该误差带所需的时间定义为调节时间。显然，调节时间既反映了系统的快速性，也包含着它的稳定性。

（2）抗扰性能指标

控制系统稳定运行中，突加一个使输出量降低的扰动量 F 以后，输出量由降低到恢复的过渡过程是系统典型的抗扰过程，如图 4.38 所示。常用的抗扰性能指标为动态降落和恢复时间。

① 动态降落 ΔC_{max}。

系统稳定运行时，突加一个约定的标准负扰动量，所引起的输出量最大降落值 ΔC_{max} 称作动态降落。一般用 ΔC_{max} 占输出量原稳态值 $C_{\infty 1}$ 的百分数 $\Delta C_{max}/C_{\infty 1} \times 100\%$ 来表示（或用占某基准值 C_b 的百分数 $\Delta C_{max}/C_b \times 100\%$ 来表示）。输出量在动态降落后逐渐恢复，达到新的

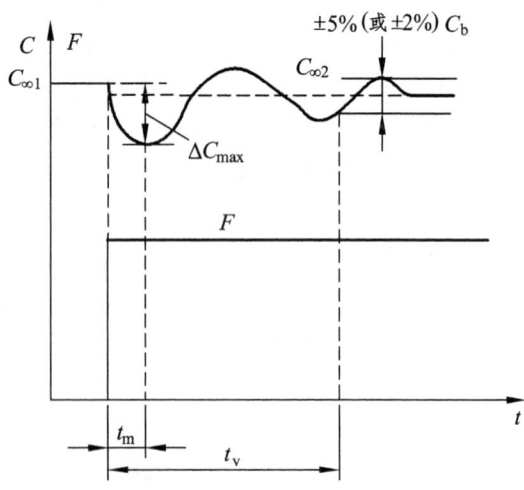

图 4.38 突加扰动的动态过程和抗扰性能指标

稳态值 $C_{\infty 2}$，$(C_{\infty 1} - C_{\infty 2})$ 是系统在该扰动作用下的稳态误差，即静差，动态降落一般都大于稳态误差。调速系统突加额定负载扰动时转速的动态降落称作动态速降 Δn_{max}。

② 恢复时间 t_v。

从阶跃扰动作用开始，到输出量基本上恢复稳态，距新稳态值 $C_{\infty 2}$ 之差进入某基准值 C_b 的 ±5%（或取 ±2%）范围之内所需的时间，定义为恢复时间 t_v，如图 4.38 所示。其中 C_b 称作抗扰指标中输出量的基准值，视具体情况选定。如果允许的动态降落较大，就可以用新稳态值 $C_{\infty 2}$ 作为基准值。如果允许的动态降落较小，例如小于 5%（这是常有的情况），则按进入 ±5%$C_{\infty 2}$ 的范围来定义的恢复时间只能为零，就没有意义了，所以必须选择一个比稳态值更小的 C_b 作为基准。

实际控制系统对于各种动态指标的要求各有不同。例如，可逆轧钢机需要连续正反向轧制许多次，因而对转速的动态跟随性能和抗扰性能都有较高的要求。而一般生产中用的不可逆调速系统则主要要求一定的转速抗扰性能，其跟随性能没有多大关系。工业机器人和数控机床用的位置随动系统（伺服系统）需要很强的跟随性能，而大型天线的随动系统除需要良好的跟随性能外，对抗扰性能也有一定的要求。多机架连轧机的调速系统要求抗扰性能很高。如果 Δn_{max} 和 t_v 较大，在机架间会产生拉钢或堆钢的事故。总之，一般来说，调速系统的动态指标以抗扰性能为主，而随动系统的动态指标则以跟随性能为主。

2. 工程设计方法的基本思路

作为工程设计方法，首先要使问题简化，突出主要矛盾。简化的基本思路是，把调节器的设计过程分作两步：

第一步，先选择调节器的结构，以确保系统稳定，同时满足所需的稳态精度。

第二步，再选择调节器的参数，以满足动态性能指标的要求。

这样做，就把稳、准、快和抗干扰之间互相交叉的矛盾问题分成两步来解决，第一步先解决主要矛盾，即动态稳定性和稳态精度，然后在第二步中再进一步满足其他动态性能指标。

在选择调节器结构时，只采用少量的典型系统，它的参数与系统性能指标的关系都已事先找到，具体选择参数时只需按现成的公式和表格中的数据计算一下就可以了。这样就使设计方法规范化，大大减少了设计工作量。

5 交-直型电力机车控制系统

5.1 6G 型机车控制系统

图 5.1 为 6G 型电力机车控制系统框图。图中组件单元的代号保留原有机车所采用的代号。个别的信息符号作了些非原则性更动。

6G 型机车为六轴机车，六台牵引电动机按前后转向架分成两组。每组三台牵引电动机并联运行，各由一套电子控制系统进行牵引与制动的控制，二套电子系统完全相同。所以只需对其中一套，即控制一个转向架三台牵引电动机的控制系统进行介绍。此外，对于牵引与制动控制系统，两者的工作原理基本相同，所以主要介绍是对牵引工况的控制系统。

6G 型机车采用恒流控制方式。在牵引工况时，司机手柄指令值代表一定的牵引电动机电流。在制动工况时代表一定的牵引电机励磁电流，如框图中表明的参考指令电流区 I_{REF} 或 $I_{e\text{-}REF}$。牵引工况时，参考指令电流值 I_{REF} 送入比例积分调节器⑥-1；制动工况时，参考指令电流值 $I_{e\text{-}REF}$ 送入制动工况的比例积分调节器⑧，两者调节原理相同，所以用牵引工况为例来说明。I_{REF} 的变化范围是 0~10 V，比例积分调节器输出的是决定移相的直流控制电压 U_{c1}（此处下脚 1 指转向架Ⅰ，U_{c2} 对应转向架Ⅱ）。U_{c1} 的变化应分作两个区段：当 U_{c1} = 0~5 V 为第Ⅰ电压调节区，而 U_{c1} = 5~10 V 时为第Ⅱ电压调节区。在第Ⅰ调节区，牵引电机端电压 U_d 在 0~450 V 变化，主电路两段半控桥中第Ⅰ段半控桥 RM_1 进行相位控制，而第Ⅱ段半控桥 RM_2 则应闭锁，仅提供直流通道。在第Ⅱ调节区时，牵引电机端压 U_d 在 450~900 V 变化，主电路两段半控桥中第Ⅰ段半控桥 RM_1 必须处于满开放，而第Ⅱ段半控桥 RM_2 进行相位控制。据此要求，控制电压 U_{c1} 要经过连续控制器 -3 进行变换，再经两套完全相同的触发系统，分别对两段半控桥 RM_1 和 RM_2 进行相校。控制电压 U_{c1} 的变化范围与 I_{REF} 相同，亦是 0~10 V，但是要注意 U_{c1} 与 I_{REF} 并没有一一对应的关系。U_{c1} 决定牵引电机的端电 U_d，而 I_{REF} 决定牵引电机电流 I_d，牵引电机端压和电流的大小取决于机车运行的工况，例如，在机车启动时牵引电机端压很低，但启动电流很大，与此相应的控制电压 U_{c1} 不大，而 I_{REF} 较大；相反，若机车运行在高速轻载工况下，电机端压接近额定电压，而电机负载电流不大，相应的 U_{c1} 较大，而 I_{REF} 较小。又如果机车处于满功率牵引，牵引电机端压和负载电流均接近额定值附近，则相应的 U_{c1} 和 I_{REF} 值均较大。总之，U_{c1} 是决定牵引电机的端压。

连续控制器的输出电压范围为 +7.5~-7.5 V，相应移相角变化为 180°~0°。在第Ⅰ调节区时，控制电压 U_{c1} = 0~5 V，连续控制器两个输出电压 $U_{c1\text{-}1}$ 和 $U_{c1\text{-}2}$ 的变化分别为 +7.5~-7.5 V 和大于等于 7.5 V。在第Ⅱ调节区时，控制电压 U_{c1} = 5~10 V。连续控制器两个输出电压 $U_{c1\text{-}1}$ 和 $U_{c1\text{-}2}$ 变化分别为小于等于 -7.5 V 和 +7.5~-7.5 V。

框图中主电路两段半控桥的两个触发系统完全相同。它本身由如图 5.2 所示的框图所组成。

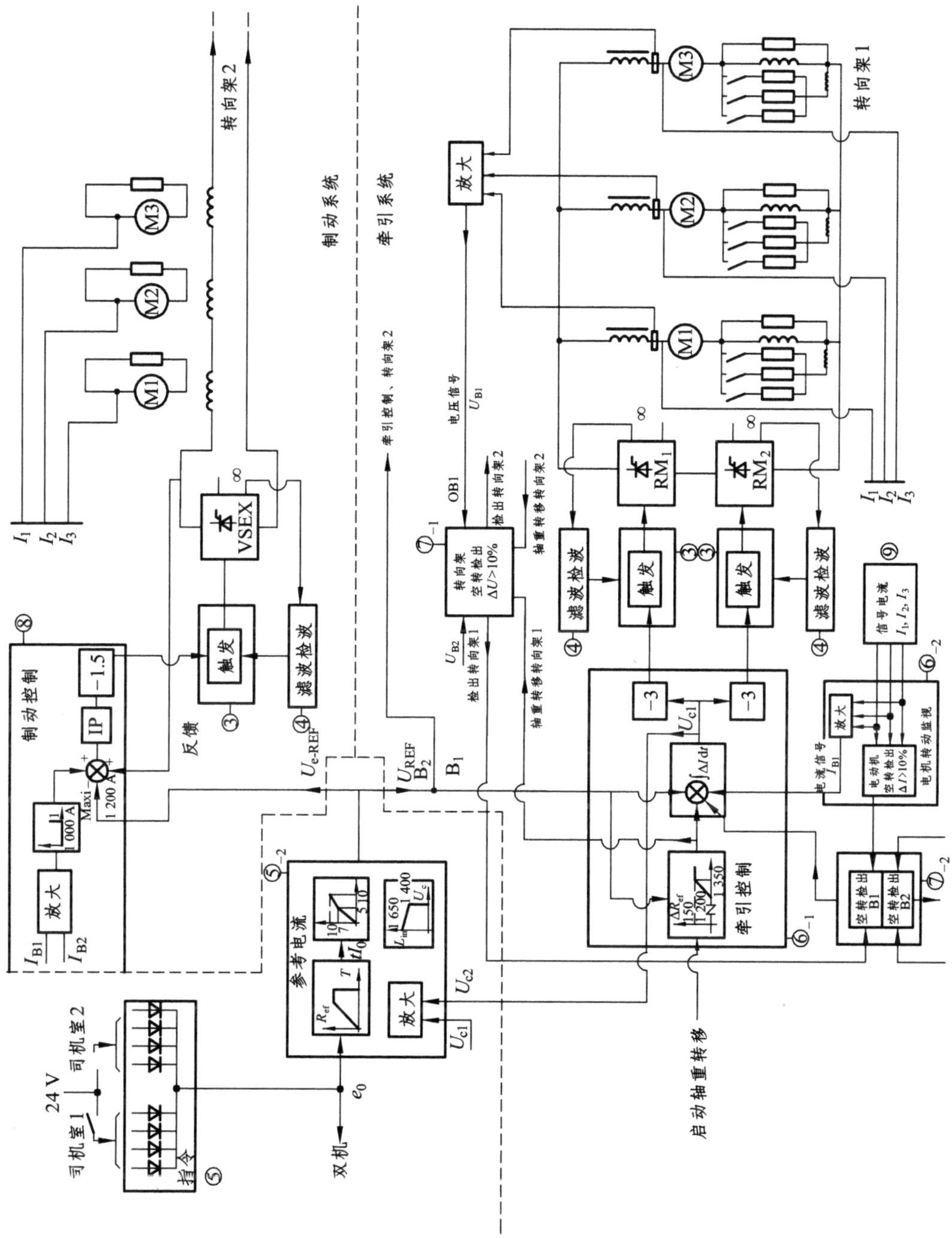

5 交-直型电力机车控制系统

图 5.1 6G 型机车控制系统框图

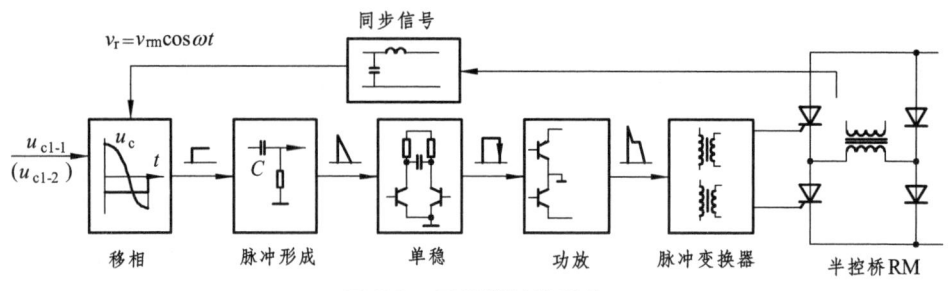

图 5.2 晶闸管触发系统

由图 5.2 可知,触发系统是由移相、脉冲形成、单稳、功放脉冲变压器和同步信号六个部分所组成。

如上所述,6G 型电力机车采用恒流单闭环自动控制系统,指令电流值为 I_{REF} 或 I_{e-REF},该参考电流的形成是通过图 5.1 中⑤-2 单元来实现,它本身是由给定积分器和速率变换器两部分组成。司机指令电压是从 24 V 稳压电源经电位器⑤-1 获得,电位器输出电压 e_0 变化范围为 0 ~ 22.5 V,e_0 经上述两个单元电路变换成电流参考值 I_{REF} 或 I_{e-REF}。

6G 型机车牵引电机的电流和电压检测采用直流互感器方式。如图 5.1 中转向架 I 的三台牵引电机电流 I_1,I_2 和 I_3 用直流互感器检出后,送入电机空转监视⑥-2,当三台电机中有一电机电流比二台电机中的电流最大值超过 10% 时,就认为转向架 I 的三台电机中已有一台电机处于空转,该信号通过空转检出⑦-2 中 B_1 检出,送入电流调节器的输出端,降低电流参考指令 I_{REF} 35%,使转向架 I 的三台电机牵引力下降,防止电机空转进一步发展。

按照类似原理,为防止整个转向架三台电机同时发生空转,采用比较两个转向架电机的电流,将用直流电流互感器所检测到的两台转向架电机电流 I_{B1} 和 I_{B2} 进行比较,当它们差值超过 10% 就认为有一个转向架三台电机同时发生了空转,通过转向架空转检出⑦-1,送出信号至空转检出⑦-2,同样也使发生空转的转向架电流参考指令减少 35%。

为了改善机车启动牵引性能,考虑到机车在启动时机车前后转向架轴重分配不均的特点,前转向架三台电机的电流参考指令应比后转向架的小一些,在⑥-1 设有轴重转移环节,对前转向架的电流参考指令 I_{REF} 在 1 350 A 时减少 150 A。

在参考电流形成环节⑤-2 中,设有随着牵引电机端压上升,电机最大允许电流相应减少的环节。即电机端压从 0 到额定值时,最大允许电流从 1 650 A 下降到 1 400 A。其目的是提高牵引电机运行的可靠性。

以上是叙述 6G 型机车牵引工况。对于制动工况工作原理是相同的。电流参考指令 I_{e-REF} 送入电流调节器 IP。通过与励磁绕组励磁电流的反馈信号相比较,形成恒励磁电流单闭环自动调节系统,如图 5.1 所示,电流调节器输入端设有励磁电流最大值限制器。

5.2 SS₄ 型机车控制系统

如图 5.3 所示为 SS₄ 型电力机车电子控制系统框图。SS₄ 型机车主电路采用三段绕组四段桥调压控制,在第 I 调压区,对 RM₁ 桥作连续平滑的移相控制,使 $\alpha_2 = 180° \sim 0°$,

电机端压 $U_{d1} = \left(0 \sim \dfrac{1}{4}\right)U_{de}$（$U_{de}$ 为额定电压）；在第Ⅱ调节区时，RM_1 桥保持满开放，对 RM_2 桥连续平滑移相控制，使 $\alpha_2 = 180° \sim 0°$ 和 $\alpha_1 = 0°$，电机端压 $U_{d1} = \left(\dfrac{1}{4} \sim \dfrac{1}{2}\right)U_{de}$；在第Ⅲ调节区时，首先要进行开关转换，即选择适当时刻将开关桥 RM_3 从闭锁变为满开放，即 α_3 从 180°突变为 0°，与此同时关闭 RM_1 和 RM_2 桥，即 $\alpha_1 = \alpha_2 = 180°$。由于交流绕组电压 $U_{a_1x_1} = U_{a_2x_2}$，因而转换前后的电机端压不变，不会有电流的冲击。转换后可进行第Ⅲ调节区调压，重复移相控制 RM_1 桥，使电机端压为 $\left(\dfrac{1}{2} \sim \dfrac{3}{4}\right)U_{de}$；在第Ⅳ调节区，重复开放 RM_2 桥，电机端压为 $\left(\dfrac{3}{4} \sim 1\right)U_{de}$。

SS_4 型机车为八轴 2（Bo-Bo）电力机车，每节两个转向架四台 800 kW 牵引电机，每个转向架两台电机有一套如图 5.3 所示的控制系统。

该控制系统可实行两种控制方式：恒流控制和恒压控制。在司机台上设有电压指令手柄和电流指令手柄，电压手柄用以选定牵引电机端压；电流手柄可选定电机电流，两手柄置于不同的位置，可以方便地实现两种牵引运行的转换。

5.2.1　恒压运行

将电流手柄置于较高给定，使电流环不参与调节，操作电压手柄，则电机端压不断上升，机车加速。当电压手柄停留在某一级位上，则机车保持在这一恒定电压运行。

如果在恒压运行中，电机电流超过电流手柄预选的限流值时，则电流环起作用，电机电压自动下降，以维持电机电流不超过限流值，这时不再按恒压运行。当电机电流不再超过限流值或增加电流手柄的级位，机车又自动按恒压运行。

电机电压给定为对数函数，即电机电压的标幺值 U_d^* 是司机控制器主调速手轮的角度或级位的标幺值 X^* 的对数函数。即

$$U_d^* = \dfrac{1}{1.5}\ln\dfrac{1}{1-0.777X^*} \tag{5.1}$$

式中，$U_d^* = U_d/1010$，1 010 V 为牵引电动机的额定电压；$X^* = X/32$，32 为最高级位，相应电压为 1 010 V。

$U_d^* = f(X^*)$ 对数函数的特点是，低级位时 U_d^* 上升平缓，高级位时 U_d^* 上升较快。这样，可以适应机车牵引特性 $F = f(V)$ 在低级位较陡，高级时较缓的特点，使机车在恒压启动时，牵引力的变化较为均匀。

司机控制器主调速手轮的级位共有 32 级，每旋转 10°为 1 级，共旋转 320°。每 10°（或 1 级）有刻度表示，每 40°（或 4 级）有数字表示。分 0，4，8，12，16，20，24，28，32 八大级。在这些位置上，手轮操作有手感。主调速手轮带动一个特殊函数电位器，其阻值函数即为 U_d^* 的给定函数，如图 5.4 所示。

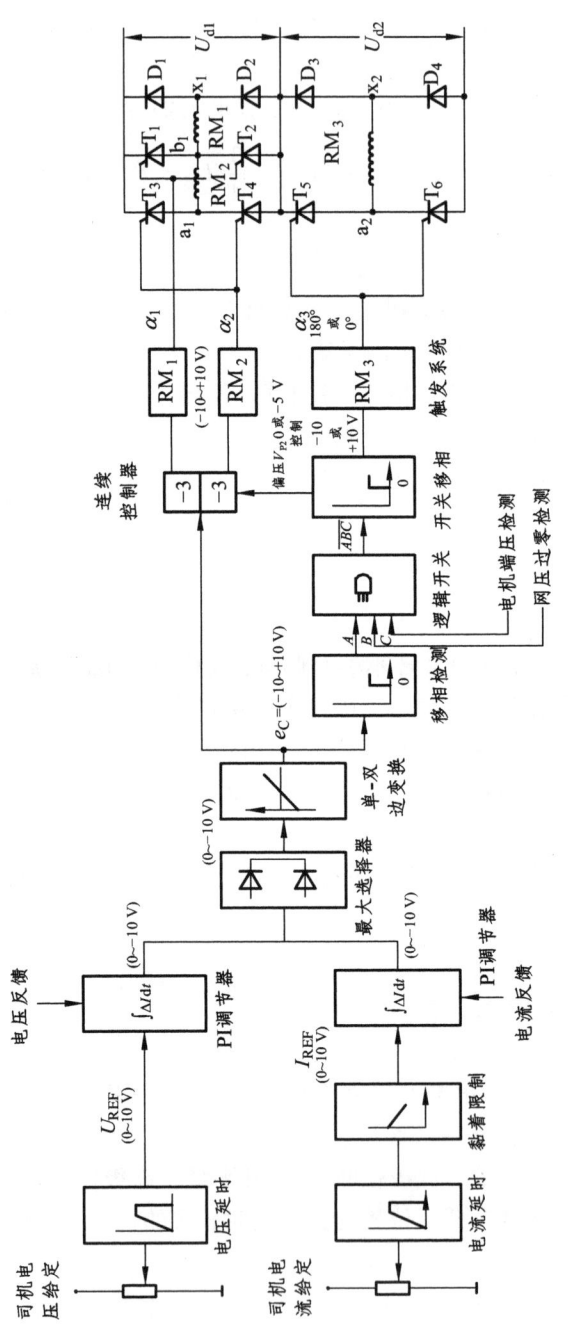

图 5.3 SS$_4$型机车控制系统

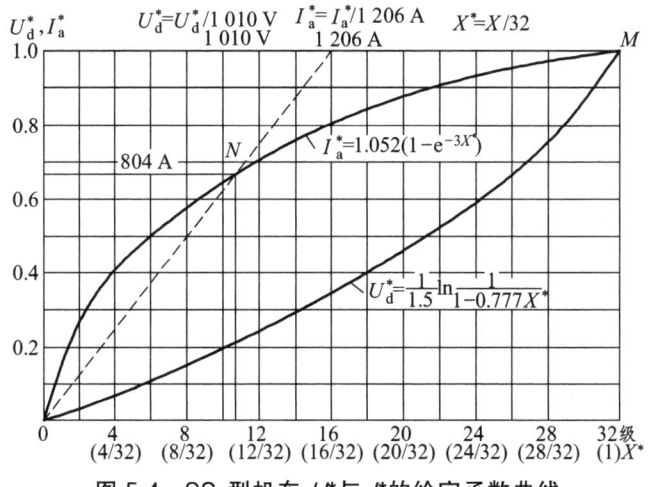

图 5.4 SS₄型机车 U_d^* 与 I_a^* 的给定函数曲线

5.2.2 恒流运行

将电压手柄置于较高的给定，操作电流手柄，机车按电流手柄所对应的限流值，恒流启动加速，恒流运行。

随着机车速度的增加，当电机电压达到或超过电压手柄所预选的电压，则电压环起作用限制电机电压升高，这时电机电流达不到恒流值，若增加电压手柄级位，则又可按恒流运行。

电枢电流 I_a^* 的标幺值给定为指数函数：

$$I_a^* = 1.052(1-e^{-3X^*}) \tag{5.2}$$

式中　　　　　　$I_a^* = I_a/1\,260$

1 260 A 为牵引电动机额定电流的 1.5 倍。稍大于电动机的 1 200 A 的启动电流。该函数由辅助手轮带动的特殊函数电位器给定，旋转角亦为 320°，与 U_d^* 给定主手轮同轴心。采用指数函数的目的，是使 I_a^* 在低级位时速度上升较快，而后上升缓慢，使旋转不大的角度，即可得到较大的电流或牵引力。由于是恒流控制，具有较好的启动平稳性，故允许这样的控制方式。I_a^* 的给定函数曲线如图 5.4 所示。

主调速手轮（U_d^* 给定）与辅调速手轮（I_a^* 给定）之间有离合器。当按下离合器时，两者同步旋转。当拉开离合器时，两者独立旋转，当两者之一在 0 位时，主整流器无电压输出。只有当两者均离开 0 位时，方有输出。由此可有三种操纵方式和相应的控制特性。

① 同步旋转方式。此为 U_d^* 与 I_a^* 同时给定的双重控制方式。一般牵引可用此方式。

② 恒 U_d^* 控制方式。先将 I_a^* 手轮旋转 320°（1 200 A），再逐步旋转 U_d^* 手轮。坡停重载启动用此方式可得到较大的启动牵引力，并可较充分利用恒 U_d^* 时的 $F=f(v)$ 的陡特性，机车再黏着性能好。

③ 恒 I_a^* 控制方式。先将 U_d^* 手轮旋转至 32 位，然后再逐步移动 I_a^* 手轮。轻载快速启动，

可用此方式。此方式可得到较平稳的启动性能,但。不适用于重载启动,否则机车较易发生空转。

为了既能充分发挥机车牵引力,又不至于使电流过大,超过黏着极限而引起空转,如图 5.3 所示,设置牵引电机黏着限制环节,该环节有两个输入信号;司机给定电流指令经电流延时环节的输入信号和速度—黏着限制所允许的电流限制值信号。用最小值选择器选出两者之中的最小值,因此送入电流 PI 调节器的参考电流 I_{REF}(0~10 V)有两种情况:

① 当司机电流手柄发出的电流指令低于黏着限制线时,输出的限流值随司机的手柄位变化。

② 当司机电流指令高出黏着限制线,输出的限流值取决于黏着限制线的数值。

机车牵引车辆运行时,引起机车转向架轴重转移,因此相应地黏着限制线设二条,如图 5.5 中 b 为前转向架的黏着限制线, a 为后转向架的黏着限制线。二个转向架分别由二个电流给定插件进行控制。

如图 5.3 所示司机电压给定经电压延时环节(即给定积分器)作为电压参考值,送入电压 PI 调节器,电压和电流两个 PI 调节器的输出 U_{REF} 和 I_{REF} 均为 0~10 V,用最大选择器选出其中最大值(绝对值最小值),输出亦为 0~−10 V,经过单边输入信号变成双边输出信号变换器,获得移相控制电压 $e_C = -10 ~ +10$ V。该移相控制电压分二路分别控制微调移相桥 RM_1 与 RM_2 和开关桥 RM_3。

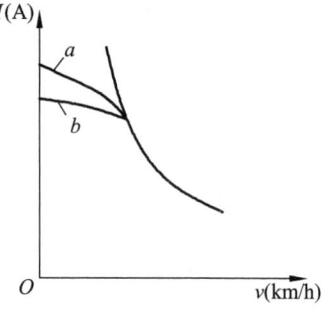

图 5.5 黏着限制曲线

微调移相桥 RM_1 与 RM_2 的控制原理和 6G 型机车两段桥的控制相似。当移相控制电压 e_C 在 −10~0 V 范围内变化时,可实现第 Ⅰ,Ⅱ 两段调节区,在 $e_C = -5$ V 时应从第 Ⅰ 调节区平滑连续地过渡到第 Ⅱ 调节区。与 6G 型机车一样,为此设有连续控制器③。连续控制器的两个输出均为 −10~+10 V,−10 V 相应于控制角 $\alpha = 180°$,+10 V 相应于 $\alpha = 0°$。所以在第 Ⅰ 调节区时,控制晶闸管 T_1 与 T_2 的连续控制器输出电压变化为 −10~+10 V,相应的 $\alpha_1 = 180°~0°$,而控制晶闸管 T_3 与 T_4 的连续控制器输出电压保持为 −10 V,即 $\alpha_2 = 180°$,当然,此时开关桥晶闸管 T_5 与 T_6 亦应闭锁,即 $\alpha_3 = 180°$,相应于此时开关移相环节输出电压等于 −10 V。所以在第 Ⅰ 调节区,牵引电机电流是经 T_1,T_2 与 D_1,D_2 所组成的半控桥来调节,由交流绕组 b_1x_1 供电。绕组 a_1b_1 和 a_2b_2 不参加工作。而二极管 D_3 和 D_4 提供直流通道。当 $e_C = -5$ V,连续控制器上面输出为 +10 V,$\alpha_1 = 0°$ 时,电机端压达到 1/4 额定值,开始进入第 Ⅱ 调节区。连续控制器下面输出从 −10 V 变到 +10 V,相应于晶闸管 T_3 与 T_4 的控制角 $\alpha_2 = 180°~0°$,牵引电机端压为 $\left(\dfrac{1}{4} \sim \dfrac{1}{2}\right) U_{de}$。所以第 Ⅰ,Ⅱ 调节和过渡原理与 6G 型机车完全相同,区别仅在于控制电压 e_C 和连续控制器输出电压变化的范围有所不同。

如上所述,当 $e_C = 0$,连续控制器上下两路输出均达到 +10 V,$\alpha_1 = \alpha_2 = 0°$,晶闸管 T_1,T_2 和 T_3,T_4 均满开放,电机端压达到 1/2 额定值,若要继续升压,就进入第 Ⅲ,Ⅳ 调节区。在进入第 Ⅲ 调节区之前,首先是微调桥 RM_1 和 RM_2 向开关桥 RM_3 转换,即在关闭微调桥的同时,满开放开关桥 RM_3。也就是要选择适当时刻使 $\alpha_1 = \alpha_2 = 180°$,同时使 $\alpha_3 = 0°$。开关桥 RM_3 在第 Ⅰ,Ⅱ 调节区是闭锁的,$\alpha_3 = 180°$,此时开关移相环节输出电压为 −10 V。在开关转换时刻，应使开关移相环节输出电压突变为 +10 V 相应的控制角 $α_3 = 0°$。图 5.3 中开关桥 RM_3 的控制系统中设有三个输入与非门电路，只有当三个输入 A，B 和 C 全为高电平时。输出 $\overline{ABC}$ 才为低电平，该低电平输入开关移相环节，产生两个开关量信号；一个是 $α_3$ 角控制电压从 −10 V 突变为 +10 V；另一个是连续控制器偏置电压 V_{P2} 从 0 V 突变为 −5 V。前者是使开关桥 RM_3 满开放，而后者是使微调桥 RM_1 和 RM_2 闭锁，实现了开关转换的要求。

与非门电路三个开关输入量 A，B 和 C 代表开关转换的三个必须满足的条件。B 为高电平时必须使控制电压 $e_C = 0$ V；A 为高电平时代表网压正在过零点；C 为高电平时表示牵引电机端压等于 1/2 额定值。SS_4 型电力机车选择网压过零时刻作为开关转换时刻。

如上所述，当微调桥 RM_1 和 RM_2 满开放时，实行开关转换，而转换时刻选择交流网压过零时刻，因为半控整流桥在网压过零后要进行换向，有一个重叠角 $γ$ 时间，在此期间变压器次边绕组 a_1x_1 处于短路工况，晶闸管阳极电压为零，无法使晶闸管触发接通。所以在控制系统中设有控制角最小限制角 $α_{min}$，一般 $α_{min} = 5.3°$，相应为 294 μs。由于开关转换是由微电子器件所组成，动作速度很快，一般在数微秒内即可完成这种逻辑转换。也就是说在网压过零后数微秒内可将微调桥 RM_1 与 RM_2 的移相控制电压从 −10 V 突变为 +10 V，而将开关桥移相控制电压从 −10 V 变为 +10 V。在完成这种逻辑转换后，还要经过约几百微秒，在 $ωt = α_{min} = 5.3°$ 或 $ωt = γ$（换向重叠角限制，当 $γ > α_{min}$ 时）时，主电路晶闸管按转换以后的控制逻辑关系进行控制。

图 5.3 中移相检测和开关移相环节由水平比较器完成，电压和电流延时环节由给定积分器完成，黏着限制环节是由函数发生器完成。其中只有单-双边变换环节和三输出与非门组成的逻辑开关环节介绍如下：

1. 单-双边变换电路

从电压和电流调节器输出，经过最大选择器选择，获得控制电压 0～10 V。采用如图 5.6 所示的电路，可将该单极性电压信号变换成双极性信号 −10～+10 V。由图可见，当输入信号等于零时，调节图中电位器，使运算放大器输出为 −10 V。在输入信号为 −10 V 时，它将在运算放大器输出端产生 20 V，合成结果可获得 10 V 输出信号电压。

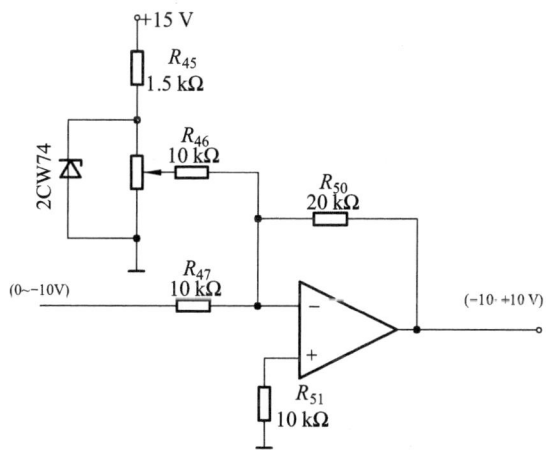

图 5.6 单极性输入、双极性输出电路

2. 逻辑转换开关电路

逻辑转换开关电路由以下三部分组成：

（1）$\overline{ABC}$ 与非门电路

它用 JK 触发器来实现。JK 触发器真值表如表 5.1 所示，由表可见，J 为"1"态，K 为"0"态，在 CP 端输入时钟脉冲的上跳沿，使 Q 端输出为"1"态。反之，当 J = 0，K = 1 时，在时钟脉的上跳沿作用下，使 Q = 0。当复位端 R = 1 时，输出 Q 端恒为低电平。

表 5.1 JK 触发器真值表

输 入						输 出
J	K	R	S	CP		Q
H	L	L	L	↑		H
L	H	L	L	↑		L
φ	φ	H	φ	φ		L

注：φ为任意值；L 为低电平；H 为高电平。

图 5.7 中 2JK 触发器时钟端 CP 输入网压过零时尖脉冲信号，它是从同步信号电源获得余弦变化信号供给图中 A 端，经过脉冲形成和单稳延时电路，在网压过零瞬间发出尖脉冲。

图中 B 和 C 端分别为移相控制信号 e_C 和牵引电机端压信号 U_d，当 $e_C < 0$ V 时，B = 0，而 $e_C \geq 0$ V 时，B = 1。当 $U_d < 1/2 U_{de}$ 时，C = 0，而 $U_d \geq 1/2 U_{de}$，C = 1。所以当移相控制电压 e_C 小于 0 V 或牵引电机端压 U_d 小于 1/2 额定值时，与非门 YF$_4$ 输出 $\overline{BC}$ 为高电平，相应触发器的 2J 端为低电平，2K 端为高电平，此时 CP 时钟端即使有网压过零脉冲信号，触发器 2Q 输出端也为低电平，即 $\overline{ABC} = 0$，与非门 YF$_3$ 输出高电平（1$\overline{Q}$ 为高电平），复合管 T$_4$ 和 T$_5$ 导通，集电极输出端⑥为低电平。只有当 $e_C \geq 0$，B = 1，和 $U_d = 1/2 U_{de}$，C = 1 时，与非门 YF$_4$ 输出 $\overline{BC} = 0$，即低电平时，触发器 2J = 1 而 2K = 0 时，当网压过零脉冲到来时，2Q 端为高电平，即 $\overline{ABC} = 1$，与非门 YF$_3$ 输出端为低电平，复合管 T$_4$ 和 T$_5$ 截止，集电极输出端⑥变成高电平。表示三个条件均满足，可以进行从微调桥到开关桥的转换。

（2）记忆电路

正常的开关转换时，在开关桥开放的同时，封锁微调移相桥转换过程是平滑的，如果开关桥不开，微调移相桥又被封锁，就会使得硅整流装置输出电压 U_d 突然下跌，这种情况称为转换失败。转换失败后，整流电压检测信号消失，失去了开关转换条件之一，控制电路又恢复到转换前的状态，又去开放二段微调移相桥。开满后，又形成了转换条件，如果原来故障尚未消除，转换再次失败，这样周而复始，电机两端电压就会出现振荡现象。为了避免出现此状态，设置了转换失败记忆环节，一旦转换失败，控制电路自动恢复到转换前状态，之后就不再进行转换。如果要再次转换，必须经过清零电位。

转换失败记忆习环节是由 1JK 及其附属电路构成。当正常转换时，如图 5.7 所示，B，C 端由"0"态变成"1"态。B 端的移相控制电压 e_C 信号将触发 1J = 1，1K = 0。这时就要看时钟端 1CP 信号，由它来决定 1$\overline{Q}$ 端的输出。C 端的牵引电压达到 $1/2 U_{de}$ 时由"0"态变成"1"

态，经过 YF_1 与非门，再经 C_5、R_{11} 微分，在电阻 R_{11} 两端得负脉冲 $U_{R_{11}}$，如图 5.8 所示。该负脉冲对 YF_2 与非门的输出不会有影响，仍保持原来的"1"态，所以触发器 1CP 端没有正跳变的脉冲，1JK 不翻转、$1\bar{Q}$ 为"1"态，使 YF_3 与非门输出信号决定于 ABC 的开关状态。如果由于某种原因，例如硅机组发生故障，使开关转换的过程中，整流电压信号由高电平突然变成低电平，如图 5.8 中 $t=t_2$ 处所示，结果在微分电路电阻 R_{11} 两端产生正脉冲，使 YF_2 与非门输出负脉冲，经 R_{12}、C_6 积分电路给 1CP 施加上跳沿脉冲，触发器 $1\bar{Q}$ 输出端翻转成"0"态，此状态说明开关桥转换有故障，$1\bar{Q}$ 端的"0"态对 YF_3 与非门起封锁作用，因为不论 ABC 为何种开关状态，YF_3 与非门输出端始终为"1"态。故开关桥不会再开放，达到转换失败记忆的目的。

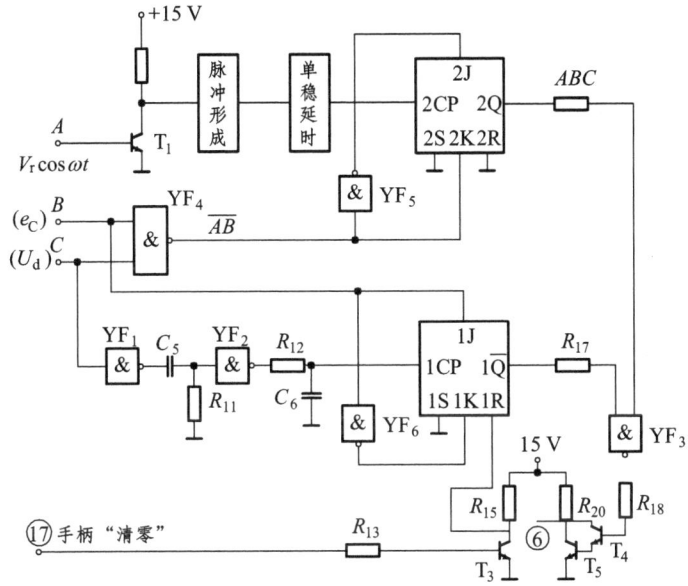

图 5.7 SS$_4$ 型机车逻辑转换电路

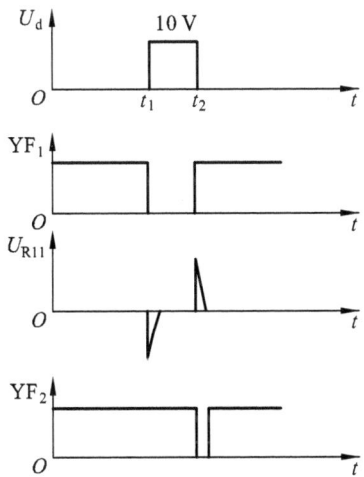

图 5.8 转换失败时的有关波形

（3）清零电路

当发生转换失败，触发器 $1\bar{Q}$ 保持在"0"态。为了使整流桥之间进行再次转换，必须将司机操纵手柄退回零位。因为司机手柄在零位时为低电平，而离开零位时处于高电平。所以司机手柄在零位时，晶体管 T_3 截止，1JK 触发器的复位端 R 变成高电平，使 $1\bar{Q}$ 置"1"态。当司机操纵手柄离开零位时，晶体管 T_3 导通，1R 端变成低电平，不会影响记忆电路再次动作。

5.3 8K 型机车控制系统

如图 5.9 所示为 8K 型电力机车一节机车（Bo-Bo）控制系统的框图。它由下列单元环节所组成：司机手柄指令器、特性控制器、牵引与制动转换开关、给定积分器、调制器、传输总线（至第二节或多机重联机车）、解调器（至本节机车转向架Ⅰ和Ⅱ控制系统）、最大值限制器、防空转和防滑装置、PI 调节器、连续控制器、移相器（含同步信号发生器）和触发系统（脉冲形成和放大）。8K 型机车由上述各环节组成双闭环控制系统。内环是电流环，采用零磁通霍尔元件电流传感器检测主电路电流作为反馈信号，在 PI 电流调节器中与参考电流 I_{REF} 相比较，由于采用比例积分调节器，所以电流内环是恒流无差调节系统。外环是速度环，通过特性控制器实现准恒速控制系统。

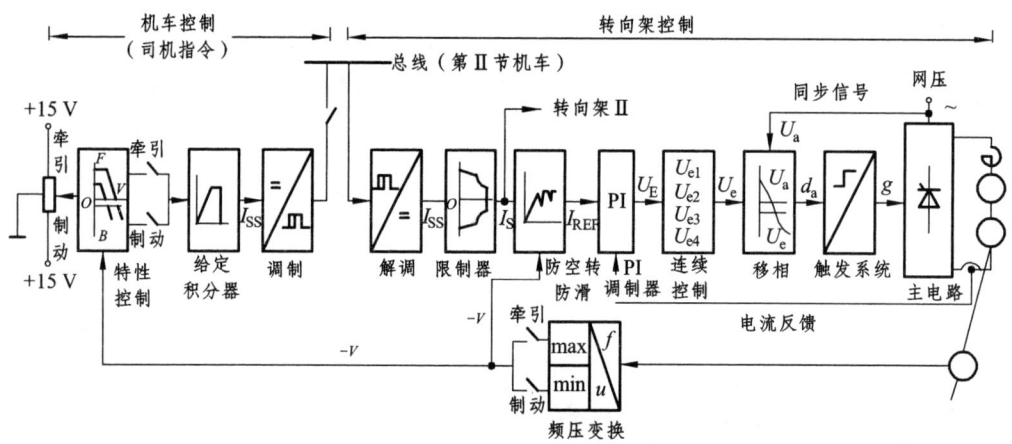

图 5.9 8K 型机车控制系统框图

如图 5.9 所示，8K 型机车控制系统可划分为两大部分：机车控制即司机指令控制和转向架控制。此外，8K 型机车装有功率因数补偿器，对于它的投入和切换在控制上也有一些要求，现分述如下。

5.3.1 机车控制

机车控制由特性控制器、给定积分器和调制器三个单元电路组成。机车控制的目的是产生司机控制指令，这主要由特性控制器来完成。8K 型机车采用单手柄可实现恒流和准恒速控制，机车启动电流和手柄位置的关系为

$$I = 200\alpha_{MC} \text{（A）} \tag{5.3}$$

式中　α_{MC}——手柄转动角度。

机车速度和手柄位置的关系是：

$$v = 10\alpha_{MC} \text{（km/h）} \tag{5.4}$$

如图 5.10 所示为 8K 型机车牵引与制动工况特性曲线,它们由式（5.3）与式（5.4）决定。譬如司机手柄在 4 位,对于牵引工况表示机车将以 800 A 电流启动,如果机车牵引 4 000 t 在平直道上（0‰）启动,从图中可知,机车牵引力大于列车阻力,列车在恒启动电流 800 A 下加速,约在 $v = 32$ km/h 处开始进入限速区,约在 $v = 38$ km/h,机车牵引力曲线与列车阻力曲线相交,表明机车牵引力与列车阻力相等,列车将在该速度下稳定运行,机车牵引电流约为 400 A,牵引力约为 100 kN。如图 5.10 所示,机车的最大速度不会超过 $v = 10\alpha_{MC} = 40$ km/h,限速范围是 32~40 km/h,一般是在 10 km/h 左右变化。图中表明,要在 +9‰ 坡道上牵引 4 000 t 列车,司机手柄位置必须放在 6 位,机车启动电流达到 1 200 A,此时机车牵引力略大于列车阻力,列车将缓慢启动,约在 48 km/h 处达到机车牵引力与列车阻力的平衡,这一点正好又是机车额定功率与机车黏着力限制曲线相交的一点,达到了最大极限运行工况。

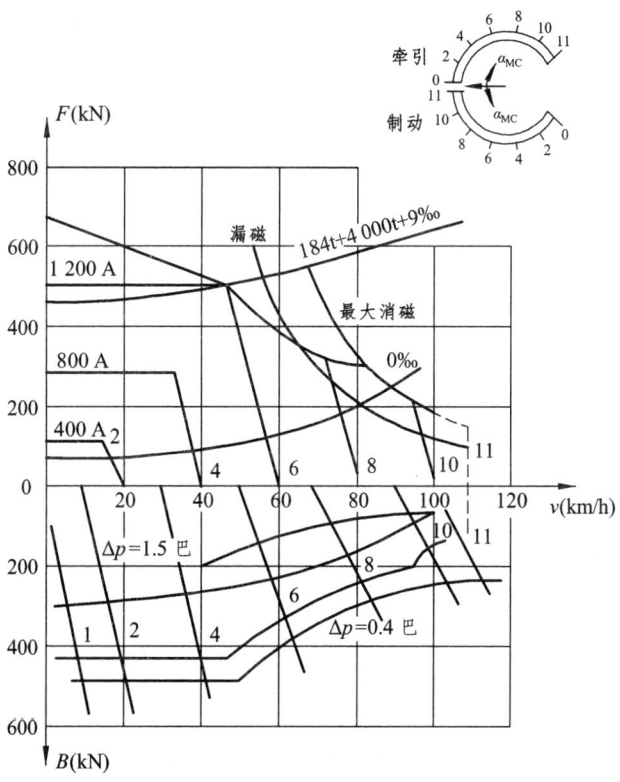

图 5.10　8K 型机车牵引与制动工况特性

图 5.10 的下半部是制动工况,在正常情况下电气制动功率是以使（184 + 4 000）t 列车,在 −9‰ 的下坡道上进行准恒速控制,如果司机手柄在 6 位制动工况,电气制动力与

列车下滑力的交点是在 58 km/h 左右,如遇意外情况,机车下滑速度超过 60 km/h,机车机械制动会自动投入工作,这时机械制动与电气制动共同作用,将机车速度限制在 $v = 10\alpha_{MC}$ km/h 以下。

由于 8K 型机车采用再生制动,不但节省电能,而且制动性能比电阻制动硬,所以具有较好的防滑能力。另外,在低速时由再生制动,转换为加馈制动,所以即使机车速度很低,甚至于等于零时,仍然能产生最大的制动力。

8K 型机车单手柄控制使司机操作简便,在线路情况和列车阻力不断变化时,可自动保护机车准恒速运行。

5.3.2 转向架控制

如图 5.9 所示,转向架控制包括解调、限制器、防空转装置、PI 调节器、连续控制器、移相器和触发系统。这些环节的单元电路设计思想与前述 SS_4 型、6G 型机车相似。由于近代电子技术的发展,在具体电路上是有所变化,现分述如下:

1. 参考电流 I_{REF} 的形成

参考电流 I_{REF} 是转向架控制中最重要的参数,与 6G 型或 SS_4 型机车相同,I_{REF} 为系统内环电流调节器的输入,决定机车主电路中负载电流的大小。图 5.9 中该电流调节器实际是由五个 PI 调节器组成,如图 5.11 所示,它们是:

PI1 调节器是牵引电机电枢电流调节器,通过它对牵引电机端压进行调节,也就是对主电路全控桥($U_{E1/2}$)和半控桥(U_{E3})进行连续移相控制。

PI2 调节器是电机励磁电流调节器,它的输出控制电压 U_{E4},在牵引工况时是控制削磁分

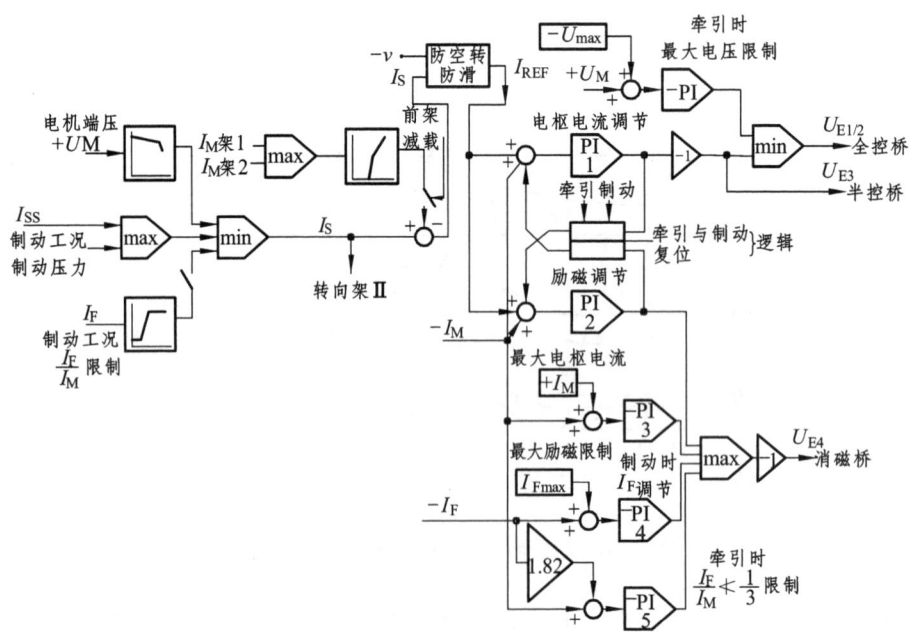

图 5.11 8K 型机车转向架电气控制

路的晶闸管移相角度，平滑无级进行削磁调节。在制动工况时，控制电压 U_{E4} 将替代 U_{E3}，对半控桥进行控制，此时原来牵引时所用的控制信号 U_{E3} 被转换开关切断（见图 5.16 中，d_{a3} 与 d_{a4} 之间的开关和虚线所示）。为了实现牵引和制动工况的转换，图 5.11 在调节器 1 和 2 之间设有牵引与制动的逻辑转换开关。

PI3 调节器是电机电枢电流最大值限制器。它有两个输入信号：一个是最大值给定，另一个是电机反馈电流（$-I_M$）。因为在削磁时电机电枢电流随着削磁深度增加而增大，如果由于某种原因，例如网压的增加而引起电机电枢电流达到最大允许值 1 200 A，就应停止更深的削磁；

PI4 调节器是制动工况时最大励磁电流限制器。输入亦是两个：一个是最大励磁电流给定值 I_{Fmax}；另一个是励磁电流 I_F 反馈值。

PI5 调节器是牵引工况磁场削弱时，为了保证牵引电机安全整流换向，主磁场不应过分畸变，所以应使励磁电流与电枢电流的比值 $\dfrac{I_F}{I_M}$ 不应大于 1/3。该调节器有两个输入信号：一个是励磁电流反馈信号，经比例调节器放大 1.82 倍；另一个是电机电枢电流反馈值。

综上所述，调节器 1 和 2 分别是牵引电机电枢电流和励磁电流调节器，而调节器 3，4 和 5 组成了自动保护环节。

PI 调节器构成了电流无差自动调节系统的核心。对比图 5.9 和图 5.11 可以看出，调节器输入信号是参考指令电流值 I_{REF}，它是从信号传输总线经过解调获得 I_{SS}；然后再经过限制器输出 I_S 信号，分别送给前后两个转向架Ⅰ和Ⅱ。信号 I_S 与机车速度反馈信号（$-v$）一起送入防滑防空转环节，最后形成参考指令电流值 I_{REF}。

除了上述五个调节器以外，在图 5.11 的右上角还绘出牵引时最大电压限制 PI 调节器，它的作用是在网压升高时，限制牵引电机端压。8K 型机车调压过程是先开全控桥，开满后再开半控桥，半控桥开满后才允许削磁，此时牵引电机电压已达到额定值，如果由于网压升高，牵引电机端压就要超过最大允许值 U_{max}。为了避免这种情况，采用电压限制调节器控制全控桥的移相角，自动调节电机端压不超过最大允许值，而半控桥仍然应保持满开放，因为这是削磁的必要条件。

2. 限制器

限制器的原理框图如图 5.11 左侧所示。从给定积分器输出司机控制指令 I_{SS}，经过调制和解调后送入图 5.11 中的最大选择器，它的另一个输出信号是制动工况，取决于机械制动压力的给定值，目的是机车以准恒速运行。二个输入信号选择其中大的输入到后面的最小选择器，它的另外两个输入信号分别为：一个是制动工况时励磁电流与电机电枢电流比例限制 $\dfrac{I_F}{I_M}$；另一个是牵引电机端压随着负载电流增加，应有所减少的限制，这样可使牵引电机工作更加可靠。三个输入经最小选择器选出最小值。该指令信号 I_S 作为防滑防空转装置的输入信号。由于机车在启动过程中前后转向架轴重分配不均，第一节的前转向架易发生空转，因此送入该转向架的司机指令信号 I_S 应比其余的转向架有所减少。如图 5.11 所示，前架减载信号是从转向架Ⅰ和Ⅱ负载电流最大选择器取得，在负载电流超过一定值时，对前转向架进行减载。在轻载时因空转机会不大，故不必修正。

3. 防空转防滑装置

8K 型机车的防空转装置电路由轮径修正、信号检测、防空转防滑行电流修正（COR）、记忆最大黏着系数时的电流给定值（MIC）和自动撒砂五部分组成。

（1）轮径修正

我国运行的机车，允许轮径差：同一台机车为 10 mm；同一转向架为 7 mm。对于串联电机实际可允许更大的轮径差。轮径修正在满足以下三个条件时进行：

① 轮径修正必须在没有空转时进行，当电机电流小于 250 A 时，车轮不可能空转，以此作为轮径修正的必要条件之一。

② 相同的轮径差，所造成的速度差随着速度的增加而增大，为了有较高的修正精度，修正在速度大于 20 km/h 后进行。

③ 轮径修正仅在轮径相差较大时才有必要，为此当 Δv 的绝对值小于 0.3 km/h 时不进行轮径修正。

修正值由一个可逆计数器来记忆。已知 $\Delta v = v_1 - v_2$ 时，若 $\Delta v > 0$，则 $v_1 > v_2$，$n_1 > n_2$，因 $2\pi D_1 n_1 = 2\pi D_2 n_2$，则轮径 $D_1 < D_2$。为了补偿轮径差造成的检测速度差。在满足上述条件时须给轴1的速度检测器补偿一个负信号，使 $v_1 = v_2$。据此原理，当 $\Delta v > 0.3$ km/h 时。使可逆计数器减法计数，送出的一个 8 位数字修正量，经数模转换后送到速度检测电路的脉冲-电压变换器进行补偿，直至 $\Delta v \leq 0.3$ km/h 时终止。反之，当 $\Delta v < -0.3$ km/h 时进行正补偿。两个速度传感器，只需对其中的一个进行修正，即可使 $v_1 = v_2$。可逆计数器由蓄电池通过变换器直接供电，不受蓄电池开关的控制，这样可在机车停运时仍保持上一次的轮径修正值。

（2）速度差（Δv）、加速度（r）、加加速度（dr/dt）信号的检测

8K 型机车采用永磁式速度传感器，以大齿轮传动的齿数作为速度输入信号，两个传感头相差 90°电角度，分别取这两个信号的上升沿与下降沿，使每转动一个齿获得 4 个脉冲，然后计数、滤波，测得速度信号（见图 5.12），分辨率为 292 脉冲/rad。这种传感器在低速时，由于感应电势较小，将不能准确地测得机车速度，其下限值为 0.25 km/h。在小于 0.25 km/h 时，速度信号可能受电机电流的干扰。在牵引工况最小电流（50 A）、制动工况最小电流（130 A）时实测得到的速度检测电路干扰信号幅值分别为 60 mV 和 220 mV，频率为 100 Hz，为此信号检测电路需加一个大于 220 mV 的防干扰门槛。干扰信号的大小与传感头的位置有关，当传感头在齿顶上方时干扰信号最强。在未加足够的防干扰门槛前，在机车速度接近于零时的干扰信号引起了防空转、防滑行误动作，影响了启动牵引力、制停制动力的发挥。

速度差 $\Delta v_1 = v_1 - v_2$，$\Delta v_2 = v_2 - v_1$，用 Δv_1 和 Δv_2 可检测出第 1 轴和第 2 轴的空转现象。在

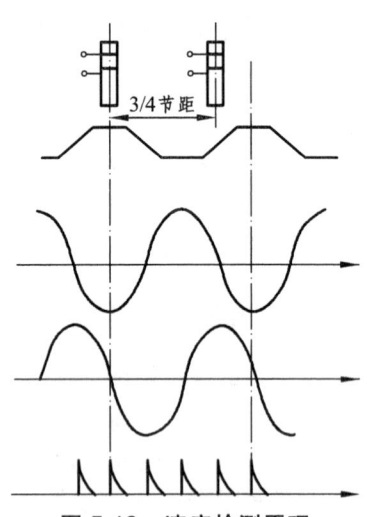

图 5.12 速度检测原理

检测中将 Δv 放大 35 倍，以提高 Δv 动作的精度。

加速度信号 r 由速度信号的微分求得，取 $-\mathrm{d}v/\mathrm{d}t$ 是为了电子电路上的方便。

加加速度信号取自于加速度信号的微分（$\mathrm{d}r/\mathrm{d}t$）。加速度与加加速度信号都来自同一轴的速度变化，对速度的精度要求不高，但对其光滑性及延时件要求很高，延时时间愈小得到的防空转性能愈好。速度检测环节的延时对防空转性能有重大影响。

（3）防空转、防滑行对牵引电机电流的修正

在空转发生后，通过降低牵引力（牵引电机电流）来制止空转。牵引电机电流的降低在牵引工况时主要取决于 $\mathrm{d}r/\mathrm{d}t$ 和 Δv，在用 $\mathrm{d}r/\mathrm{d}t$ 修正不能制止空转时，加入 r 引起的修正，所以 r 的修正幅值与斜率比 $\mathrm{d}r/\mathrm{d}t$ 大。$\Delta U[\mathrm{A}] = 205\Delta U + 208\mathrm{d}r/\mathrm{d}t - 252$。得出的 COR 值为削减电流的峰值，削减电流的上升沿与下降沿有固定的斜率。为了迅速制止空转削减电流下降沿非常陡，为 25 000 A/s，如图 5.13 所示，空转制止后有一个较快的恢复过程，以减小牵引力的损失，其上升率为 1 325 A/s。在削减电流的同时进行了自动撒砂，提高了黏着力，故虽然电流回升较快，在与空转前电流相差较大时不会引起新的空转。在达到比空转前的电流值小 125 A 时，以 50 A/s 的斜率缓慢地恢复，以寻找新的黏着点、防止产生新的空转。

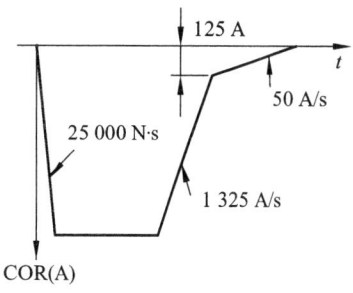

图 5.13　电流修正值 COR

在制动工况，前述电流的修正取决于加速度 r 与速度差 Δv，当 Δv 与 r 值达到门槛值时，改变削减牵引电机电流以制止滑行，修正电流的波形与牵引工况相同。

（4）记忆最大黏着系数时电流值的电路

$\mathrm{d}r/\mathrm{d}t$ 值的突然变化能指示出轮轨间有最大黏着系数的时刻。在 $\mathrm{d}r/\mathrm{d}t$ 突变时，说明空转刚刚发生，可利用的最大黏着系数所对应的牵引力应比这一瞬间的值小一定数量。根据这一原理，8K 型机车防空转系统设有电流记忆功能，记忆空转发生前的电流值，用减小空转刚发生时刻的牵引电流 10% 的方法，自动寻找可能得到的最大黏着系数。然后再以 24 A/s 的斜率缓慢上升，寻找新的最大黏着点，如果在上升过程中再次空转，将再次削减当时电流值的 10%。如果在电流上升过程中不再发生空转，则将恢复到原有的电流给定值。图 5.14 为防空转试验时的 COR，MIC 及经防空转修正后的电流给定值 I_{SS} 的示波图。MIC 为记忆最大黏着系数时的电流值，在没有空转时 MIC 等于司机给定的电流值 I_S。经防空转修正后实际的给定电流值 $I_{SS} = \mathrm{MIC} - \mathrm{COR}$。

（5）自动撒砂电路

空转发生后，快速衰减电流将制止空转，但如果不改变黏着条件，待电流恢复后空转还会发生，故自动撒砂应与防空转时电流衰减同时动作。因 MIC 在刚刚丧失黏着时动作，但从控制电路发出指令到下砂要经一段时间，如果这段时间过长或几个轮子的撒砂量不均匀将影响黏着系数的利用。

（6）后备的防空转系统

在黏着条件太差时，当 $\Delta v > 4.6$ km/h，司机室将显示红色的严重空转信号，提示司机减小牵引电机电流。

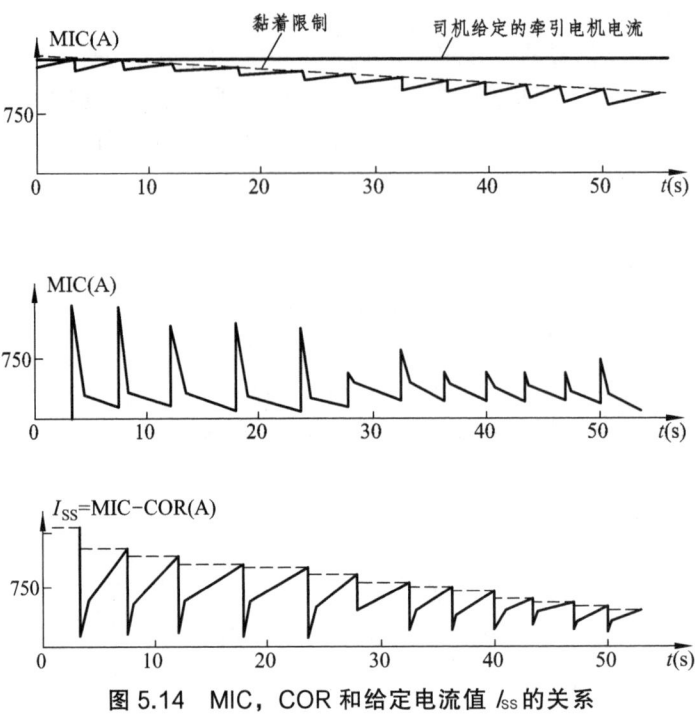

图 5.14 MIC,COR 和给定电流值 I_{SS} 的关系

在电子电路故障时,为了保护牵引电机,设有备用的防空转电路,该电路比较两个串联的牵引电机电压。当电压差大于 170 V 时,备用防空转继电器动作,将机车主断路器断开,迫使司机采取相应的处理。

4. 连续控制和移相器

如图 5.15 所示为 8K 型机车采用的移相电路,它由运放 LM124 同相型减法器和运放

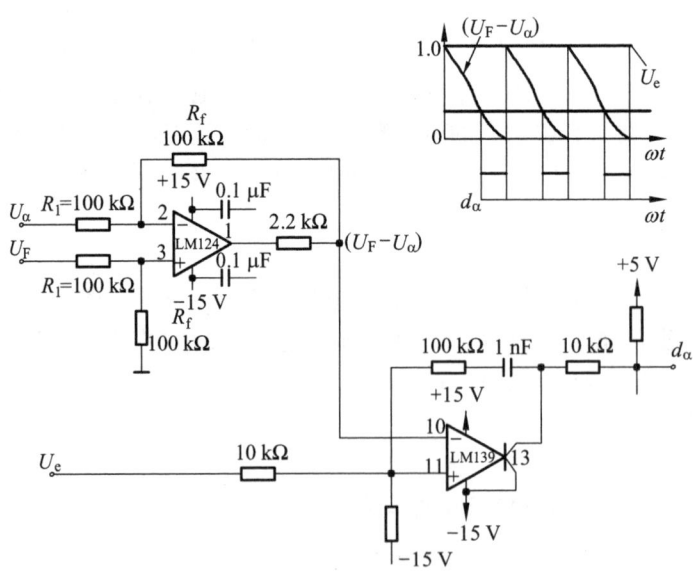

图 5.15 8K 型机车移相控制电路

LM139 比较器所组成。图中 U_e 为决定晶闸管移相角的直流控制电压；(U_F-U_α) 为同步信号电压，按余弦规律变化。采用交-直流相叠加的移相原理，即 U_e 与 (U_F-U_α) 的相交点决定控制角 d_α 的大小（见图 5.15 的右侧）。

图 5.16 表示从控制系统中 PI 调节器输出控制电压 U_E 到主电路晶闸管控制信号传递过程的逻辑框图。8K 型机车主电路控制可分作对全控桥、半控桥和削磁桥的三段控制（见图 5.11 和图 5.16 右侧），在图 5.11 中，PI 调节器输出电压 $U_{E1} \sim U_{E4}$ 变换成连续控制器的输出电压 $U_{e1} \sim U_{e4}$。三段连续控制过程是：U_{e1} 和 U_{e2} 控制全控桥；U_{e3} 控制半控桥和 U_{e4} 控制削磁桥。全控桥的同步信号电压为 $(U_{F1}-U_{\alpha 1})$，半控桥和削磁桥则为 $(U_{F2}-U_{\alpha 2})$。U_{F1} 和 U_{F2} 为网压在半波内的积分值，即峰值（见第三章第三节）。同步电压 (U_F-U_α) 和控制电压 U_e 的相交点决定移相角 $d_{\alpha 1} \sim d_{\alpha 4}$，如图 5.15 所示，$d_{\alpha 1}$ 和 $d_{\alpha 2}$ 控制全控桥移相，$d_{\alpha 3}$ 控制半控桥移相，$d_{\alpha 4}$ 控制削磁桥移相。在再生制动工况时，$d_{\alpha 1}$ 和 $d_{\alpha 2}$ 使全控桥处于逆变工况，而半控桥作为牵引电机他励的可控电源，此时半控桥移相改由 $d_{\alpha 4}$ 来控制，而 $d_{\alpha 3}$ 被封锁，如图 5.16 中虚线所表示的牵引与制动转换。

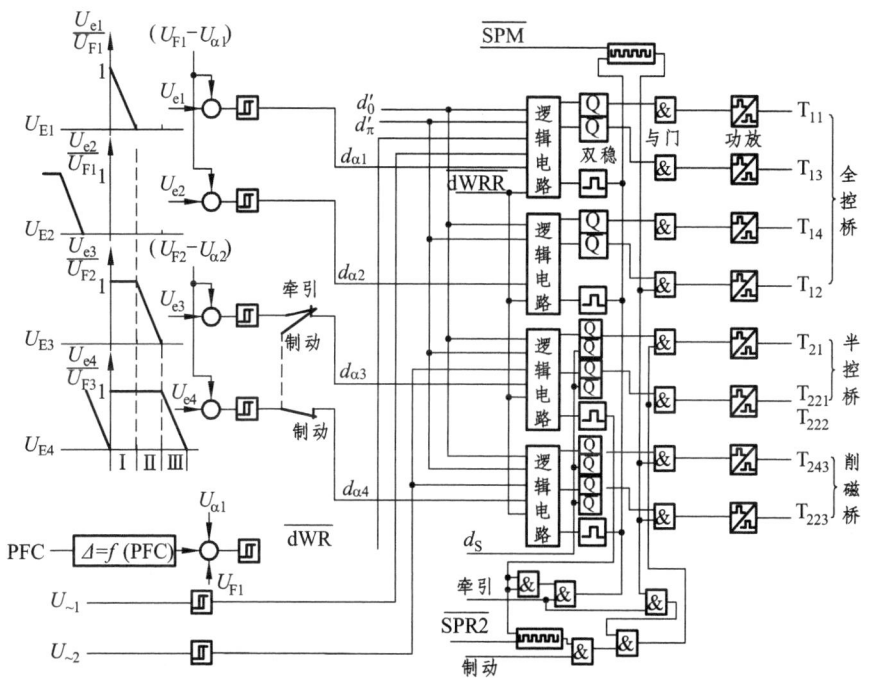

图 5.16　8K 型机车触发脉冲系统框图

图 5.16 左上侧为三段连续控制。在 I 段 $\dfrac{U_{e1}}{U_{F1}}=1\sim 0$，表示 $d_{\alpha 1}$ 对 T_{11} 和 T_{13} 进行 $\alpha=180°\sim 0°$ 相控；$\dfrac{U_{e2}}{U_{F1}}=0$ 表示 $d_{\alpha 2}$ 对 T_{12} 和 T_{14} 进行 $\alpha=0°$ 的控制，即 T_{12} 和 T_{14} 作接近二极管工况运行，目的是牵引工况时将全控桥控制变换成半控桥方式工作，以提高功率因数。在 I 段内 $\dfrac{U_{e3}}{U_{F2}}=\dfrac{U_{e4}}{U_{F2}}=1$，表示 $d_{\alpha 3}$ 和 $d_{\alpha 4}$ 将半控桥和削磁桥封锁。

在 II 段内 $\dfrac{U_{e1}}{U_{F1}} = \dfrac{U_{e2}}{U_{F1}} = 0$，表示全控桥维持满开放，$\dfrac{U_{e4}}{U_{F2}} = 1$，削磁桥仍然封锁，$\dfrac{U_{e3}}{U_{F2}} = 1 \sim 0$ 表示半控桥投入工作，牵引电机电压继续升高，直到额定值时为止。

在 III 段内 $\dfrac{U_{e1}}{U_{F1}} = \dfrac{U_{e2}}{U_{F1}} = \dfrac{U_{e3}}{U_{F2}} = 0$，表示全控桥和半控桥均已满开放，电机端压已达到额定值，如要进一步提高机车速度，则要采用牵引电机削磁方法。因此 $\dfrac{U_{e4}}{U_{F2}} = 1 \sim 0$，对削磁桥进行 $180° \sim 0°$ 的相控。

再生工况时图 5.16 左上侧 $\dfrac{U_e}{U_F}$ 工作在第二象限，$\dfrac{U_{e2}}{U_{F2}} = 0 \sim 1$，$d_{\alpha 2}$ 对全控桥 T_{12} 和 T_{14} 进行逆变工况控制，而 T_{11} 和 T_{13} 以接近于二极管方式工作，即 $\alpha = 180° \sim \delta$，其中 δ 为消游离角。$\dfrac{U_{e3}}{U_{F2}}$ 被牵引与制动转换开关切断，$d_{\alpha 3}$ 改由 $\dfrac{U_{e4}}{U_{F2}}$ 控制，调节半控桥控制角在 $180° \sim 0°$ 范围内变化。牵引电机他励电流相应逐渐增加。再生工况调节过程也可分作三个阶段：第 I 段是调节牵引电机他励电流，直到达到最大允许值为止；第 II 段是调节逆变器电压，即调节全控桥；第 III 段是加馈制动，在低速时保证有足够的制动力，此时全控桥又工作在整流工况，整流电压 U_d 与牵引电机电势 E 相叠加，共同产生足够大的制动电流。

图 5.16 中左下角 $U_{\sim 1}$ 和 $U_{\sim 2}$ 为网压信号，分别对全控桥和半控桥晶闸管的阳极电压进行监视，只有晶闸管承受正向阳极电压，而且足够大时才允许施加触发脉冲。$\overline{\text{dWR}}$ 信号用于再生制动时逆变工况最小逆变角 $\beta_{\min}$ 控制。

图 5.16 中信号 d'_0 和 d'_π 是保证晶闸管承受正向阳极电压才允许获得触发脉冲，d'_0 相应网压的正半波，d'_π 则为负半波。

图中 d_S 信号为移相同步信号（$U_F - U_\alpha$）的复位信号。

以上各信号的波形和相互关系如图 5.17 所示。图中 U_N 代表网压；g_{21} 和 g_{22} 代表主电路半控桥晶闸管的触发脉冲信号；T_{21} 和 $T_{221} T_{222}$ 为半控桥晶闸管的导通情况。图中复位脉冲 $d_S = 20 \mu s$，在它的作用下同步信号（$U_F - U_\alpha$）复位，在下半波重新以余弦规律下降。在信号 d'_0 和 d'_π 之间有 230 μs 触发脉冲封锁时间。目的有二：一是保证移相电路有足够的复位时间；二是在网压过零附近，晶闸管正向阳极电压太低或者不稳定的毛刺，不应施加触发脉冲信号。

图 5.18 为图 5.17 各信号之间的逻辑框图。图 5.19 为 8K 型机车触发脉冲电源供电图。有两个高频脉冲电源 $\overline{\text{SPR1}}$ 和 $\overline{\text{SPR2}}$，分别作为牵引和制动工况的脉冲列电源，它的特点是向晶闸管施加触发脉冲列时，第一个脉宽为 40 μs，以后的脉宽为 20 μs。目的是保证在第一个 40 μs 脉冲作用下，晶闸管的阳极电流大于维持电流，保证可靠地导通。图 5.19 中的逻辑电路框图是图 5.16 逻辑电路的简略形式，起着晶闸管触发脉冲的形成和分配的功能。

在一台 8K 型机车上装有 3 600 kvar（8 × 450 kvar）的功率因数补偿装置，每节四个（4 × 450 kvar），如图 5.20 所示。每个功率因数补偿单元含有 3 次和 5 次谐振电路，如图 5.21 所示。补偿器的投入和退出是用两个反向并联的开关晶闸管来实现，同时以开关晶闸管两端电压作为 AFP 投入的条件，当开关晶闸管两端电压小于 100 V 时才允许 AFP 投入，用这种控制方法可以减小 AFP 投入时的电流冲击。

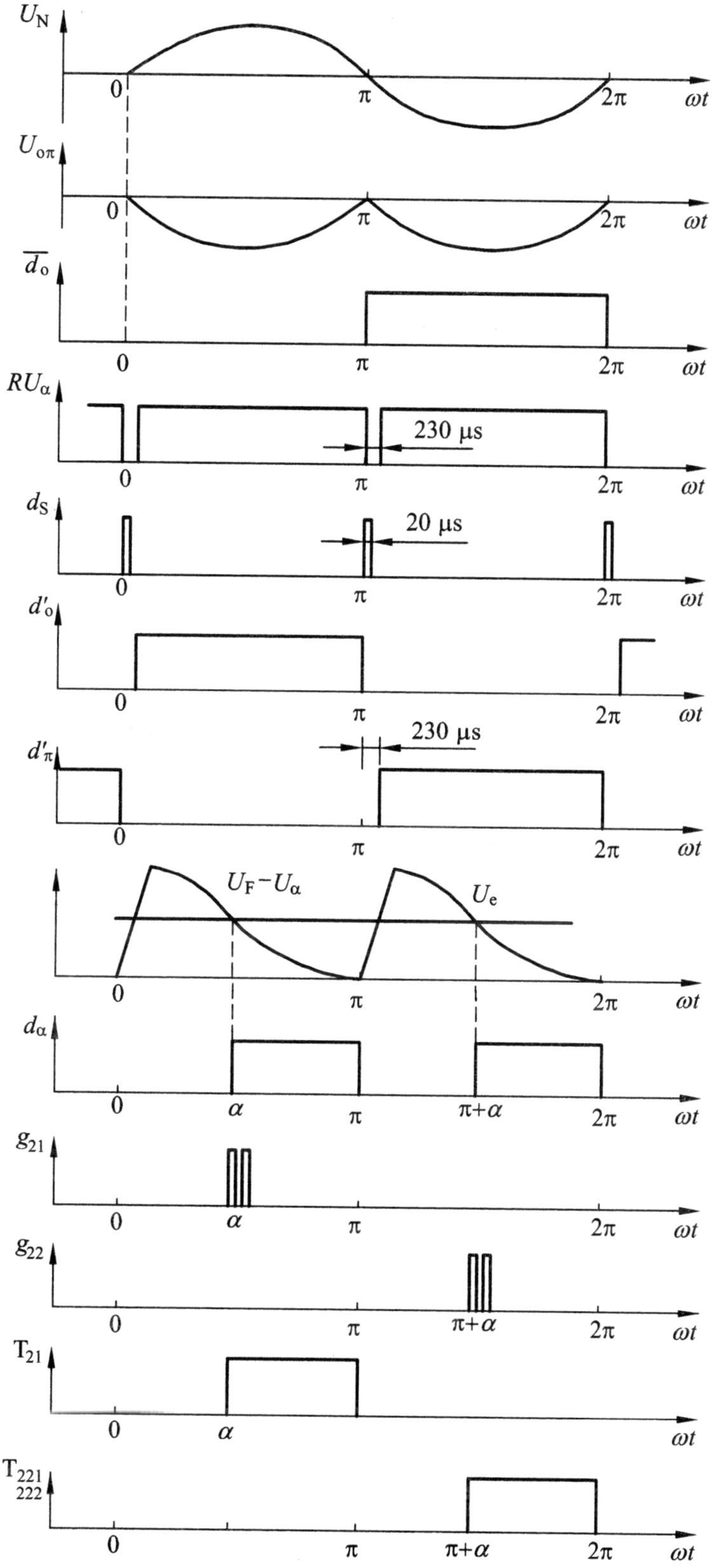

图 5.17 相应图 5.15 中各信号波形

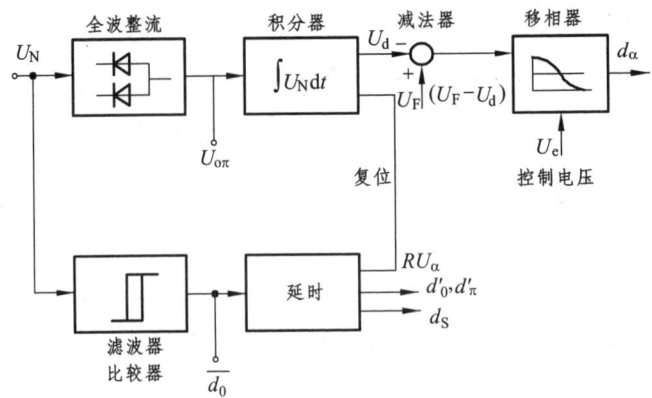

图 5.18 各信号之间的逻辑框图

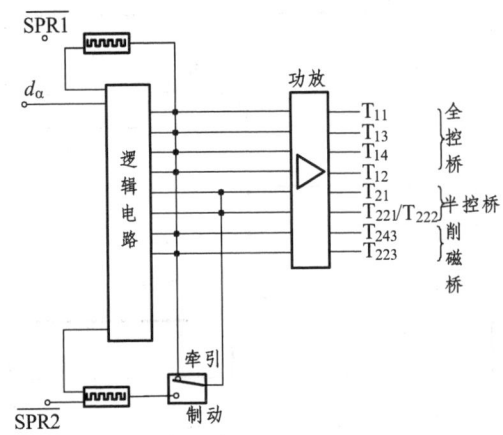

图 5.19 8K 型机车触发脉冲电源

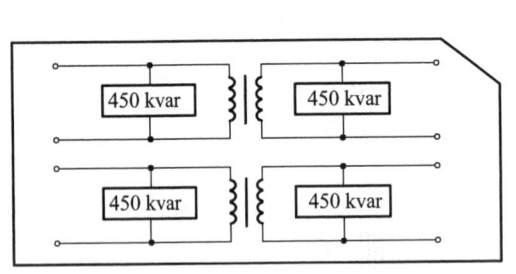

图 5.20 每节四个补偿器 4×850 kvar

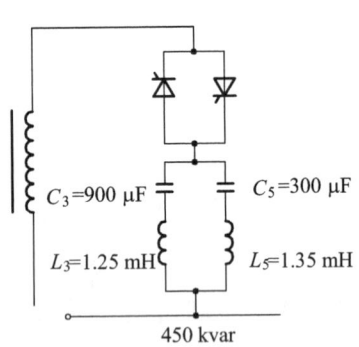

图 5.21 每个补偿器电路

5.3.3 功率因数补偿器 AFP 控制

在电容器未充电时 $U_C=0$,晶闸管两端的电压 u_T 等于二次侧电压 u,可在 u 过零后随即触发晶闸管。当晶闸管中的电流为零时晶闸管关断,AFP 被切除,此时电容器上的电压应为二次侧交流电压峰值。如需再次投入 AFP,要等电容放电以后才能实现。8K 型机车重新投入 AFP 的时间,需间隔 1 s 左右。

1. 牵引工况 AFP 控制

功率因数补偿装置的投入取决于机车的功率。在机车功率较小时投入 AFP 会造成过补偿，因而得到超前的功率因数。机车功率的大小由变流器控制角调节，而随着机车速度的不同（牵引电机反电势的变化），同样的变流器控制角可获得不同的电流值。以变流器控制角为基本控制量加以电流值限制，可反映出机车的使用功率。在这两根控制线以上的区域投入 AFP 可防止出现过大的超前功率因数，如图 5.22 所示。

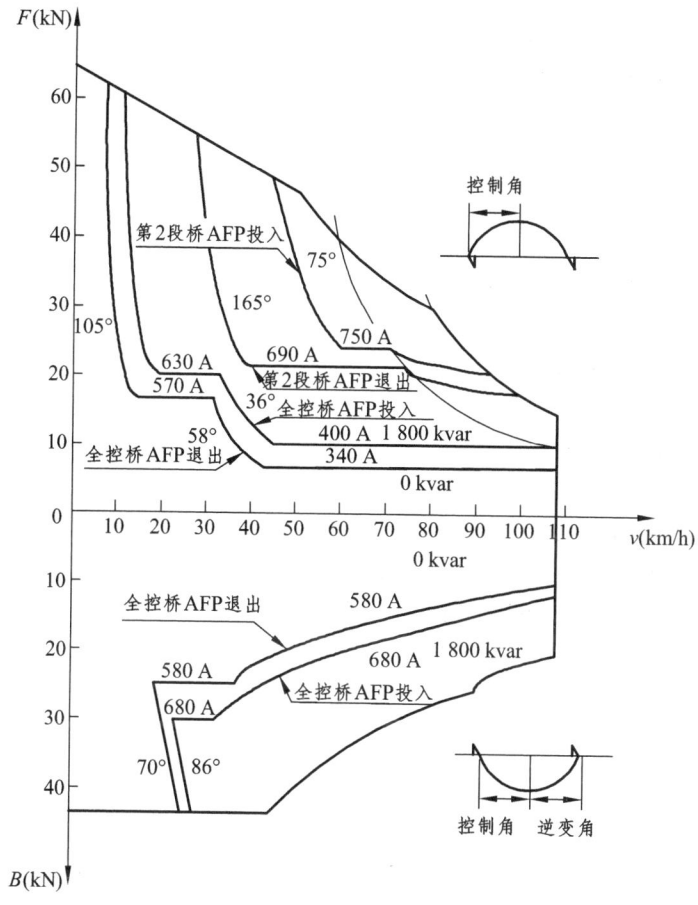

图 5.22　AFP 投入、退出的参数

AFP 投入后，提高了交流输入电压，减小了换相重叠角，还由此减少了电网中的无功电流、谐波电流，而使电网的传输压降减小，这些都是提高整流电压的因素，使得 AFP 投入后牵引电机电流上升。但为了符合机车特性控制曲线所要求的电流值，需减小变流器的控制角。AFP 投入后整流控制角的减小可能造成切除 AFP，为此 AFP 投入的条件之一是交流器控制角应有较大的门槛值。

为了在恒速控制时 AFP 的投入有一定的稳定性以及减小因变流器输出电压变化引起的电流波动对 AFP 的影响，电机电流值也应有一定的门槛值。AFP 投入、退出的参数如图 5.22 所示，该参数在牵引工况下获得的结果是令人满意的。

2. 制动工况 AFP 控制

制动工况分为逆变电压调节工况和励磁电流调节工况，在这两个调节区中 AFP 的投入与退出对电机电流将产生不同的影响。

（1）在电机磁场调节区的电流控制

AFP 的投入提高了变流器输出电压，从而引起制动电流的变化。这可以通过改变变流器全控桥的控制角或调节牵引电机的励磁来进行修正。在磁场调节区，由于全控桥已输出最大逆变电压，只有励磁电流可以调节。励磁调节的反应很慢，在 AFP 投入和退出的过渡过程中可认为牵引电机电压不变。从全控桥晶闸管全导通时的公式，考虑到换相重叠角的影响，可得到 AFP 投入后的电流变比为 ΔI（推导从略）：

$$\Delta I = \frac{2\sqrt{2}(1-K_1)}{0.88K_1 L\omega}U + \frac{(0.88K_1 - 2)}{0.88K_1}I \tag{5.5}$$

式中　$L\omega$——换相阻抗；

　　　U——二次侧电压；

　　　ΔI——AFP 投入前的制动电流值；

　　　$K_1 = 1.052$，对于 8K 型机车：

$$\Delta K_1 = \left| \frac{Z_f}{Z_f + Z_s} \right|$$

　　　Z_f——滤波器合成阻抗；

　　　Z_s——电网和机车变压器合成阻抗；

可见在 AFP 投入以后，电流波形出现凹陷是不可避免的，其作用可能使 AFP 在短时间内退出，而按电流给定值调整后又再次要求 AFP 投入，由此产生 AFP 的连续投入与退出现象。为了避免产生过大的电流波形凹陷，可用增加逆变保护角的方法来调整逆变电压。逆变保护角在 AFP 投入后从 36° 转为 41°，然后逐渐减到 25°（见图 5.23）。AFP 投入后减小逆变保护角是在保持晶闸管的恢复阻断角不变的前提下实现的。减小逆变保护角可提高功率因数。

同理，从 ΔI 的计算公式可知，AFP 退出后会产生一个电流峰值，当工作在最大制动电流（1 000 A）时，这个峰值电流会引起制动电流的过载保护动作。为了避免这个现象，增加了一个 AFP 退出预告信号。在切断 AFP 晶闸管脉冲前两秒钟给出预告信号，使逆变角缓慢增大至 71°，这是依靠改变图 5.16 中的 U_{F1} 值来实现。由于过渡时间较长，通过励磁调节可以调节电机电压，使制动电流保持不变。然后在退出 AFP 时迅速减小逆变角，直至受逆变保护角限制为止。迅速减小逆变角提高了逆变电压，补偿了 AFP 退出后造成的电压降，从而减小了 AFP 退出时引起的电流峰值。

增加了预告信号后，应注意到在司机手柄快速退至零位时不应有 2 s 的延迟，否则在这段时间内将产生较大的超前功率因数。所以在司机手柄返零位后应立即切除 AFP。

（2）电压调节工况

在电压调节工况，AFP 投入与退出所需的变流器输出电压的变化，由跟随网压变化自动补偿的控制系统通过调节控制角来实现。

在调压工况，机车速度在 12 km/h 左右时，全控桥由逆变器转换为整流器，而在速度低于 12 km/h 时，机车发挥功率并不大，投入 AFP 是不必要的。为此，制动工况加入了 20 km/h 的速度限制，在低于 20 km/h 时禁止 AFP 投入。

另外，在分析制动工况 AFP 的投切时，需注意制动工况的控制角含义不同于牵引工况，如图 5.22 所示。

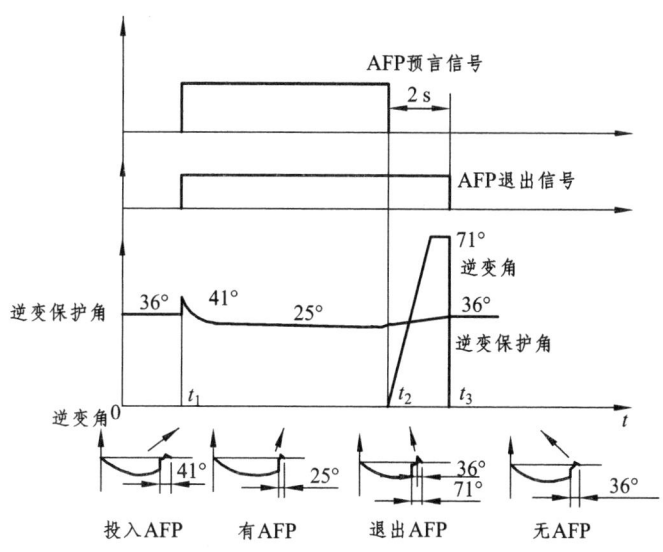

图 5.23 AFP 投入和退出时逆变角和逆变保护角的调节

5.4 SS₃ 型机车控制系统

SS_3 型电力机车属无级调压机车。但实现无级调压的方法是用调压开关作主变压器抽头之间的有级转换和每级用晶闸管调压来完成，所以基本上保留了 SS_1 型电力机车调压开关有触头控制系统，在此基础上对主变压器各段电压（$\Delta U = 277.8$ V）进行晶闸管无级调压。由于一级的电压低，对晶闸管阻断电压要求不高。

为了保证级间电压转换不带电弧，有级调压开关的动作和晶闸管无级调压相控角的控制之间必须要有严格的逻辑关系，所以 SS_3 型电力机车设有各种检测保护环节，这样无疑使 SS_3 型电力机车控制系统显得复杂，而且可靠性也由此受到影响。因为我们已对 SS_1 型有级调速机车和 6G 型无级调速机车作了比较详细的介绍，所以，对 SS_3 型机车仅作简略的介绍。

1. 牵引工况控制

根据司机给定的牵引电机电流指令控制晶闸管的触发脉冲，力求达到在机车启动、加速和运行过程中维持牵引电机电流恒定不变[0～800(1±5%) A]，使机车能充分利用黏着极限；自动限制牵引电机电压为额定电压 1 550 V；保证调压开关换接主变压器抽头时不带电弧，以免触头烧损。

牵引工况电子控制方框原理图如图 5.24 所示。图中电机电流给定是由司机移动调速手柄给出，六台牵引电机电流采用直流互感器来进行检测，经最大选择器选出其中的最大值作为电流负反馈信号,与司机控制器发出的牵引电机电流指令信号(正信号)一起送到电流调节器输入端进行比较。假如机车从零开始加速,初始时牵引电机电压较低,而限压给定值较大,故电压调压器输出值为负饱和值(-11 V 左右)。此时,电流调压器的输出值为 0~9 V,因此最大值选择环节将选择电流调节器输出为其输出值,送到最小值选择环节中去。由于无降位指令,退位计数及数模转换环节输出值为 0,则最小值选择环节将选择电流调节器的输出为其输出,此值直接控制移相及脉冲形成环节,产生触发脉冲,再经脉冲放大后去触发主电路晶闸管。由于电流调节器放大倍数很大,牵引电机电流指令与电流反馈值应趋于相等。否则,这二者差值经放大后,电子控制电路产生一直流控制电压去控制晶闸管的触发脉冲前后移动,来调节牵引电机电流,直到二者接近相等为止。当机车加速时,牵引电机反电势升高,为满足电流反馈与给定值相等的原则,电流调节器增大输出控制电压,使晶闸管触发角从 180°逐渐移向 0°。当达到满开放(触发角为 0°)时,升位插件将发出升级指令,控制调压开关自动升一级。在调压开关进级过程中,电流调节器输出值自动返回"0"值,同时控制晶闸管触发角返回 180°。进到新的级位上时,触发角再从 180°移向 0°,直到牵引电机的电压达到 1 550 V 为止。一旦牵引电机电压达到 1 550 V,其电压反馈值将与限压给定值相等。电压调节器将从负饱和值返回。当其输出值大于电流调节器的输出值时(二者都是负值,绝对值小者为大),电压调节器投入工作,此时移相环节将受电压调节器的输出值控制,其原理与电流调节器相同,这个系统将保证牵引电机电压反馈值与限压给定值趋于相等,由于牵引电机电压反馈信号与牵引电机电压是成比例的,因而也就保证牵引电机电压为恒定值。如果机车再增高速度,牵引电机电压将保持恒定,而牵引电机电流减小,机车的牵引力将沿着牵引电机额定电压下的自然特性曲线而变化。这时我们称机车工作在限压工况。

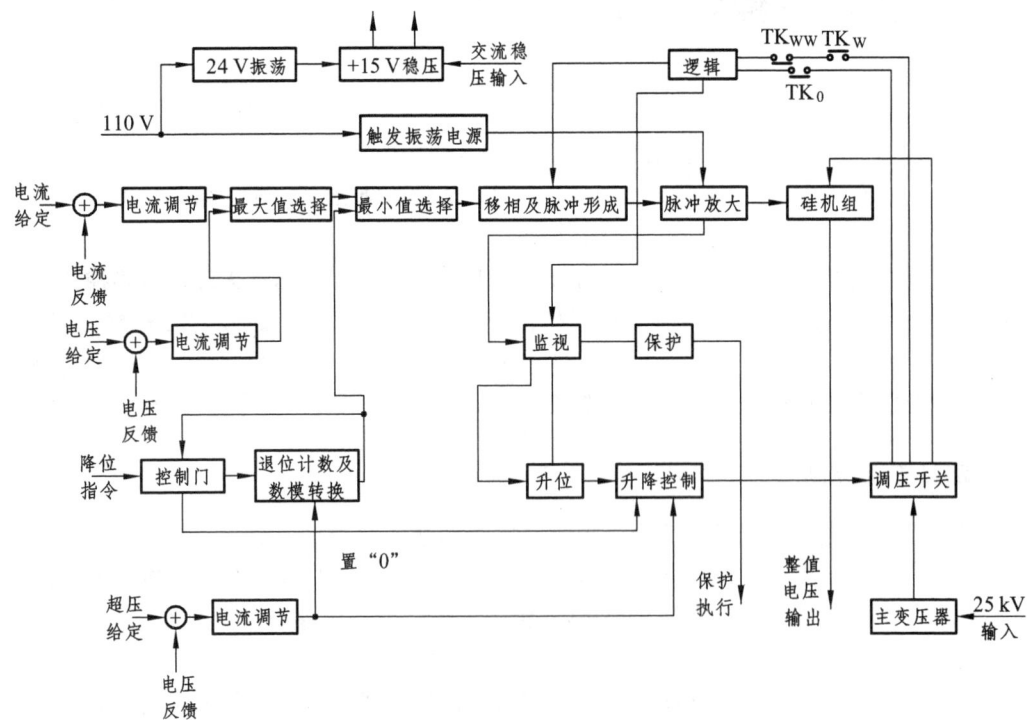

图 5.24 SS₃型机车牵引工况控制框图

由于机车采用调压开关加晶闸管移相的调压系统,晶闸管移相调压仅在调压开关的一个级位内有效,加之机车无自动退级功能,这就可能产生如下一种工况:如机车本来已工作在限压工况下,由于某种原因网压升高,首先晶闸管移相调压系统将调整触发角来保证牵引电机电压恒定,如果网压升高幅度较大,即使晶闸管全部封锁,仍不能保持电压恒定,甚至引起牵引电机电压超过电机最大允许值(1 650 V),故此在系统内设立了超压保护环节。当牵引电机电压超过1 650 V时,超压环节起作用。首先将退位插件中的计数器(以下称退位计数器)置"0",3 s后迫使调压开关自动退一级,在新的级位上,机车将再次在限压工况下运行。

当需要降位时,司机手柄回到"固"位,因手柄已不在"升"位,牵引电机电流指令为0,电流调节器输出为0。当司机将手柄推向"降"位,发出降位指令,调压开关退一级,并将退位计数置"1"态,通过数模转换电路使其输出约为−5.5 V,最小值选择环节将选择该值为移相环节的控制电压,去控制晶闸管触发角为70°(晶闸管导通角为110°),此为固定触发角,它不随机车运行工况的变化而变化。同时,通过控制继电器将切断调压开关的退级电路,当司机再次将手柄推回"降"位时,会使退位计数器置"2"态;数模转换环节输出值约为−3.7 V 触发角为100°(晶闸管导通角为80°),再操作一次手柄,退位计数器将为"3"态,数模转换环节输出值约为−1.9 V,触发角为130°(晶闸管导通角为50°)。操作第四次时,退位计数器转为"0"态,触发角为180°,而控制继电器又将接通调压开关退级回路。如司机再第五次操作手柄,调压开关就会再退一级,其他情况就会像上述一样重复一次。这就在调压开关的每一大级内实现了4个小级,如加上第8级退级是无级退位的话,机车可实现一级无级退位及28级小级退位的功能。

方框图中,24 V振荡是自激振荡插件,它的功能是将110 V直流电压变换成直流±15 V(供电子柜)、24 V(供司机台仪表照明)及170 V(供司机台数码管信号灯用)。触发振荡电源为提供晶闸管触发脉冲的电源而设。为保证调压开关无电弧转换,从 TK_W、TK_{WW} 及 TK_P 引入调压开关位置信号,通过逻辑插件来控制触发脉冲形成环节,以满足调压开关转换时,实现对晶闸管开通或关闭的要求。

监视环节,是专为监视电子柜内各插件功能是否正常而设,如有故障将导致保护环节起作用,使机车安全得到保护。

2. 制动工况控制

在制动工况时,根据司机给出的制动励磁电流指令,维持励磁电流恒定0~700(1±5%)A,使它不受网压波动及绕组发热的影响,并能自动限制制动电流不超过最大允许值420(1±5%)A。

制动工况电子控制原理框图如图5.25所示。制动时,司机通过手柄给出励磁电流指令。牵引电机励磁绕组中的电流由电流互感器测量,并将与励磁电流大小成正比的电流反馈信号送到励磁电流调节器输入端与励磁电流给定值(即司机手柄给定值)相比较。最大制动电流给定指令是某一个正值直流电压,当励磁电流给定较小或机车速度较低时,制动电流不大,制动电流调节器将输出负饱和值(约−11 V)。励磁电流调节器的输出值将作为最大值选择环节的输出值,用以控制移相及脉冲形成环节,从而控制牵引电机的励磁电流。与牵引时电流调节器同样的原理,励磁电流调节器将能保证励磁电流反馈信号值与励磁电流给定值相接近。从而保证了牵引电机励磁电流恒定在司机手柄给出的某一值上。

当在某一励磁电流工况下,因机车速度较高,使机车制动电流达到了规定的最大制动电流（420 A）时，制动电流反馈信号将和最大制动电流给定值相当，制动电流调节器将退出负饱和值，并使其输出值大于励磁电流调节器的输出值（二者皆为负值，绝对值小者为大）。制动电流调节器将起控制作用，自动后移晶闸管触发脉冲来减小励磁电流，保证制动电阻电流不超过最大制动电流限制值。

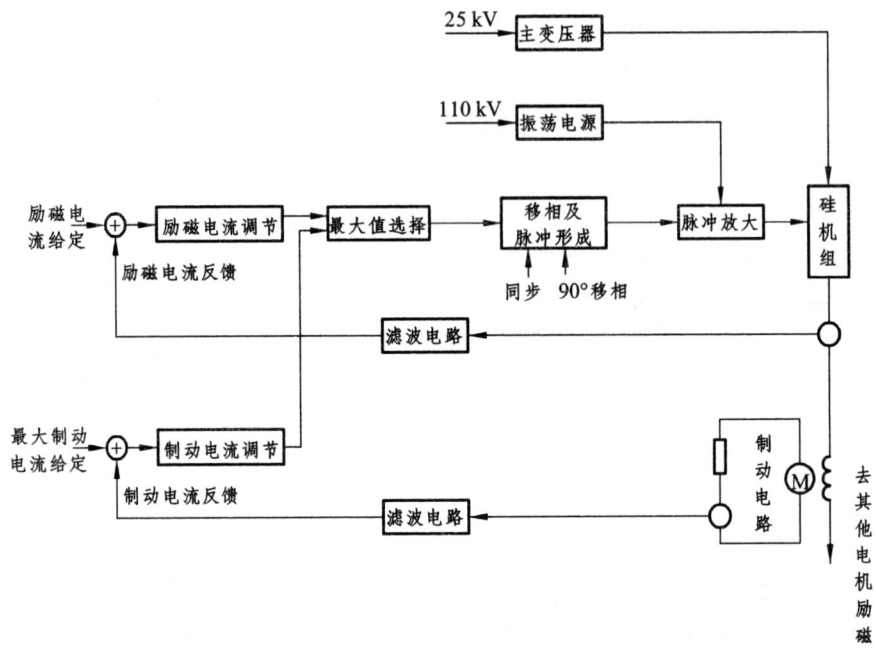

图 5.25　SS$_3$型机车制动工况图

6 交流调速系统基础

直流电力拖动和交流电力拖动在 19 世纪先后诞生。在 20 世纪上半叶，鉴于直流拖动具有优越的调速性能，高性能可调速的拖动都采用直流电机，而约占电力拖动总容量 80%以上的不变速拖动系统则采用交流电机。直到 20 世纪 60—70 年代，随着电力电子技术的发展，使得采用电力电子变换器的交流拖动系统得以实现，特别是大规模集成电路和计算机控制的出现，高性能交流调速系统便应运而生。这时，直流电机具有电刷和换相器必须经常检查维修、换向火花使直流电机的应用环境受到限制以及换向能力限制了直流电机的容量和速度等缺点日益突出起来，用交流可调拖动取代直流可调拖动的呼声越来越强烈，交流拖动控制系统已经成为当前电力拖动控制的主要发展方向。

6.1 异步电动机的调速原理

交流电机的出现和发展已经有 100 多年的历史了，人们已经研究制造了形式多样、用途各异的多种交流电机。自 20 世纪 60 年代以来，交流电机，特别是交流感应电机调速技术得到快速发展，并逐步取代直流电机调速方式。常用的交流电机有异步电机和同步电机，其中三相异步电机具有结构简单、运行可靠、价格低廉、维修方便等优点，因此在各个领域得到了广泛的应用。

异步电动机按定子相数分，有单相异步电动机、两相异步电动机和三相异步电动机；按转子结构分，有绕线型异步电动机和鼠笼式异步电动机。异步电动机运行时，定子绕组接到交流电源上，转子绕组自身短路，由于电磁感应的关系，在转子绕组中产生感应电动势、感应电流，从而产生电磁转矩。所以异步电动机又被称为感应电动机。

异步电动机的主要优点是结构简单、制造容易、价格低廉、运行可靠、坚固耐用、运行效率较高和适应性广的工作特性。缺点是功率因数较低，总是小于 1，因为它总是从电网吸收一部分无功功率。但它在工业中应用却极其广泛。它可以拖动风机、泵、压缩机、中小型轧钢设备、各种金属切削机床、轻工设备、矿山机械等。在农业中，可以拖动水泵、脱粒机、粉碎机以及其他的加工机械。在民用电器中，电扇、洗衣机、电冰箱、空调机等都由单相异步电动机拖动。

6.1.1 三相异步电动机的类型

异步电动机种类繁多，可根据使用者的不同要求而异，但是通常情况下按以下两个主要方面进行分类。

1. 按运行环境分类

由于生产机械种类繁多，它们的工作环境也各不相同。所以设计和生产出了能运行在不同环境条件下的各种类型的异步电动机。

（1）开启式电动机

这种类型的电动机在构造上无特殊防护装置，用于干燥无尘的场所。这种电动机散热效果良好。

（2）全封闭式电动机

这种电动机具有全封闭式的外壳，既防水又防粉尘等杂物。散热条件不如开启式电动机。

（3）密闭式电动机

密闭式电动机的外壳严密封闭，有的密闭式电动机具有很好的防水性能（如潜水泵电机）。由于采用密闭结构，所以这种电动机的散热条件较差，多采用外部冷却的方式。

（4）防爆电动机

这种电动机也采用密闭式结构。此外，电机骨架被设计成能够承受巨大压力的结构。能够将电机内部的火花、绕组电路短路、打火等完全与外界隔绝。这种电机用在一些高粉尘、有爆炸气体、燃烧气体环境的场合。

2. 按电气和机械特性分类

由于生产上的需要，设计和生产出了多种电气和机械性能不同的电动机，以适应不同的机械负载的工作要求。

（1）普通启动转矩电动机

用于一般机械负载的启动。大部分的电动机都属于这个范畴。启动系数一般为 0.7~1.3（从 15~150 kW）。一般情况下，启动电流不超过额定电流的 6.4 倍。这些电机用在一般的生产机械、驱动风扇、离心泵等场合。

（2）高启动转矩电动机

这种电动机用于启动条件非常差的场合，如水泵、活塞式压缩机等。这些负载要求电动机的启动转矩是负载额定转矩的 2 倍，但启动电流同样不超过额定电流的 6.4 倍。一般情况下，通常采用具有良好启动转矩特性的双鼠笼结构电动机。

（3）高转差率电动机

运行速度通常为同步速度的 85%~90%。这些电机适用于加快大惯性负载的启动过程（像离心干燥机、大飞轮）。这种电动机的鼠笼条的电阻值较大，为了防止过热，这种电机常常在间歇工作状态下工作。这种随着负载的增加，速度下降较大的电动机也特别适合挤压和冲孔机械。

6.1.2 三相异步电动机的结构

三相异步电动机主要由固定的定子和旋转的转子两个基本部分组成。转子装在定子内腔里，借助轴承被支撑在两个端盖上。此外还有轴承端盖、轴承、机座、风扇等部件。为了保证转子能在定子内自由转动，定子和转子之间必须有一间隙，称为气隙。电机的气隙是一个非常重要的参数，其大小及对称性等对磁通及电机性能有很大影响。

1. 定　子

定子由定子三相绕组、定子铁芯和机座组成。

（1）定子三相绕组

定子三相绕组是异步电动机的电路部分，在异步电动机的运行中起着很重要的作用，是把电能转换为机械能的关键部件。定子三相绕组的结构是对称的，一般有 6 个出线端 U1，U2，V1，V2，W1，W2 置于机座外侧的接线盒内，根据需要接成星形或三角形，如图 6.1 所示。

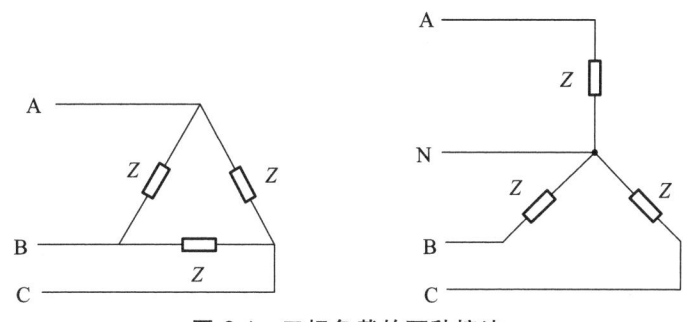

图 6.1　三相负载的两种接法

（2）定子铁芯

定子铁芯是异步电动机磁路的一部分，由于主磁场以同步转速相对于定子旋转，为减少在铁芯引起的损耗，铁芯一般采用 0.5 mm 厚的高导磁硅钢片叠成，硅钢片两面涂有绝缘漆以减少铁芯的涡流损耗。中小型异步电动机定子铁芯一般采用整圆的冲片叠成，大型异步电动机的定子铁芯一般采用扇形冲片拼成。在每个冲片内圆均匀地开槽，使叠装后的定子铁芯内圆均匀地形成很多形状相同的槽，用以嵌放定子绕组。槽的形状由电机的容量、电压及绕组的形式而定。

（3）机　座

机座又称机壳，它的主要作用是支撑定子铁芯，同时也承受整个电机负载运行时产生的反作用力，运行时由于内部损耗所产生的热量也是通过机座向外散发。中小型电机的机座一般采用铸铁制成。大型电机因机身较大浇注不便，常用钢板焊接成型。

2. 转　子

异步电动机的转子由转子铁芯、转子绕组及转轴组成。

（1）转子铁芯

转子铁芯也是电机磁路的一部分，也是用电工钢片叠成。与定子铁芯冲片不同的是，转子铁芯冲片是在冲片的外圆上开槽，叠装后的转子铁芯外圆柱面上均匀地形成许多形状相同的槽，用以放置转子绕组。

（2）转子绕组

转子绕组是异步电动机的电路部分。其作用为切割定子磁场，产生感应电动势和电流，并在磁场作用下受力而使转子转动。其结构可分为鼠笼式转子绕组和绕线式转子绕组两种类型。这两种转子的各自特点是：鼠笼式转子结构简单，制造方便，经济耐用；绕线式转子结构复杂、价格贵，但转子回路可引入外加电阻来改善启动和调速性能。

（3）转　轴

转轴是整个转子部件的安装基础，又是力和机械功率的传输部件，整个转子靠转轴和轴承被支撑在定子铁芯内腔内。转轴一般由中碳钢或合金钢制成。

3. 鼠笼式转子绕组

鼠笼式转子绕组由置于转子槽中的导条和两端的端环构成。为节约用铜和提高生产率，小功率异步电动机的导条和端环一般都是融化的铝液一次浇铸出来的；大功率的电动机，由于铸铝质量不易保证，常用铜条插入转子铁芯槽中，再在两端焊上端环。鼠笼式转子绕组自行闭合，不必由外界电源供电，其外形像个鼠笼，故称鼠笼式转子。

鼠笼式转子绕组的各相均由单根导条组成，其感应电势不大，加上导条和铁芯叠片之间的接触电阻较大，所以无需专门把导条和铁芯用绝缘材料分开。

4. 绕线式转子绕组

绕线式转子绕组是由绝缘导线组成，嵌放在转子铁芯槽内的三相对称绕组。三相一般为星形接法，三根引出线分别接到固定的转轴上并互相绝缘的三个集电环上，在通过安装在端盖上的电刷装置与集电环接触把电流引出来。这种转子的特点是可以通过集电环和电刷在转子回路中接入附加电阻，用以改善电动机的启动性能，或调节电动机的转速。有的绕线转子异步电动机还装有一种举刷短路装置，当电动机启动完毕而又不需要调节转速时，移动手柄使电刷被举起而与集电环脱离接触，同时使三个集电环彼此短接起来，这样可以减少电刷与集电环间的摩擦损耗，提高运行可靠性。与鼠笼式转子比较，绕线式转子的缺点是结构复杂，价格较贵，运行的可靠性也较差。因此，绕线转子异步电动机只用在要求启动电流小、启动转矩大，或需要调节转速的场合，例如用来拖动频繁启动的起重设备。

5. 其他部件

（1）端　盖

端盖安装在机座的两端，它用的材料和加工方法与机座相同，一般为铸铁件。端盖上的轴承室里安装了轴承来支撑转子，以便定子和转子得到较好的同心度，保证转子在定子内腔里正常运转。端盖除了起支撑作用外，还起着保护定、转子绕组的作用。

（2）轴　承

轴承连接转动部分与不动部分，目前都采用滚动轴承以减少摩擦。

（3）轴承端盖

轴承端盖用于保护轴承，使轴承内的润滑油不至溢出。

（4）风　扇

风扇用于冷却电动机。

6. 气　隙

异步电机的气隙是很小的，中小型电机一般为 0.2~2 mm。气隙越大，磁阻越大。要产生同样大的磁场，就需要较大的励磁电流。由于气隙的存在，异步电机的磁路磁阻远比变压器要大，因此异步电动机的励磁电流要比变压器的励磁电流大得多。变压器的励磁电流约为额定电流的 3%，异步电机的励磁电流约为额定电流的 30%。励磁电流是无功电流，因而励磁电流越大，功率因数越低。为提高异步电机的功率因数，必须减少它的励磁电流，最有效的方法是尽可能缩短气隙长度。但是气隙过小会使装配困难，还有可能使定、转子在运行时发生摩擦或碰撞，因此气隙的最小值由制造工艺以及运行安全可靠等因素来决定。

6.1.3 三相异步电动机的工作原理及特性

1. 异步电动机转动的一般原理

三相异步电动机转动的一般原理是基于法拉第电磁感应定律和载流导体在磁场中会受到电磁力的作用这两个基本因素。当磁场转动时，放置在磁场当中的铜制线框上下两根导条与旋转磁场就有了相对运动并切割旋转磁场的磁力线，于是在这两根导条上就产生了感应电动势，其方向符合发电机右手定则，有

$$E = Blv \tag{6.1}$$

式中　E——感应电动势，V；

　　　B——磁感应强度，T；

　　　l——导条长度，m；

　　　v——导条切割磁力线的相对速度，m/s。

由于铜制线框形成一个闭合回路，因此在感应电动势的作用下，线框的上下两根导体中就出现了感应电流。在磁场中的载流导体将受到电磁力的作用，根据电动机左手定则，上下两根导条所受电磁力的方向相反，这一对力形成一顺时针方向的转矩。如果把异步电动机的鼠笼式转子放置在旋转磁场中代替线框，不难想象，当磁场旋转时，在磁极下经过的每对导条都会产生这样的电磁转矩，在这些电磁转矩的作用下，转子就按顺时针的方向旋转起来了。

当然，如果磁场按逆时针方向旋转，转子也将按逆时针方向旋转。由此可见，转子的旋转方向同旋转磁场的旋转方向是相同的。

虽然转子同旋转磁场彼此隔离，但从上面的叙述可知，由于有了一个旋转的磁场，在转子的导条中产生了感应电流，而流过电流的导条又在磁场中受到电磁力的作用，产生电磁转矩，从而使转子转动起来。这就是感应式电动机转动的一般原理。

需要指出的是，转子的旋转速度（即电动机的旋转速度）比旋转磁场的旋转速度（一般称同步转速）要低一些。这是因为如果这两种转速相等，转子和旋转磁场就没有了相对运动，转子导条将不切割磁力线便不能产生感应电动势，也就不能产生感应电流，这样就没有电磁转矩，转子将不会继续旋转。因此，若要转子持续旋转，旋转磁场和转子之间就一定存在转速差，即转子的旋转速度总要落后于旋转磁场的旋转速度。由于转子的旋转速度不同于且低于旋转磁场的转速，所以称这种电动机为异步电动机。

2. 三相异步电动机的电磁转矩和机械特性

异步电动机的作用是把电能转换为机械能，它输送给生产机械的是转矩和转速。因此，电动机的转矩与哪些因素有关？它的大小受哪些因素的影响？转矩与转速之间的关系是什么？这些问题都是学习中应该掌握的。

(1) 异步电动机的电磁转矩

三相异步电动机的电流与旋转磁场相互作用产生电磁力，电磁力对电动机的转子产生了电磁转矩，由此可见电磁转矩是由转子电流和旋转磁场共同作用所产生的结果，因此电磁转矩的大小与转子电流以及旋转磁场每极磁通成正比。转子电路不但有电阻，还有漏感阻抗存在，所以转子电流 $\dot{I}_r$ 与转子感应电动势 $\dot{E}_r$ 之间有一个相位差，用 φ_2 来表示，于是转子电流可以分为有功分量和无功分量两部分。只有转子电流的有功分量部分 $I_r \cos\varphi_2$ 才能与旋转磁场相互作用而产生电磁转矩，这样，写出电磁转矩同磁场和转子电流的关系：

$$T = K_T \Phi I_r \cos\varphi_2 \tag{6.2}$$

式中　T——电磁转矩，N·m；

　　　K_T——电动机结构常数。

根据异步电动机的转子电路和定子电路分析，可得到转矩的另一种表达方式：

$$T = K \frac{sU_s^2 R_r}{R_r^2 + (sX_{sr0})^2} \tag{6.3}$$

这里 K 是整理式（6.3）时得到的一个新的常数。（6.3）式表明，三相异步电动机的电磁转矩与每相电压的有效值平方成正比，也就是说，当电源电压变动时，对转矩产生较大的影响。此外，电磁转矩与转子电阻也有关。当电压和转子电阻一定时，电磁转矩还同转差率有关，$T = f(s)$ 关系就称为异步电动机的机械特性。

(2) 异步电动机的机械特性

三相异步电动机的固有机械特性是指电动机工作在额定电压和额定频率下，按规定方法接线，定子、转子外接电阻为零时，n（或 s）与 T 的关系。机械特性方程式为

$$T = \frac{P_m}{\omega_{m1}} = \frac{3n_p}{\omega_1} I_r'^2 \frac{R_r'}{s} = \frac{3n_p U_s^2 R_r'/s}{\omega_1 \left[\left(R_s + \frac{R_r'}{s}\right)^2 + \omega_1^2 \left(L_{ls} + L_{lr}'\right)^2\right]} \tag{6.4}$$

对于一台确定的电动机而言，机械特性方程式表明，此时只有 n（或 s）与 T 是变量，其余均为确定值。T 为横轴，n（或 s）为纵轴，做出如图 6.2 所示的三相异步电动机固有机械特性曲线。由图可见整个机械特性可以分成两个部分。

① A-C 部分，即 $s_m > s > 0$ 范围内。在这一部分，随着电磁转矩 T 的增加，转速降低。根据电力系统稳定运行的条件，这部分为稳定运行工作部分，电动机应工作于这一范围内。此时机械特性曲线近似为一条直线。

② C-D 部分，即 $1 > s > s_m$ 范围内。这一部分随着转矩的减小，转速也减小。此区域称为不稳定运行区域，三相异步电动机一般不能稳定地工作于这一范围。因此，有时也将这一部分称为非工作部分。

③ 在 $s < 0$ 范围内，$n > n_0$，特性在第Ⅱ象限，电磁转

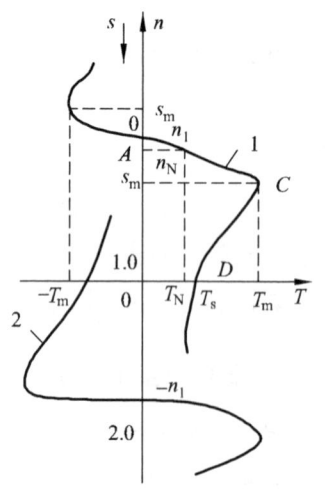

图 6.2　三相异步电动机机械特性

矩为负值，是制动性转矩，电磁功率也是负值，是发电状态。如果电动机在正常运转时，突然降低定子的供电频率，转子的机械惯性将使之维持在高于旋转磁场的转速上，这时转差率变为负值，进入发电机状态运行。电动机转轴上的机械能变成电能回馈给电网或消耗在电阻上。在机车下坡或高速运行需要制动时极易实现上述运行状态，称为再生制动或电阻制动。如图 6.2 左上部所示，机械特性在 $s<0$ 和 $s>0$ 两个范围内近似对称。

④ 在 $s>1$ 范围内，意味着转子的转向与旋转磁场的转向相反。电动机在正常运行时，倘若突然改变定子的相序即可获得这种运转状态。此时电动机将急剧趋于停转，而电源若不及时断开的话，转子将加速至相反的方向旋转。这是通常所说的反接制动状态。这时 $n<0$，特性在第Ⅳ象限，$T>0$，是一种制动状态。

为了进一步描述三相异步电动机机械特性的特点，下面重点研究几个反映电动机工作的特殊点。

① 理想空载点 A。

此时转速为同步转速，即 $n=n_0$，$s=0$。因转子电流 $I_r=0$，定子电流 $I_s=I_0$，所以电磁转矩 $T=0$。

② 最大转矩点 C。

对于三相异步电动机而言，通过数学求导，令 $dT/ds=0$ 分析可知，此点又称为停转转矩或颠覆转矩。当电动机的负载转矩超过该值，则电动机的转速急剧下降直至停转。产生最大转矩 T 时的临界转差率 s_m 为

$$s_m = \frac{R'_r}{\sqrt{R_s^2+(X_{\sigma s}+X_{\sigma r})^2}} \tag{6.5}$$

进而可求得最大电磁转矩 T_m 为

$$T_m = \frac{m_1 P U_s^2}{4\pi f_1[\pm R_s + \sqrt{R_s^2+(X_{\sigma s}+X'_{\sigma r})^2}]} \tag{6.6}$$

由于 $X_s+X'_r \gg R_s$，忽略 R_s 得近似表达式为

$$s'_m = \frac{R'_r}{\sqrt{R_s^2+(X_{\sigma s}+X_{\sigma r})^2}} \approx \frac{R'_r}{X_s+X'_r} \tag{6.7}$$

$$T_m = \frac{m_1 P U_s^2}{4\pi f_1[\pm R_s + \sqrt{R_s^2+(X_{\sigma s}+X'_{\sigma r})^2}]} \approx \frac{m_1 P U_s^2}{4\pi f(X_s+X'_r)} \tag{6.8}$$

转差率达到 s_m 之后转矩特性急剧下降的原因在于：转子频率超过该值后，其增大的漏抗开始起主导作用，它相角差 φ_2 加大，即 $\cos\varphi_2$ 减小，因而电动机的转矩明显下降。由此进一步可知：

• 三相异步电动机的临界转差率 s_m，与电源电压 U_s 无关，只与电动机自身的参数有关，且与转子电阻 R'_r 成正比，所以改变转子电阻的大小（如在绕线型异步电动机转子电路中串接变阻器）即可改变临界转差率 s_m。

• 三相异步电动机的最大电磁转矩 T_m 与转子电阻 R'_r 无关。因此，电动机转子电阻的大小不会影响电动机的最大转矩，只会影响产生最大转矩时的转差率。

- 最大电磁转矩 T_m 的大小与电源电压 U_1 的平方成正比,而临界转差率 s_m 却与电源电压无关。最大电磁转矩 T_m 与额定转矩 T_N 之比叫过载能力,即 $\lambda_m = \dfrac{T_m}{T_N}$,$\lambda_m$ 的值在电动机技术数据资料中可查到。λ_m 是异步电动机的一个重要参数,反映电动机承受负载波动的能力。

③ 启动点 D。

电动机工作在启动点 D 时 $n=0$,$s=1$,$T=T_{st}$。T_{st} 为电动机的启动转矩或称堵转转矩。电动机的启动转矩必须大于电动机所带负载的转矩,电动机才能启动,因此,堵转转矩的大小是衡量电动机启动性能好坏的技术指标。

通常运行于固定频率下的鼠笼式异步电动机,其启动电流约为额定电流的 5～6 倍。但是由于此时转子的频率高、漏抗大、功率因数 $\cos\varphi_2$ 很低,所以启动转矩实际上是不大的。而用变频调节时,可以使电动机在较低的频率下启动,从而可以改善转子的功率因数,增大启动时单位电流的转矩。一般来说,可以在启动电流大致为二倍额定电流的情况下,利用变频调节获得重载下良好的启动性能。

④ 额定点 B。

电动机工作在额定点时,有

$$n=n_N,\quad s=s_N=\dfrac{n_0-n_N}{n_0},\quad T=T_N=9\,550\dfrac{P_N}{n_N}$$

T_N 可通过铭牌参数计算得到。额定工作点是希望的工作点。

从机械特性表达式(6.4)可以看出,可以通过改变一些参数使得特性曲线更满足用户的需要,这样就得到了人为机械特性曲线。人为机械特性的目的是为了获得所需的拖动性能。例如,改变电动机转子绕组中电阻的大小或改变电源电压的高低,其机械特性都将发生改变,即可得到相应的人为机械特性。

6.1.4 三相异步电动机的调速

调速就是电动机在同一负载下得到不同的转速,以满足生产过程的需要。调速时转速的改变是从不同的机械特性上得到的,和负载增减引起的转速变化是完全不同的。有些生产机械,为了加工精度的要求,如一些机床,需要精确地调整转速。另外,像鼓风机、水泵等流体机械,根据所需流量调节其速度,可以节省大量电能。所以三相异步电动机的速度调节是一个非常重要的应用方面。

异步电动机的转速公式:

$$n=(1-s)n_0=(1-s)\dfrac{60f_1}{p} \quad (6.9)$$

由此可知,异步电动机可以通过三种方式进行调速:改变电动机旋转磁场的磁极对数 p 调速;改变供电电源的频率 f_1 调速;改变转差率 s 调速。下面分别介绍这几种调速方法。

1. 变极调速

变极调速就是改变电动机旋转磁场的磁极对数 p,从而使电动机的同步转速发生变化而实现电动机的调速,通常通过改变电机定子绕组的连接实现,这种方法的优点是操作设备简单(转换开关)。缺点是只能是有极调速,而且调速的级数不可能多,因此只适用于不要求平滑调速的场合。

改变绕组的连接可以有多种形式,可以在定子上安装一套能变换为不同极对数的绕组,也可以在定子上安装两套不同极对数的单独绕组,还可以混合使用这两种方法以得到更多的转速。

应当指出的是,变极调速只适用于鼠笼式异步电动机,因为鼠笼转子的磁极对数能自动随定子绕组磁极对数的变化而变化。

2. 变频调速

调频调速又称变频调速。由式(6.9)可知,只有通过调节电源的频率,才能做到连续平滑的调速。有关异步电动机变频调速的详细内容将在后面的章节中进行深入讨论。

3. 变转差率调速

分析电磁转矩公式:

$$T = K \frac{sU_s^2 R_r}{R_r^2 + (sX_{sr0})^2} \tag{6.10}$$

由式(6.10)可以看出,若保持转矩不变,当分别改变电源电压 U_s 和转子回路电阻 R_r 时,转差率 s 将改变,转差率的改变就会引起电动机转速的改变。所以可以通过改变转差率达到调速的目的。

4. 调压调速

调压调速是异步电机调速方法中比较简便的一种。由电力拖动原理可知,异步电机在相同的转速下,电磁转矩与定子电压的平方成正比,因此,改变定子外加电压就可以改变机械特性的函数关系,从而改变电机在一定负载转矩下的转速。

图 6.3 给出了端电压为参变量时异步电机的转矩转速特性。图中给出了两种典型的负载,一种为恒转矩负载的负载特性(即 $T_L = C$),另一种为风机水泵类负载的负载特性(即 $T_L = Kn^2$)。随着加在电机定子上的基波电压有效值 U 的改变,负载转矩曲线 T_L 与电机转矩曲线 T 的交点(即稳定运行工作点)也不断改变,电机的转差率 s 随着改变,电机的转速相应地得到了调节。

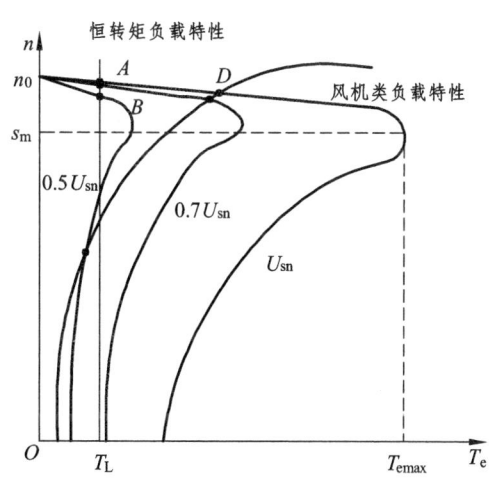

图 6.3 交流异步电机调压调速的电机特性

由图 6.4 所示的异步电机等效电路图可知,空气隙传递的电磁功率为

$$P_M = I_r'^2 \frac{R_r'}{s} \quad (6.11)$$

转子的铜耗为

$$P_{Cu2} = I_r'^2 R_r' \quad (6.12)$$

转化的机械功率为

$$P_M - P_{Cu2} = I_r'^2 R_r' \frac{1-s}{s} \quad (6.13)$$

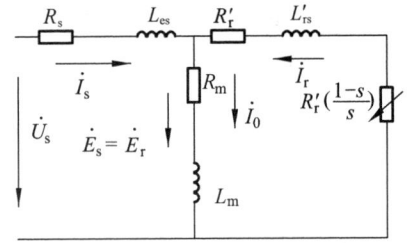

图 6.4　异步电机等效电路图

所以，转差率 s 可表示为

$$s = \frac{P_{Cu2}}{P_M} \quad (6.14)$$

由式（6.14）可以看出，为提高电机的效率，电机的 s 只能是较小值。也就是说，电机的电压调速是以降低效率和转矩为代价的。不难看出，其调速范围也很小。所以这种调速方法的调速范围是有限的，而且容易使电机过电流，所以使用较少。

5. 转子电路串电阻调速

这种方法只适用于绕线式异步电动机。对于恒转矩负载，当改变转子电阻时，可以调节电动机的转速。当转子电阻 R_r 增大时，电动机的转速降低。最大转矩 T_{max} 不变，特性变"软"，而且这种方法转子回路消耗功率较大，对节能不利。

由于变频器装置的广泛应用，以上两种调速方法将逐渐被淘汰。

6.1.5　交流调速在电力机车和动车组上的应用

电力机车是将所取得的电能转换成机械能以产生牵引功率的机车。电力机车电传动方式分为直流传动（直流供电加直流驱动）、交-直传动（交流供电加直流驱动）、直-交传动（直流供电加交流驱动）和交流传动（交流供电加交流驱动）几大类。自 1879 年出现第一条电气化铁路以来，电力机车主要是直流传动型或交-直传动型。这是因为直流电机有很好的调速性能，特别是串激直流电动机具有和机车牵引特性相类似的力矩-速度特性，再加之可控硅的成功应用，使得整流器型的交-直电力机车成为电力牵引机车的主角。

但是，直流电机具有结构上的缺点：直流电机有电刷和换相器，因而必须经常检查维修、换向火花使直流电机的应用环境受到限制。同时机械换向器与电刷装置以及换向能力限制了电机的容量和转速，并且电枢电压、吨功率和电机功率的提高难等缺点日益突出。与直流电机相比，交流电机特别是三相异步电动机具有以下优点：

① 功率大、体积小、重量轻、运行可靠。异步电动机没有换向器与电刷装置，它不受换向器电机中所谓的电抗电势与片间电压的限制，能以更高的转速运行。

② 结构简单、维修工作量小，环境适应能力更好。

③ 有良好的牵引性能。合理设计的调频调压特性，可以实现大范围的平滑调速；异步电

6 交流调速系统基础

动机的硬机械特性有助于提高黏着利用率,并有防止空转的能力;此外,异步电动机过载能力强,可有更大的启动力矩。

随着电力电子技术和微电子技术的飞速发展,使得采用电力电子变换器的交流拖动系统得以实现,特别是大规模集成电路和计算机控制的发展,以及现代控制理论和控制技术的应用,高性能交流调速系统应运而生,交流传动调速技术取得了突破性的进展。这时,交流电动机和直流电动机相比的优势日益显露出来。近几十年来,随着科学技术的进步,电力半导体开关及系统控制理论得到了迅速的发展。体积小、重量轻、功率大、效率高的静止变流器的投入应用,为交流传动电力机车的应用与发展奠定了基础。1971年,德国研制出了第一批交流传动内燃机车,1980年又投产了交流传动干线电力机车。目前,世界上的电力牵引动力已转向以交流传动为主体。发达国家新造的高速机车、重载机车及客货通用机车已经全部为交流传动机车。

我国的交流传动研究始于20世纪70年代,到90年代,研制成功了1 000 kW的电力牵引交流传动系统。1996年,研制成功第一台4轴4 000 kW交流传动干线电力机车AC4000,这标志着我国电力牵引技术进入了交流传动时代。

6.2 异步电动机的变频调速控制方式

一般认为,交流异步电动机调速系统的种类有:① 降电压调速;② 转差离合器调速;③ 转子串电阻调速;④ 绕线电机串级调速或双馈电机调速;⑤ 变极对数调速;⑥ 变压变频调速;等等。

这种分类显然只是种表面形式的罗列,还没有探究到事物的本质。在交流异步电动机中,从定子传入转子的电磁率 P_M 可以分成两部分:一部分 $P_2 = (1-s)P_M$ 是拖动负载的有效功率;另一部分是转差功率 $P_s = sP_M$ 与转差率 s 成正比,它的去向是调速系统效率高低的标志。就转差功率的去向而言,异步电机调速系统可以分成三大类:

(1)转差功率消耗型调速系统

全部转差功率都被消耗掉,用增加转差功率的消耗来换取转速的降低,因而效率也随之降低。上述的第①,②,③三种方法都属于这一类。

(2)转差功率回馈型调速系统

大部分转差功率通过变流装置回馈电网或者加以利用,转速越低回馈的功率越多,但是,增设的装置也要多消耗一部分功率。上述第④种——串级调速应属于这一类。

(3)转差功率不变型调速系统

转差功率仍旧消耗在转子里,但不论转速高低,转差功率基本不变。例如上述第⑤,⑥两种调速方法。其中变极对数调速是有级的,应用场合有限。只有变压变频调速应用最广,可以构成高动态性能的交流调速系统,取代直流调速;但在定子电路中须配备与电动机容量相当的变压变频器。

以上三类中,第一类系统比较简单,但调速时效率不高,性能也不够好;第二类串级调速的应用已较普遍,效率比第一类高得多,调速性能也不错,但有功率因数低等缺点;第三类效率最高,其中变极对数只能有级调速,应用场合有限,而变频调速用途最广，可以构成高动态性能的交流调速系统，用以代替直流调速，是交流调速的主要发展方向。

目前，应用最广泛、调速性能最好的是异步电动机变压变频（VVVF）调速系统——转差频率不变型调速系统。异步电动机的变压变频调速系统一般简称为变频调速系统。由于在调速时转差功率不随转速而变化，调速范围宽，无论是高速还是低速时效率都较高，在采取一定的技术措施后能实现高动态性能，可与直流调速系统媲美，因此现在应用面很广。异步电动机在进行VVVF调速时，要求对变频器的电压、电流、频率进行适当的控制。到目前为止，VVVF调速控制的发展，大体分为3个阶段：

① 普通功能型U/f控制方式的通用变频器。其转速开环控制，不具有转矩控制的功能。

② 高功能型的转差频率控制。其转速需要闭环检测，具有转矩控制功能，能使电机在恒磁通或恒功率下运行，能充分发挥电机的运行效率，其输出静态特性较U/f控制方式有较大改进。

③ 高性能矢量控制或直接转矩控制。其可以实现直流电动机的控制特性，具有较高的动态性能。

前两种方法都是基于异步电动机稳态数学模型建立的。而矢量控制是基于异步电动机动态数学模型的基础上建立的。

6.2.1 变频调速的基本控制方式

在进行电机调速时，常须考虑的一个重要因素是：希望保持电机中每极磁通量Φ_m为额定值不变。如果磁通太弱，没有充分利用电机的铁芯，是一种浪费；如果过分增大磁通，又会使铁芯饱和，从而导致过大的励磁电流，严重时会因绕组过热而损坏电机。对于直流电机，励磁系统是独立的，只要对电枢反应有恰当的补偿，Φ_m保持不变是很容易做到的。但在交流异步电动机中，磁通Φ_m由定子和转子磁势合成产生，要保持磁通恒定就需要费一些周折。特别是在鼠笼型转子异步电动机中，转子电流难以直接检测和控制。如图6.4所示的稳态等效电路，三相异步电动机定子每相电动势的有效值是

$$E_g = 4.44 f_1 N_s k_{N_s} \Phi_m \qquad (6.15)$$

式中 E_g——气隙磁通在定子每相中感应电动势的有效值，V；

f_1——定子频率，Hz；

N_s——定子每相绕组串联匝数；

k_{N_s}——基波绕组系数；

Φ_m——每极气隙磁通量，Wb。

由式（6.15）可知，只要控制好E_g和f_1，便可达到控制磁通Φ_m的目的，因此需要考虑基频（额定频率）以下和基频以上两种情况。

1. 基频以下调速

由式（6.15）可知，要保持Φ_m不变，当频率f_1从额定值f_{1N}向下调节时，必须同时降低E_g使

$$\frac{E_g}{f_1} = \text{Const} \tag{6.16}$$

即采用恒值电动势频率比的控制方式。但绕组中的感应电动势是难以直接被控制的,当电动势值较高时,可以忽略定子绕组的漏磁阻抗压降,而认为定子相电压 $U_s \approx E_g$,则得

$$\frac{U_s}{f_1} = 常值 \tag{6.17}$$

这是恒压频比的控制方式。但是,在频率较低时 U_s 和 E_g 都较小,定子阻抗压降所占的分量就比较显著,不能再忽略。这时,需要人为地把电压 U_s 抬高一些,以便近似地补偿定子阻抗压降。带定子压降补偿的恒压频比控制特性如图 6.5 中的曲线 b,无补偿的控制特性则为图 6.5 中曲线 a。

2. 基频以上调速

在基频以上调速时,频率应该从 f_{1N} 向上升高,但定子电压 U_s 却不可能超过额定电压 U_{sN},最多只能保持 $U_s = U_{sN}$,这将迫使磁通随频率成反比地降低,类似于直流电机弱磁升速的情况。

把基频以下和基频以上两种情况的控制特性画在一起,如图 6.6 所示。

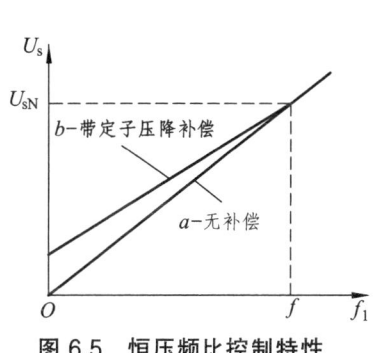

图 6.5 恒压频比控制特性

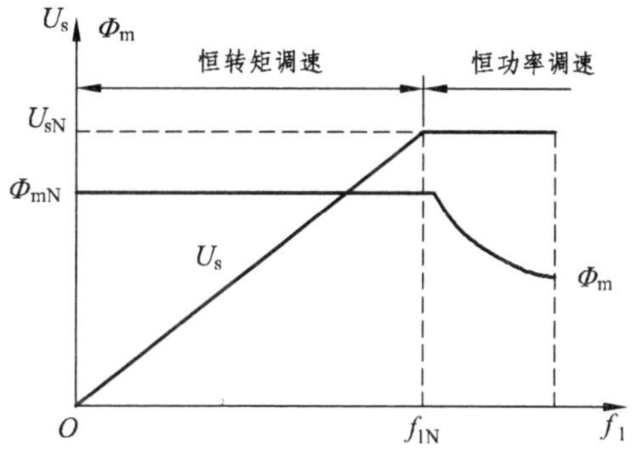

图 6.6 异步电机变压变频调速的控制特性

如果电动机在不同转速时所带的负载都能使电流达到额定值,即都能在允许温升下长期运行,则转矩基本上随磁通变化。按照电力拖动原理,在基频以下,磁通恒定时转矩也恒定,属于"恒转矩调速"性质,而在基频以上,转速升高时转矩降低,基本上属于"恒功率调速"。

6.2.2 异步电动机电压-频率协调控制时的机械特性

1. 恒压恒频正弦波供电时异步电动机的机械特性

异步电机在恒压恒频正弦波供电时的机械特性方程式 $T_e = f(s)$。当定子电压 U_s 和电源角频率 ω_1 恒定时,可以改写成如下形式:

$$T_e = 3n_p \left(\frac{U_s}{\omega_1}\right)^2 \frac{s\omega_1 R_r'}{(sR_s + R_r')^2 + s^2\omega_1^2(L_{ls} + L_{lr}')^2} \tag{6.18}$$

当 s 很小时，可忽略式（6.18）分母中含 s 各项，则

$$T_\mathrm{e} \approx 3n_\mathrm{p}\left(\frac{U_\mathrm{s}}{\omega_1}\right)^2 \frac{s\omega_1}{R_\mathrm{r}'} \propto s \tag{6.19}$$

也就是说，当 s 很小时，转矩近似与 s 成正比，机械特性 $T_\mathrm{e}=f(s)$ 是一段直线，如图 6.7 所示。当 s 接近于 1 时，可忽略式（6.18）分母中的 R_r'，则 T_e 为

$$T_\mathrm{e} \approx 3n_\mathrm{p}\left(\frac{U_\mathrm{s}}{\omega_1}\right)^2 \frac{\omega_1 R_\mathrm{r}'}{s[R_\mathrm{s}^2+\omega_1^2(L_{ls}+L_{lr}')^2]} \propto \frac{1}{s} \tag{6.20}$$

即 s 接近于 1 时转矩近似与 s 成反比，这时，$T_\mathrm{e}=f(s)$ 是对称于原点的一段双曲线。当 s 为以上两段的中间数值时，机械特性从直线段逐渐过渡到双曲线段。

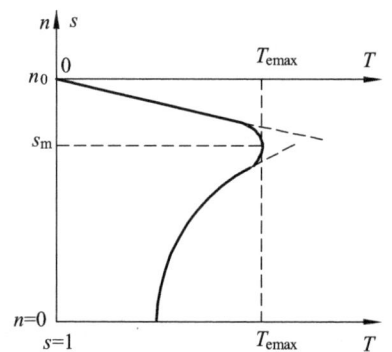

图 6.7 恒压恒频时异步电机的机械特性

2. 基频以下电压-频率协调控制时的机械特性

由式（6.18）机械特性方程式可以看出，对于同一组转矩 T_e 和转速 n（或转差率 s）的要求，电压 U_s 和频率 ω_1 可以有多种配合。在 U_s 和 ω_1 的不同配合下机械特性也是不一样的，因此可以有不同方式的电压-频率协调控制。

（1）恒压频比控制（U_s/ω_1）

前面已指出，电动机的每极磁通 Φ_m 正比于比值 $\dfrac{E_\mathrm{g}}{f_1}$，在进行频率调节时，若能维持 $\dfrac{E_\mathrm{g}}{f_1}$ 比值不变，则可得到恒定的气隙磁通。亦即在任何频率下，可以保持磁路的一定的饱和程度，即近似地保持气隙磁通不变，以便充分利用电机铁芯，发挥电机产生转矩的能力。由于一般情况下，定子绕组的漏阻抗所引起的电压降与电机的端电压相比可以忽略，即 U_s 和 E_s 可以认为近似相等。因而可按照不变的比值 $\dfrac{U_\mathrm{s}}{f_\mathrm{s}}$ 进行调节，这就是所谓的恒电压频率比的运行方式。这种调节方式只需要由静止变频器提供线性的电压-频率输出特性，从控制技术上很容易实现，故它被较多地应用于简单的开环调速系统中。

在进行恒电压频率比的运行方式时，同步转速[式（6.21）]随频率变化而变化。

$$n_0 = \frac{60\omega_1}{2\pi n_p} \tag{6.21}$$

带负载时的转速降落为

$$\Delta n = sn_0 = \frac{60}{2\pi n_p}s\omega_1 \tag{6.22}$$

在式（6.19）所表示的机械特性近似直线段上，可以导出

$$s\omega_1 \approx \frac{R'_r T_e}{3n_p\left(\dfrac{U_s}{\omega_1}\right)^2} \tag{6.23}$$

由此可见，当 U_s/ω_1 为恒值时，对于同一转矩 T_e，$s\omega_1$ 是基本不变的，因而 Δn 也是基本不变的。这就是说，恒压频比的条件下在较高的定子频率范围内改变频率 ω_1 时，机械特性基本上是平行下移，如图 6.8 所示。它们和直流他励电机变压调速时的情况基本相似。但是当频率 f_s 较低时，转矩却急剧下降。所不同的是，当转矩增大到最大值以后，转速再降低，特性就折回来了。而且频率越低时最大转矩值越小，可得

$$T_{e\max} = \frac{3n_p}{2}\left(\frac{U_s}{\omega_1}\right)^2 \frac{1}{\dfrac{R_s}{\omega_1} + \sqrt{\left(\dfrac{R_s}{\omega_1}\right)^2 + (L_{ls} + L'_{lr})^2}} \tag{6.24}$$

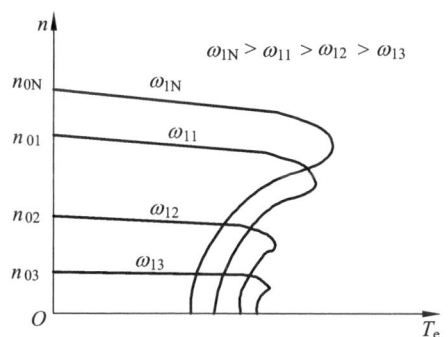

图 6.8　恒压频比控制时变频调速的机械特性

这是由于高频范围内相应有较高的定子电压，而定子的阻抗电压降相对可以忽略，气隙磁通几乎不变。然而在低频范围内，定子电压随频率成比例的降低，虽然定子的漏电抗正比于频率 f_s 而降低，但定子电阻却不随频率变化，这部分电阻压降在低频时实际上构成了电机端电压不可忽略的一部分，使得气隙磁通迅速减少，因而转矩急剧下降。

同时最大转矩 $T_{e\max}$ 是随着 ω_1 降低而减小的。频率很低时，最大转矩和启动转矩都急剧下降将限制电机的带载能力，这主要是由于低频下定子电阻 R_s 的影响相对较大的缘故。像这样的低频性能实际上难以满足启动和低频运行的要求，为此需要采取相应的措施加以改进，因此采用定子压降补偿，适当地提高电压 U_s，可以增强带载能力。

综上所述，在恒压频比控制（U_s/ω_1）下运行时，低频范围内电动机的转矩明显降低，这

主要是由于这种调节方式不能保持气隙磁通不变所造成的。为了弥补低频性能的这一缺陷，在开环系统中，一个简单易行的方法是将静止逆变器的电压-频率特性在高频范围内设计成直线，但在低频运行时其输出电压却是相对提高的。

在低频区增加电动机的端电压时，有一些事项是应当注意的：由于低频时，漏电抗随频率比例下降，而电阻却保持不变，忽略低频时电机铁芯的损耗，此时电势$-E_s$的大小与电压U_s近于相等。这就要求一个大的气隙磁通而导致铁芯的高度饱和，相应的空载激磁电流会很大，甚至超过通常的负载电流。由于开环系统中，静止逆变器的输出电压特性是固定的，即电动机的端电压不会因电流的增大而减小，上述情况会更加突出，所以一般来说应注意避免在低速轻载运行。但是加上负载之后，由于I_s的相位变化以及在定子电阻R_s上的较大的电压降使E_s的数值显著降低，磁化电流随之大大减小。磁化电流的减小甚至超过负载电流的增加，这种抵消作用使电动机在负载之后，其总电流非但不增加，而往往有所下降。这就是说，在低频时用适当提高端电压的方法，可以改善电动机的转矩特性，而不必担心它在负载时会有过大的电机电流。

（2）恒气隙磁通控制 E_g/ω_1

异步电动机的等效电路如图6.9所示。

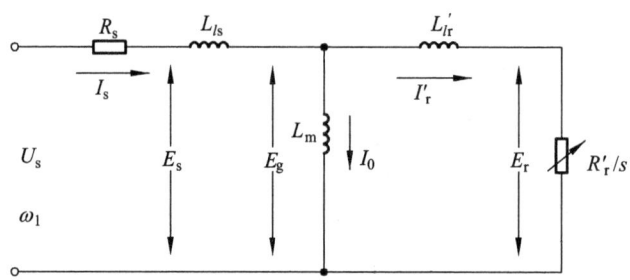

图6.9 异步电动机稳态等效电路和感应电动势

E_g——气隙（或互感）磁通在定子每相绕组中的感应电动势；E_s——定子全磁通在定子每相绕组中的感应电动势；
E_r——转子全磁通在转子绕组中的感应电动势（折合到定子边）

如果在电压-频率协调控制中，恰当地提高电压U_s的数值，使它在克服定子阻抗压降以后，能维持E_g/ω_1为恒值（基频以下），则有

$$E_g = 4.44 f_1 N_s k_{N_s} \Phi_m \tag{6.25}$$

由式（6.25）可知，该情况保持了电机的气隙磁通不变。现首先分析这种调节的转矩特性。由等效电路可得转子电流I_r'的数值为

$$I_r' = \frac{E_g}{\sqrt{\left(\dfrac{R_r'}{s}\right)^2 + \omega_1^2 L_{lr}'^2}} \tag{6.26}$$

代入电磁转矩关系式，得转矩表达式为

$$T_e = \frac{3n_p}{\omega_1} \cdot \frac{E_g^2}{\left(\dfrac{R_r'}{s}\right)^2 + \omega_1^2 L_{lr}'^2} \cdot \frac{R_r'}{s} = 3n_p \left(\frac{E_g}{\omega_1}\right)^2 \frac{s\omega_1 R_r'}{R_r'^2 + s^2 \omega_1^2 L_{lr}'^2} \tag{6.27}$$

利用与前面相似的分析方法。

① 当 s 很小时，可忽略式（6.27）分母中含 s 项，则

$$T_e \approx 3n_p \left(\frac{E_g}{\omega_1}\right)^2 \frac{s\omega_1}{R_r'} \propto s \tag{6.28}$$

这表明机械特性的这一段近似为一条直线。

② 当 s 接近于 1 时，可忽略式（6.27）分母中的 R_r' 项，则

$$T_e \approx 3n_p \left(\frac{E_g}{\omega_1}\right)^2 \frac{R_r'}{s\omega_1 L_{lr}'^2} \propto \frac{1}{s} \tag{6.29}$$

③ s 值为上述两段的中间值时，机械特性在直线和双曲线之间逐渐过渡，整条特性与恒压频比特性相似。

但是，对比式（6.18）和式（6.27）可以看出，恒 E_g/ω_1 特性分母中含 s 项的参数要小于恒 U_s/ω_1 特性中的同类项，也就是说，s 值要更大一些才能使该项占有显著的分量，从而不能被忽略，因此恒 E_g/ω_1 特性的线性段范围更宽。

将式（6.27）对 s 求导，并令 $dT_e/ds = 0$，可得恒 E_g/ω_1 控制特性在最大转矩时的转差率和最大转矩：

$$s_m = \frac{R_r'}{\omega_1 L_{lr}'} \tag{6.30}$$

$$T_{emax} = \frac{3}{2} n_p \left(\frac{E_g}{\omega_1}\right)^2 \frac{1}{L_{lr}'} \tag{6.31}$$

值得注意的是，在式（6.31）中，当 E_g/ω_1 为恒值时，T_{emax} 恒定不变，与转子的电阻无关，而仅反比于转子的漏电感。就给定的电机来说，转子的漏电感可视为常数，因此在恒定的比值 E_g/ω_1 进行调节时，电动机在不同的频率下最大转矩的数值保持不变，如图 6.10 所示。至于最大转矩所对应的转差频率 s_m，由式（6.30）所示，将受转子电阻的影响，但对鼠笼式电机来说转子电阻不能调节，若忽略集肤效应，R_r' 亦是常数，因而临界转差频率 s_m 也是定值。这从图 6.10 可看到，不同频率下的 s_m 值实际上是相同的，其稳态性能优于恒 U_s/ω_1 控制的性能。这正是恒 E_g/ω_1 控制中补偿定子压降所追求的目标。

（3）恒转子全磁通控制（E_r/ω_1）

如果把电压-频率协调控制中的电压 U_s 再提高些，把转子漏抗上的压降也抵消掉，就得到恒 E_r/ω_1 控制，那么，机械特性会怎样呢？

由等值电路可知，转子电流可表示为

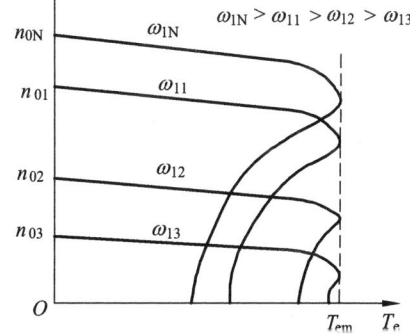

图 6.10 恒 E_g/ω_1 控制时变频调速的机械特性

$$I'_r = \frac{E_r}{R'_r/s} \tag{6.32}$$

代入电磁转矩基本关系式,得电磁转矩

$$T_e = \frac{3n_p}{\omega_1} \cdot \frac{E_r^2}{\left(\frac{R'_r}{s}\right)^2} \cdot \frac{R'_r}{s} = 3n_p \left(\frac{E_r}{\omega_1}\right)^2 \cdot \frac{s\omega_1}{R'_r} \tag{6.33}$$

现在,不必再作任何近似就可知道,这时的机械特性完全是一条直线,最大转矩也不再存在,Δn 不变,直线的斜率不变,所以这时的机械特性是一组随着频率降低而平行下移的直线。如图 6.11 所示,显然,恒 E_r/ω_1 控制的稳态性能最好,可以获得和直流电机一样的线性机械特性。这正是高性能交流变频调速所要求的性能。

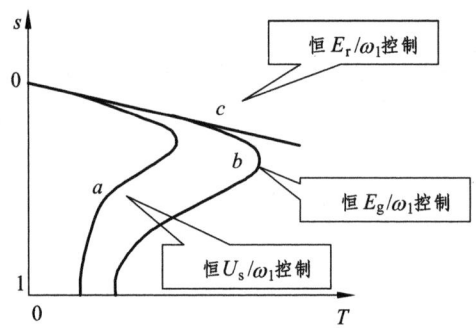

图 6.11 不同电压-频率协调控制方式时的机械特性

现在的问题是,怎样控制变频装置的电压和频率才能获得恒定的 E_r/ω_1 呢?按照式(6.25)电动势和磁通的关系,可以看出,当频率恒定时,电动势与磁通成正比。在式(6.25)中,气隙磁通幅值 Φ_m 是对应于旋转感应电动势 E_g 的,那么,转子全磁通的感应电动势 E_r 就应该对应于转子全磁通幅值 Φ_{rm}:

$$E_r = 4.44 f_1 N_s k_{Ns} \Phi_{rm} \tag{6.34}$$

由式(6.34)可见,只要能够按照转子全磁通幅值 Φ_{rm} = 恒值进行控制,就可以获得恒定的 E_r/ω_1 了。这正是后面要讲的矢量控制系统所遵循的原则。

(4)几种协调控制方式的比较

综上所述,在正弦波供电时,按不同规律实现电压-频率协调控制可得不同类型的机械特性:

① 恒压频比(U_s/ω_1 = Constant)控制最容易实现,它的变频机械特性基本上是平行下移,硬度也较好,能够满足一般的调速要求,但低速带载能力有些差强人意,须对定子压降实行补偿。

② 恒 E_g/ω_1 控制是通常对恒压频比控制实行电压补偿的标准,可以在稳态时达到 Φ_{rm} = Constant,从而改善了低速性能。但机械特性还是非线性的,产生转矩的能力仍受到限制。

③ 恒 E_r/ω_1 控制可以得到和直流他励电机一样的线性机械特性,按照转子全磁通 Φ_{rm} 恒定进行控制,即得 E_r/ω_1 = Constant,而且,在动态中也尽可能保持 Φ_{rm} 恒定是矢量控制系统的目标,当然实现起来比较复杂。

3. 基频以上恒压变频时的机械特性

在上述恒磁通运行中，随着频率和转速的上升，电压 U_s 也相应提高，电机的输出功率增大。但是电压的提高受到电动机功率或逆变器最大电压的限制。通常，在频率调节大于基准频率（$f_s > f_{sN}$）时，即当电压提高到额定电压后将维持不变，或者不再正比于 f_s 上升，此后电动机将以恒电磁功率为条件进行电压和频率的控制。

在基频以上变频调速时，由于定子电压 $U_s = U_{sN}$ 不变，式（6.18）的机械特性方程式可写为

$$T_e = 3n_p U_{sN}^2 \frac{sR_r'}{\omega_1[(sR_s + R_r')^2 + s^2\omega_1^2(L_{ls} + L_{lr}')^2]} \tag{6.35}$$

而式（6.24）的最大转矩表达式可改写为

$$T_{emax} = \frac{3}{2} n_p U_{sN}^2 \frac{1}{\omega_1\left[R_s + \sqrt{R_s^2 + \omega_1^2(L_{ls} + L_{lr}')^2}\right]} \tag{6.36}$$

同步转速的表达式仍和式（6.21）一样。

由此可见，当角频率提高时，同步转速随之提高，最大转矩减小，机械特性上移，而形状基本不变，如图 6.12 所示。由于频率提高而电压不变，气隙磁通势必减弱，导致转矩的减小，但转速升高了，可以认为输出功率基本不变。所以基频以上变频调速属于弱磁恒功率调速。

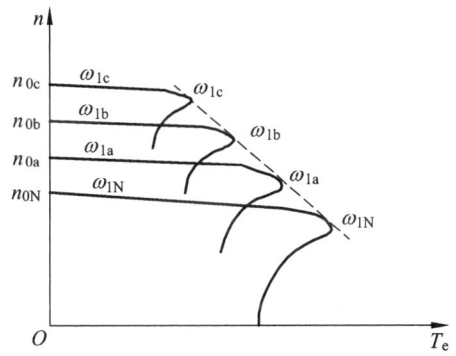

图 6.12 基频以上恒压变频调速的机械特性

最后，应该指出，以上所分析的机械特性都是在正弦波电压供电的情况下。如果电压源含有谐波，将使机械特性受到扭曲，并增加电机中的损耗。因此在设计变频装置时，应尽量减少输出电压中的谐波。总之电压 U_s 与频率 ω_1 是变频器-异步电动机调速系统的两个独立的控制变量，在变频调速时需要对这两个控制变量进行协调控制。在基频以下，有三种协调控制方式。采用不同的协调控制方式，得到的系统稳态性能不同，其中恒 E_r/ω_1 控制的性能最好。在基频以上，采用保持电压不变的恒功率弱磁调速方法。

6.3 交流传动系统的主电路和 PWM 控制方式

对于异步电机的变压变频调速，必须具备能够同时控制电压幅值和频率的交流电源，而电网提供的是恒压恒频的电源，因此应该配置变压变频器，又称 VVVF（Variable Voltage

Variable Frequency）装置。最早的 VVVF 装置是旋转变频机组，即由直流电动机拖动交流同步发电机，调节直流电动机的转速就能控制交流发电机输出电压和频率。自从电力电子器件获得广泛应用以后，旋转变频机组已经无例外地让位给静止式的变压变频器了。

6.3.1 电力电子变压变频器的主要类型

1. 交-直-交和交-交变频器

从结构上看，静止式的变压变频器可分为间接变频和直接变频两类。间接变频装置先将工频交流电源通过整流变成直流，然后再经过逆变器将直流变换为可控频率的交流，因此又称为交-直-交变压变频器。直接变频装置则将工频交流一次变换成可控频率的交流，没有中间直流环节，称为交-交变压变频器。目前应用较多的还是交-直-交变压变频器装置。

（1）交-直-交变压变频器

交-直-交变压变频器先将工频交流电源通过整流器变换成直流，再通过逆变器变换成可控频率和电压的交流，如图 6.13 所示。

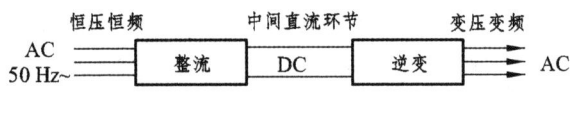

图 6.13 交-直-交（间接）变压变频器

具体的整流和逆变电路种类很多，当前应用最广的是由二极管组成的不控整流器和由功率开关器件（P-MOSFET，IGBT 等）组成的脉宽调制（PWM）逆变器，简称 PWM 变压变频器，如图 6.14 所示。

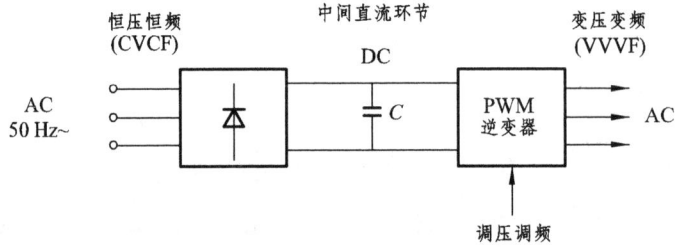

图 6.14 交-直-交 PWM 变压变频器

PWM 变压变频器的应用之所以如此广泛，是因为它具有如下优点：

① 在主电路整流和逆变两个单元中，只有逆变单元可控，通过它同时调节电压和频率，结构简单。采用全控型的功率开关器件，只通过驱动电压脉冲进行控制，电路简单，效率高。

② 输出电压波形虽是一系列的 PWM 波，但由于采用了恰当的 PWM 控制技术，正弦基波的比重较大，影响电机运行的低次谐波受到很大的抑制，因而转矩脉动小，提高了系统的调速范围和稳态性能。

③ 逆变器同时实现调压和调频，动态响应不受中间直流环节滤波器参数的影响，系统的动态性能也得以提高。

④ 采用不可控的二极管整流器，电源侧功率因素较高，且不受逆变输出电压大小的影响。

谐波减少的程度取决于开关频率,而开关频率则受器件开关时间的限制。采用可控关断的全控式器件以后,开关频率才得以大大提高,输出波形几乎可以得到非常标准的正弦波,成为当前最有发展前途的一种结构形式,其应用主要受到器件电压、电流容量的限制。

（2）交-交变压变频器

交-交变压变频器的基本结构如图 6.15 所示,它只有一个变换环节,把恒压恒频（CVCF）的交流电源直接变换成 VVVF 输出,因此又称直接式变压变频器。有时为了突出其变频功能,也称作周波变换器（cycloconveter）。

常用的交-交变压变频器输出的每一相都是一个由正、反两组晶闸管可控整流装置反并联的可逆线路。也就是说,每一相都相当于一套直流可逆调速系统的反并联可逆线路,如图 6.16 所示。

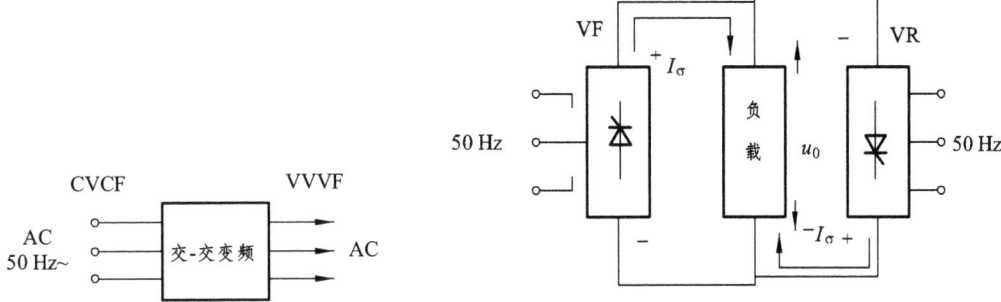

图 6.15　交-交（直接）变压变频器　　图 6.16　交-交变压变频器每一相的可逆线路

正、反两组按一定周期相互切换,在负载上就获得交变的输出电压 u_o。u_o 的幅值决定于各组可控整流装置的控制角 α,u_o 的频率决定于正、反两组整流装置的切换频率。如果控制角一直不变,则输出平均电压是方波,如图 6.17 所示。

要获得正弦波输出,就必须在每一组整流装置导通期间不断改变其控制角。例如,在正向组导通的半个周期中,使控制角 α 由 $\pi/2$（对应于平均电压 $u_0 = 0$）逐渐减小到 0（对应于 u_0 最大）,然后再逐渐增加到 $\pi/2$（u_0 再变为 0）,如图 6.18 所示。

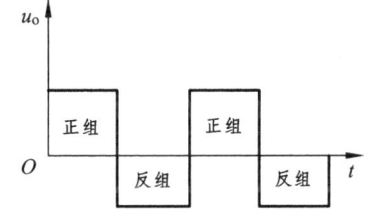

图 6.17　方波型平均输出电压波形

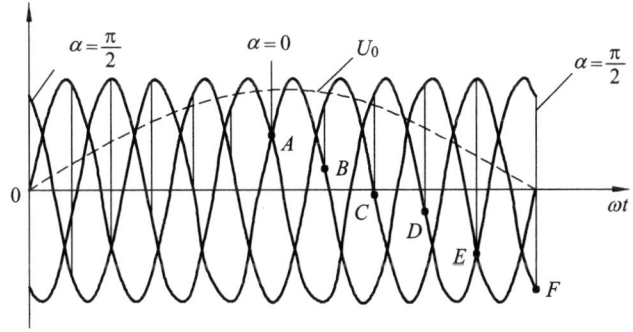

图 6.18　交-交变压变频器的单相正弦波输出电压波形

当 α 角按正弦规律变化时,半周中的平均输出电压即为图 6.18 中虚线所示的正弦波。对反向组负半周的控制也是这样。

以上只分析了交-交变频的单相输出，对于三相负载，其他两相也各用一套反并联的可逆线路，输出平均电压相位依次相差120°。这样，如果每个整流器都用桥式电路，三相变频装置共用三套反并联线路，共需36个晶闸管元件（当每一桥臂只用一个元件时）；若采用零式电路，也得要18个元件。因此，交-交变频装置虽然在结构上只有一个变换环节，省去了中间直流环节，但所用元件数量更多，总设备相当庞大。这类交-交变频器的其他缺点是：输入功率因数较低，谐波电流含量大，频谱复杂，因此须配置谐波滤波和无功补偿设备。其最高输出频率不超过电网频率的 1/3 ~ 1/2，一般主要用于轧机主传动、球磨机、水泥回转窑等大容量、低转速的调速系统，供电给低速电机直接传动，可以省去庞大的齿轮减速箱。近年来又出现了一种采用全控型开关器件的矩阵式交-交变压变频器，类似于PWM控制方式，输出电压和输入电流的低次谐波都较小，输入功率因数可调，能量可双向流动，以获得四象限运行，但当输出电压必须为正弦波时，最大输出输入电压比只有0.866。

2. 电压源型和电流源型逆变器

在交-直-交变压变频器中，按照中间直流环节直流电源性质的不同，逆变器可以分成电压源型和电流源型两类，两种类型的实际区别在于直流环节采用怎样的滤波器。图6.19绘出了电压源型和电流源型逆变器的示意图。

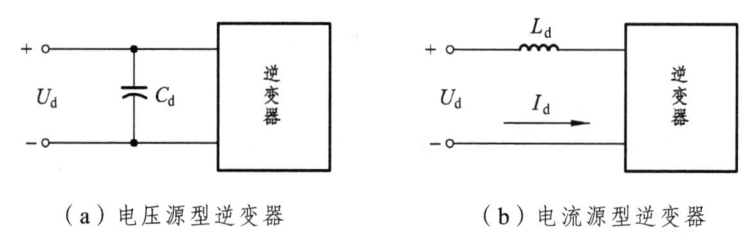

（a）电压源型逆变器　　　　　　（b）电流源型逆变器

图 6.19　电压源型和电流源型逆变器示意图

（1）电压源型逆变器

交-直-交型变频器中间直流环节采用大电容滤波，使直流电压波形比较平直，对于负载来说，是一个内阻抗为零的恒压源，这类变频调速装置叫作电压源型变频器。对于交-交变频装置虽然没有滤波电容，但供电电源的低阻抗使其具有电压源的性质，也属于电压源型变频器。

（2）电流源型逆变器

交-直-交型变频器直流环节采用大电感滤波，直流电流波形比较平直，相当于一个恒流源，输出交流电流是矩形波或阶梯波，因而电源内阻抗很大，对负载来说基本上是一个恒流源。这类变频装置叫作电流源型变频器。有的交-交变频装置的主电路中串入电抗器，使其具有电流源的性质，也属于电流源型变频器，或简称为电流源型逆变器。

（3）交-直-交电压源型变频器和电流源型变频器的性能比较

从主电路上看，电压源型变频器和电流源型变频器的区别仅在于中间直流环节滤波器的种类不同。可是这一区别却使两类变频器在性质和功能上存在相当大的差异，主要表现如下：

① 无功能量的缓冲。

对于变压变频调速系统来说，变频器的负载就是异步电动机，属于感性负载，在中间直流环节与电机之间,除了有功功率的传送外,还有无功功率的交换。由于逆变器中电力电子开关器件不能储能,所以无功能量只能靠直流环节中作为滤波器的储能元件来缓冲,使它不至于影响到交流电网。可见,两类变频器的主要区别在于储能元件(电容器或电抗器)的不同。

② 回馈制动。

采用电压源型变频器的调速系统要实现回馈制动和四象限运行是比较困难的,因为其中间直流环节有大电容钳制着电压,使之无法迅速反向,而电流也不能反向,所以无法实现回馈制动。需要制动时,对于小容量的变频器,采用在直流环节中并联电阻的能耗制动。对于中、大容量的变频器,可在整流器的输出端反并联另一组可控整流器,制动时使其工作在有源逆变状态,以通过反向的制动电流而维持电压极性不变,实现回馈制动。

采用电流源型变频器给异步电动机供电的调速系统,其显著特点是容易实现回馈制动,从而便于四象限运行。适用于需要制动和经常正、反转的机械。而且电流源型变压变频调速系统容易实现回馈制动。

③ 调速时的动态响应。

由于交-直-交电流源型变频器的直流电压可以迅速改变,所以调速系统的动态响应比较快,而电压源型变压变频调速系统的动态响应相对较慢。但如果采用 PWM 控制,动态响应会快很多。

④ 适用范围。

电压源型变频器属于恒压源,电压控制相应慢,所以适合作为多台电机同步运行时的供电电源,而且不要求快速加减速的场合。电流源型变频器属于恒流源,系统对负载电流变化的反应迟缓,因而适用于单台电机传动,但可以满足快速启、制动和可逆运行的要求。

6.3.2 电压源型交-直-交交流传动系统的主电路

在电压源型变频器中,较为流行的是所谓二点式电路或二电平电路。随着变频器容量和电压的提高,人们提出了新的多点式电路概念,并成功地研制出三点式电路,包括三点式整流器和三点式逆变器。

1. 二电平电压型三相逆变器工作原理

电压型三相桥式逆变电路如图 6.20 所示,这是一种最基本的逆变电路。通常中、大功率的应用均采用三相逆变电路,当对波形要求较高时,则采用此最基本线路进行多重叠加或采用 PWM 控制方法,以抑制较大的高次谐波。

它的基本工作原理是:当 VT_1 导通时,节点 U 接于直流电源正端;当 VT_4 导通时,节点 U 接于直流电源负端。同理,V 和 W 节点也是根据上下管导通与否决定其电位的。按图 6.20 中依次标号的开关器件,其驱动信号彼此间相差 60°。根据各管导通时间可分 180°导电类型和 120°导电类型两种。

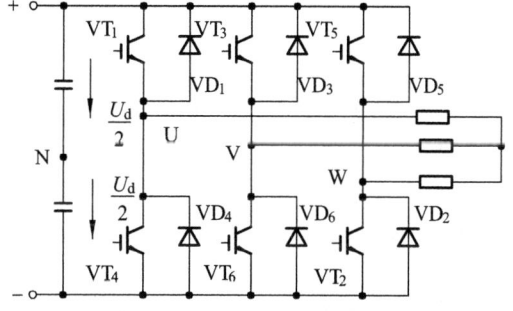

图 6.20 电压源型三相桥式逆变器电路原理图

2. 三电平电压型三相逆变器工作原理

以上所论述的三相逆变器电路其输出电压只有两种电平,以图 6.20 的 U 相为例,以电源中点为基准,当 VT_1 导通时为输出正,VT_4 导通时为输出负,即 $+U_d/2$ 和 $-U_d/2$,输出电压是两种电平。三电平电压型三相逆变器输出电压有 0,$+U_d/2$ 和 $-U_d/2$ 三种电平,称之为三电平逆变器。利用二电平逆变器,可以把中间直流回路的正极电位或负极电位送到电动机上去。而在三电平逆变器的情况下,除了把中间直流回路的正极或负极电位送到电动机上去以外,还可以把中间直流回路的中点电位送到电动机上去。

三电平逆变器主电路采用 12 只 IGBT 器件及 6 只钳位二极管组成的带中性点的钳位电路,如图 6.21 所示是三相电平逆变器主电路原理图。图中 T_{11},T_{21},T_{31},T_{14},T_{24},T_{34} 为主管,T_{12},T_{22},T_{32},T_{13},T_{23},T_{33} 为辅管,辅管与钳位二极管 D_{10},D_{20},D_{30},D'_{10},D'_{20},D'_{30} 结合可使输出钳位在 0 电平。以 a 相为例,在输出为 $+U_d/2$ 的状态,正的负载电流流经 T_{11},T_{12},负的负载电流流经 D_{11} 和 D_{12};在输出为 0 的状态,正的负载电流流经 D_{10} 和 T_{12},负的负载电流流经 T_{13} 和 D'_{10};在输出为 $-U_d/2$ 的状态,正的负载电流流经 D_{13} 和 D_{14},负的负载电流流经 T_{13} 和 T_{14}。这种电路虽然在导通状态下由于电流流经元件增多而增加了电压降,但在截止状态下元件承受电压只有两点式逆变器的一半,这样一方面可降低对 IGBT 元件的电压要求,另一方面三电平逆变器由于增加了第三个电压值,可使其输出波形更接近正弦波。

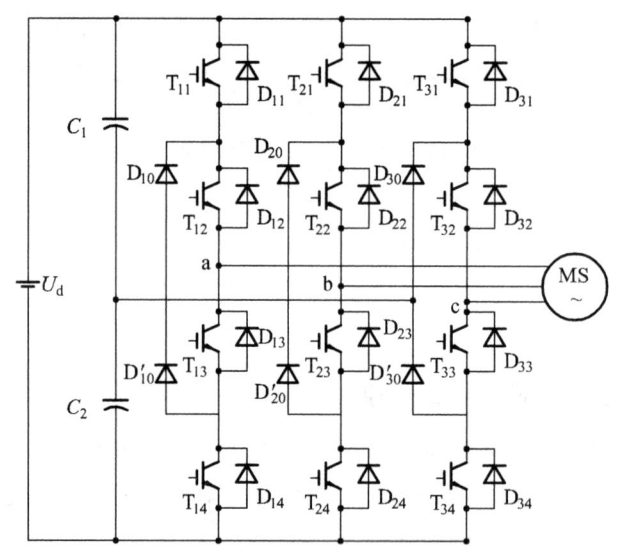

图 6.21 三相三电平逆变器原理图

三电平逆变器有以下优点:① 二电平逆变器的输出端电位在 $+U_d/2 \sim -U_d/2$ 之间变化,而三电平逆变器在 $+U_d/2 \sim 0$ 之间或者 $0 \sim -U_d/2$ 之间变化。半导体器件的阻断电压被限制在输入端直流电压的一半;② 三电平逆变器的端电压波形比二电平逆变器的波形包含较少的谐波分量。在一个周期内,二电平逆变器电路只有 8 种状态,而三点式电路有 $3^3 = 27$ 种状态。因此,这将有利于减少相邻两种电路状态间转换时引起的电压和电流冲击,从而有利于降低损耗、提高系统功率和减少转矩脉动。

6.3.3 脉冲宽度调制

在交流调速系统中，要求逆变器的输出电压与频率能够同时、独立、平滑地调节。而在方波逆变器中，只能调节频率，不能调节输出电压。方波逆变器的一些主要缺点，在脉宽调制逆变器中得到了克服。由于脉宽逆变器输出量中的谐波成分减少，改善了转矩脉动情况，消除传动系统在低速运行时的齿槽效应，而且也使电动机的损耗减少、效率提高。

1. SPWM 调制原理

由于期望逆变器的输出是一正弦电压波形，可以把一个正弦半波作 N 等分，把正弦曲线每一等分所包的面积都用一个与其面积相等的等幅矩形脉冲来代替（见图 6.22）。这样，由 N 个等幅而不等宽的矩形脉冲所组成的波形就与正弦的半波等效，而另外一个半波也可用相同的方法等效代替。

图 6.22（b）的一系列脉冲波形即是所期望的逆变器输出。可以看到，由于各脉冲的幅值相等，所以逆变器可由恒定的直流电源供给，这就说明了在交-直-交逆变器中的整流器可采用不可控的形式，而逆变器输出脉冲的幅值即为整流器的输出电压。当逆变器各开关元件在理想状态工作时，则很容易地推断出驱动相应开关元件的控制信号也是与图 6.22（b）相似形状的一系列脉冲波形。

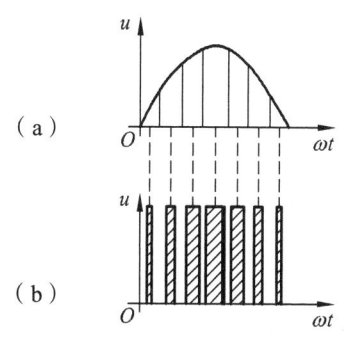

图 6.22 SPWM 调制原理

从理论上讲，这一系列脉冲波形的宽度可以用计算方法求得，以作为控制逆变器中各开关元件通断的依据。但较为实用的办法是利用通信技术中的"调制"这一概念，以所期望的波形（在此处即是正弦波）作为调制波，而对它进行调制的信号称为载波，常用等腰三角波调制方法来确定各分段矩形脉冲的宽度。由于等腰三角波是上下宽度线性对称变化的波形，以它作为载波调制信号，当它与任何一个光滑的曲线相交时，即可得到一组等幅而脉冲宽度正比于该曲线函数值的矩形脉冲。这就是脉冲调制技术（Pulse Width Modulation，PWM）。如取正弦波作为控制信号，它与三角载波相比较后所得到的即是一组宽度按正弦规律变化的矩形脉冲[见图 6.22（b）]，称这种调制方式为正弦脉宽调制，简称 SPWM。由于 SPWM 控制方式能获得宽度按正弦规律作变化的脉冲序列，所以逆变器输出电压的谐波比 PWM 控制方式小。当然换来的代价是控制较为复杂，但这种方法仍然被广泛使用。根据输出电压波的极性不同，又可分为单极性（或不对称）SPWM 波和双极性（或对称）SPWM 波。

（1）单极性正弦脉宽调制 SPWM 控制方式

如果在正弦调制波的半个周期内，三角载波只在正或负的一种极性范围内变化，所得到的 SPWM 波也只处于一个极性的范围内，叫做单极性控制方式。

图 6.23 是采用 IGBT 作为开关器件的电压型单相桥式逆变电路，设负载为感性，对各 IGBT 的控制按下面的规律进行。

① 在正半周期，让 IGBT 管 V_1 一直保持导通，而让 V_4 交替通断。当 V_1 和 V_4 同时导通时，负载上所加的电压为直流电源电压 U_d。当 V_1 导通而使 V_4 关断后，由于电感性负载中的电流不能突变，负载电流将通过二极管 VD_3 续流，负载上所加电压为 0。如果负载电流较大，那么直

到 V_4 再一次导通之前，VD_3 一直持续导通。如果负载电流较快地衰减到 0，在 V_4 再一次导通之前，负载电压也一直为 0。这样，负载上的输出电压 U_o 就可得到 0 和 U_d 交替的两种电平。

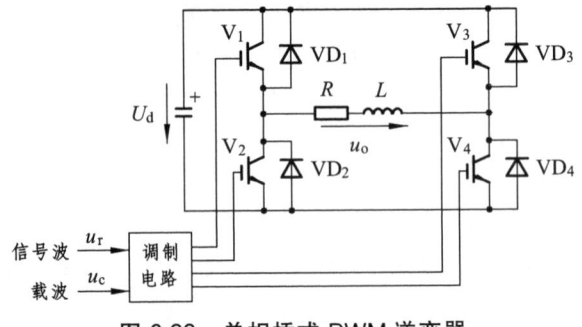

图 6.23 单相桥式 PWM 逆变器

② 在负半周期，让 IGBT 管 V_2 始终保持导通。当 V_2 导通时，负载电压为 $-U_d$；当 V_3 关断时，VD_4 续流，负载电压为 0，负载电压 U_o 可得到 $-U_d$ 和 0 两种电平。这样，在一个周期内，逆变器输出的 SPWM 波形就由 $\pm U_d$ 和 0 三种电平。

控制 V_3 或 V_4 通断的方法如图 6.24 所示，载波 U_c 在调制波 U_r 的正半周为正极性的三角波，在负半周为负极性的三角波。调制信号 U_r 为正弦波。在 U_r 和 U_c 的交点时刻控制 V_3 或 V_4 的通断。在 U_r 的正半周，V_1 保持导通，当 $U_r>U_c$ 时使 V_4 导通，负载电压 $U_o = U_d$，当 $U_r<U_c$ 时使 V_4 关断，$U_o = 0$；在 U_r 的负半周，V_1 关断，

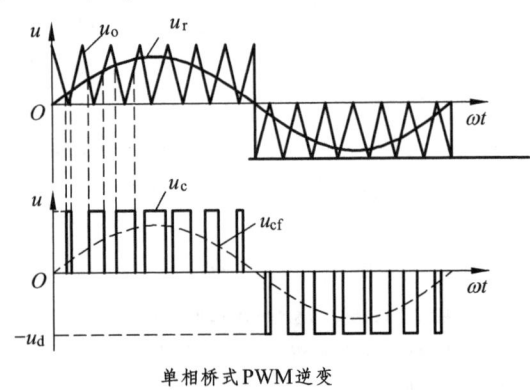

图 6.24 单极性 SPWM 控制方式

VD_2 和保持导通，当 $U_r<U_c$ 时使 V_3 导通，负载电压 $U_o = -U_d$，当 $U_r>U_c$ 时使 V_3 关断，$U_o = 0$。这样，就得到了 SPWM 波形 U_o。图 6.24 中虚线 U_{o1} 表示 U_o 的基数分量。像这种在 U_r 的半个周期内三角波载波只在一个方向变化，所得到的 SPWM 波形也只在一个方向变化的控制方式称为单极性 SPWM 控制方式。

（2）双极性正弦脉宽调制

如果在正弦调制波半个周期内，三角载波在正负极性之间连续变化，则 SPWM 波也是在正负之间变化，叫作双极性控制方式。图 6.23 的单相桥式逆变电路在采用双极性控制方式时的波形如图 6.25 所示。在双极性方式中 U_r 的半个周期内，三角形载波是在正负两个方向变化的，所得到的 SPWM 波形也是在两个方向变化的。在 U_r 的一周期内，输出的 SPWM 波形只有 $\pm U_d$ 两种电平。仍然在调制信号 U_r 和载波信号 U_c 的交点时刻控制各开关器件的通断。在 U_r 的正负半周，对各开关器件的控制规律相同。当 $U_r>U_c$ 时，给 V_1 和 V_4 以开通信号，给 V_2、V_3 以关断信号，输出电压 $U_o = U_d$；当 $U_r<U_c$ 时，给 V_2、V_3 以开通信号，给 V_1、V_4 以

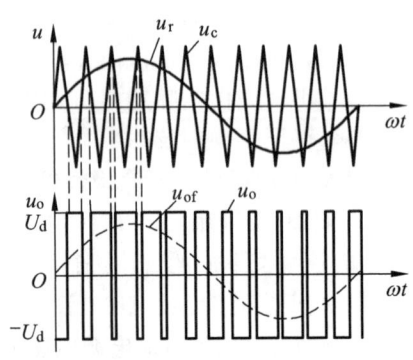

图 6.25 双极性 PWM 控制方式

关断信号，输出电压 $U_o = -U_d$。可以看出，同一半桥的上下两个桥臂 IGBT 的驱动信号极性相反，处于互补工作方式。在电感性负载的情况下，若 V_1 和 V_4 处于导通状态时，给 V_1 和 V_4 以关断信号，而给 V_2 和 V_3 以开通信号后，则 V_1 和 V_4 立即关断；因感性负载电流不能突变，V_2 和 V_3 并不能立即导通，二极管 D_2 和 D_3 导通续流。当感性负载电流较大时，直到下一次 V_1 和 V_4 重新导通前，负载电流方向始终不变，VD_2 和 VD_3 持续导通，而 V_2 和 V_3 始终不导通。当负载电流较小时，在负载电流下降到 0 之前，VD_2 和 VD_3 续流，之后 V_2 和 V_3 导通，负载电流反向。不论 VD_2 和 VD_3 导通，还是 V_2 和 V_3 导通，负载电压都是 $-U_d$。从 V_2 和 V_3 导通向 V_1 和 V_4 导通切换时，VD_1 和 VD_4 的续流情况和上述情况相类似。

2. 脉宽调制逆变器的基本控制方法

SPWM 逆变器虽然以输出波形接近正弦为目的，但其输出电压中仍然存在着谐波分量。产生谐波的主要原因是：① 在工程应用中对 SPWM 波形的生成往往采用规则采样法或专用集成电路器件，这并不能保证脉宽调制序列波的波形面积与各段正弦波面积完全相等；② 在实现控制时，为了防止逆变器同一桥臂上、下两器件的同时导通而导致直流侧短路，当同一桥臂内上、下两器件作互补工作时，设置了一个导通时滞环节，而这种时滞不可避免地造成逆变器输出的波形失真。

尽管目前多数控制系统的 SPWM 的实现都采用数字或微处理器控制，模拟控制电路实现的 SPWM 现在已经很少应用；但它的原理往往是其他控制方法的基础，所以仍需充分了解。

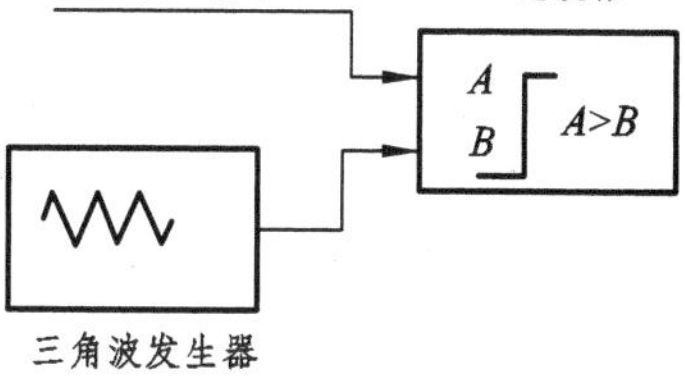

（1）SPWM 模拟控制

原始的 SPWM 是由模拟控制来实现的。图 6.26 是 SPWM 逆变器的模拟控制电路原理框图。

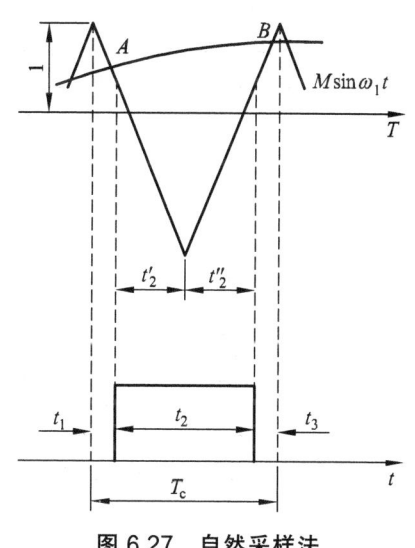

图 6.26 SPWM 逆变器的模拟控制电路原理框图

（2）SPWM 的数字控制

数字控制是 SPWM 目前常用的控制方法，可采用微机存储预先计算的 SPWM 数据表格、控制时根据指令调出；或者通过软件实时生成 SPWM 波形。下面介绍几种常用的方法。

① 等效面积算法。

前已指出，正弦脉宽调制的基本原理就是按面积相等的原则构成与正弦波等效的一系列等幅不等宽的矩形脉冲波形。根据已知数据和正弦数据依次算出每个脉冲的宽度，用于查表或实时控制。这是一种最简单的算法。

② 自然采样法。

依照模拟控制的方法，计算正弦调制波与三角载波的交点，从而求出相应的脉宽和脉冲间歇时间，生成 SPWM 波形，这种方法叫作自然采样法（natural sampling），如图 6.27 所示。在图 6.27 中截取了任意一段正弦调制波与三角载波的相交情况，交点 A 是发生脉冲的时刻，B 点是结束脉冲的时刻。T_c 为三角载波的周期；T_1 为在 T_c 时间内，在脉冲发生以前（即 A 点以前）的间

图 6.27 自然采样法

歇时间。T_2 为 AB 之间的脉宽时间；T_3 为在 T_c 以内 B 点以后的间歇时间。显然，$T_C = T_1 + T_2 + T_3$。

定义调制度：$M = \dfrac{U_{ROM}}{U_{TOM}}$，式中 U_{ROM} 和 U_{TOM} 为正弦参考波与三角载波的幅值，一般 U_{TOM} 为恒值，而 U_{ROM} 随逆变器输出频率作正比变化，所以在调频过中，M 也是个变数。在图 6.27 中若以单位量"1"表示三角载波的幅值 U_{TOM}，则正弦参考波可写作 $u_R = M \sin \omega_1 t$，ω_1 是正弦参考波的频率（即逆变器输出频率）。

由于 A，B 两点对三角载波的中心线并不对称，须把脉宽时间 T_2 分成 T_2' 和 T_2'' 两部分（见图 6.27）。按相似直角三角形的几何关系，可知

$$\frac{2}{T_c/2} = \frac{1 + M \sin \omega_1 t_A}{t_2'} \tag{6.37}$$

$$\frac{2}{T_c/2} = \frac{1 + M \sin \omega_1 t_B}{t_2''} \tag{6.38}$$

经整理得

$$t_2 = t_2' + t_2'' = \frac{T_c}{2}\left[1 + \frac{M}{2}(\sin \omega_1 t_A + \sin \omega_1 t_B)\right] \tag{6.39}$$

式（6.39）是一个超越方程，其中 t_A、t_B 与载波比 N 和调制度 M 都有关系，求解困难，而且 $t_1 \ne t_3$，分别计算就更增加了困难。因此，自然采样法虽能确切反映正弦脉宽调制的原始方法，但不适于微机实时控制。

③ 规则采样法。

如图 6.28（a）所示为一种规则采样法，称之为规则采样法Ⅰ。它是在三角载波每一周期的正峰值时找到正弦调制波上的对应点，即图 6.28（a）中 D 点，求得电压值 U_{rd}。用此电压值对三角波进行采样，得 A，B 两点，并认为它们是 SPWM 波形中脉冲的生成时刻，A，B 区间就是脉宽时间 t_2，规则采样法Ⅰ的计算显然比自然采样法简单，但从图 6.28（a）中可以看出，所得的脉冲宽度将明显地偏小，从而造成脉宽误差。这是由采样电压水平线与三角载波的交点都在正弦调制波的同一侧造成的。

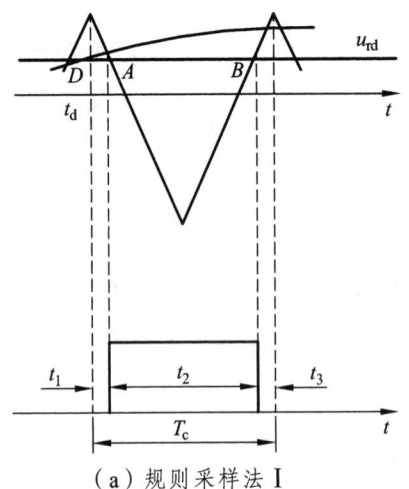
（a）规则采样法Ⅰ

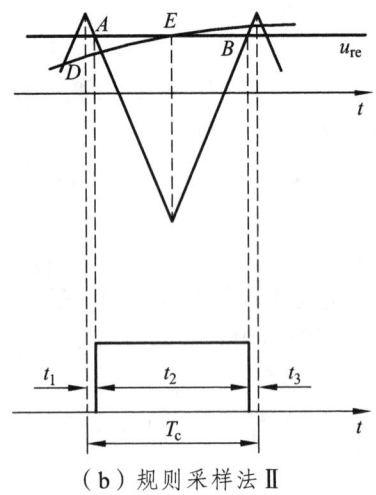
（b）规则采样法Ⅱ

图 6.28 规则采样法

6 交流调速系统基础

为了减小误差，可对采样时刻作另外的选择，这就是如图 6.28（b）所示的规则采样法 II。图 6.28（b）中仍在三角载波的固定时刻找到正弦调制波上的采样电压值，但所取的不是三角载波的正峰值，而是其负峰值，如图 6.28（b）中 E 点，采样电压为 U_{re}。在三角载波上由 U_{re} 水平线截得 A，B 两点，从而确定了脉宽时间 t_2。这时，由于 A，B 两点落在正弦调制波的两侧，因此所得的 SPWM 波形也就更准确了。

由图 6.28 可以看出，规则采样法的实质是用阶梯波来代替正弦波，从而简化了算法。只要载波比足够大，不同的阶梯波都很逼近正弦波，所造成的误差就可以忽略不计了。

在规则采样法中，三角载波每个周期的采样时刻都是确定的，都在正峰值或负峰值处，不必作图就可计算出相应时刻的正弦波值。例如，在规则采样法 II 中，采样值依次为 $M\sin\omega_1 t_e$，$M\sin(\omega_1 t_e + T_c)$，$M\sin(\omega_1 t_e + 2T_c)$，…因而，脉宽时间和间歇时间都可以很容易计算出来，由图 6.28（b）可得规则采样法 II 的计算公式：

脉宽时间 $\quad t_2 = \dfrac{T_C}{2}(1 + M\sin\omega_1 t_e)$ （6.40）

间歇时间 $\quad t_1 = t_3 = \dfrac{1}{2}(t_c - t_2)$ （6.41）

三相正弦调制波在时间上互差 $2\pi/3$，而三角载波是共用的，这样就可在同一个三角载波周期内获得三相 SPWM 脉冲波形。

根据上述采样原理和计算公式，可以用计算机实时控制产生 SPWM 波形，具体实现方法有：

• 查表法。

数字控制中用计算机实时产生 SPWM 波形正是基于上述的采样原理和计算公式。一般可以离线先在通用计算机上算出相应的脉宽 t_2 或 $(T_c/2)M\sin\omega_1 t_e$，并写入 EPROM，然后由调速系统的微机通过查表和加减运算求出各相脉宽时间和间歇时间，这就是查表法。查表的优点是简单，特别是在定频（恒频率）或只在几个频率点运行时更为简单；缺点是所占内存较大。在连续高分辨率调频时，由于不可能存储所有的模式，因此难以实现波形的优化。

• 专用集成电路。

专门用于产生三相 SPWM 的集成电路较多。它们可与单片机接口，也可单独使用。专用电路有很好的性价比，且构成的系统简单、可靠。其缺点是不灵活，不能优化波形，有的电路要求与单片机接口，在软件支持下才能工作。

• 实时计算法。

可以在内存中存储正弦函数和 $T_c/2$ 值，控制时先取出正弦值与调速系统所需的调制度 M 作乘法运算，再根据给定载波频率取出对应的 $T_c/2$，与 $M\sin\omega_1 t_e$ 作乘法运算，然后运用加、减、移位即可得出脉宽时间 t_2 和间歇时间 t_1，t_3，这就是实时计算法。

按查表法实时计算所得的脉冲数据都送入定时器，利用定时中断向接口电路送出相应的高、低电平，以实时产生 SPWM 波形的一系列脉冲。对于开环控制系统，在某一给定转速下其调制度 M 与频率 ω_1 都有确定值，所以宜采用查表法。对于闭环控制的调速系统，在系统运行中调制度 M 值须随时被调节（因为有反馈控制的调节作用），所以用实时计算法更为适宜。

由于 PWM 变压变频器的应用非常广泛，已制成多种专用集成电路芯片作为 SPWM 信号的发生器，后来更进一步把它做在微机芯片里面，生产出多种带 PWM 信号输出口的电机控制用的 8 位、16 位微机芯片和 DSP。

3. 消除指定次数谐波的 PWM 控制技术

前面所讨论的 SPWM 逆变器控制模式并不是唯一的模式，近年来对 SPWM 控制模式研究很多，提出的方法也很多，它们大多是围绕为实现某项指标而做的工作，其中比较有意义的是为消除指定谐波的 PWM 控制模式。

脉宽调制（PWM）的目的是使变压变频器输出的电压波形尽量接近正弦波、减少谐波以满足交流电机的需要。要达到这一目的，除了上述采用正弦波调制三角波的方法以外，还可以采用直接计算图 6.29 中各脉冲起始与终结相位 α_1，α_2，…，α_{2m} 的方法，以消除指定次数的谐波，构成近似正弦的 PWM 波形。

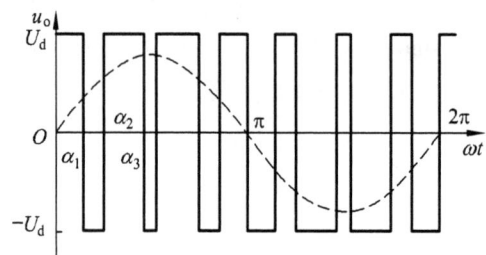

图 6.29 特定谐波消去法的输出 PWM 波形

对图 6.29 的 PWM 波形作傅氏分析可知，其 k 次谐波相电压幅值为

$$U_{km} = \frac{2U_d}{k\pi}\left[1 + 2\sum_{i=1}^{m}(-1)^i \cos k\alpha_i\right] \tag{6.42}$$

式中　U_d——变压变频器直流侧电压；

　　　α_i——以相位角表示的 PWM 波形第 i 个起始或终结时刻。

从理论上讲，要消除第 k 次谐波分量，只需令式（6.42）中的 $U_{km} = 0$，并满足基波幅值所要求的电压值，从而解出相应的值即可。然而，图 6.29 的输出电压波形为一组正负相间的 PWM 波，它不仅半个周期对称，而且有 1/4 周期按纵轴对称的性质。在 1/4 周期内，有 m 个值，即 m 个待定参数，这些参数代表了可以用于消除指定谐波的自由度。

其中除了必须满足的基波幅值外，尚有 $(m-1)$ 个可选的参数，它们分别代表了可消除谐波的数量。例如，取 $m = 5$，可消除 4 个不同次数的谐波。常常希望消除影响最大的 5，7，11，13 次谐波，就是让这些谐波电压的幅值为零，并令基波幅值为需要值，代入式（6.42），可得一组三角函数的联立方程：

$$U_{1m} = \frac{2U_d}{\pi}[1 - 2\cos\alpha_1 + 2\cos\alpha_2 - 2\cos\alpha_3 + 2\cos\alpha_4 - 2\cos\alpha_5] = 需要值$$

$$U_{5m} = \frac{2U_d}{5\pi}[1 - 2\cos5\alpha_1 + 2\cos5\alpha_2 - 2\cos5\alpha_3 + 2\cos5\alpha_4 - 2\cos5\alpha_5] = 0$$

$$U_{7m} = \frac{2U_d}{7\pi}[1 - 2\cos7\alpha_1 + 2\cos7\alpha_2 - 2\cos7\alpha_3 + 2\cos7\alpha_4 - 2\cos7\alpha_5] = 0$$

……

可采用数值迭代法，在上述方程组求解出开关时刻相位角 α_1，α_2，…然后再利用 1/4 周期对称性，计算出 $\alpha_{2m} = \pi - \alpha_1$，以及 α_{2m-1}…各值。这样的数值计算法在理论上虽能消除指定次数的谐波，但更高次数的谐波却可能反而增大，不过它们对电机电流和转矩的影响已经不大，所以这种控制技术的效果还是不错的。

由于上述数值求解方法的复杂性，而且对应于不同基波频率应有不同的基波电压幅值，求解出的脉冲开关时刻也不一样，所以这种方法不宜用于实时控制，须用计算机离线求出开关角的数值，放入微机内存，以备控制时调用。

4. 电流滞环跟踪 PWM（CHBPWM）控制技术

应用 PWM 控制技术的变压变频器一般都是电压源型的，它可以按需要方便地控制其输出电压，为此前面所述的 PWM 控制技术都是以输出电压近似正弦波为目标的。但是，在交流电机中，实际需要保证的应该是正弦波电流，因为在交流电机绕组中只有通入三相平衡的正弦电流才能使合成的电磁转矩为恒定值，不含脉动分量。因此，若能对电流实行闭环控制，以保证其正弦波形，显然将比电压开环控制获得更好的性能。

常用的一种电流闭环控制方法是电流滞环跟踪 PWM（Current Hysteresis Band PWM——CHBPWM）控制，具有电流滞环跟踪 PWM 控制的 PWM 变压变频器的 A 相控制原理如图 6.30 所示。

在图 6.30 中，电流控制器是带滞环的比较器，环宽为 $2h$。将给定电流 i_a^* 与输出电流 i_a 进行比较，电流偏差 Δi_a 超过 $\pm h$ 时，经滞环控制器 HBC 控制逆变器 A 相上（或下）桥臂的功率器件动作。B，C 二相的原理图均与此相同。

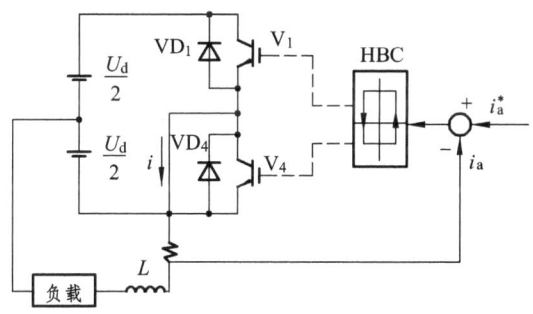

图 6.30 电流滞环跟踪控制的 A 相原理图

采用电流滞环跟踪控制时，变压变频器的电流波形如图 6.31 所示。如果，$i_a < i_a^*$，且 $i_a^* - i_a \geq h$，滞环控制器 HBC 输出正电平，驱动上桥臂功率开关器件 V_1 导通，变压变频器输出正电压，使 i_a 增大。当 i_a 增长到与 i_a^* 相等时，虽然 $\Delta i_a = 0$，但 HBC 仍保持正电平输出，V_1 保持导通，使 i_a 继续增大直到达到 $i_a = i_a^* + h$，$\Delta i_a = -h$，使滞环翻转，HBC 输出负电平，关断 V_1，并经延时后驱动 V_4。但此时未必能够导通，由于电机绕组的电感作用，电流 i_a 不会反向，而是通过二极管 VD_4 续流，使 V_4 受到反向钳位而不能导通。此后，i_a 逐渐减小，直到时 $t = t_2$ 时，$i_a = i_a^* - h$，到达滞环偏差的下限值，使 HBC 再翻

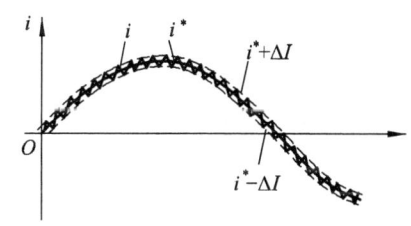

图 6.31 电流滞环跟踪控制时的电流波形

转,又重复使 V_1 导通。这样,V_1 与 VD_4 交替工作,使输出电流 i_a 与给定值 i_a^* 之间的偏差保持在 $\pm h$ 范围内,在正弦波 i_a^* 上下作锯齿状变化。从图 6.31 中可以看出,输出电流十分接近正弦波。

图 6.31 给出了在给定 i_a^* 正弦波电流半个周期内的输出电流波形 $i_a = f(t)$。可以看出,$i_a = f(t)$ 在半个周期内围绕正弦波作脉动变化,不论在上升段还是下降段,它都是指数曲线中的一小部分,其变化率与电路参数和电机的反电动势有关。当 i_a 上升时,输出电压是 $+1/2U_d$,当 i_a 下降时,输出电压是 $-1/2U_d$,因此输出相电压波形仍是 PWM 波形,但与两侧窄中间宽的 SPWM 波相反,两侧增宽而中间变窄,这说明为了使电流波形跟踪正弦波,应该调整一下电压波形。

电流跟踪控制的精度与滞环比较器的环宽有关,同时还受到功率开关器件允许开关频率的制约。环宽选得较大时,可降低开关频率,但电流波形失真较多,谐波成分较大;如果环宽太小,电流波形虽然较好,却会使开关频率增大,有时还可能引起电流超调,反而会增大跟踪误差。所以环宽的正确选择很重要。环宽的大小随所用功率器件的允许开关频率而定,所以在确定环宽时必须讨论环宽与开关频率间的关系。

5. 电压空间矢量 PWM(SVPWM)控制技术

经典的 SPWM 控制主要着眼于逆变器输出电压尽量接近正弦波,或者说,希望输出 PWM 电压波形的基波成分尽量大,谐波成分尽量小。至于电流波形,则还会受负载电路参数的影响。电流跟踪控制则直接着眼于输出电流是否按正弦变化,这比只要求输出电压波形进了一步。然而异步电机需要输入三相正弦电流的最终目的是在空间产生圆形旋转磁场,从而产生恒定的电磁转矩。因此,可以把逆变器和异步电机视为一体,按照跟踪圆形旋转磁场来控制 PWM 电压,这样的控制方法就叫作"磁链跟踪控制"。磁链的轨迹是靠电压空间矢量相加得到的,所以又称"电压空间矢量控制"。

(1)空间矢量的定义

交流电动机绕组的电压、电流、磁链等物理量都是随时间变化的,分析时常用时间相量来表示,但如果考虑到它们所在绕组的空间位置,也可以如图 6.32 所示,定义为空间矢量 u_{AO},u_{BO},u_{CO}。

所谓电压空间矢量是按照电压所加绕组的空间位置来定义的。在图 6.32 中,A,B,C 分别表示在空间的电机定子三相绕组的轴线,它们在空间互差 120°,三相定子相电压 u_{AO},u_{BO},u_{CO} 分别加在三相绕组上,可以定义三个电压空间矢量,它们的方向始终在各相的轴线上,而大小则随时间按正弦规律作脉动式变化,时间相位互差 120° 与电机原理中三相脉动磁动势相加产生合

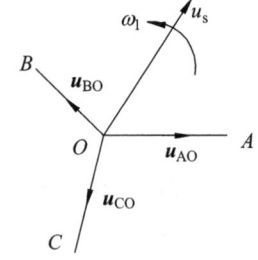

图 6.32 电压空间矢量

成的旋转磁动势相仿。可以证明,三相电压空间矢量相加的合成空间矢量 u_s 是一个旋转的空间矢量,它的幅值不变,是每相电压值的 3/2 倍;旋转频率为 ω_1,用公式表示,则有

$$u_s = u_{AO} + u_{BO} + u_{CO} \tag{6.43}$$

与定子电压空间矢量相仿,可以定义定子电流和磁链的空间矢量 I_s 和 Ψ_s。

(2)电压空间矢量的相互关系

异步电动机定子电压空间矢量方程式为

$$\boldsymbol{u}_s = R_s \boldsymbol{I}_s + \frac{d\boldsymbol{\Psi}_s}{dt} \tag{6.44}$$

式中 $\boldsymbol{u}_s$——定子三相电压合成空间矢量；

$\boldsymbol{I}_s$——定子三相电流合成空间矢量；

$\boldsymbol{\Psi}_s$——定子三相磁链合成空间矢量。

当电动机转速不是很低时，定子电阻压降较小，可忽略不计，则定子合成电压与合成磁链空间矢量的近似关系为

$$\boldsymbol{u}_s = \frac{d\boldsymbol{\Psi}_s}{dt} \tag{6.45}$$

或

$$\boldsymbol{\Psi}_s = \int \boldsymbol{u}_s dt \tag{6.46}$$

式（6.46）表明，电压空间矢量 $\boldsymbol{u}_s$ 的大小等于 $\boldsymbol{\Psi}_s$ 的变化率，而其方向则与 $\boldsymbol{\Psi}_s$ 的运动方向一致。当电动机由三相平衡正弦电压供电时，定子磁链空间旋转矢量可用下式表示：

$$\boldsymbol{\Psi}_s = \Psi_m e^{j\omega_1 t} \tag{6.47}$$

其中，Ψ_m 为磁链 $\boldsymbol{\Psi}_s$ 的幅值，ω_1 为其旋转角速度。

磁链矢量顶端的运动轨迹形成圆形的空间旋转磁场（一般简称为磁链圆）。由式（6.47）可得

$$\boldsymbol{u}_s \approx \frac{d}{dt}(\Psi_m e^{j\omega_1 t}) = j\omega_1 \Psi_m e^{j\omega_1 t} = \omega_1 \Psi_m e^{j\left(\omega_1 t + \frac{\pi}{2}\right)} \tag{6.48}$$

式（6.48）表明，当磁链幅值一定时，$\boldsymbol{u}_s$ 的大小与 ω_1（或供电电压频率）成正比，其方向则与磁链矢量正交，即磁链圆的切线方向，当磁链矢量在空间旋转一周时，电压矢量也连续地按磁链圆的切线方向运动 2π 弧度，其轨迹与磁链圆重合。这样，电动机旋转磁场的轨迹问题就可转化为电压空间矢量的运动轨迹问题（见图6.33）。

（3）六拍阶梯波逆变器与正六边形空间旋转磁场

在变频调速系统中，异步电机由三相 PWM 逆变器供电，这时供电电压和三相平衡正弦电压有所不同。图 6.34 给出了三相 PWM 逆变器供电的原理图，为了简单起见，6 个功率开关器件都用开关符号（SA，SB，SC）表示。为使电机对称工作，必须三相同时供电，即在任一时刻一定有处于不同桥臂下的 3 个器件同时导通，而相应桥臂的另 3 个功率器件则处于关断状态。当用（SA，SB，SC）表示三相逆变器的开关状态时，由于（SA，SB，SC）各有

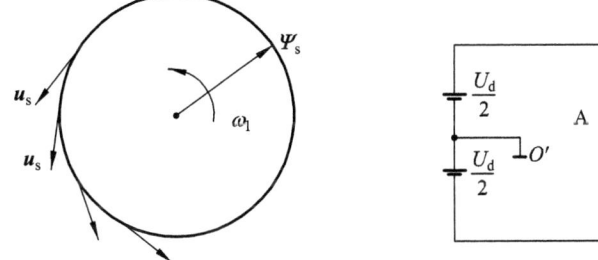

图 6.33 旋转磁场与电压空间矢量的运动轨迹　　图 6.34 三相逆变器-异步电动机调速系统主电路原理图

0（表示相应的下桥臂导通）或 1（表示相应的上桥臂导通）两种状态。因此，整个三相逆变器共有 $2^3 = 8$ 状态（见表 6.1）。其中 6 种有效开关状态；2 种无效状态（因为逆变器这时并没有输出电压）：上桥臂开关 VT_1，VT_3，VT_5 全部导通和下桥臂开关 VT_2，VT_4，VT_6 全部导通。

表 6.1 逆变器的 8 个开关状态表

序号	开 关 状 态	开关代码	矢量
1	VT_6　VT_1　VT_2	100	u_1
2	VT_1　VT_2　VT_3	110	u_2
3	VT_2　VT_3　VT_4	010	u_3
4	VT_3　VT_4　VT_5	011	u_4
5	VT_4　VT_5　VT_6	001	u_5
6	VT_5　VT_6　VT_1	101	u_6
7	VT_1　VT_3　VT_5	111	u_7
8	VT_2　VT_4　VT_6	000	u_8

对于六拍阶梯波的逆变器，在其输出的每个周期中 6 种有效的工作状态各出现一次。逆变器每隔 $\pi/3$ 时刻就切换一次工作状态（即换相），而在这 $\pi/3$ 时刻内则保持不变。对于每个有效的工作状态，相电压都可以用一个合成空间矢量表示，其幅值相等，只是相位不同。

设逆变器的工作周期从 100 状态开始，这时 VT_6，VT_1，VT_2 导通，其电压空间矢量 u_1 与 x 轴同方向，它所存在的时间为 $\pi/3$。在这段时间以后，工作状态转为 110，电机的电压空间矢量为 u_2，它在空间上滞后于 u_1 的相位为 $\pi/3$ 弧度，存在的时间也是 $\pi/3$。依此类推，随着逆变器工作状态的切换，电压空间矢量的幅值不变，而相位每次旋转 $\pi/3$，直到一个周期结束。这样，在一个周期中 6 个电压空间矢量共转过 2π 弧度，u_6 的顶端恰好与 u_1 的尾端衔接，形成一个封闭的正六边形，如图 6.35 所示。对于 111 与 000 这两个工作状态，称之为零矢量，它们的幅值为 0，也无相位，可认为它们坐落在六边形的中心点上。

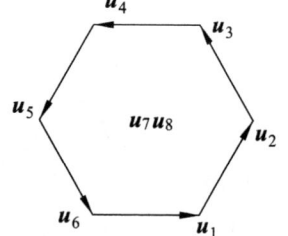

图 6.35 六边形合成电压空间矢量

如前所述，一个由电压空间矢量运动所形成的正六边形轨迹也可以看作是异步电动机定子磁链矢量端点的运动轨迹。对于这个关系，进一步说明如下。

设在逆变器工作在第一个 $\pi/3$ 期间，电动机上施加的电压空间矢量为图 6.35 中的 u_1，此时定子磁链空间矢量为 Ψ_1。逆变器进入第二个 $\pi/3$ 期间，电压空间矢量为 u_2，按照式（6.45）可以写成

$$u_1 \Delta t = \Delta \Psi_1 \tag{6.49}$$

6 交流调速系统基础

也就是说,在 π/3 所对应的时间 Δt 内,施加 u_1 的结果是使定子磁链 Ψ_1 产生一个增量 ΔΨ,其幅值|u_1|与成正比,方向与 u_1 一致,最后得到图 6.36 所示的新磁链,而

$$\Psi_2 = \Psi_1 + \Delta\Psi_1 \qquad (6.50)$$

依此类推,可以写成 ΔΨ 的通式:

$$u_i \Delta t = \Delta\Psi_i \ (i=1,2,\cdots,6)$$
$$\Psi_{i+1} = \Psi_i + \Delta\Psi_i \qquad (6.51)$$

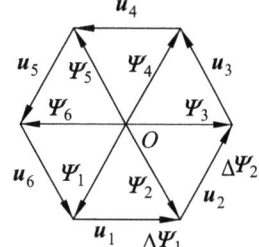

图 6.36 六拍逆变器供电时电动机电压空间矢量与磁链矢量的关系

总之,在一个周期内,6 个磁链空间矢量呈放射状,矢量的尾部都在 O 点,其顶端的运动轨迹也就是 6 个电压空间矢量所围成的正六边形,而不是圆形磁场。

与其他 PWM 方式相比,正六边形磁链轨迹 PWM 控制技术的优点在于控制结构简单,便于微机实现,在同样的输出频率,器件的开关次数最少。其缺点在于输出电压谐波含量比较高,显然不像在正弦波供电时所产生的圆形旋转磁场那样能使电动机匀速运行。为了降低输出电压谐波含量,则一般要采用使电机磁链轨迹形状更接近于圆形的旋转磁场,为此,必须对逆变器的控制模式进行改造。对逆变器的控制模式进行改造有多种实现方法,如线性组合法、三段逼近法、比较判断法等,这里只介绍线性组合法。

(4)电压空间矢量的线性组合控制

逆变器的电压空间矢量虽然只有 $u_1 \sim u_8$ 8 个,但可以利用它们的线性组合,以获得更多的与 $u_1 \sim u_8$ 相位不同的新的电压空间矢量,最终构成一组等幅不同相的电压空间矢量,从而形成尽可能逼近圆形的旋转磁场。这样,在一个周期内逆变器的输出电压将不是六拍阶梯波,而是一系列等幅不等宽的脉冲波,这就形成了电压空间矢量控制的 PWM 逆变器。由于它间接控制了电机的旋转磁场,所以也称作磁链跟踪控制的 PWM 逆变器。因此电压空间矢量的线性组合控制在于充分利用功率器件的开关频率(IGBT 器件的开关频率可达到 10 kHz 以上),使得磁链轨迹尽量逼近理想圆形,降低输出电压的谐波含量。

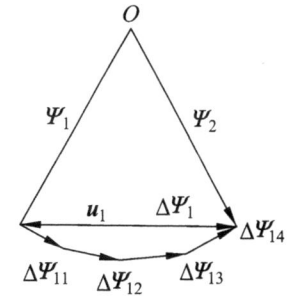

图 6.37 逼近圆形时的磁链增量轨迹

如果要逼近圆形,可以增加切换次数。设想磁链增量由图 6.37 中的 $\Delta\Psi_{11}$,$\Delta\Psi_{12}$,$\Delta\Psi_{13}$,$\Delta\Psi_{14}$ 这 4 段组成。这时,每段施加的电压空间矢量的相位都不一样,可以用基本电压矢量线性组合的方法获得。

6.4 基于异步电动机稳态模型的变压变频调速

国民经济各个部门中,异步电动机台数占交流电动机的 80%以上,因而异步电动机变频调速系统应用最多、最广泛。目前实用的异步电动机变频调速系统,主要有四种控制类型,即

① 恒压频比控制的调速系统;
② 转差频率控制的调速系统;

③ 矢量控制的调速系统；
④ 直接转矩控制的调速系统。

其中恒压频比控制的调速系统和转差频率控制的调速系统是基于异步电动机稳态模型的调速方式，而矢量控制的调速系统和直接转矩控制的调速系统是基于异步电动机动态模型的调速方式。

直流电机的主磁通和电枢电流分布的空间位置是确定的，而且可以独立进行控制，交流异步电机的磁通则由定子与转子电流合成产生，它的空间位置相对于定子和转子都是运动的。除此以外，在笼型转子异步电机中，转子电流还是不可测和不可控的。因此，异步电机的动态数学模型要比直流电机的动态数学模型复杂得多，在相当长的时间里，人们对它的精确表述不得要领。

好在不少机械负载，如风机和水泵，并不需要很高的动态性能，只要在一定范围内能实现高效率的调速就行，因此可以只用电机的稳态模型来设计其控制系统。异步电机的稳态数学模型如前所述，为了实现电压-频率协调控制，可以采用转速开环恒压频比带低频电压补偿的控制方案，这就是常用的通用变频器控制系统。如果要求更高一些的调速范围和启、制动性能，可以采用转速闭环转差频率控制的方案。

6.4.1 转速开环恒压频比控制调速系统

转速开环恒压频比控制调速一般采用通用变频器，目前，通用变频器大都采用二极管整流和全控开关器件 IGBT 或功率模块 IPM 组成的 PWM 逆变器，构成交-直-交电压型变频器，PWM 变压变频器的基本控制作用如图 6.38 所示。它根据异步电动机稳态模型来设计其控制系统，为了实现电压-频率协调控制，它采用转速开环、恒压频比、带低频电压补偿的控制方案。

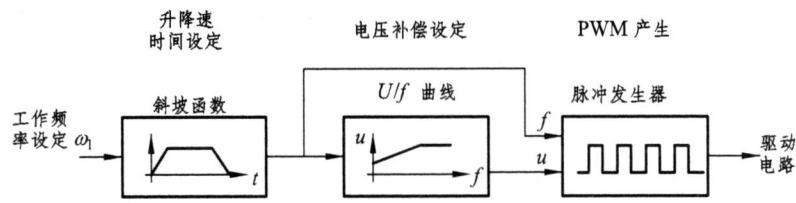

图 6.38 PWM 变压变频器的基本控制作用

PWM 发生器的主要功能是通过产生相应的驱动脉冲来驱动电压型逆变器，将经过电压补偿后的 U^* 依据公式（6.52）变换成 $U_a^* \ U_b^* \ U_c^*$，然后送给电压型逆变器。

$$\left. \begin{array}{l} \theta_1 = \int \omega_1 \mathrm{d}t \\ U_a^* = \sqrt{2} U_s \sin \theta_1 \\ U_b^* = \sqrt{2} U_s \sin(\theta_1 - 120°) \\ U_c^* = \sqrt{2} U_s \sin(\theta_1 + 120°) \end{array} \right\} \quad (6.52)$$

PWM 变频器主要包括以下功能：
（1）给定积分
将阶跃给定信号转变为斜坡信号，以消除阶跃给定对系统产生的过大冲击，使系统中的电压、电流、频率和电机转速都能稳步上升和下降，以提高系统的可靠性及满足一些生产机械的工艺要求。升速和降速的积分时间可以根据负载需要由操作人员分别选择。

（2）信号设定

主要是 U/f 特性，一般用函数发生器实现，即实现 $U/f=C$ 的控制方式。在变压变频调速中，电机定子电压是定子频率的函数。函数发生器就是根据给定积分器输出的频率信号，产生一个对应于定子电压的给定信号，以实现电压、频率的协调控制。变频器中以下几项内容与函数发生器有关：

① 按照不同负载要求设定不同的 $U/f=C$ 特性曲线。

② 当变频器高于基频工作时，采用恒功率控制，这时要保证变频器输出电压不能高于电机的额定输入电压，可通过 $U/f=C$ 函数发生器的输出限幅来保证。低频时定子绕组压降较大，要靠 $U/f=C$ 函数发生器的特性来补偿，使系统达到主磁通 $\varPhi_m$ 恒定的功能，称作电压补偿，补偿的方法主要有两种：一种是在微机中存储多条不同斜率和折线段的 U/f 函数，由用户根据需要选择最佳特性；另一种是采用霍耳电流传感器检测定子电流或直流回路电流，按电流大小自动补偿定子电压。但无论如何都存在过补偿或欠补偿的可能，这是开环控制系统的不足之处。

③ 节能控制：电机处于轻载工作时，适当降低电压，可以使输出电流下降，减小损耗，可通过改变 $U/f=C$ 曲线的斜率来实现。

此外需要设定的控制信息还包括：工作频率、频率升高时间、频率下降时间等，还可以有一系列特殊功能的设定。

（3）PWM 信号的产生

可以由微机本身的软件产生，由 PWM 端口输出；也可采用专用的 PWM 生成电路芯片。产生的信号去控制 IGBT 等开关元件。

图 6.39 绘出了一种典型的数字控制通用变频器-异步电动机调速系统原理图。它包括主电路、驱动电路、微机控制电路、保护信号采集与综合电路，以及主电路所需的吸收电路和其他的辅助电路。

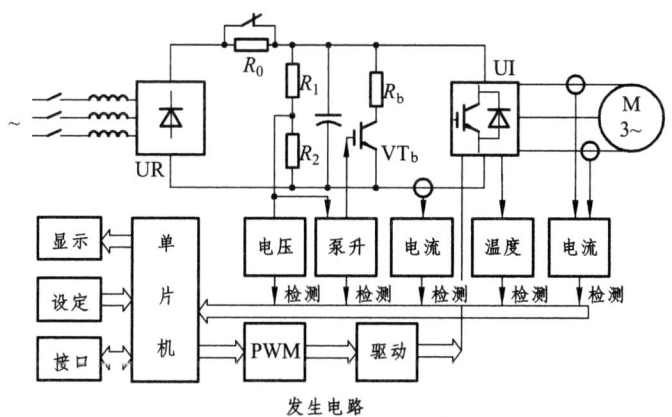

图 6.39 数字控制通用变频器-异步电动机调速系统

主电路由二极管整流器 UR，PWM 逆变器 UI 和中间直流电路三部分组成，一般都是电压源型的，采用大电容 C 滤波，同时兼有无功功率交换的作用。为了避免大电容 C 在通电瞬间产生过大的充电电流,在整流器和滤波电容间的直流回路上串入限流电阻(或电抗),通上电源时,先限制充电电流,再用延时开关 K 将其短路,以免长期接入时影响变频器的正常工作,并产生附加损耗。

由于二极管整流器不能为异步电机的再生制动提供反向电流的通路,所以除特殊情况外,通用变频器一般都用电阻消耗制动能量。减速制动时,异步电机进入发电状态,首先通过逆变器的续流二极管向电容 C 充电,当中间直流回路的电压(通称泵升电压)升高到一定的限制值时,通过泵升限制电路使开关器件导通,将电机释放的动能消耗在制动电阻上。为了便于散热,制动电阻器常作为附件单独装在变频器机箱外边。

二极管整流器虽然是全波整流装置,但由于其输出端有滤波电容存在,因此输入电流呈脉冲波形,这样的电流波形具有较大的谐波分量,使电源受到污染。为了抑制谐波电流,对于容量较大的 PWM 变频器,都应在输入端设有进线电抗器,有时也可以在整流器和电容器之间串接直流电抗器。还可用来抑制电源电压不平衡对变频器的影响。

现代 PWM 变频器的控制电路大都是以微处理器为核心的数字电路,其功能主要是接受各种设定信息和指令,再根据它们的要求形成驱动逆变器工作的 PWM 信号。微机芯片主要采用 8 位或 16 位的单片机,或用 32 位的 DSP,现在已有应用 RISC 的产品出现。

恒压频比控制的异步电动机变压变频调速系统是一种比较简单的控制方式,按控制理论的观点进行分类时,$U/f = C$ 控制方式属于转速(频率)开环控制系统。这种系统虽然在转速控制方面不能给出满意的控制性能,但是这种系统有着很高的性价比。因此,在以节能为目的的各种用途中和对转速精度要求不高的各种场合下得到了广泛的应用。同时还需要指出,恒压频比控制系统是最基本的变压变频调速系统,性能更好的系统都是建立在这种系统的基础之上的。

6.4.2 转速闭环转差频率控制的变压变频调速系统

恒压频比控制的变压变频调速系统可以满足一般平滑调速的要求,但静、动态性能都有限,要提高系统的静、动态性能,首先要采用转速反馈的闭环控制。

由于电气传动控制系统都满足基本运动方程式:

$$T - T_l = \frac{J}{n_p} \cdot \frac{d\omega}{dt} \tag{6.53}$$

式中,J 为转动惯量。

由式(6.53)看出,提高调速系统的动态性能,主要依靠控制转速的变化率 $d\omega/dt$,显然控制电磁转矩就能控制 $d\omega/dt$,因此调速系统的动态性能就是控制其电磁转矩的能力。转差频率控制方式就是通过控制异步电动机的电磁转矩 T 达到对转速的控制。因此,归根结底,调速系统的动态性能就是控制转矩的能力。

在异步电机变压变频调速系统中,需要控制的是电压(或电流)和频率,怎样能够通过控制电压(电流)和频率来控制电磁转矩,这是提高动态性能时需要解决的问题。

1. 转差频率控制的基本概念

直流电机的转矩与电枢电流成正比,控制电流就能控制转矩,问题比较简单。因此,

6 交流调速系统基础

可以把直流双闭环调速系统转速调节器的输出信号当作电流给定信号,也就是转矩给定信号。

在交流异步电机中,影响转矩的因素较多,按照电机学原理中的转矩公式:

$$T = C_e \Phi_m I_2' \cos\varphi_2 \tag{6.54}$$

可以看出,气隙磁通、转子电流、转子功率因数都会影响转矩,而这些量又都和转速有关,所以控制异步电机转矩的问题也就比较复杂。下面仍从稳态气隙磁通不变这个条件出发来寻找控制转矩的规律。

按照恒 E_g/ω_1 控制(即恒 Φ_m 控制)时的电磁转矩公式:

$$T_e = 3n_p \left(\frac{E_g}{\omega_1}\right)^2 \frac{s\omega_1 R_r'}{R_r'^2 + s^2\omega_1^2 L_{lr}'^2} \tag{6.55}$$

将

$$E_g = 4.44 f_1 N_s k_{Ns} \Phi_m = 4.44 \frac{\omega_1}{2\pi} N_s k_{Ns} \Phi_m = \frac{1}{\sqrt{2}} \omega_1 N_s k_{Ns} \Phi_m \tag{6.56}$$

代入(6.55)式,得

$$T_e = \frac{3}{2} n_p N_s^2 k_{Ns}^2 \Phi_m^2 \frac{s\omega_1 R_r'}{R_r'^2 + s^2\omega_1^2 L_{lr}'^2} \tag{6.57}$$

令 $\omega_s = s\omega_1$,并定义其为转差角频率;$K_m = \frac{3}{2} n_p N_s^2 k_{Ns}^2$ 是电机的结构常数;则

$$T_e = K_m \Phi_m^2 \frac{\omega_s R_r'}{R_r'^2 + (\omega_s L_{lr}')^2} \tag{6.58}$$

当电机稳态运行时,s 值很小,因而 ω_s 也很小,只有 ω_1 的百分之几,可以认为 $\omega_s L_{lr}' \ll R_r'$,则转矩可近似表示为

$$T_e \approx K_m \Phi_m^2 \frac{\omega_s}{R_r'} \tag{6.59}$$

式(6.59)表明,在 s 值很小的稳态运行范围内,如果能够保持气隙磁通 Φ_m 不变,异步电机的转矩就近似与转差角频率 ω_s 成正比。这就是说,在异步电机中控制 ω_s,就和直流电机中控制电流一样,能够达到间接控制转矩的目的。控制转差频率就代表控制转矩,这就是转差频率控制的基本概念。

2. 转差频率控制规律

上面只是近似地找到转矩与转差频率的正比关系,可以用它表明转差频率控制的基本概念,现在要推出具体的控制规律,还得回到比较准确的式(6.55)。把这个转矩特性(即机械特性)

$$T_e = f(\omega_s) \tag{6.60}$$

用图形表示出来,如图 6.40 所示。

由图 6.40 可见,在 ω_s 较小的稳态运行段上,转矩 T_e 基本上与 ω_s 成正比,当 $T_e = T_{emax}$ 时,$\omega_s = \omega_{smax}$。取 $dT_e/d\omega_s = 0$ 可求出转矩的最大值:

$$T_{emax} = \frac{K_m \Phi_m^2}{2 L'_{lr}} \quad (6.61)$$

而

$$\omega_{smax} = \frac{R'_r}{L'_{lr}} = \frac{R_r}{L_{lr}} \quad (6.62)$$

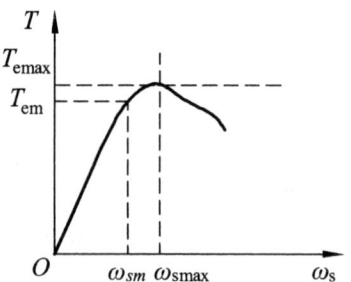

图 6.40 按恒 Φ_m 值控制的 $T_e = f(\omega_s)$ 特性

在转差频率控制系统中,只要给 ω_s 限幅,使其限幅值为

$$\omega_{sm} < \omega_{smax} = \frac{R_r}{L_{lr}} \quad (6.63)$$

就可以基本保持 T_e 与 ω_s 的正比关系,也就可以用转差频率控制来代表转矩控制。和直流电机控制电流一样,能够起到间接控制转矩的作用。这是转差频率控制的基本规律之一。

上述规律是在保持 Φ_m 恒定的前提下才成立的,于是问题又转化为,如何能保持 Φ_m 恒定?通过之前的分析可以知道,按恒 E_g/ω_1 控制时可保持 Φ_m 恒定。同时由异步电动机稳态等效电路中可得

$$\dot{U}_s = \dot{I}_s (R_s + j\omega_1 L_{ls}) + \dot{E}_g = \dot{I}_s (R_s + j\omega_1 L_{ls}) + \left(\frac{\dot{E}_g}{\omega_1}\right) \omega_1 \quad (6.64)$$

由此可见,要实现恒 E_g/ω_1 控制,须在 $U_s/\omega_1 =$ 恒值的基础上再提高电压 U_s 以补偿定子电流压降。如果忽略电流相量相位变化的影响,不同定子电流时恒 E_g/ω_1 控制所需的电压-频率特性 $U_s = f(\omega_1, I_s)$ 如图 6.41 所示。

上述关系表明,只要 U_s 和 ω_1 及 I_s 的关系符合如图 6.41 所示的特性,就能保持 E_g/ω_1 恒定,也就是能够保持 Φ_m 恒定。这是转差频率控制的基本规律之一。

总结起来,转差频率控制的规律是:

① 在 $\omega_s \leq \omega_{sm}$ 的范围内,转矩 T_e 基本上与 ω_s 成正比,条件是气隙磁通不变。

② 在不同的定子电流值时,按图 6.41 的函数关系 $U_s = f(\omega_1, I_s)$ 控制定子电压和频率,就能保持气隙磁通 Φ_m 恒定。

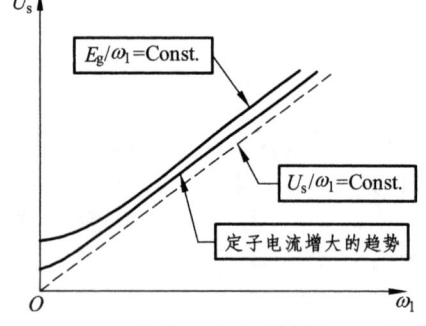

图 6.41 不同定子电流时恒控制所需的电压-频率特性

3. 转差频率控制的变压变频调速系统

如图 6.42 所示是典型的实现转差频率控制规律的转速闭环变压变频调速系统结构原理图。

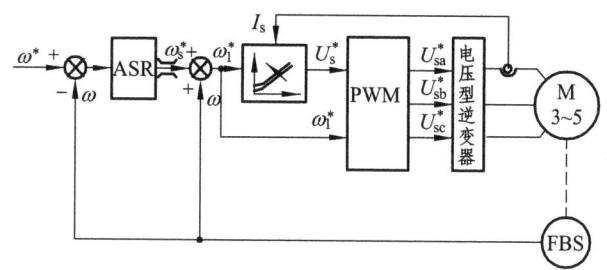

图 6.42 转差频率控制的转速闭环变压变频调速系统结构原理图

转差频率控制系统的控制过程主要包括：

（1）频率控制

转速调节器 ASR 的输出信号是转差频率给定 ω_s^*，与实测转速信号 ω 相加，即得定子频率给定信号 ω_1^*，即

$$\omega_s^* + \omega = \omega_1^* \tag{6.65}$$

它表明，转差角频率 ω_s^* 与实测转速信号 ω 相加后得到定子频率输入信号 ω_1^*，这一关系是转差频率控制系统突出的特点或优点。在调速过程中，实际频率 ω_1 随着实际转速 ω 同步地上升或下降，有如水涨而船高，因此加、减速平滑且稳定。同时，由于在动态过程中转速调节器 ASR 饱和，系统能用对应于 ω_{sm} 的限幅转矩 T_{em} 进行控制，保证了在允许条件下的快速性。在阶跃速度给定下，电机在转差频率限幅值下自由地加速，该转差率限幅值对应于定子电流或转矩的限幅值，最终电机进入稳态运行，此时的转差率由稳态时负载的转矩决定。

（2）电压控制

由 ω_1 和定子电流反馈信号 I_s 从微机存储的 $U_s = f(\omega_1, I_s)$ 函数中查得定子电压给定信号 U_s^*，在低速时为克服定子电阻的影响，维持磁通恒定，需要对 U_s^* 进行电压补偿。用 U_s^* 和 ω_1^* 控制 PWM 电压型逆变器，即得异步电机调速所需的变压变频系统。

（3）系统特点

转差频率控制系统的突出优点就在于频率控制环节的输入是转差信号，而频率信号是由转差信号与实际转速信号相加后得到的。这样，在转速变化过程中，实际频率随着实际转速同步地上升或下降。与转速开环系统中按电压成正比例地直接产生频率给定信号相比，加、减速更为平滑，且容易使系统稳定。同时，由于在动态过程中转速调节器饱和，系统能以对 ω_{sm} 的限幅转矩 T_{em} 进行控制，也保证了在允许条件下的快速性。

由此可见，转速闭环转差频率控制的交流变压变频调速系统能够像直流电机双闭环控制系统那样具有较好的静、动态性能，是一个比较优越的控制策略，结构也不算复杂，有广泛的应用价值。然而，如果认真考虑它的静、动态性能，就会发现，如图 6.42 所示的基本型转差频率控制系统还不能完全达到直流双闭环系统的水平。存在差距的原因有以下几个方面：

① 转差频率控制规律是从异步电机稳态等效电路和稳态转矩公式出发的，所谓的"保持磁通 Φ_m 恒定"的结论也只在稳态情况下才能成立，但在动态中不能保证 Φ_m 恒定。

② $U_s = f(\omega_1, I_s)$ 函数关系中只保证了定子电流的幅值，没有控制电流的相位，而在动态中电流的相位如果不能及时跟上，将延缓动态转矩的变化，也是影响转矩变化的因素之一。

③ 在频率控制环节中，取 $\omega_1 = \omega_s + \omega$，使频率得以与转速同步升降，这本是转差频率控制的优点。然而，如果转速检测信号不准确或存在干扰，就会直接给频率造成误差，因为所有这些偏差和干扰都以正反馈的形式毫无衰减地传递到频率控制信号上。

但转差频率控制的变频调速系统，已经与直流电动机双闭环系统性能很接近了，实现了直接对转矩的控制，改善了交流调速系统的动态性能。

6.5 矢量控制变频调速系统

前面论述了转速开环、恒压频比控制和转速闭环、转差频率控制两类变频调速系统，基本上解决了异步电机平滑调速的问题，特别是转差频率控制系统已经基本上起到了直流电机双闭环调速系统的作用，能够满足许多工业应用的要求。然而，当生产机械对调速系统静、动态性能要求较高时，即便采用转差频率控制，虽然在一定程度上能控制电机的电磁转矩，但是转差控制方法是以异步电动机稳态电磁方程为基础设计的，不能从根本上改善系统的动态特性。所以，它只适用于电机转速变化比较缓慢的场合。为了进一步提高交流变频调速系统的性能，改善设计方法，就必须首先从本质上彻底弄清交流电机的动态数学模型。为此产生了基于动态模型的应用最广的按转子磁链定向的矢量控制系统，简称 VC 系统（Vector Control System）。

6.5.1 矢量控制思想的引入

本节将讨论矢量控制方式的变频调速，为此，有必要先复习一下电机学中电机矢量的概念。旋转电机是一台机、电、磁三种物理量相互关联的，以电磁场作为耦合场的机电能量转换装置。因此，对电机的分析、讨论，既可以从电的角度，也可以从机械的角度，还可以从磁的角度出发。从不同的角度去看电机有不同的用途，例如，从机械的角度去看电机时，看到的主要是电机输出轴端的运动方程，电机的电与磁的变化最终全部体现在机械运动方程的电磁转矩上。又如，从电的角度去看异步电动机，电机的输入端所看到的异步电动机可表示成异步电动机的等效电路图，在图中磁参数是以励磁支路的励磁电抗及与铁耗成正比的励磁电阻来表示，与轴伸端的负载相关的机械参数则以负载电阻的形式出现。当在电机气隙从磁的角度看电机时，看到的是电机的定子磁势和转子磁势，对于交流电机来说，气隙磁势沿气隙周长方向呈正弦分布，因此可以把它表示成空间磁势矢量，这就是电机矢量概念的最初引入，也是大家所熟悉和经常应用的，空间矢量图正是从磁的角度看电机的有效分析方法和强有力的工具。

由电机控制原理可知，直流电动机是一种性能优越的电机，因为在直流电动机中，由励磁电流 I_f 所产生的主磁通 Φ 与电枢电流 I_a 产生的电枢磁势 F_a 在空间是相互垂直的，两者没有耦合关系，是独立的，互不影响。若不考虑磁路饱和的影响，直流电动机的电磁转矩可由下式表达：

$$T = C_M \Phi I_a \propto I_f I_a \tag{6.66}$$

其中 I_f 和 I_a 是控制量，也可看作是正交的或解耦的"矢量"。在正常运行下，励磁电流维持电机的磁场磁通，电枢电流用来改变电磁转矩，由于两者相互之间无耦合关系，或者说是解耦的，所以在静态和动态两种情况下，都能保证转矩的调节具有高灵敏度，使系统的动态性能得到优化。

但是异步电动机的情况比直流电动机要复杂得多。在异步电动机中定子电流并不和电磁转矩成正比，它既有产生转矩的有功分量，又有产生磁场的励磁分量。异步电动机的电磁转矩表达如下：

$$T = C_M \Phi_m I_r \cos\varphi_r \tag{6.67}$$

它是气隙磁通 Φ_m 和转子电流有功分量 $I_r \cos\varphi_r$ 相互作用而产生的，其中，$\cos\varphi_r$ 是功率因数，是由于电枢绕组或鼠笼转子的短路绕组的电感导致 每根笼条内的电流都将在时间上滞后于电动势。即使气隙磁场保持恒定，电磁转矩不但和转子电流大小有关，还取决于功率因数角，即取决于电机的转差率。因此，在动态过程中要快速、精确地控制电机的转矩就显得比较困难。

异步电动机的矢量图如图 6.43 所示。特别注意磁链矢量关系，可以看到，转子磁链 Ψ_r 和转子电流 I_r 在相位上互相垂直，而且 $\Psi_r = \Psi_m \cos\varphi_r$，把这一关系代入式（6.67）可得电机的电磁转矩为

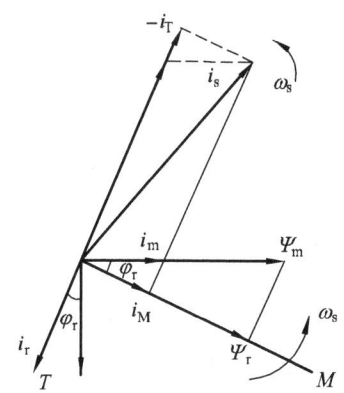

图 6.43 异步电动机矢量图

$$T = C_M \Psi_r I_r \tag{6.68}$$

式（6.68）在形式上与直流电动机的转矩特性十分相似，即如果设法保持转子磁链 Ψ_r 恒定，则控制转子电流就能控制电机的转矩。

如果进一步把异步电机的矢量关系交换到同步旋转 M, T 两相坐标系上，并将坐标系的 M 轴沿着转子磁链方向定向，则异步电机的转子电流 i_s 可以沿 M 轴和 T 轴分解为 i_M 电流和 i_T 电流，其矢量关系为

$$i_s = i_m - i_r = i_M - i_T \tag{6.69}$$

式（6.69）中，i_M 是用来产生转子磁链 Ψ_r 的励磁电流，i_T 代表了电机的转矩。如果在电机的调速过程中维持定子电流的磁化分量 i_M 不变，而控制转矩分量 i_T，因为两个分量互相是解耦的，所以能使系统具有较好的动态特性。

综上所述可知，三相异步电动机只要在系统中实现 MT 同步坐标系，并使励磁 M 轴在转子磁链 Ψ_r 方向定向，即可实现磁场电流 i_M 和力矩电流 i_T 的独立控制，使非线性耦合解耦。这就是矢量控制的基本思想。但对于三相鼠笼式异步电动机，转子电流难以直接测量和控制，所以控制定子三相电流的瞬时值以达到矢量控制的目的就需要建立异步电动机动态数学模型利用坐标变换的方法。

6.5.2 异步电动机动态数学模型和坐标变换概念

1. 异步电动机动态数学模型的性质

直流电机的磁通由励磁绕组产生，可以在电枢合上电源以前建立而不参与系统的动态过

程（弱磁调速时除外），因此它的动态数学模型只是一个单输入和单输出系统。输入为电枢电压，输出为转速，在控制对象中含有机电时间常数 T_m 和电枢回路电磁时间常数 T_l，如果电力电子变换装置也计入控制对象，则还有滞后时间常数 T_s。在工程上能够允许的一些假定条件下，可以描述成单变量（单输入单输出）的三阶线性系统，完全可以应用经典的线性控制理论和由它发展出来的工程设计方法进行分析与设计。

但是，同样的理论和方法用来分析与设计交流调速系统时，就不那么方便了，因为交流电机的数学模型和直流电机模型相比有着本质上的区别。

（1）多变量、强耦合的模型结构

异步电机变压变频调速时需要进行电压（或电流）和频率的协调控制，有电压（电流）和频率两种独立的输入变量。在输出变量中，如果是三相电压，实际的输入数目还要增多。在输出变量中，除转速外，磁通也得算一个独立的输出变量。因为电机只有一个三相输入电源，磁通的建立和转速的变化是同时进行的，为了获得良好的动态性能，也希望对磁通施加某种控制，使它在动态过程中尽量保持恒定，才能产生较大的动态转矩。由于这些原因，异步电机是一个多变量（多输入多输出）系统，

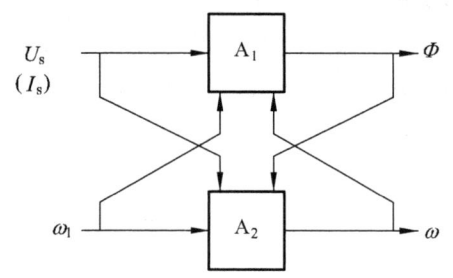

图6.44 异步电机的多变量、强耦合模型结构

而电压（电流）、频率、磁通、转速之间又互相都有影响，所以是强耦合的多变量系统，可以用图6.44来定性地表示。

（2）模型的非线性

在异步电机中，电流乘磁通产生转矩，转速乘磁通得到感应电动势。由于它们都是同时变化的，在数学模型中就含有两个变量的乘积项。这样一来，即使不考虑磁饱和等因素，数学模型也是非线性的。

（3）模型的高阶性

三相异步电机定子有三个绕组，转子也可等效为三个绕组，每个绕组产生磁通时都有自己的电磁惯性，再算上运动系统的机电惯性，和转速与转角的积分关系，即使不考虑变频装置的滞后因素，也是一个八阶系统。

总之，异步电机的动态数学模型是一个高阶、非线性、强耦合的多变量系统。

2. 坐标变换的基本概念

坐标变换是研究电机动态性能及电机控制的强有力的工具。电机是以磁场作为耦合场的机电能量转换的装置。对异步电动机的转子来说，它受到定子电流所产生的旋转磁场的作用而产生运动，转子所感受到的仅仅是定子磁场的大小、方向、速度等，只要磁场相同，这个磁场到底是由谁产生的怎么产生的等问题，并不影响电机的输出。这个定子旋转磁场即可以由通常的三相定子绕组通入对称的三相交流电流来产生（静止的三相 a,b,c 系统），也可以由定子二相绕组通入两相交流电流来产生（静止 α,β 系统），还可以用直流励磁绕组生成固定磁场，而把"定子"旋转起来（旋转的 d,q 系统），对产生同样旋转磁场的这些不同形式的绕组可以相互替换而不会影响电机的转矩、转速。这种绕组的替换从数学角度看是同一个

旋转磁势在不同的坐标系下的不同表示方法而已，这种替换过程就是电机的坐标变换。

最常用的电机坐标系就是上述三种。不同电机模型彼此等效的原则是：在不同坐标下所产生的磁动势完全一致。

（1）常用的三种坐标系

① 静止的三相 a，b，c 系统。

众所周知，交流电机三相对称的静止绕组 A，B，C，通以三相平衡的正弦电流时，所产生的合成磁动势是旋转磁动势 F，它在空间呈正弦分布，以同步转速 ω_1（即电流的角频率）顺着 A-B-C 的相序旋转。这样的物理模型如图 6.45 所示。

② 静止 α，β 的系统。

图 6.46 中绘出了两相静止绕组 α 和 β，它们在空间互差 90°，通以时间上互差 90°的两相平衡交流电流，也产生旋转磁动势 F。当两个图的旋转磁动势大小和转速都相等时，即认为图 6.46 的两相绕组与图 6.45 的三相绕组等效。

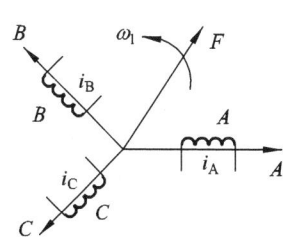

图 6.45 三相交流绕组

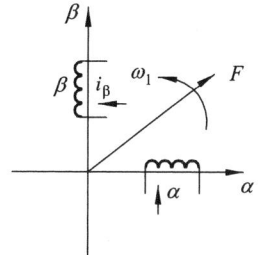

图 6.46 两相交流绕组

③ 旋转的 d，q 系统。

再看图 6.47 中的两个匝数相等且互相垂直的绕组 M 和 T，其中分别通以直流电流 i_M 和 i_T，产生合成磁动势 F，其位置相对于绕组来说是固定的。如果让包含两个绕组在内的整个铁芯以同步转速旋转，则磁动势 F 自然也随之旋转起来，成为旋转磁动势。把这个旋转磁动势的大小和转速也控制成与图 6.45 和图 6.46 中的磁动势一样，那么这套旋转的直流绕组也就和前面两套固定的交流绕组等效了。当观察者也站到铁芯上和绕组一起旋转时，在他看来，M 和 T 是两个通以直流而相互垂直的静止绕组。如果控制磁通的位置在 M 轴上，就和直流电机物理模型没有本质上的区别了。这时，绕组 M 相当于励磁绕组，T 相当于电枢绕组。

由此可见，以产生同样的旋转磁动势为准则，图 6.45 的三相交流绕组、图 6.46 的两相交流绕组和图 6.47 中整体旋转的直流绕组彼此等效。或者说，在三相坐标系下的 i_A，i_B，i_C，在两相坐标系下的 i_α，i_β 和在旋转两相坐标系下的直流 i_M，i_T 是等效的，它们能产生相同的旋转磁动势。

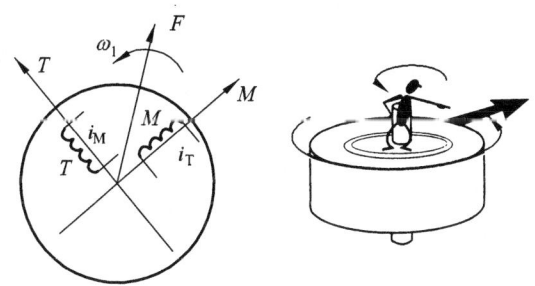

图 6.47 旋转的直流绕组

就图 6.47 的 M, T 两个绕组而言,当观察者站在地面看上去,它们是与三相交流绕组等效的旋转直流绕组;如果跳到旋转着的铁芯上看,它们就是一个直流电机模型了。这样,通过坐标系的变换,可以找到与交流三相绕组等效的直流电机模型。

现在的问题是,如何求出 i_A, i_B, i_C 与 i_α, i_β 和 i_M, i_T 之间准确的等效关系,这就是坐标变换的任务。

(2)功率不变条件下的坐标变换

在确定这些变换矩阵之前,必须先明确应遵守的基本变换原则。

首先,在确定电流变换矩阵时,应遵守变换前后所产生的旋转磁场等效原则。电机是机电能量转换装置,它的气隙磁场是机电能量转换的枢纽。气隙磁场是由电机气隙合成磁势决定的,而合成磁势是由各绕组中的电流产生的,可见,只有遵守变换前后气隙中旋转磁场相同,电流变换矩阵方程式才能成立,从而确定的电流变换矩阵才是正确的。

其次,在确定电压变换矩阵和阻抗变换矩阵,应遵守变换前后电机功率不变的原则。在确定电压变换矩阵和阻抗变换矩阵时,只要遵守变换前后电机的功率不变原则,则电流变换矩阵与电压变换矩阵、阻抗变换矩阵之间必然存在着确定的关系。这样就可以从已知的电流变换矩阵来确定电压变换矩阵和阻抗变换矩阵。

然后,根据"功率"不变的约束原则,可以由已知的电流变换矩阵求出电压变换矩阵和阻抗变换矩阵。为了矩阵运算的简单、方便,则电流变换矩阵应为正交矩阵。

① 三相-两相变换(3/2 变换)。

现在先考虑上述的第一种坐标变换——在三相静止绕组 A, B, C 和两相静止绕组 α, β 之间的变换,或称三相静止坐标系和两相静止坐标系间的变换,简称 3/2 变换。设该变换服从上述的功率不变约束条件。

图 6.48 中绘出了 A, B, C 和 α, β 两个坐标系,为方便起见,取 A 轴和 α 轴重合。设三相绕组每相有效匝数为 N_3,两相绕组每相有效匝数为 N_2,各相磁动势为有效匝数与电流的乘积,其空间矢量均位于有关相的坐标轴上。由于交流磁动势的大小随时间在变化,图中磁动势矢量的长度是随意的。

设磁动势波形是正弦分布的,当三相总磁动势与二相总磁动势相等时,两套绕组瞬时磁动势在 α, β 轴上的投影都应相等:

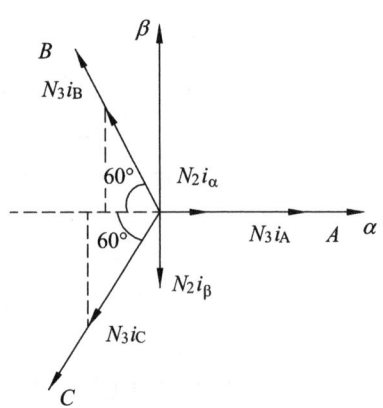

图 6.48 三相和两相坐标系与绕组磁动势的空间矢量

$$N_2 i_\alpha = N_3 i_A - N_3 i_B \cos 60° - N_3 i_C \cos 60° = N_3 \left(i_A - \frac{1}{2} i_B - \frac{1}{2} i_C \right) \quad (6.70)$$

$$N_2 i_\beta = N_3 i_B \sin 60° - N_3 i_C \sin 60° = \frac{\sqrt{3}}{2} N_3 (i_B - i_C) \quad (6.71)$$

写成矩阵形式为

$$\begin{bmatrix} i_\alpha \\ i_\beta \end{bmatrix} = \frac{N_3}{N_2} \begin{bmatrix} 1 & -\frac{1}{\sqrt{2}} & -\frac{1}{2} \\ 0 & \frac{\sqrt{3}}{2} & -\frac{\sqrt{3}}{2} \end{bmatrix} \begin{bmatrix} i_A \\ i_B \\ i_C \end{bmatrix} \quad (6.72)$$

考虑变换前后总功率不变，在此前提下，可以证明，匝数比应为

$$\frac{N_3}{N_2} = \sqrt{\frac{2}{3}} \tag{6.73}$$

代入式（6.72）得

$$\begin{bmatrix} i_\alpha \\ i_\beta \end{bmatrix} = \sqrt{\frac{2}{3}} \begin{bmatrix} 1 & -\frac{1}{\sqrt{2}} & -\frac{1}{2} \\ 0 & \frac{\sqrt{3}}{2} & -\frac{\sqrt{3}}{2} \end{bmatrix} \begin{bmatrix} i_A \\ i_B \\ i_C \end{bmatrix} \tag{6.74}$$

令 $C_{3/2}$ 表示从三相坐标系变换到两相坐标系的变换矩阵，则

$$C_{3/2} = \sqrt{\frac{2}{3}} \begin{bmatrix} 1 & -\frac{1}{2} & -\frac{1}{2} \\ 0 & \frac{\sqrt{3}}{2} & -\frac{\sqrt{3}}{2} \end{bmatrix} \tag{6.75}$$

如果三相绕组是Y形连接不带零线，则有 $i_A + i_B + i_C = 0$，或 $i_C = -i_A - i_B$。代入式（6.74）和（6.75）并整理后得

$$\begin{bmatrix} i_\alpha \\ i_\beta \end{bmatrix} = \begin{bmatrix} \sqrt{\frac{3}{2}} & 0 \\ \frac{1}{\sqrt{2}} & \sqrt{2} \end{bmatrix} \begin{bmatrix} i_A \\ i_B \end{bmatrix} \tag{6.76}$$

$$\begin{bmatrix} i_A \\ i_B \end{bmatrix} = \begin{bmatrix} \sqrt{\frac{3}{2}} & 0 \\ -\frac{1}{\sqrt{6}} & \frac{1}{\sqrt{2}} \end{bmatrix} \begin{bmatrix} i_\alpha \\ i_\beta \end{bmatrix} \tag{6.77}$$

反之，如果要从二相坐标系变换到三相坐标系，可求其逆变换阵：

$$C_{2/3} = C_{3/2}^{-1} = \sqrt{\frac{2}{3}} \begin{bmatrix} 1 & 0 & \frac{1}{\sqrt{2}} \\ -\frac{1}{2} & \frac{\sqrt{3}}{2} & \frac{1}{\sqrt{2}} \\ -\frac{1}{2} & -\frac{\sqrt{3}}{2} & \frac{1}{\sqrt{2}} \end{bmatrix} \tag{6.78}$$

按照所采用的条件，电流变换阵也就是电压变换阵，同时还可证明，它们也是磁链的变换阵。通过计算可以验证：变换后的二相电压和电流的有效值均为三相绕组每相电压和电流有效值的 $\sqrt{\frac{3}{2}}$ 倍，因此，每相功率增加为三相绕组每相功率的3/2倍，但相数由原来的三相变成两相，所以变换的后总功率不变。此外，应注意，变换后的二相绕组每相匝数已经是原三相绕组每相匝数的 $\sqrt{\frac{3}{2}}$ 倍了。

② 两相-两相旋转变换（2s/2r 变换）。

两相静止坐标系 α, β 到两相旋转坐标系 M, T 的变换称作两相-两相旋转变换，简称 2s/2r 变换，其中 s 表示静止，r 表示旋转。把两个坐标系画在一起，如图 6.49 所示。

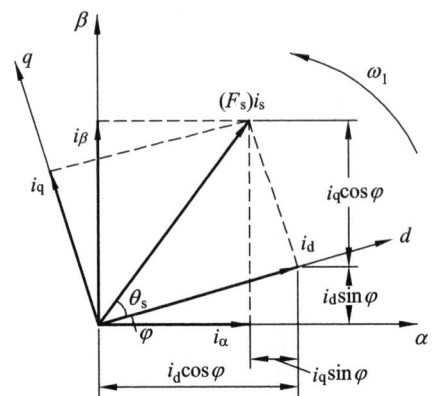

图 6.49 两相静止和旋转坐标系与磁动势（电流）空间矢量

图 6.49 中，静止坐标系的两相交流电流 i_α, i_β 和旋转坐标系的两个直流电流 i_M, i_T 产生同样的、以同步转速 ω_1 旋转的合成磁动势 F_s。由于各绕组匝数都相等，可以消去磁动势中的匝数，直接用电流表示，例如 F_s 可以直接标成 i_s。但必须注意，这里的电流都是空间矢量，而不是时间相量。

d, q 轴和矢量 F_s（i_s）都以转速 ω_1 旋转，分量 i_d, i_q 的长短不变，相当于 d, q 绕组的直流磁动势。但 α, β 轴是静止的，α 轴与 d 轴的夹角 φ 随时间而变化，因此 i_s 在 α, β 轴上的分量的长短也随时间变化，相当于绕组交流磁动势的瞬时值。由图 6.49 所示，i_α, i_β 和 i_d, i_q 之间存在下列关系：

$$i_\alpha = i_d \cos\varphi - i_q \sin\varphi \tag{6.79}$$

$$i_\beta = i_d \sin\varphi + i_q \cos\varphi \tag{6.80}$$

写成矩阵形式，得

$$\begin{bmatrix} i_\alpha \\ i_\beta \end{bmatrix} \begin{bmatrix} \cos\varphi & -\sin\varphi \\ \sin\varphi & \cos\varphi \end{bmatrix} \begin{bmatrix} i_d \\ i_q \end{bmatrix} = \boldsymbol{C}_{2r/2s} \begin{bmatrix} i_d \\ i_q \end{bmatrix} \tag{6.81}$$

式中，$\boldsymbol{C}_{2r/2s} = \begin{bmatrix} \cos\varphi & -\sin\varphi \\ \sin\varphi & \cos\varphi \end{bmatrix}$ 是两相旋转坐标系变换到两相静止坐标系的变换阵。

对式（6.81）两边都左乘以变换阵的逆矩阵，即得

$$\begin{bmatrix} i_d \\ i_q \end{bmatrix} = \begin{bmatrix} \cos\varphi & -\sin\varphi \\ \sin\varphi & \cos\varphi \end{bmatrix}^{-1} \begin{bmatrix} i_\alpha \\ i_\beta \end{bmatrix} = \begin{bmatrix} \cos\varphi & \sin\varphi \\ -\sin\varphi & \cos\varphi \end{bmatrix} \begin{bmatrix} i_\alpha \\ i_\beta \end{bmatrix} \tag{6.82}$$

则两相静止坐标系变换到两相旋转坐标系的变换阵是

$$\boldsymbol{C}_{2s/2r} = \begin{bmatrix} \cos\varphi & \sin\varphi \\ -\sin\varphi & \cos\varphi \end{bmatrix} \tag{6.83}$$

对电压和磁链的旋转变换阵也与电流（磁动势）旋转变换阵相同。

③ 直角坐标/极坐标变换（K/P 变换）。

在图 6.49 中，令 i_s 和 d 轴的夹角为 θ_s，已知 i_d，i_q，求 i_s 和 θ_s，就是直角坐标/极坐标变换。显然，其变换式应为

$$i_s = \sqrt{i_d^2 + i_q^2} \tag{6.84}$$

$$\theta_s = \arctan\frac{i_q}{i_d} \tag{6.85}$$

当 θ_s 在 0°~90°变化时，$\tan\theta_s$ 的变化范围是 $0 \sim \infty$，这个变化幅度太大，很难在实际的变换器中实现，因此常改用下列方式来表示 θ_s 值：

$$\tan\frac{\theta_s}{2} = \frac{\sin\dfrac{\theta_s}{2}}{\cos\dfrac{\theta_s}{2}} = \frac{\sin\dfrac{\theta_s}{2}\left(2\cos\dfrac{\theta_s}{2}\right)}{\cos\dfrac{\theta_s}{2}\left(2\cos\dfrac{\theta_s}{2}\right)} = \frac{\sin\theta_s}{1+\cos\theta_s} = \frac{i_q}{i_s + i_d} \tag{6.86}$$

$$\theta_s = 2\arctan\frac{i_q}{i_s + i_d} \tag{6.87}$$

这样式（6.87）可用来代替式（6.86），作为 θ_s 的变换式。

3. 三相异步电动机在不同坐标系上的数学模型

首先建立三相异步电动机在三相静止坐标系上的数学模型，然后通过三相到两相矢量坐标变换，将静止坐标系上的三相数学模型变换为静止坐标系上的二相数学模型，再通过矢量旋转坐标变换，最终将静止坐标系上的二相数学模型变换为同步旋转坐标系上的二相数学模型。以实现将非线性、强耦合的异步电动机数学模型简化成线性的、解耦的数学模型，从而就可以研究异步电动机变频调速系统的矢量控制策略了。

（1）三相异步电动机在三相静止坐标系上的数学模型

在研究三相异步电动机的数学模型时，假定三相异步电动机是理想电动机，常做如下假设：

① 忽略空间谐波，设三相绕组对称，在空间互差 120°电角度，所产生的磁动势沿气隙周围按正弦规律分布；

② 忽略磁路饱和，各绕组的自感和互感都是恒定的；

③ 忽略铁芯损耗；

④ 不考虑频率变化和温度变化对绕组电阻的影响。

无论电机转子是绕线型还是笼型的，都将它等效成三相绕线转子，并折算到定子侧，折算后的定子和转子绕组匝数都相等。这样，实际电机绕组就等效成如图 6.50 所示的三相异步电机的物理模型。

在图 6.50 中，定子三相绕组轴线 A，B，C 在空间是固定的，以 A 轴为参考坐标轴；转子绕组轴线 a，b，c

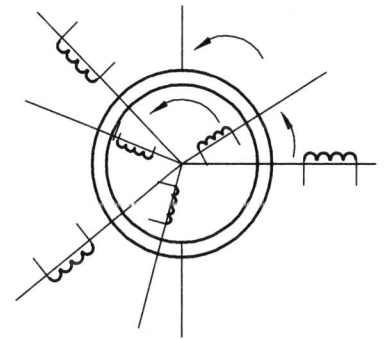

图 6.50　三相异步电动机的物理模型

随转子旋转,转子 a 轴和定子 A 轴间的电角度 θ 为空间角位移变量。

在建立数学模型之前,规定各绕组电压、电流、磁链的正方向符合电动机惯例和右手螺旋定则。必须明确对于正方向的规定。

① 电压正方向(箭头方向,下同)为电压降低方向。
② 电流正方向为自高电位流入,低电位流出方向。
③ 电阻上的电压降落正方向为电流箭头所指的方向。
④ 磁势和磁链的正方向与电流正方向符合右手螺旋定则,在不能区分线圈绕向的绕组中,电流正方向即代表磁势和磁链的正方向。
⑤ 电势的正方向与电流正方向一致。
⑥ 转子旋转的正方向定为逆时针方向。

根据正方向的规定,可建立异步电动机的数学在三相静止坐标系上的数学模型。异步电机的数学模型由下述电压方程、磁链方程、转矩方程和运动方程组成。

① 电压方程。

三相定子绕组的电压平衡方程为

$$\left. \begin{aligned} u_A &= i_A R_s + \frac{d\Psi_A}{dt} \\ u_B &= i_B R_s + \frac{d\Psi_B}{dt} \\ u_C &= i_C R_s + \frac{d\Psi_C}{dt} \end{aligned} \right\} \quad (6.88)$$

与此对应,三相转子绕组折算到定子侧后的电压方程为

$$\left. \begin{aligned} u_a &= i_a R_r + \frac{d\Psi_a}{dt} \\ u_b &= i_b R_r + \frac{d\Psi_b}{dt} \\ u_c &= i_c R_s + \frac{d\Psi_c}{dt} \end{aligned} \right\} \quad (6.89)$$

式中　u_A,u_B,u_C,u_a,u_b,u_c——定子和转子相电压的瞬时值;

i_A,i_B,i_C,i_a,i_b,i_c——定子和转子相电流的瞬时值;

Ψ_A,Ψ_B,Ψ_C,Ψ_a,Ψ_b,Ψ_c——各相绕组的全磁链;

R_s,R_r——定子和转子绕组电阻。

上述各量都已折算到定子侧,为了简单起见,表示折算的上角标"′"均省略,以下同。

将电压方程写成矩阵形式,并以微分算子 p 代替微分符号 d/dt,得

$$\begin{bmatrix} u_A \\ u_B \\ u_C \\ u_a \\ u_b \\ u_c \end{bmatrix} = \begin{bmatrix} R_s & 0 & 0 & 0 & 0 & 0 \\ 0 & R_s & 0 & 0 & 0 & 0 \\ 0 & 0 & R_s & 0 & 0 & 0 \\ 0 & 0 & 0 & R_r & 0 & 0 \\ 0 & 0 & 0 & 0 & R_r & 0 \\ 0 & 0 & 0 & 0 & 0 & R_r \end{bmatrix} \begin{bmatrix} i_A \\ i_B \\ i_C \\ i_a \\ i_b \\ i_c \end{bmatrix} + p \begin{bmatrix} \Psi_A \\ \Psi_B \\ \Psi_C \\ \Psi_a \\ \Psi_b \\ \Psi_c \end{bmatrix} \quad (6.90a)$$

6 交流调速系统基础

或写成
$$u = Ri + p\Psi \tag{6.90b}$$

② 磁链方程。

每个绕组的磁链是它本身的自感磁链和其他绕组对它的互感磁链之和,因此,六个绕组的磁链可表达为

$$\begin{bmatrix} \Psi_A \\ \Psi_B \\ \Psi_C \\ \Psi_a \\ \Psi_b \\ \Psi_c \end{bmatrix} = \begin{bmatrix} L_{AA} & L_{AB} & L_{AC} & L_{Aa} & L_{Ab} & L_{Ac} \\ L_{BA} & L_{BB} & L_{BC} & L_{Ba} & L_{Bb} & L_{Bc} \\ L_{CA} & L_{CB} & L_{CC} & L_{Ca} & L_{Cb} & L_{Cc} \\ L_{aA} & L_{aB} & L_{aC} & L_{aa} & L_{ab} & L_{ac} \\ L_{bA} & L_{bB} & L_{bC} & L_{ba} & L_{bb} & L_{bc} \\ L_{cA} & L_{cB} & L_{cC} & L_{ca} & L_{cb} & L_{cc} \end{bmatrix} \begin{bmatrix} i_A \\ i_B \\ i_C \\ i_a \\ i_b \\ i_c \end{bmatrix} \tag{6.91a}$$

或写成
$$\Psi = Li \tag{6.91b}$$

式中,L 是 6×6 电感矩阵,其中对角线元素 L_{AA},L_{BB},L_{CC},L_{aa},L_{bb},L_{cc} 是各绕组的自感,其余各项则是绕组间的互感。

实际上,与电机绕组交链的磁通主要只有两类:一类是穿过气隙的相间互感磁通,另一类是只与一相绕组交链而不穿过气隙的漏磁通,前者是主要的。定子各相漏磁通所对应的电感称作定子漏感 L_{ls},由于各相的对称性,各相漏感值均相等;同样,转子各相漏磁通则对应于转子漏感 L_{lr}。与定子一相绕组交链的最大互感磁通对应于定子互感 L_{ms},与转子一组绕组交链的最大互感磁通对应于转子互感 L_{mr},由于折算后定、转子绕组匝数相等,且各绕组间互感磁通都通过气隙,磁阻相同,故可认为 $L_{ms} = L_{mr}$。

对于每一相绕组来说,它所交链的磁通是互感磁通与漏感磁通之和,因此,定子各相自感为

$$L_{AA} = L_{BB} = L_{CC} = L_{ms} + L_{ls} \tag{6.92}$$

转子各相自感为

$$L_{aa} = L_{bb} = L_{cc} = L_{ms} + L_{lr} \tag{6.93}$$

两相绕组之间只有互感。互感又分为两类:① 定子三相彼此之间和转子三相彼此之间位置都是固定的,故互感为常值;② 定子任一相与转子任一相之间的位置是变化的,互感是角位移 θ 的函数。

现在先讨论第①类,由于三相绕组的轴线在空间的相位差是 $\pm 120°$,在假定气隙磁通为正弦分布的条件下,互感值应为

$$L_{ms}\cos 120° = L_{ms}\cos(-120°) = -\frac{1}{2}L_{ms} \tag{6.94}$$

于是
$$L_{AB} = L_{BC} = L_{CA} = L_{BA} = L_{CB} = L_{AC} = -\frac{1}{2}L_{ms} \tag{6.95}$$

$$L_{ab} = L_{bc} = L_{ca} = L_{ba} = L_{cb} = L_{ac} = -\frac{1}{2}L_{ms} \tag{6.96}$$

至于第②类定、转子绕组间的互感,由于相互间位置的变化(见图 6.50),可分别表示为

$$L_{Aa} = L_{aA} = L_{Bb} = L_{bB} = L_{Cc} = L_{cC} = L_{ms}\cos\theta \tag{6.97}$$

$$L_{Ac} = L_{cA} = L_{Ba} = L_{aB} = L_{Cb} = L_{bC} = L_{ms}\cos(\theta-120°) \tag{6.98}$$

$$L_{Ab} = L_{bA} = L_{Bc} = L_{cB} = L_{Ca} = L_{aC} = L_{ms}\cos(\theta+120°) \tag{6.99}$$

当定、转子两相绕组轴线一致时，两者之间的互感值最大，就是每相最大互感 L_{ms}。

将式（6.92）~（6.99）都代入式（6.91a），即得完整的磁链方程，显然这个矩阵方程是比较复杂的，为了方便起见，可以将它写成分块矩阵的形式：

$$\begin{bmatrix}\Psi_s \\ \Psi_r\end{bmatrix} = \begin{bmatrix}L_{ss} & L_{sr} \\ L_{rs} & L_{rr}\end{bmatrix}\begin{bmatrix}i_s \\ i_r\end{bmatrix} \tag{6.100a}$$

式中

$$\Psi_s = [\Psi_A \quad \Psi_B \quad \Psi_C]^T ; \quad \Psi_r = [\Psi_a \quad \Psi_b \quad \Psi_c]^T$$
$$i_s = [i_A \quad i_B \quad i_C]^T ; \quad i_r = [i_a \quad i_b \quad i_c]^T$$

$$L_{ss} = \begin{bmatrix} L_{ms}+L_{ls} & -\frac{1}{2}L_{ms} & -\frac{1}{2}L_{ms} \\ -\frac{1}{2}L_{ms} & L_{ms}+L_{ls} & -\frac{1}{2}L_{ms} \\ -\frac{1}{2}L_{ms} & -\frac{1}{2}L_{ms} & L_{ms}+L_{ls} \end{bmatrix} \tag{6.100b}$$

$$L_{rr} = \begin{bmatrix} L_{ms}+L_{lr} & -\frac{1}{2}L_{ms} & -\frac{1}{2}L_{ms} \\ -\frac{1}{2}L_{ms} & L_{ms}+L_{lr} & -\frac{1}{2}L_{ms} \\ -\frac{1}{2}L_{ms} & -\frac{1}{2}L_{ms} & L_{ms}+L_{lr} \end{bmatrix} \tag{6.100c}$$

$$L_{rs} = L_{sr}^T = L_{ms}\begin{bmatrix} \cos\theta & \cos(\theta-120°) & \cos(\theta+120°) \\ \cos(\theta+120°) & \cos\theta & \cos(\theta-120°) \\ \cos(\theta-120°) & \cos(\theta+120°) & \cos\theta \end{bmatrix} \tag{6.100d}$$

值得注意的是，L_{sr} 和 L_{rs} 两个分块矩阵互为转置，且均与转子位置 θ 有关，它们的元素都是变参数，这是系统非线性的一个根源。

如果把磁链方程（6.91b）代入电压方程（6.90b）中，即得展开后的电压方程：

$$u = Ri + p(Li) = Ri + L\frac{di}{dt} + \frac{dL}{dt}i$$
$$= Ri + L\frac{di}{dt} + \frac{dL}{d\theta}\cdot\omega i \tag{6.101}$$

式中，Ldi/dt 项属于电磁感应电动势中的脉变电动势（或称变压器电动势），$(dL/d\theta)\omega i$ 项属于电磁感应电动势中与转速成正比的旋转电动势。

③ 转矩方程。

根据机电能量转换原理，在多绕组电机中，在线性电感的条件下，磁场的储能和磁共能为

$$W_{\mathrm{m}} = W'_{\mathrm{m}} = \frac{1}{2}\boldsymbol{i}^{\mathrm{T}}\boldsymbol{\Psi} = \frac{1}{2}\boldsymbol{i}^{\mathrm{T}}\boldsymbol{L}\boldsymbol{i} \tag{6.102}$$

而电磁转矩等于机械角位移变化时磁共能的变化率 $\dfrac{\partial W'_{\mathrm{m}}}{\partial \theta_{\mathrm{m}}}$（电流约束为常值），且机械角位移 $\theta_{\mathrm{m}} = \theta/n_{\mathrm{p}}$，于是有

$$T_{\mathrm{e}} = \left.\frac{\partial W'_{\mathrm{m}}}{\partial \theta_{\mathrm{m}}}\right|_{i=\mathrm{Const}} = n_{\mathrm{p}} \left.\frac{\partial W'_{\mathrm{m}}}{\partial \theta}\right|_{i=\mathrm{Const}} \tag{6.103}$$

将式（6.102）代入式（6.103），并考虑到电感的分块矩阵关系式（6.100b）~（6.100d）得

$$T_{\mathrm{e}} = \frac{1}{2}n_{\mathrm{p}}\boldsymbol{i}^{\mathrm{T}}\frac{\partial \boldsymbol{L}}{\partial \theta}\boldsymbol{i} = \frac{1}{2}n_{\mathrm{p}}\boldsymbol{i}^{\mathrm{T}}\begin{bmatrix} 0 & \dfrac{\partial \boldsymbol{L}_{\mathrm{sr}}}{\partial \theta} \\ \dfrac{\partial \boldsymbol{L}_{\mathrm{rs}}}{\partial \theta} & 0 \end{bmatrix}\boldsymbol{i} \tag{6.104}$$

又由于 $\boldsymbol{i}^{\mathrm{T}} = [\boldsymbol{i}_{\mathrm{s}}^{\mathrm{T}} \quad \boldsymbol{i}_{\mathrm{r}}^{\mathrm{T}}] = [i_{\mathrm{A}} \quad i_{\mathrm{B}} \quad i_{\mathrm{C}} \quad i_{\mathrm{a}} \quad i_{\mathrm{b}} \quad i_{\mathrm{c}}]$，代入式（6.109）得

$$T_{\mathrm{e}} = \frac{1}{2}n_{\mathrm{p}}\left[\boldsymbol{i}_{\mathrm{r}}^{\mathrm{T}} \cdot \frac{\partial \boldsymbol{L}_{\mathrm{rs}}}{\partial \theta}\boldsymbol{i}_{\mathrm{s}} + \boldsymbol{i}_{\mathrm{s}}^{\mathrm{T}} \cdot \frac{\partial \boldsymbol{L}_{\mathrm{sr}}}{\partial \theta}\boldsymbol{i}_{\mathrm{r}}\right] \tag{6.105}$$

以式（6.100d）代入式（6.105）并展开后，舍去负号，即电磁转矩的正方向为使 θ 减小的方向，则

$$\begin{aligned}T_{\mathrm{e}} = n_{\mathrm{p}}L_{\mathrm{ms}}[&(i_{\mathrm{A}}i_{\mathrm{a}} + i_{\mathrm{B}}i_{\mathrm{b}} + i_{\mathrm{C}}i_{\mathrm{c}})\sin\theta + (i_{\mathrm{A}}i_{\mathrm{b}} + i_{\mathrm{B}}i_{\mathrm{c}} + i_{\mathrm{C}}i_{\mathrm{a}})\sin(\theta+120°) + \\ &(i_{\mathrm{A}}i_{\mathrm{c}} + i_{\mathrm{B}}i_{\mathrm{a}} + i_{\mathrm{C}}i_{\mathrm{b}})\sin(\theta-120°)]\end{aligned} \tag{6.106}$$

应该指出，上述公式是在线性磁路、磁动势在空间按正弦分布的假定条件下得出来的，但对定、转子电流对时间的波形未作任何假定，式中的 i 都是瞬时值。因此，上述电磁转矩公式完全适用于变压变频器供电的含有电流谐波的三相异步电机调速系统。

④ 运动方程。

在一般情况下，电力拖动系统的运动方程式是

$$T_{\mathrm{e}} = T_{\mathrm{L}} + \frac{J}{n_{\mathrm{p}}} \cdot \frac{\mathrm{d}\omega}{\mathrm{d}t} + \frac{D}{n_{\mathrm{p}}}\omega + \frac{K}{n_{\mathrm{p}}}\theta \tag{6.107}$$

式中　T_{L}——负载阻转矩；

　　　J——机组的转动惯量；

　　　D——与转速成正比的阻转矩阻尼系数；

　　　K——扭转弹性转矩系数。

对于恒转矩负载，$D = 0$，$K = 0$，则

$$T_{\mathrm{e}} = T_{\mathrm{L}} + \frac{J}{n_{\mathrm{p}}} \cdot \frac{\mathrm{d}\omega}{\mathrm{d}t} \tag{6.108}$$

⑤ 三相异步电机在三相静止坐标系下的数学模型。

将式（6.100a），（6.101），（6.106）和（6.108）综合起来，再加上

$$\omega = \frac{\mathrm{d}\theta}{\mathrm{d}t} \tag{6.109}$$

便构成在恒转矩负载下三相异步电机的多变量非线性数学模型,用结构图表示出来如图 6.51 所示。

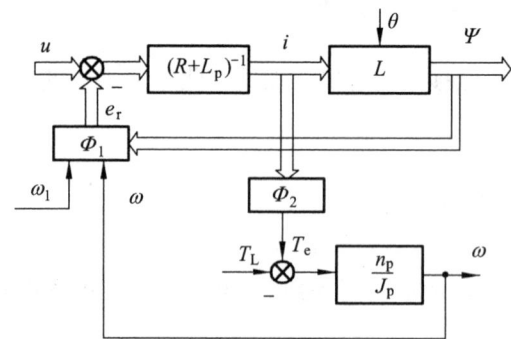

图 6.51　异步电机的多变量非线性动态结构图

它是图 6.44 模型结构的具体体现,表明异步电机数学模型的下列具体性质:

● 异步电机可以看作一个双输入双输出的系统,输入量是电压向量和定子输入角频率,输出量是磁链向量和转子角速度。电流向量可以看作是状态变量,它和磁链矢量之间有如式(6.100a)所示的确定关系。

● 非线性因素存在于 Φ_1 和 Φ_2 中,即存在于产生旋转电动势 e_r 和电磁转矩 T_e 两个环节上,还包含在电感矩阵 L 中,旋转电动势和电磁转矩的非线性关系和直流电机弱磁控制的情况相似,只是关系更复杂一些。

● 多变量之间的耦合关系主要也体现在 Φ_1 和 Φ_2 两个环节上,特别是产生旋转电动势的 Φ_1 对系统内部的影响最大。

(2)异步电动机在任意两相旋转坐标系下的数学模型

前已指出,异步电机的数学模型比较复杂,坐标变换的目的就是要简化数学模型。异步电机数学模型是建立在三相静止的 ABC 坐标系上的,如果把它变换到任意旋转的两相坐标系上,即 dq 坐标系,由于两相坐标轴互相垂直,两相绕组之间没有磁的耦合,仅此一点,就会使数学模型简单许多。同时,这样得到的数学模型只有两相,比原来的模型简单;又由于其坐标轴是以任意转速旋转的,所以更具有一般性。

要把三相静止坐标系上的电压方程(6.90a)、磁链方程(6.91a)和转矩方程(6.106)都变换到两相旋转坐标系上来,可以先利用 3/2 变换将方程式中定子和转子的电压、电流、磁链和转矩都变换到两相静止坐标系 α、β 上,然后再用旋转变换阵 $C_{2s/2r}$ 将这些变量变换到两相旋转坐标系 dq 上。变换过程为

$$ABC\text{坐标系} \xrightarrow{3/2\text{变换}} \alpha\beta\text{坐标系} \xrightarrow{C_{2s/2r}} dq\text{坐标系}$$

经过复杂的变换运算,可以得到两相坐标系上的数学方程:

① 磁链方程。

dq 坐标系磁链方程为

$$\begin{bmatrix} \Psi_{sd} \\ \Psi_{sq} \\ \Psi_{rd} \\ \Psi_{rq} \end{bmatrix} = \begin{bmatrix} L_s & 0 & L_m & 0 \\ 0 & L_s & 0 & L_m \\ L_m & 0 & L_r & 0 \\ 0 & L_m & 0 & L_r \end{bmatrix} \begin{bmatrix} i_{sd} \\ i_{sq} \\ i_{rd} \\ i_{rq} \end{bmatrix} \quad (6.110a)$$

或写成

$$\left.\begin{array}{l}\Psi_{sd} = L_s i_{sd} + L_m i_{rd} \\ \Psi_{sq} = L_s i_{sq} + L_m i_{rq} \\ \Psi_{rd} = L_m i_{sd} + L_r i_{rd} \\ \Psi_{rq} = L_m i_{sq} + L_r i_{rq}\end{array}\right\} \quad (6.110b)$$

式中 $L_r = \frac{3}{2}L_{ms} + L_{lr} = L_m + L_{lr}$ ——dq 坐标系转子等效两相绕组的自感；

$L_m = \frac{3}{2}L_{ms}$ ——dq 坐标系定子与转子同轴等效绕组间的互感；

$L_s = \frac{3}{2}L_{ms} + L_{ls} = L_m + L_{ls}$ ——dq 坐标系定子等效两相绕组的自感。

其中两相绕组互感是原三相绕组中任意两相间最大互感（当轴线重合时）的 3/2 倍，这是因为用两相绕组等效地取代了三相绕组的缘故。异步电机变换到 dq 坐标系上的物理模型如图 6.52 所示，这时，定子和转子的等效绕组都落在同样的两根轴 d 和 q 上，而且两轴互相垂直，它们之间没有耦合关系，互感磁链只在同轴绕组间存在，所以式中每个磁链分量只剩下两项，电感矩阵比 ABC 坐标系的 6×6 矩阵简单多了。

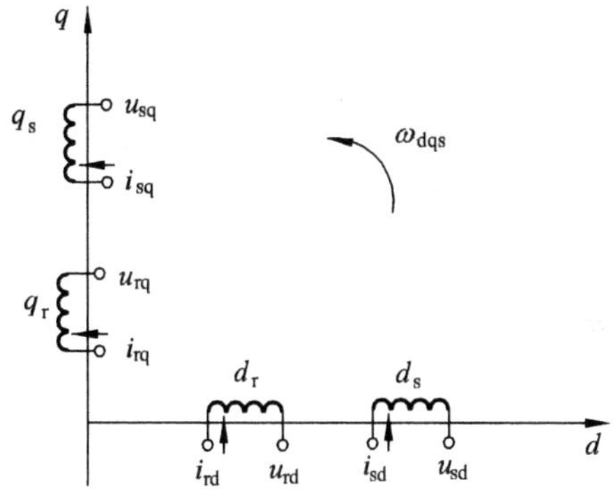

② 电压方程。

经坐标变换得到的 dq 坐标系电压方程式，可写为

图 6.52 异步电动机在两相旋转坐标系 dq 上的物理模型

$$\left.\begin{array}{l}u_{sd} = R_s i_{sd} + p\Psi_{sd} - \omega_{dps}\Psi_{sq} \\ u_{sq} = R_s i_{sq} + p\Psi_{sq} - \omega_{dqs}\Psi_{sd} \\ u_{rd} = R_r i_{rd} + p\Psi_{rd} - \omega_{dpr}\Psi_{rq} \\ u_{rq} = R_r i_{rq} + p\Psi_{rq} - \omega_{dqr}\Psi_{rd}\end{array}\right\} \quad (6.111)$$

将磁链方程式（6.110b）代入式（6.111）中，得到 dq 坐标系上的电压-电流方程式：

$$\begin{bmatrix} u_{sd} \\ u_{sq} \\ u_{rd} \\ u_{rq} \end{bmatrix} = \begin{bmatrix} R_s + L_s p & -\omega_{dqs}L_s & L_m p & -\omega_{dqs}L_m \\ \omega_{dqs}L_s & R_s + L_s p & \omega_{dqs}L_m & L_m p \\ L_m p & -\omega_{dqr}L_m & R_r + L_r p & -\omega_{dqr}L_r \\ \omega_{dqr}L_m & L_m p & \omega_{dqr}L_r & R_r + L_r p \end{bmatrix} \begin{bmatrix} i_{sd} \\ i_{sq} \\ i_{rd} \\ i_{rq} \end{bmatrix} \quad (6.112)$$

对比式（6.112）和三相坐标系中的电压方程可知，两相坐标系上的电压方程是 4 维的，它比三相坐标系上的 6 维电压方程降低了 2 维。在电压方程式（6.112）等号右侧的系数矩阵中，含 R 项表示电阻压降；含 Lp 项表示电感压降，即脉变电动势；含 ω 项表示旋转电动势。为了使物理概念更清楚，可以把它们分开书写：

$$\begin{bmatrix} u_{sd} \\ u_{sq} \\ u_{rd} \\ u_{rq} \end{bmatrix} = \begin{bmatrix} R_s & 0 & 0 & 0 \\ 0 & R_s & 0 & 0 \\ 0 & 0 & R_r & 0 \\ 0 & 0 & 0 & R_r \end{bmatrix} \begin{bmatrix} i_{sd} \\ i_{sq} \\ i_{rd} \\ i_{rq} \end{bmatrix} + \begin{bmatrix} L_s p & 0 & L_m p & 0 \\ 0 & L_s p & 0 & L_m p \\ L_m p & 0 & L_r p & 0 \\ 0 & L_m p & 0 & L_r p \end{bmatrix} \begin{bmatrix} i_{sd} \\ i_{sq} \\ i_{rd} \\ i_{rq} \end{bmatrix} +$$

$$\begin{bmatrix} 0 & -\omega_{dps} & 0 & 0 \\ \omega_{dps} & 0 & 0 & 0 \\ 0 & 0 & 0 & -\omega_{dpr} \\ 0 & 0 & \omega_{dpr} & 0 \end{bmatrix} \begin{bmatrix} \Psi_{sd} \\ \Psi_{sq} \\ \Psi_{rd} \\ \Psi_{rq} \end{bmatrix} \quad (6.113a)$$

令

$$\boldsymbol{u} = [u_{sd} \quad u_{sq} \quad u_{rd} \quad u_{rq}]^T ; \quad \boldsymbol{\Psi} = [\Psi_{sd} \quad \Psi_{sq} \quad \Psi_{rd} \quad \Psi_{rq}]^T$$

$$\boldsymbol{i} = [i_{sd} \quad i_{sq} \quad i_{rd} \quad i_{rq}]^T ;$$

$$\boldsymbol{R} = \begin{bmatrix} R_s & 0 & 0 & 0 \\ 0 & R_s & 0 & 0 \\ 0 & 0 & R_r & 0 \\ 0 & 0 & 0 & R_r \end{bmatrix} ; \quad \boldsymbol{L} = \begin{bmatrix} L_s & 0 & L_m & 0 \\ 0 & L_s & 0 & L_m \\ L_m & 0 & L_r & 0 \\ 0 & L_m & 0 & L_r \end{bmatrix}$$

旋转电动势向量

$$\boldsymbol{e}_r = \begin{bmatrix} 0 & -\omega_{dps} & 0 & 0 \\ \omega_{dps} & 0 & 0 & 0 \\ 0 & 0 & 0 & -\omega_{dpr} \\ 0 & 0 & \omega_{dpr} & 0 \end{bmatrix} \begin{bmatrix} \Psi_{sd} \\ \Psi_{sq} \\ \Psi_{rd} \\ \Psi_{rq} \end{bmatrix}$$

则式（6.113a）变成

$$\boldsymbol{u} = \boldsymbol{R}\boldsymbol{i} + \boldsymbol{L}p\boldsymbol{i} + \boldsymbol{e}_r \quad (6.113b)$$

可见此处电感矩阵 $\boldsymbol{L}$ 变成 4×4 常参数线性矩阵，而整个电压方程也降低为 4 维方程。

③ 转矩和运动方程。

dq 坐标系上的转矩方程为

$$T_e = n_p L_m (i_{sq} i_{rd} - i_{sd} i_{rq}) \quad (6.114)$$

运动方程与坐标变换无关，仍为

$$T_e = T_L + \frac{J}{n_p} \cdot \frac{d\omega}{dt} \quad (6.115)$$

其中，$\omega = \omega_{dqs} - \omega_{dpr}$ 为电机转子角速度。

构成异步电机在两相以任意转速旋转的 dq 坐标系上的数学模型。它比 ABC 坐标系上的数学模型简单得多，阶次也降低了，但其非线性、多变量、强耦合的性质并未改变。

④ 异步电动机在 dq 坐标系上的等值电路。

将式 dq 轴电压方程绘成动态等效电路，如图 6.53 所示，其中，图（a）是 d 轴电路，图

（b）是 q 轴电路，它们之间靠 4 个旋转电动势互相耦合。图 6.53 中所有表示电压或电动势的箭头都是按电压降的方向画的。

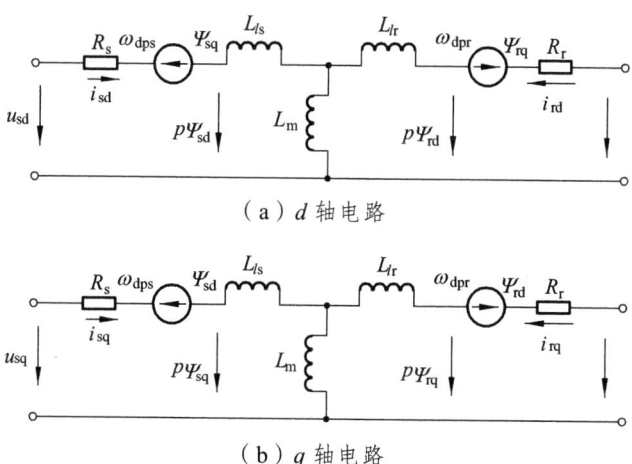

图 6.53　异步电机在 dq 坐标系上的动态等效电路

（3）异步电机在二相静止坐标系 α，β 上的数学模型

① 电压方程。

在静止坐标系 α，β 上的数学模型是任意旋转坐标系数学模型当坐标转速等于零时的特例。当 $\omega_{dqs}=0$ 时，$\omega_{dqr}=-\omega$，即转子角转速的负值，并将下角标 d，q 改成 α，β，则式（6.112）的电压矩阵方程变成：

$$\begin{bmatrix} u_{s\alpha} \\ u_{s\beta} \\ u_{r\alpha} \\ u_{r\beta} \end{bmatrix} = \begin{bmatrix} R_s+L_sp & 0 & L_mp & 0 \\ 0 & R_s+L_sp & 0 & L_mp \\ L_mp & \omega L_m & R_r+L_rp & \omega L_r \\ -\omega L_m & L_mp & -\omega L_r & R_r+L_rp \end{bmatrix} \begin{bmatrix} i_{s\alpha} \\ i_{s\beta} \\ i_{r\alpha} \\ i_{r\beta} \end{bmatrix} \qquad (6.116)$$

② 磁链方程。

$$\begin{bmatrix} \Psi_{s\alpha} \\ \Psi_{s\beta} \\ \Psi_{r\alpha} \\ \Psi_{r\beta} \end{bmatrix} = \begin{bmatrix} L_s & 0 & L_m & 0 \\ 0 & L_s & 0 & L_m \\ L_m & 0 & L_r & 0 \\ 0 & L_m & 0 & L_r \end{bmatrix} \begin{bmatrix} i_{s\alpha} \\ i_{s\beta} \\ i_{r\alpha} \\ i_{r\beta} \end{bmatrix} \qquad (6.117)$$

③ 转矩方程。

利用两相旋转变换阵 $C_{2s/2r}$，可得

$$i_{sd} = i_{s\alpha}\cos\theta + i_{s\beta}\sin\theta$$
$$i_{sq} = -i_{s\alpha}\sin\theta + i_{s\beta}\cos\theta$$
$$i_{rd} = i_{r\alpha}\cos\theta + i_{r\beta}\sin\theta$$
$$i_{rq} = -i_{r\alpha}\sin\theta + i_{r\beta}\cos\theta$$

代入式（6.114）并整理后，即得到 α，β 坐标上的电磁转矩：

$$T_e = n_p L_m (i_{s\beta} i_{r\alpha} - i_{s\alpha} i_{r\beta}) \quad (6.118)$$

（4）异步电机在两相同步旋转坐标系上的数学模型

另一种很有用的坐标系是两相同步旋转坐标系，其坐标轴仍用 d，q 表示，只是坐标轴的旋转速度 ω_{dqs} 等于定子频率的同步角转速 ω_1。而转子的转速为 ω，因此 dq 轴相对于转子的角转速 $\omega_{dqr} = \omega_1 - \omega = \omega_s$，即等于转差。代入式（6.112），即得同步旋转坐标系上的电压方程：

$$\begin{bmatrix} u_{sd} \\ u_{sq} \\ u_{rd} \\ u_{rq} \end{bmatrix} = \begin{bmatrix} R_s + L_s p & -\omega_1 L_s & L_m p & -\omega_1 L_m \\ \omega_1 L_s & R_s + L_s p & \omega_1 L_m & L_m p \\ L_m p & -\omega_s L_m & R_r + L_r p & -\omega_s L_r \\ \omega_s L_m & L_m p & \omega_s L_r & R_r + L_r p \end{bmatrix} \begin{bmatrix} i_{sd} \\ i_{sq} \\ i_{rd} \\ i_{rq} \end{bmatrix} \quad (6.119)$$

$$T_e = n_p L_m (i_{sq} i_{rd} - i_{sd} i_{rq}) \quad (6.120)$$

磁链方程、转矩方程和运动方程均不变。

这种坐标系的突出特点是，当三相 ABC 坐标系中的电压和电流是交流正弦波时，变换到 dq 坐标系上将成为直流。

（5）异步电动机在两相同步旋转坐标系上按转子磁场定向的数学模型——M，T 坐标系数学模型

在式（6.116）和（6.119）的数学模型中，电压方程右边的 4×4 阻抗矩阵每一项都是占满了的，也就是说，系统仍是强耦合的。怎样才能进一步简化呢？经过研究后可以发现，对于所用的二相同步旋转坐标系只规定了旋转速度和 d，q 两轴的垂直关系，并未规定两轴与电机旋转磁场的相对位置，对此仍有选择的余地。现在规定 d 轴沿着转子总磁链 Ψ_r 方向，并称之为 M（Magnetization）轴，而 q 轴则逆时针转 $90°$，即垂直于 Ψ_r，称之为 T（Torque）轴。这样，二相同步旋转坐标系就具体规定为 M，T 坐标系，或称按转子磁场定向的坐标系。将式（6.119）和式（6.120）中的坐标轴符号改变，即得 M，T 坐标系上的数学模型：

$$\begin{bmatrix} u_{sm} \\ u_{st} \\ u_{rm} \\ u_{rt} \end{bmatrix} = \begin{bmatrix} R_s + L_s p & -\omega_1 L_s & L_m p & -\omega_1 L_m \\ \omega_1 L_s & R_s + L_s p & \omega_1 L_m & L_m p \\ L_m p & -\omega_s L_m & R_r + L_r p & -\omega_s L_r \\ \omega_s L_m & L_m p & \omega_s L_r & R_r + L_r p \end{bmatrix} \begin{bmatrix} i_{sm} \\ i_{st} \\ i_{rm} \\ i_{rt} \end{bmatrix} \quad (6.121)$$

$$T_e = n_p L_m (i_{st} i_{rm} - i_{sm} i_{rt}) \quad (6.122)$$

由于 Ψ_r 本身就是以同步转速旋转的矢量，显然有

$$\Psi_{mr} = \Psi_r, \quad \Psi_{tr} = 0$$

也就是说

$$L_m i_{sm} + L_r i_{rm} = \Psi_r \quad (6.123)$$

$$L_m i_{st} + L_r i_{rt} = 0 \quad (6.124)$$

把这两个关系式代入（6.121）得

$$\begin{bmatrix} u_{sm} \\ u_{st} \\ u_{rm} \\ u_{rt} \end{bmatrix} = \begin{bmatrix} R_s + L_s p & -\omega_1 L_s & L_m p & -\omega_1 L_m \\ \omega_1 L_s & R_s + L_s p & \omega_1 L_m & L_m p \\ L_m p & 0 & R_r + L_r p & 0 \\ \omega_s L_m & 0 & \omega_s L_r & R_r \end{bmatrix} \begin{bmatrix} i_{sm} \\ i_{st} \\ i_{rm} \\ i_{rt} \end{bmatrix} \quad (6.125)$$

在第三、四行中出现了零元素,减少了多变量之间的耦合关系,使模型得到简化。至于转矩方程,将式(6.123)和式(6.124)代入式(6.122),得

$$T_e = n_p L_m (i_{st} i_{rm} - i_{sm} i_{rt}) = n_p L_m \left[i_{st} i_{rm} - \frac{\Psi_r - L_r i_{rm}}{L_m} \left(-\frac{L_m}{L_r} i_{st} \right) \right]$$

$$= n_p L_m \left[i_{st} i_{rm} + \frac{\Psi_r}{L_r} i_{st} - i_{st} i_{rm} \right] = n_p \frac{L_m}{L_r} \Psi_r i_{st} \quad (6.126)$$

这个关系就比较简单,而且和直流电机的转矩方程非常相似。

4. 基于动态模型按转子磁链定向的矢量控制系统

(1)矢量控制系统的基本思路

由上述内容可知,以产生同样的旋转磁动势为准则,在三相坐标系上的定子交流电流 i_A, i_B, i_C,通过三相/两相变换可以等效成两相静止坐标系上的交流电流 i_α, i_β,再通过同步旋转变换,可以等效成同步旋转坐标系上的直流电流 i_m 和 i_t。

如果观察者站到铁芯上与坐标系一起旋转,他所看到的便是一台直流电机,此时交流电机的转子总磁通 Ψ_r 就是等效直流电机的磁通,则 M 绕组相当于直流电机的励磁绕组,i_m 相当于励磁电流,T 绕组相当于伪静止的电枢绕组,i_t 相当于与转矩成正比的电枢电流。

把上述等效关系用结构图的形式画出来,便得到图 6.54。从整体上看,输入为 A, B, C 三相电压,输出为转速 ω,是一台异步电动机。从内部看,经过 3/2 变换和同步旋转变换,变成一台由 i_m 和 i_t 为输入,由 ω 为输出的直流电机。

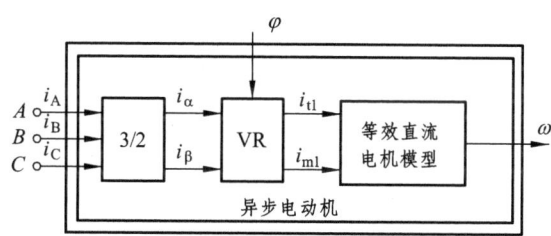

图 6.54 异步电动机的坐标变换结构图

3/2—三相/两相变换;VR—同步旋转变换;φ—M 轴与 α 轴(A 轴)的夹角

既然异步电机经过坐标变换可以等效成直流电机,那么,模仿直流电机的控制策略,得到直流电机的控制量,经过相应的坐标反变换,就能够控制异步电机了。

由于进行坐标变换的是电流(代表磁动势)的空间矢量,所以这样通过坐标变换实现的控制系统就叫作矢量控制系统(Vector Control System)。该控制系统的原理结构如图 6.55 所示。

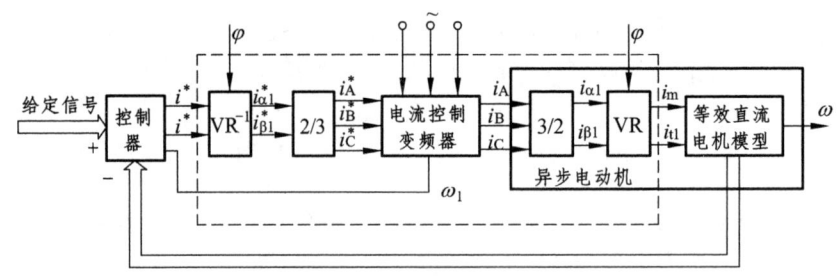

图 6.55　矢量控制系统原理结构图

在设计矢量控制系统时,可以认为,在控制器后面引入的反旋转变换器 VR^{-1} 与电机内部的旋转变换环节 VR 抵消,2/3 变换器与电机内部的 3/2 变换环节抵消,如果再忽略变频器中可能产生的滞后,则图 6.55 中虚线框内的部分可以完全删去,剩下的就是直流调速系统了。这样的矢量控制交流变压变频调速系统在静、动态性能上完全能够与直流调速系统相媲美。

当然,要实现上述构想并不是完全没有问题的。首先,电流控制和频率控制在动态中如何协调?这个问题在直流调速系统中并不存在,而在交流变频调速系统中却必须解决。其次,直流电机中磁通始终恒定,而在矢量控制的变频调速系统中这一点如何保证?总之,矢量控制系统应能从本质上解决转差频率控制系统中存在的多数问题。

(2) 按转子磁链定向的矢量控制基本方式

在式 (6.125),式 (6.126) 给出了异步电动机在同步旋转坐标系上按转子磁场定向的数学模型。对于鼠笼型电机,转子短路,则 $u_{rm} = u_{rt} = 0$,数学模型中的电压矩阵方程可简化为

$$\begin{bmatrix} u_{sm} \\ u_{st} \\ 0 \\ 0 \end{bmatrix} = \begin{bmatrix} R_s + L_s p & -\omega_1 L_s & L_m p & -\omega_1 L_m \\ \omega_1 L_s & R_s + L_s p & \omega_1 L_m & L_m p \\ L_m p & 0 & R_r + L_r p & 0 \\ \omega_s L_m & 0 & \omega_s L_r & R_r \end{bmatrix} \begin{bmatrix} i_{sm} \\ i_{st} \\ i_{rm} \\ i_{rt} \end{bmatrix} \qquad (6.127)$$

在矢量控制系统中,被控制的是定子电流,因此必须从数学模型中找到定子电流的两个分量与其他物理量的关系。以式 (6.123) 中的 Ψ_r 表达式代入式 (6.127) 第三行中,得

$$0 = R_r i_{rm} + p(L_m i_{sm} + L_r i_{rm}) = R_r i_{rm} + p\Psi_r$$

所以
$$i_{rm} = -\frac{p\Psi_r}{R_r} \qquad (6.128)$$

再代入式 (6.123) 解出 i_{sm} 得

$$i_{sm} = \frac{T_r p + 1}{L_m} \Psi_r \qquad (6.129)$$

或

$$\Psi_r = \frac{L_m}{T_r p + 1} i_{sm} \qquad (6.130)$$

式中　$T_r = \dfrac{L_r}{R_r}$ ——转子励磁时间常数。

式（6.130）表明，转子磁链 Ψ_r 仅由 i_{sm} 产生，和 i_{st} 无关，因而 i_{sm} 被称为定子电流的励磁分量。该式还表明，Ψ_r 与 i_{sm} 之间的传递函数是一阶惯性环节（p 相当于拉氏变换变量 s），其含义是：当励磁分量 i_{sm} 突变时，Ψ_r 的变化要受到励磁惯性的阻挠，这和直流电机励磁绕组的惯性作用是一致的。再考虑式（6.128），更能看清楚励磁过程的物理意义。当定子电流励磁分量 i_{sm} 突变而引起 Ψ_r 变化时，当即在转子中感生转子电流励磁分量 i_{rm}，阻止 Ψ_r 的变化，使 Ψ_r 只能按时间常数 T_r 的指数规律变化。当 Ψ_r 达到稳态时，$p\Psi_r = 0$，因而 $i_{rm} = 0$，$\Psi_{r\infty} = L_m i_{sm}$，即 Ψ_r 的稳态值由 i_{sm} 唯一决定。

至于 T 轴上定子电流 i_{st} 和转子电流 i_{rt} 的动态关系应满足式（6.124），或写成

$$i_{rt} = \frac{L_m}{L_r} i_{st} \tag{6.131}$$

此式说明，如果 i_{mt} 突然变化，i_{rt} 立即跟着变化，不存在惯性。这是因为按转子磁场定向后在 T 轴上不存在转子磁通的缘故。再看式（6.126）的转矩公式：

$$T_e = n_p \frac{L_m}{L_r} \Psi_r i_{st}$$

可以认为，i_{st} 是定子电流的转矩分量。当 i_{sm} 不变，即 Ψ_r 不变时，如果 i_{st} 变化转矩 T 立即随之成正比地变化，没有任何滞后。

总而言之，由于 M、T 坐标按转子磁场定向，在定子电流的两个分量之间实现了解耦（矩阵方程中出现零元素的效果），i_{sm} 唯一决定磁场 Ψ_r，i_{st} 则只影响转矩，与直流电机中的励磁电流和电枢电流相对应，从这个意义上看，定子电流的励磁分量与转矩分量是解耦的。这样就大大简化了多变量强耦合的交流变频调速系统的控制问题。

关于频率控制如何与电流控制协调的问题，由式（6.125）第四行可得

$$\omega_s(L_m i_{sm} + L_r i_{tm}) + R_r i_{tm} = \omega_s \Psi_r + R_r i_{sm} = 0$$

所以
$$\omega_1 - \omega = \omega_s = \frac{L_m i_{st}}{T_r \Psi_r} \tag{6.132}$$

式（6.129）或式（6.130）、式（6.132）和式（6.126）构成了矢量控制基本方程式，按照这些关系可将异步电机的数学模型绘成图 6.56 中的形式，在图中前述的等效直流电机模型（见图 6.54）被分解成 ω 和 Ψ_r 两个子系统。可以看出，虽然通过矢量变换，将定子电流解耦成 i_{sm} 和 i_{st} 两个分量，但是，从 ω 和 Ψ_r 两个子系统来看，由于 T_e 同时受到 i_{st} 和 Ψ_r 的影响，两个子系统仍然是耦合的。

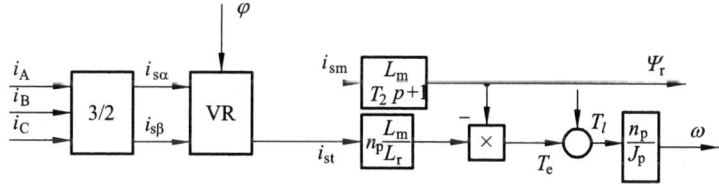

图 6.56 异步电动机矢量变换与电流解耦数学模型

按照图 6.55 的矢量控制系统原理结构图模仿直流调速系统进行控制时，可设置磁链调节

器 AΨR 和转速调节器 ASR 分别控制 Ψ_r 和 ω，如图 6.57 所示。为了使两个子系统完全解耦，除了坐标变换以外，还应设法抵消转子磁链 Ψ_r 对电磁转矩 T_e 的影响。比较直观的办法是，把 ASR 的输出信号除以 Ψ_r，当控制器的坐标反变换与电机中的坐标变换对消，且变频器的滞后作用可以忽略时，此处的（÷Ψ_r）便可与电机模型中的（×Ψ_r）对消，两个子系统就完全解耦了。这时，带除法环节的矢量控制系统可以看成是两个独立的线性子系统，可以采用经典控制理论的单变量线性系统综合方法或相应的工程设计方法来设计两个调节器 AΨR 和 ASR。

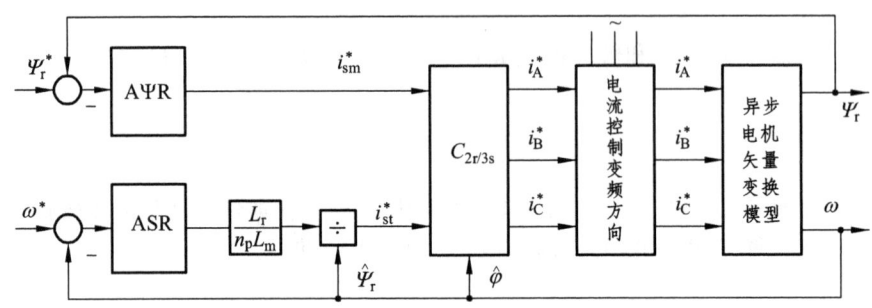

图 6.57　矢量控制系统原理结构图

应该注意，在异步电机矢量变换模型中的转子磁链 Ψ_r 和它的定向相位角 φ 都是实际存在的，而用于控制器的这两个量都难以直接检测，只能采用观测值或模型计算值，在图 6.57 中冠以符号"^"以示区别。

因此，两个子系统完全解耦只有在下述三个假定条件下才能成立：① 转子磁链的计算值等于其实际值 Ψ_r；② 转子磁场定向角的计算值等于其实际值 φ；③ 忽略电流控制变频器的滞后作用。

（3）转子磁链模型

要实现按转子磁链定向的矢量控制系统，很关键的因素是要获得转子磁链信号，以满足磁链反馈和除法环节的需要。开始提出矢量控制系统时，曾尝试直接检测磁链的方法，一种是在电机槽内埋设探测线圈，另一种是利用贴在定子内表面的霍耳元件或其他磁敏元件。从理论上说，直接检测应该比较准确，但实际上这样操作都会遇到不少工艺和技术的问题，而且由于齿槽的影响，检测信号中含有较大的脉动分量，越到低速时影响越严重。因此，现在实用的系统中，多采用间接计算的方法，即利用容易测得的电压、电流或转速等信号和转子磁链模型，实时计算磁链的幅值与相位。

利用能够实测的物理量的不同组合，可以获得多种转子磁链模型。根据实测信号的不同，又分为电流模型和电压模型。现在给出两个典型的电流模型实例。

根据描述磁链与电流关系的磁链方程来计算转子磁链，所得出的模型叫电流模型。电流模型可以在不同的坐标系上获得。

① 在两相静止坐标系上的转子磁链模型。

由实测的三相定子电流通过 3/2 变换很容易得到两相静止坐标系上的电流 $i_{s\alpha}$ 和 $i_{s\beta}$，再利用式（6.117）第 3，4 行计算转子磁链在 α，β 轴上的分量为

$$\Psi_{r\alpha} = L_m i_{s\alpha} + L_r i_{r\alpha}$$

$$\Psi_{r\beta} = L_m i_{s\beta} + L_r i_{r\beta}$$

（6.133）

再由此求出

$$i_{r\alpha} = \frac{1}{L_r}(\Psi_{r\alpha} - L_m i_{s\alpha})$$

$$i_{r\beta} = \frac{1}{L_r}(\Psi_{r\beta} - L_m i_{s\beta})$$ （6.134）

又由式（6.116）的 α,β 坐标系电压矩阵方程第 3，4 行，并令 $u_{\alpha r}=u_{\beta r}=0$，得

$$L_m p i_{s\alpha} + L_r p i_{r\alpha} + \omega(L_m i_{s\beta} + L_r i_{r\beta}) + R_r i_{r\alpha} = 0$$

$$L_m p i_{s\beta} + L_r p i_{r\beta} + \omega(L_m i_{s\alpha} + L_r i_{r\alpha}) + R_r i_{r\beta} = 0$$

或

$$p\Psi_{r\alpha} + \omega\Psi_{r\beta} + \frac{1}{T_r}(\Psi_{r\alpha} - L_m i_{s\alpha}) = 0$$

$$p\Psi_{r\beta} + \omega\Psi_{r\alpha} + \frac{1}{T_r}(\Psi_{r\beta} - L_m i_{s\beta}) = 0$$

整理后得转子磁链模型

$$\Psi_{r\alpha} = \frac{1}{T_r p + 1}(L_m i_{s\alpha} - \omega T_r \Psi_{r\beta})$$ （6.135）

$$\Psi_{r\beta} = \frac{1}{T_r p + 1}(L_m i_{s\beta} - \omega T_r \Psi_{r\alpha})$$ （6.136）

按式（6.135）、式（6.136）构成转子磁链分量的运算框图如图 6.58 所示。有了 $\Psi_{r\alpha}$ 和 $\Psi_{r\beta}$，要计算 Ψ_r 的幅值和相位就很容易了。

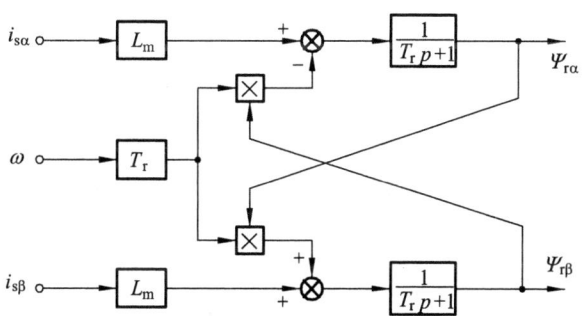

图 6.58　在两相静止坐标系上的转子磁链模型

图 6.58 的转子磁链模型适合于模拟控制，用运算放大器和乘法器就可以实现。采用微机数字控制时，由于 $\Psi_{r\alpha}$ 与 $\Psi_{r\beta}$ 之间有交叉反馈关系，离散计算时可能不收敛，就采用下面第二种模型。

② 按磁场定向两相旋转坐标系上的转子磁链模型。

图 6.59 是另一种转子磁链模型的运算框图。三相定子电流 i_A、i_B、i_C 经 3/2 变换成两相静止坐标系电流 $i_{s\alpha}$、$i_{s\beta}$，再经同步旋转变换并按转子磁链定向，得到 M，T 坐标系上的电流 i_{sm}、

i_{st}，利用矢量控制方程式（6.130）和式（6.132）可以获得Ψ_r和ω_s信号，由ω_s与实测转速ω相加得到定子频率信号ω_1，再经积分即得到转子磁链的相位角φ，它也就是同步旋转变换的旋转相位角。和第一种模型相比，这种模型更适合于微机实时计算，容易收敛，也比较准确。

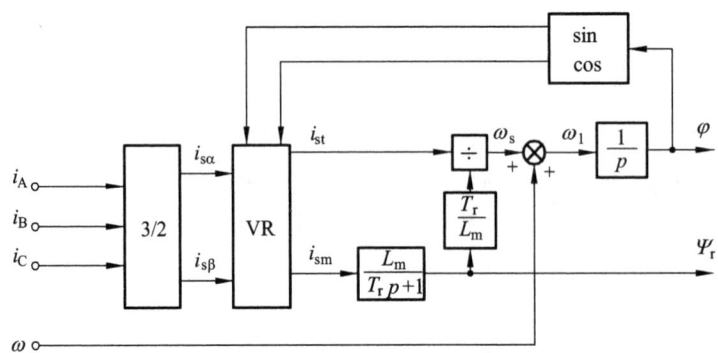

图 6.59　在按转子磁链定向两相旋转坐标系上计算转子磁链的电流模型

上述两种转子磁链模型的应用都比较普遍，但也都受电机参数变化的影响。例如，电机温升和频率变化都会影响转子电阻R_r，从而改变时间常数T_r，磁饱和程度将影响电感L_m和L_r，从而T_r也改变。这些影响都将导致磁链幅值与相位信号失真，而反馈信号的失真必然使磁链闭环控制系统的性能降低。这是电流模型的不足之处。

（4）转速、磁链闭环控制的矢量控制系统——直接矢量控制系统

图 6.57 用除法环节使Ψ_r与ω解耦的系统是一种典型的转速、磁链闭环控制的矢量控制系统，Ψ_r模型在图中略去未画。转速调节器输出带"÷Ψ_r"的除法环节，使系统可以在三个假定条件下简化成完全解耦的Ψ_r与ω两个子系统，两个调节器的设计方法和直流调速系统相似。调节器和坐标变换都包含在微机数字控制器中。电流控制变频器可以采用电流滞环跟踪控制的 CHBPWM 变频器；也可采用带电流内环控制的电压型 PWM 变频器。带转速和磁链闭环控制的矢量控制系统又称直接矢量控制系统。

图 6.60 所示是转速和磁链都用闭环控制的矢量控制系统。在这里，变频器采用电流跟随型PWM 变频器。这时整个系统和图 6.55 的矢量控制系统构想是很相近的。图中考虑了正反向和弱磁升速范围，磁链给定信号由函数发生程序获得，转速调节器 ASR 的输出作为转矩给定信号，弱磁时它还受到磁链给定信号的控制。用转矩调节器 AMR 代替了 T 轴电流调节器，转矩反馈信

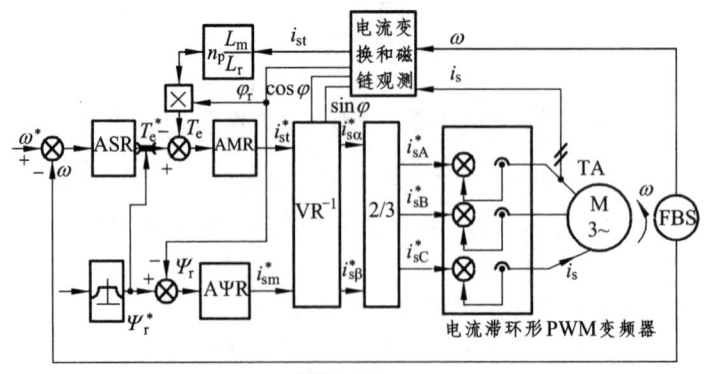

图 6.60　带转矩内环的转速、磁链闭环矢量控制系统

号是根据转子磁链和电流的 T 轴分量运算而得的。在转矩内环中，磁链对控制对象的影响相当于一种扰动作用，因而受到转矩内环的抑制，从而优化了转速子系统，使它少受磁链变化的影响。

（5）磁链开环转差型矢量控制系统——间接矢量控制系统

采用磁链闭环控制可以改善磁链在动态过程中的恒定性，从而进一步提高矢量控制系统的动态性能（和磁链开环系统相比）。然而，正如上面所说，如果磁链模型本身的精确度受到参数变化的影响，由于反馈信号的失真，磁链闭环控制系统的精度是否一定优于磁链开环转差控制的系统就很难说了。很多人认为，与其采用磁链闭环控制而反馈不准，不如采用磁链开环控制，系统反而会简单一些。在这种情况下，常利用矢量控制方程中的转差公式（6.132），构成转差型的矢量控制系统，又称间接矢量控制系统。它继承了基于稳态模型转差频率控制系统的优点，同时用基于动态模型的矢量控制规律克服了它的大部分不足之处。大大提高了系统的动态性能。图 6.61 绘出了转差型矢量控制系统的原理图，其中主电路采用了交-直-交电流源型变频器，适用于数千 kW 的大容量装置，在中、小容量装置中多采用带电流控制的电压源型 PWM 变压变频器。

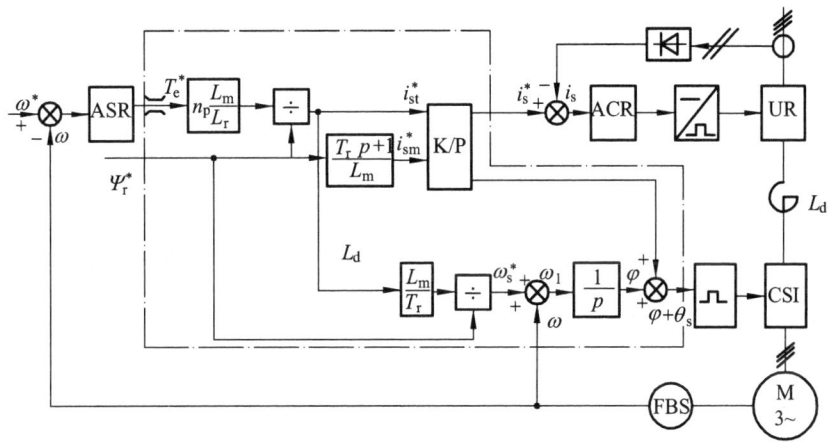

图 6.61 磁链开环转差型矢量控制系统原理图

这个系统的主要特点如下：

① 转速调节器 ASR 的输出正比于定子电流分量的转矩给定信号，与双闭环直流调速系统的电枢电流给定信号相当。

② 定子电流励磁分量给定信号 i_{sm}^* 和转子磁链给定信号 Ψ_r^* 之间的关系是靠式（6.129）建立的，其中的比例微分环节 $T_r p + 1$ 使 i_{sm} 在动态中获得强迫励磁效应，从而克服实际磁通的滞后。

③ i_{sm}^* 和 i_{st}^* 经直角坐标/极坐标变换器 K/P 合成后，产生定子电流幅值给定信号 i_s^* 和相角给定信号 θ_s^*。前者经电流调节器 ACR 控制定子电流的大小，后者则控制逆变器换相的时刻，从而决定定子电流的相位。定子电流相位能否得到及时的控制对于动态转矩的发生极为重要。极端来看，如果电流幅值很大，但相位落后 90°，所产生的转矩仍只能是零。

④ 转差频率给定信号 ω_s^* 按矢量控制方程式（6.132）算出，实现转差频率控制功能。

由以上特点可以看出，磁链开环转差型矢量控制系统的磁场定向由磁链和转矩给定信号确定，靠矢量控制方程保证，并没有实际计算转子磁链及其相位，所以属于间接矢量控制。

转差型矢量控制系统结构简单，思路清晰，所能获得的动态性能基本上可以达到直流双环控制系统的水平，得到了普遍的应用。

6.6 直接转矩控制的基本原理

直接转矩控制法是 20 世纪 80 年代中期提出的一种新的控制方法。直接转矩控制系统简称 DTC（Direct Torque Control）系统，它是在矢量控制和电流跟踪型 PWM 控制的基础上发展起来另一种高动态性能的交流电动机变压变频调速系统。它和矢量控制采用的解耦方法不同，是通过快速改变电机磁场对转子瞬时转差速度，直接控制电机的转矩和转矩增长率。在直接转矩控制系统中，用电机定子侧参数计算磁通和转矩，并用两点式调节器直接控制逆变器的开关状态，对电机磁通和转矩进行直接自调整控制，不仅能获得快速的动态响应，而且具有最佳的开关频率和最小的开关损耗。和矢量控制相比，它的控制电路简单，不需要坐标变换，克服了矢量控制系统对电机转子参数依赖和控制系统复杂的缺点。

6.6.1 直接转矩控制思想

直接转矩控制是将逆变器的控制模式和电机运行性能作为一个整体来考虑的。它具有两层含意：一是保持定子总磁链基本恒定；二是对电机转矩进行直接控制。通过对逆变器的开关控制，既能实现磁链的幅值控制，又能实现电机的转矩控制，两者均通过闭环控制实现。

目前，电机与逆变器控制功能包括电机闭环控制和逆变器的 PWM 控制两部分。在牵引领域应用的电机闭环控制策略主要有转差电流控制、磁场定向控制以及直接转矩控制。在采用前两种控制方法时，电机闭环控制和 PWM 控制的任务是分开的；而在采用直接转矩控制方法时，逆变器的开关动作是直接由磁通和转矩控制器产生的，不需要另外的 PWM 控制器。

异步电机定子磁链的控制是通过控制电机的输入电压来实现的，当对称三相正弦电压加于对称三相绕组时，电机的气隙中将产生具有恒定幅值和恒定旋转速度的磁通。当电机有一个三相逆变器供电时，电机的输入电压完全取决于逆变器的开关切换模式，而电机的磁通又取决于电压模式。直接转矩的控制目标之一就是建立磁链和逆变器开关模式之间的关系，通过逆变器开关的电压空间矢量脉宽调制控制（SVPWM）或称磁链跟踪控制技术，使电机获得一个准圆形的气隙磁场。因此，从总体控制结构上看，DTC 和 VC 都能获得较高的静、动态特性。

6.6.2 直接转矩控制的异步电动机数学模型

1. 逆变器电压空间矢量

如图 6.34 所示的两点式逆变器可以组成 8 个开关状态，用开关量 S_a、S_b、S_c 分别代表 3 个支路开关元件的状态，开关等于 1 表示上部开关元件导通，等于 0 表示下部开关元件导通。逆变器直流输入电压 U_d，则输出三相相电压为

$$\left.\begin{aligned}U_{\mathrm{an}} &= \frac{U_{\mathrm{d}}}{3}(2S_{\mathrm{a}} - S_{\mathrm{b}} - S_{\mathrm{c}}) \\ U_{\mathrm{bn}} &= \frac{U_{\mathrm{d}}}{3}(-S_{\mathrm{a}} + 2S_{\mathrm{b}} - S_{\mathrm{c}}) \\ U_{\mathrm{cn}} &= \frac{U_{\mathrm{d}}}{3}(-S_{\mathrm{a}} - S_{\mathrm{b}} + 2S_{\mathrm{c}})\end{aligned}\right\} \quad (6.137)$$

8 组开关状态对应 S_{a}，S_{b}，S_{c} 的 8 种代码，代入式（6.137）就代表 8 组三相相电压。把这 8 组电压变换成 8 个电压空间矢量 u_0，u_1，$\cdots$，u_7。在幅值不变的原则下，三相电压的矢量表示式为

$$u_{\mathrm{a}} = \frac{2}{3}U_{\mathrm{d}}(S_{\mathrm{a}} + aS_{\mathrm{b}} + a^2 S_{\mathrm{c}}) \quad (6.138)$$

式中，a 为矢量旋转因子，$a = \mathrm{e}^{\mathrm{j}2\pi/3}$。

以定子绕组轴线为空间坐标系，在空间建立静止三相坐标系 A-B-C，同时建立正交二相静止坐标系 α-β 使 A 轴与 α 轴重合，按式（6.138）就可以画出 8 个电压空间矢量，如图 6.62 所示。u_0，u_7 为零电压矢量，u_1，u_2，$\cdots$，u_6 为非零电压矢量。

由空间矢量理论可以得到以下结论：

① 定子磁链空间矢量顶点的运动方向和轨迹（简称定子磁链的运动方向和轨迹或 $\varPsi_{\mathrm{s}}$ 的运动方向和轨迹）对应于相应的电压空间矢量 U_{s} 的作用方向，$\varPsi_{\mathrm{s}}$ 的运动轨迹平行于 U_{s} 指示的方向。只要定子电阻压降与 U_{s} 的幅值相比足够小，那么这种平行就能得到很好的近似。

② 在电源频率较高时，依次给出定子电压空间矢量 U_{s}，在定子磁链的运动轨迹形成正六边形磁链。

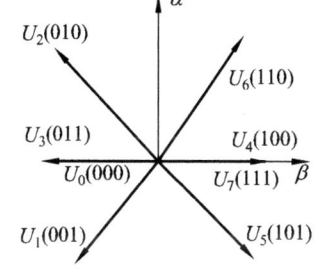

图 6.62 电压空间矢量图

③ 低频时，利用电压空间矢量 8 个开关状态的线性组合，构成一组等幅不同相的电压空间矢量，可形成准圆形的旋转磁场。

④ 若电压空间矢量为零电压矢量时，忽略定子电阻影响，磁链空间矢量 $\varPsi_{\mathrm{s}}$ 在空间保持不变。显然，利用逆变器的 8 种工作状态，可以得到圆形或正六边形的磁链轨迹来控制电机，这种方法就是直接转矩控制的基本思想。

2. 定子磁链反馈计算模型

DTC 系统采用的是两相静止坐标（$\alpha\beta$ 坐标），为了简化数学模型，由三相坐标变换到两相坐标是必要的，所增加的仅仅是旋转变换。由前述分析可以推导出：

$$u_{\mathrm{s}\alpha} - R_{\mathrm{s}}i_{\mathrm{s}\alpha} + L_{\mathrm{s}}pi_{\mathrm{s}\alpha} + L_{\mathrm{m}}pi_{\mathrm{r}\alpha} = R_{\mathrm{s}}i_{\mathrm{s}\alpha} + p\varPsi_{\mathrm{s}\alpha}$$
$$u_{\mathrm{s}\beta} = R_{\mathrm{s}}i_{\mathrm{s}\beta} + L_{\mathrm{s}}pi_{\mathrm{s}\beta} + L_{\mathrm{m}}pi_{\mathrm{r}\beta} = R_{\mathrm{s}}i_{\mathrm{s}\beta} + p\varPsi_{\mathrm{s}\beta}$$

移项并积分后得

$$\psi_{\mathrm{s}\alpha} = \int (u_{\mathrm{s}\alpha} - R_{\mathrm{s}}i_{\mathrm{s}\alpha}) \mathrm{d}t \quad (6.139)$$

$$\Psi_{s\beta} = \int (u_{s\beta} - R_s i_{s\beta})\mathrm{d}t \tag{6.140}$$

$$|\Psi_s| = \sqrt{\Psi_{s\alpha}^2 + \Psi_{s\beta}^2} \tag{6.141}$$

由式（6.139）和式（6.140）可得定子磁链模型，其结构框图如图6.63所示。

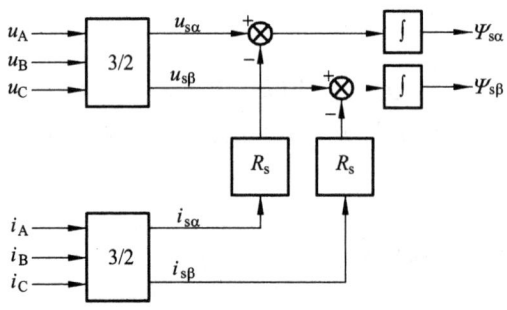

图6.63　定子磁链模型结构图

3. 转矩反馈计算模型

由式（6.118）可以推出，在静止两相坐标系上的电磁转矩表达式为

$$T_e = n_p L_m (i_{s\beta} i_{r\alpha} - i_{s\alpha} i_{r\beta})$$

$$i_{r\alpha} = \frac{1}{L_m}(\Psi_{s\alpha} - L_s i_{s\alpha})$$

$$i_{r\beta} = \frac{1}{L_m}(\Psi_{s\beta} - L_s i_{s\beta})$$

代入式（6.118）并整理后得

$$T_e = n_p (i_{s\beta} \Psi_{s\alpha} - i_{s\alpha} \Psi_{s\beta}) \tag{6.142}$$

这就是DTC系统所用的转矩模型，其结构框图如图6.64所示。

6.6.3　直接转矩控制的基本原理

DTC控制的核心就是转矩T和定子磁链反馈信号的计算模型。具体控制方法上，DTC系统与VC系统不同的特点是：

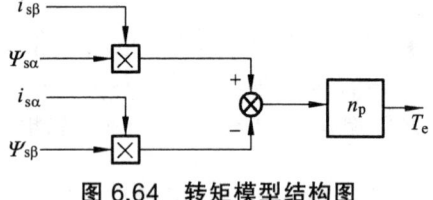

图6.64　转矩模型结构图

① 转矩和磁链的控制采用双位式砰-砰控制器，并在PWM逆变器中直接用这两个控制信号产生电压的SVPWM波形，从而避开了将定子电流分解成转矩和磁链分量，省去了旋转变换和电流控制，简化了控制器的结构。

② 选择定子磁链作为被控量，而不像VC系统中那样选择转子磁链，这样一来，计算磁链的模型可以不受转子参数变化的影响，提高了控制系统的鲁棒性。如果从数学模型推导按定子磁链控制的规律，显然要比按转子磁链定向时复杂，但是，由于采用了砰-砰控制，这种复杂性对控制器并没有影响。

③ 由于采用了直接转矩控制，在加减速或负载变化的动态过程中，可以获得快速的转矩

响应，但必须注意限制过大的冲击电流，以免损坏功率开关器件，因此实际的转矩响应的快速性也是有限的。

如图 6.65 所示为按定子磁链控制的直接转矩控制系统的原理框图。和矢量控制系统一样，它也是分别控制异步电动机的转速和磁链。转速调节器 ASR 的输出作为电磁转矩的给定信号 T_e^*；在 T_e^* 的后面设置转矩控制内环，它可以抑制磁链变化对转速子系统的影响，从而使转速和磁链子系统实现了近似的解耦。转矩和磁链的控制器用滞环控制器取代了通常的 PI 调节器。

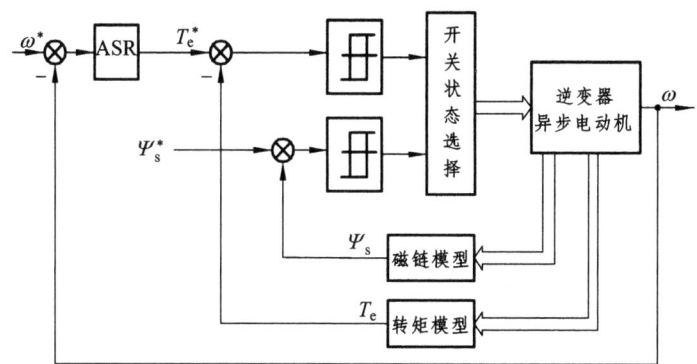

图 6.65 按定子磁链控制的直接转矩控制系统

控制过程：逆变器输出的三相电压输入给异步电动机，从电动机可以检测出定子电流 i_A，i_B，i_C，通过 3/2 变换得到 $i_{s\alpha}$，$i_{s\beta}$；由逆变器输出电压 u_A，u_B，u_C 也可以计算出 $u_{s\alpha}$，$u_{s\beta}$。再由定子磁链模型可以得到 $\Psi_{s\alpha}\Psi_{s\beta}$，进行数学变换后可以得到定子磁链幅值，并与给定值比较后可以得到 H_Ψ；将 $i_{s\alpha}$，$i_{s\beta}$，$\Psi_{s\alpha}\Psi_{s\beta}$ 送入转矩模型可以得到实际转矩 T_e，与给定 T_e^* 相比较，得到 H_T；扇形计算是根据 $\Psi_{s\alpha}\Psi_{s\beta}$ 在三相坐标的投影计算出的磁链所在的扇区 S_N。最后由 H_Ψ，H_T，S_N 三个输入量通过开关状态选择，用查表方式，查找电压矢量表就可以为逆变器产生适当的控制电压矢量，即控制电力器件的开关状态，最终得到逆变器所需要的 SVPWM 波形，从而实现异步电动机的直接转矩控制。

6.6.4 DTC 系统存在的问题

① 由于采用砰-砰控制，实际转矩必然在上下限内脉动，而不是完全恒定的。

② 由于磁链计算采用了带积分环节的电压模型，积分初值、累积误差和定子电阻的变化都会影响磁链计算的准确度。

这两个问题的影响在低速时都比较显著，因而使 DTC 系统的调速范围受到限制。

6.6.5 直接转矩控制系统与矢量控制系统的比较

DTC 系统和 VC 系统都是已获实际应用的高性能交流调速系统。两者都采用转矩（转速）和磁链分别控制，这符合异步电动机动态数学模型的需要。但两者在控制性能上却各有千秋。

(1) 矢量控制系统特点

VC 系统强调 T_e 与 Ψ_r 的解耦,有利于分别设计转速与磁链调节器;实行连续控制,可获得较宽的调速范围;但 Ψ_r 定向受电动机转子参数变化的影响,降低了系统的鲁棒性。

(2) DTC 系统特点

DTC 系统则实行 T_e 与 Ψ_s 砰-砰控制,避开了旋转坐标变换,简化了控制结构;控制定子磁链而不是转子磁链,不受转子参数变化的影响;但不可避免地产生转矩脉动,低速性能较差,所以调速范围受到限制。

7 交流拖动电力机车

7.1 概 述

　　电力牵引自1879年以来,至今已有130年的历史,期间出现过多种多样的电力机车车辆。但一百多年来,占主流的是直流电力机车、交流整流子电动机电力机车、交流整流器式电力机车。只是最近的十多年,交流传动电力机车才得到普及。这是由于变流技术、异步电动机的控制技术、电力电子技术和计算机等技术用于交流电动机控制并都得已迅猛发展的结果。就变流技术来说,变流元件从不控的二极管、半控晶闸管,发展到全控的 GTO,IGBT,IGCT,容量不断加大,开关频率不断提高,使得脉宽调制技术成为可能,逆变器的输出具有平滑调节供电频率和电压的性能。交流牵引电机由这种变流器供电,就可得到极好的调速特性。从交流电动机的控制技术来看,从原来的开环控制,到今天广泛使用的矢量控制、直接转矩控制,使得交流传动具有了极好的控制特性和动态性能。

　　交流传动电力机车目前已成为主流,主要原因在于:

　　① 由于异步电机轴功率大、体积小,使得机车具有适合低速的大牵引力,可以以较少的动轴来保证列车高速运行时所需的功率。

　　② 与同样功率等级的直流电机比较,异步电机的重量低30%左右,因此减小了簧下重量和对线路的作用力。如果采用直流电动机,机车最高速度时受簧下重量的严重制约。此外,由于异步电机轴体积小,因而缩短了转向架固定轴距,提高了机车的曲线通过性能。

　　③ 近年生产的交流传动电力机车,网侧采用了四象限脉宽调制整流器,使得机车不论在额定功率,还是小负载牵引或再生制动工况,机车的功率系数都在0.98以上。这就意味着铁路电网所需提供的无功功率很小,接触网上的损耗就很小。那么在给定的电网功率下,使用一定功率的机车就越多。与此相对,20世纪60年代发展起来的整流器式机车,即使在额定功率时,机车的功率系数也仅为0.84左右。此外,采用四象限脉宽调制整流器后,可使等效干扰电流小于2A;而整流器式机车在该功率等级时,等效干扰电流将大于9A。由上可见,这种机车对电网来说有很好的特性。

　　④ 现今的交流传动电力机车都采用再生制动技术。当列车需要制动时,机车将列车的动能变为电能反馈至接触网,节约了能耗。以前,部分整流器式机车虽然也有再生制动功能,但其功率系数一般为0.3~0.4,需由电网供给大量的无功功率,节约能耗的效果并不明显,同时,还恶化了电网的供电指标,因此未能得到普及。

　　⑤ 交流传动电力机车在整个生命周期中,成本最低。整个生命周期的成本由制造成本、维修成本、运行费用等组成。由于前面所述交流电机的特点以及整流元件的模块化,没有有接点电器等因素,大大节省了制造成本。交流电力机车的维修工作量小,维修周期长,再生制动能耗低,这些因素都大大节省了维修和运行成本。

7.1.1 交-直-交电力机车

交-直-交电力机车上各种电气设备按其功能、作用和电压等级,可分别组成 3 个基本独立的电路系统,即主电路、辅助电路、控制电路(低压控制电路和电子控制电路)。这 3 个电路通过电-磁、电-空、光-电及电-机械传动等方式相互联系起来,以达到自动或间接控制协调工作的目的,保证司机能安全正常且方便地操纵机车。

主电路主要由高电压、大功率电气部件及附属测量、保护部件组成,完成电能与机械能之间的相互转换,产生牵引力和制动力。一般主电路由牵引变压器、牵引变流器、牵引电动机等主要部分构成,如图 7.1 所示。主电路的作用是将来自 25 kV 交流接触网的单相工频电变换成满足牵引电机要求的可连续平滑变频、变压的对称三相交流电,经牵引电机产生机械牵引力,以满足电力牵引的要求。在图 7.1 中,受电弓将 25 kV,50 Hz 的交流电能送到主变压器的高压绕组,3 个辅边牵引绕组各自给变流器的 3 台脉冲整流器供电。脉冲整流器也称四象限变流器(4QC),它能在四象限内按脉宽调制方式工作,除维持中间直流电压恒定外,还能消除接触网侧的谐波电流,使基波电流与电网电压保持同相位。3 个四象限变流器给两个并联工作的直流中间电路供电。PWM 逆变器将中间直流回路的恒定直流电压变换为频率与幅值均可独立调节的对称三相交流电,每台逆变器向 1 个转向架上的 2 台牵引电机供电。牵引时,电能通过电机将电能变换成机械能;再生时,主电路不做任何改变,只需通过控制装置使滑差为负即可实现再生制动。

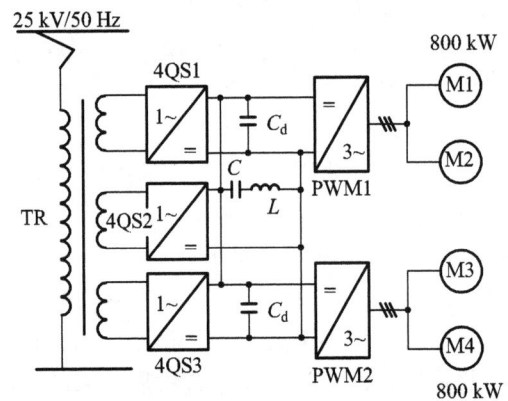

图 7.1　交流传动电力机车主电路

控制电路由控制电源、主令电器及控制电气设备组成,实现对主电路、辅助电路各电气设备的控制,完成对机车的牵引、制动的操作和控制。机车控制实质上是对机车的调速特性进行控制,最基础的环节是交流传动电机驱动控制,即根据运行状态(牵引、制动、前进、后退)和负载变化情况,选择异步电机相应的自然特性及其上的稳定工作点。目前,交流电机的控制可分为转差频率控制、磁场矢量定向控制、直接转矩控制等几种。其中,直接转矩控制技术的优点明显,有较好的应用前景。此外控制电路还必须保证中间直流电压的稳定,确保电网电流波形为正弦,且与电网电压同相位,完成各种故障的处理。由于交-直-交电力机车均由多个驱动单元构成,这就需要上一级控制器来实现对列车的整体控制,传递操作指令实现人机通信等。通过它可实现整个列车的牵引、制动、运行方向、牵引力、速度的统一控制,也可实现对车辆的门控、空调、旅客信息、监视、诊断等控制，使列车控制系统日趋完善。

辅助电路由辅助单三相变换和辅助电动机电路及各种辅助电气设备等组成，用来保证主电路发挥其功率和实现其性能，并为司乘人员和旅客改善工作和生活条件。辅助电路主要有牵引风机、压缩机、热交换用风机、油泵等一系列辅助电机，在交流传动电力机车上均采用异步电动机，所以辅助电机的核心是能产生对称三相交流电的三相逆变器。

7.1.2 交-直-交电力机车的特性

图 7.2 是交-直-交电力机车的牵引特性和制动特性示意图。牵引特性分为如下几段：从启动至 5~10 km/h 为低速区。在这一区段内要求牵引力能克服启动阻力，以保持足够的加速度。此时，黏着系数最大，牵引力也最大。随着运行速度的提高，根据列车运行动力学可知，列车的黏着系数将减少。为防止黏着破坏引起打滑，牵引力必须在黏着限制区内，所以牵引力应随着运行速度的提高而降低。在恒功区，牵引力与速度成反比。

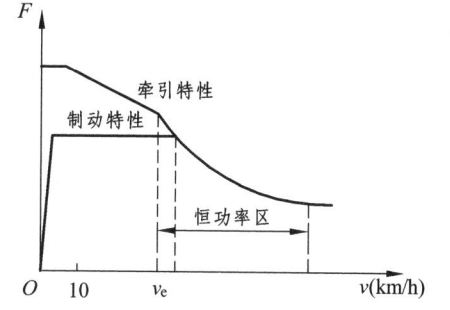

图 7.2 交-直-交机车的牵引特性和制动特性

为得到所需要的牵引特性，可在低速启动段对电机进行恒磁通控制，这样，电机有大的恒定牵引力；当机车运行速度提高后，应改变电机的工作点，如减少转差频率值，使电机的力矩变小，机车的牵引力下降；当达到机车额定速度时，进入恒功区，按转差率为常数控制，使电机恒功率运行，机车也恒功率运行。

再生制动时，通过控制电机的转差频率使其为负值，以实现牵引电机的发电运行。在低速段，采用恒磁通控制，使制动力矩为常值；在高速区段，采用恒功率制动，以防止电机过载。

7.1.3 交流传动机车的应用

目前在干线铁路中交流传动电力机车已成为机车的主流，世界上许多国家已停止直流传动机车的生产。我国的交流传动研究始于 20 世纪 70 年代，到 90 年代，研制成功了 1 000 kW 的电力牵引交流传动系统。1996 年，研制成功第一台 4 轴 4 000 kW 交流传动干线电力机车 AC4000，这标志着我国电力牵引技术进入了交流传动时代。

同时随着交流调速技术的日渐成熟，用于矿山井下运送物料与人员的重要运输工具——窄轨工矿电力机车也在逐步用交流异步电机车取代直流电机车。窄轨工矿电力机车按其供电方式可分为蓄电池式和架线式两种形式。蓄电池式电机车，通常用于瓦斯矿井和未铺设架空线的巷道，维护费用相对较高。架线式窄轨电机车由接触网供应直流电，直流电通过牵引变流器转换成电压与频率可调的三相交流电，供给交流鼠笼式感应电动机。传统的矿用窄轨电机车一般是采用直流电动机作为其动力来源，由于矿井的工作环境恶劣，矿用电机车不仅处于频繁地启动、制动、加减速等状态，还要适应负载上下坡和颠簸路况等情况，所以就要求交流调速系统能够快速响应转矩，并有较强过载能力。

7.2 交流电力机车传动主电路

交-直-交电力机车的主电路由牵引变压器、脉冲整流器、逆变器、牵引电机等部件构成,其中脉冲整流器和逆变器是关键环节。机车牵引时,脉冲整流器将电网输入的交流电变换成电压稳定的直流电供给牵引逆变器;再生制动时,将中间直流电变换为交流电反馈回电网。由于它可以四象限运行,也称四象限变流器。逆变器的作用是按控制规律的要求,为三相异步电动机提供连续平滑变化的对称三相正弦电压,其电压与频率的变化规律应满足控制要求。

7.2.1 采用电压型交-直-交变流器的传动系统主电路

对于干线铁路来说,目前世界各国广泛采用有 15 kV,$16\frac{2}{3}$ Hz 或 25 kV,50(60)Hz 的单相交流接触网供电的交流电气化模式。前者主要集中在欧洲一些国家,如德国、瑞士、奥地利、挪威、瑞典等国家。所以,在欧洲就出现了适合单一供电制式的单流制高速列车和适合不同供电制式的多流制高速列车。后者对电气传动系统以及变流器的设计,提出更多、更复杂的要求。

1. 单流制电力机车和电动车组的主电路

图 7.3 是采用二点式电压型变流器的 4 轴电力机车和电动车组的典型电路,图中画出了半台车(一个转向架)的情况。牵引变压器有 4 个二次绕组,每个二次绕组向一个由四象限脉冲整流器、中间直流电压回路和脉宽调制逆变器组成的变流器提供电能。

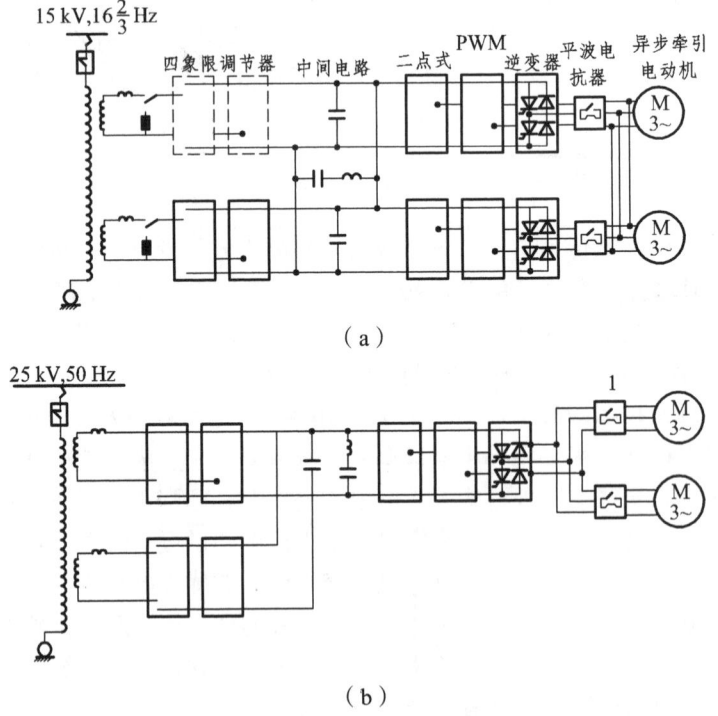

图 7.3 交流接触网供电的电力机车主电路(一个两轴转向架)

逆变器把中间回路直流电压变成可变幅值和可变频率的三相交流电压，供给异步牵引电动机。中间回路直流电压值由轴功率的大小和可选择的半导体器件决定，目前，在大多数轴功率达 12 MW 以上的电力机车上，其最大取值达到 2 800 V。在启动范围内，逆变器按脉宽调制模式进行控制，当逆变器输出达到规定值时，转入方波控制模式。有时，在逆变器和异步牵引电动机之间串接三相平波电抗器，用以抑制启动过程电动机电流中的谐波分量，改善转矩脉动状况，并减少损耗。启动完成后，通过接触器把它短接。因为在持续运行时，电流和转矩的谐波分量的影响相对来说不那么重要，而三相平波电抗器的继续存在，不仅将减少电动机上的端电压，而且还会增加损耗。如果中间回路直流电压为 2 800 V，那么在电机平波电抗器被短接后，电动机的线电压可达到 2 200 V。

当机车进行再生制动时，整个系统的工作原理及方式没有发生什么变化，主电路结构也不发生任何变化。为了使牵引电动机能够进入发电状态，控制系统应使异步电动机工作在负的转差频率。在交流传动电力机车发展的初期，为保证电气制动的可靠性和安全性，还装有制动电阻和转换开关。如果电网不能接收再生能量或网侧整流器故障，应立即在无电流状态下接入制动电阻。

为了使电网功率系数 λ（λ = 基波功率因数 × 波形畸变因数）接近于 1，并尽可能降低干扰谐波电流，所以 N 个四象限脉冲整流器并联工作，并按相互位移 $360°/2N$ 进行控制。如果 $N = 4$，则相邻两个脉冲整流器之间相互位移 $45°$；如果 $N = 6$，则相邻两个脉冲整流器之间相互位移 $30°$。这样可大大提高牵引变压器一次侧或接触网的等效开关频率。比如，当脉冲整流器一相（一个桥臂）的开关频率为 $16\frac{2}{3} \times 11 = 183$（Hz）时，4 重脉冲整流器并联工作的等效开关频率为 1 464 Hz；而采用可关断器件组成的 6 重脉冲整流器的电力机车上等效开关频率可达 3 000 Hz。

与图 7.3（a）所示的每个转向架中两台电动机由两个并联逆变器供电情况不同，在图 7.3（b）中，每个转向架只安装一台逆变器。对于轴功率较小的电力机车，在适当选择半导体器件的情况下，可以采用这种系统结构。但为了减少机车对接触网的不利影响，每个转向架仍然配置两台并联工作的四象限脉冲整流器。全车各个脉冲整流器相互位移一定的角度。

当每个转向架的两台牵引电动机经由两台逆变器输出端上的三相母线供电，也就是说两台逆变器并联向该转向架的电动机供电[见图 7.3（a）]时，以及每个转向架的两台牵引电动机由一台公共逆变器供电[见图 7.3（b）]时，这两台牵引电动机可以被认为在电气上彼此连接在一起，有利于防止单轴空转。这种供电方式称为转向架组合供电方式。与此相反，如果转向架中的各台电动机都由一个独立的逆变器供电，则称为独立供电。但必须注意，人们往往把独立供电与单轴传动混为一谈。向各电动机独立供电的两台逆变器，可以受一套公共的电子装置控制，也可以由各自分开的电子装置控制。前者称为组合控制，后者称为独立控制。只有独立供电的逆变器按独立控制方式工作时，才能实行单轴传动，即能够根据一个轴的运行状态信息任意地调节该轴的转矩和速度。

如图 7.4 所示为采用三点式变流器的电机车和电动车组主电路。有一些机车，中间回路直流电压高达 3.5 kV 或更高，并仍然打算使用 4.5 kV 的可关断功率器件。那么，一个较好的解决办法就是选择三点式电路。奥地利联邦铁路的 1822 型电力机车，特别是大批量投入瑞士联邦铁路网的 460 型电力机车，都是采用三点式变流器的电力机车。

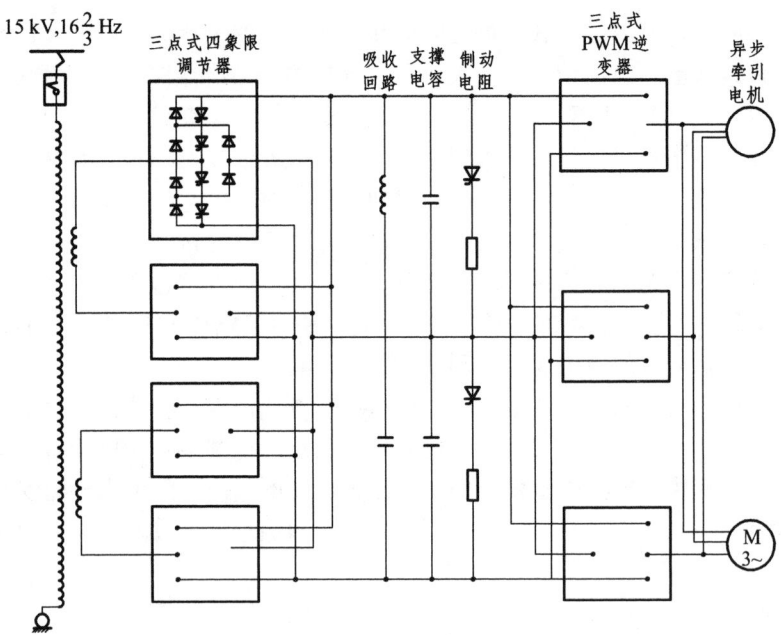

图 7.4 采用三点式变流器的电力机车主电路

2. 多流制电力机车和电动车组的主电路

由于历史的原因,欧洲各国铁路采用多种电流制,甚至在一个国家也存在不同的供电网,法国、意大利、西班牙等国都存在这种情况。为了满足国际联运和越区运营的需要,不得不研制双流制、三流制甚至四流制机车。目前已经出现好几种多流制的交流传动电力机车。如奥地利联邦铁路的 1822 型电力机车是适合于交流 15 kV,$16\frac{2}{3}$ Hz 和直流 3.0 kV 的双流制机车。法国研制的 BB36000 型电力机车可用于交流 25 kV,50 Hz 和直流 3.0 kV 以及直流 1.5 kV 三种供电系统中。如图 7.5 所示是双流制电力机车的主电路。

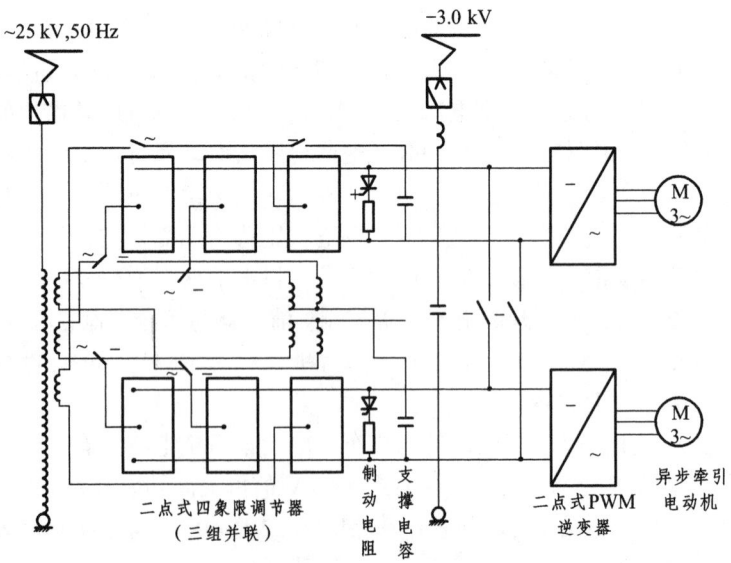

图 7.5 双流制交流传动电力机车主电路

值得一提的是，穿越英吉利海峡隧道并把伦敦、巴黎和布鲁塞尔三个首都连接在一起的"欧洲之星"高速列车，在法国境内和隧道中，由 25 kV, 50 Hz 交流接触网供电，在英国则在通过受电靴从第三轨上集电的直流 750 V 的系统下运行,在比利时由直流 3.0 kV 电网供电。

在多流制电力机车的主电路中，有一些特殊的问题需要解决。第一是受电弓，在 1822 型电力机车上，共安装 3 台受电弓，其中一台适合于交流接触网，2 台适合于直流接触网。依靠电流检测器和电流转换开关，能够自动识别接触网电压的类型，并监视受电弓和主电路的转换。第二是辅助变流器，为了在直流接触网运行的辅助变流器能够直接从接触网获得供电，可将辅助变流器接在交-直-交主变流器的中间回路，所以辅助变流器的结构比较复杂。在采用 IGBT 一类开关频率较高的器件时，辅助变流器由输入逆变器、200～300 Hz 变压器、整流器、中间回路和输出逆变器组成，提供 25～50 Hz，190～380 V 的可调电源。第三是主电路的转换，这里有两个前提：一个是电动机侧电路的基本结构必须是相同的，也就是说，电动机仍然由原来的逆变器供电，中间回路直流电压值不变；另一个是电网侧变流器在直流供电时将是斩波器，应尽可能利用原来四象限脉冲整流器已有的半导体器件。

7.2.2 窄轨工矿电力机车主电路

窄轨工矿电力机车按其供电方式可分为蓄电池式和架线式两种形式。架线式电机车由相应电网供应直流电，窄轨工矿电力机车的主电路是将直流电通过牵引变流器转换成电压与频率可调的三相交流电供交流鼠笼式感应电动机使用，如图 7.6 所示。

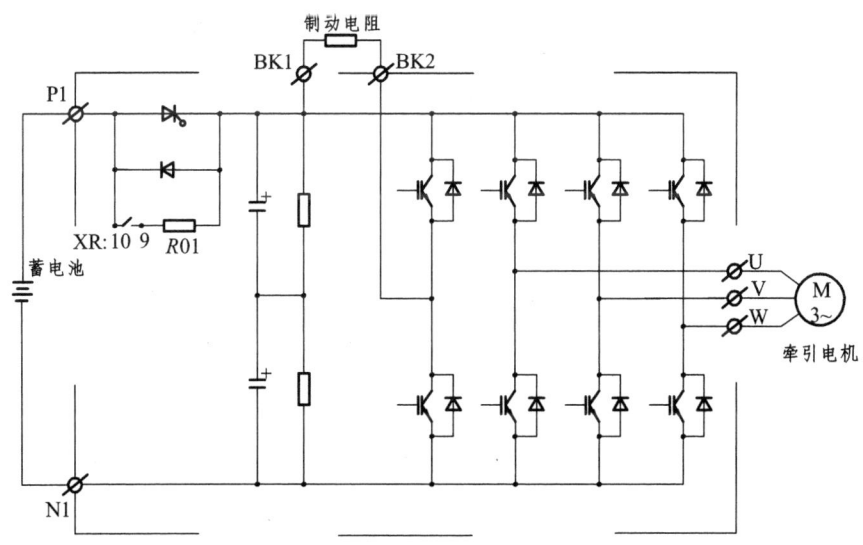

图 7.6 蓄电池式窄轨工矿电力机车主电路

7.2.3 SS$_{J3}$ 型交流传动电力机车主电路

SS$_{J3}$ 型大功率交流传动电力机车是由北车集团大连机车车辆有限公司在 2004 年研制成功的具有我国自主知识产权，适应我国铁路现代货运需求的大功率交流传动电力机车。

SSJ3型电力机车的主电路主要由网侧电路、牵引变压器电路、牵引变流器电路及牵引电机电路构成,如图7.7所示。

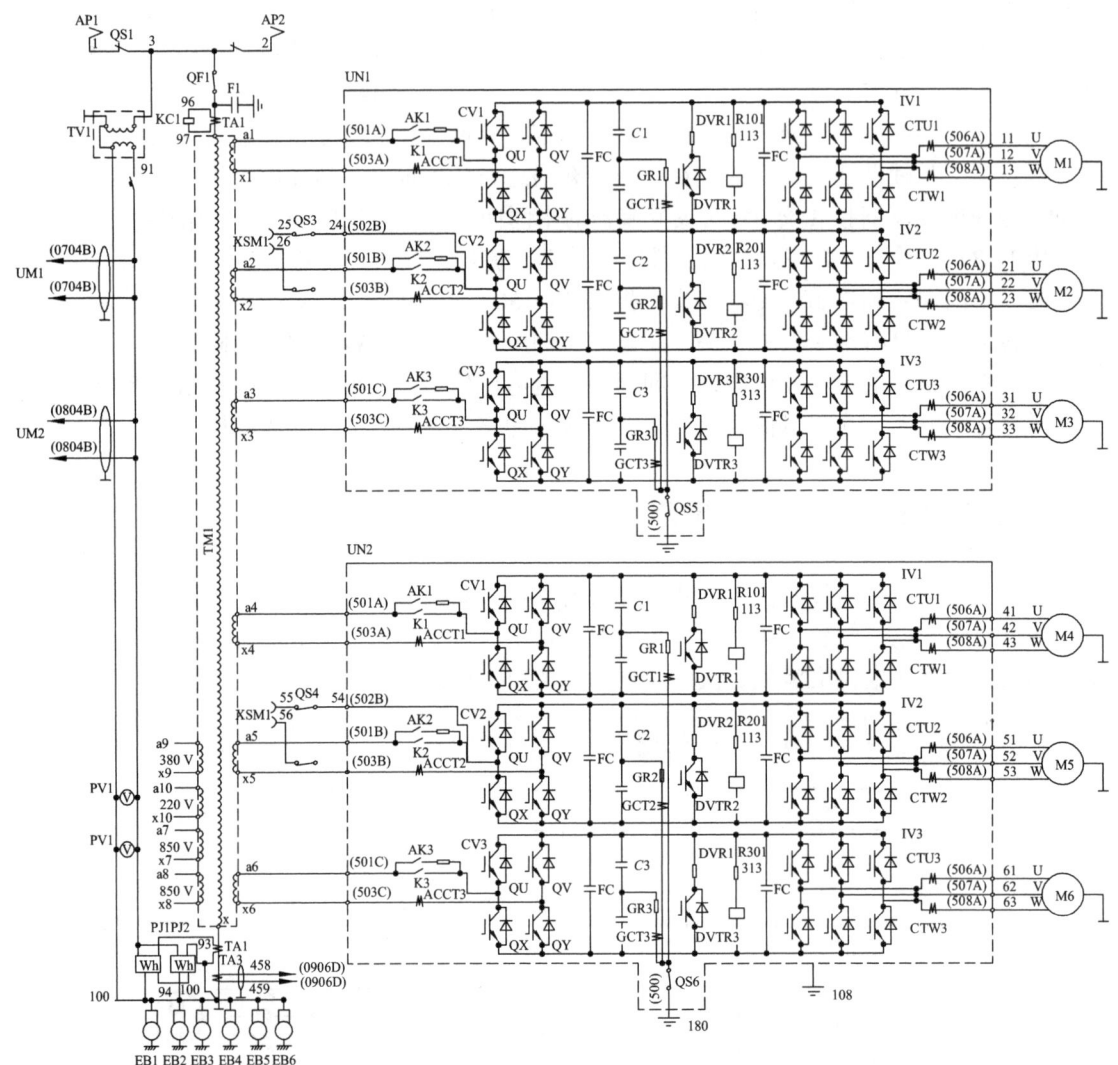

图7.7 SSJ3型电力机车主电路

1. 主电路的结构

（1）网侧电路

网侧电路的额定电压为25 kV,在实际运行中,电压的变动范围为20～29 kV,在特殊情况下可达到19～30 kV。

网侧的高压电器有：受电弓AP1,AP2,高压隔离开关QS1,QS2,高压电压互感器TV1,主断路器QF1,避雷器F1,高压电流互感器TA1和牵引变压器的原边绕组AX。

接于变压器原边绕组低压端的电器,因为接近接地端,只承受较低的电压,所以属于低压电器。这些电器有：低压电流互感器TA2,TA3,接地回流装置EB1～EB6,电度表PJ1,PJ2,网压表PV1,PV2,以及自动开关QA1等。

7 交流拖动电力机车

网侧电流由接触网流入升起的受电弓 AP1 或 AP2 进入机车,经高压隔离开关 QS1 或 QS2 及主断路器 QF1,通过高压电流互感器 TA1 进入车内,经 25 kV 高压电缆与牵引变压器原边 A 端子相连,经过牵引变压器原边 AX,从 X 端子流出进入车体,通过车体与转向架之间的软连线、接地电刷 EB1~EB6、轮对、钢轨,返回变电所。

高压电压互感器 TV11 接在主断路器 QF1 之前,升起受电弓就可以判断接触网是否有电。TV1 采用了最新设计的干式高压电压互感器,用以检测机车所在位置的接触网电压,其变比为 25 000 V/100 V。次边输出通过保护用自动开关 QA1,将信号分别送到牵引变流器 1 和牵引变流器 2 的控制单元,作为牵引变流器控制的同步信号使用,同时为电度表 PJ1,PJ2 的电压线圈和网压表 PV1,PV2 提供电压信号。

受电弓 AP1,AP2 为 DSA200 型受电弓。弓内装有自动降弓装置,当弓网出现故障时,可自动降弓保护。

高压隔离开关 QS1,QS2 具有手动操作功能。当一台受电弓发生故障接地时,可通过手动操作高压隔离开关切除故障的受电弓,另一台受电弓维持机车正常运行,减少机破,提高机车运用可靠性。

主断路器 QF1 采用 BVAC.N99 型真空断路器,它除了作为接通和开断机车的总电源外,还在机车电路发生短路、过流、接地等故障时,作为机车的最后一级保护电器。在主断路器的主触头后端,接有避雷器 F1,用以抑制操作过电压及雷击过电压。

高压电流互感器 TA1 是原边电流的测量装置,为原边的过流保护提供电流信号。由于原边的过电流,特别是原边侧的短路电流,在短时间内,可达到很大的数值。为了保证电流信号的线性要求,要求高压电流互感器有较好的饱和度。

低压电流互感器 TA2 为电度表的计量提供原边电流输入信号,TA3 为机车微机控制系统提供原边电流信号。由于它们是计量电器,因而与高压电流互感器 TA1 不同,对它们的准确性有更高的要求。

机车上设有两块电度表 PJ1,PJ2,电度表 PJ1 计量机车牵引时消耗的电能,电度表 PJ2 计量机车再生制动时向电网回馈的电能。

接地电刷 EB1~EB6 用以保证机车网侧电流向钢轨的回流,同时保护机车轮对轴承不受电蚀以及机车可靠的接地性能。

(2)牵引变压器电路

SS_{J3} 型电力机车的牵引变压器是一台 6 牵引绕组全分裂的变压器,它的 8 套高压绕组并联连接,出线端子标号为 a,x。

牵引变压器的 6 个牵引绕组,电压为 1 450.2 V,分别以端子 a1x1,a2x2,a3x3,a4x4,a5x5,a6x6 向 2 套牵引变流器柜内的 6 组牵引变流器供电;2 个辅助绕组,电压为 857.8 V,分别以端子 a7x7、a8x8 向 2 套辅助变流器供电;电压为 224.7 V 的控制绕组,端子标号为 a10x10,用于司机室各加热设备的供电以及控制电路控制电源的供电,后者通过 IPM 高频电源模块变换,提供直流 110 V 控制电源并给蓄电池充电;388 V 控制绕组(a9x9)作为备用电源。

(3)牵引变流器和牵引电机电路

该车采用两组牵引变流器 UM1 和 UM2,每一组牵引变流器内含有 3 个牵引变流器,它们分别由牵引变压器的 6 个牵引绕组供电,6 组牵引变流器经过整流逆变后,分别给牵引电机 M1,M2,M3,M4,M5,M6 供电。当任何一组或几组牵引变流器支路出现故障时,均可通过故障隔离开关进行隔离。牵引变流器主要由四象限整流器、中间直流电路和牵引逆变器等组成，每一部分的基本结构和工作原理如下。

① 预充电电路。

四象限整流器的负载为直流回路支撑电容，而电容器上的电压不能突变，在接入电路瞬间，相当于短路。当四象限整流器接通牵引变压器二次侧绕组时，如果没有限流电阻，电路将通过相构件中的二极管与电容连接，会形成很大的电流冲击。预充电电路的目的就是减小这种电流冲击。

预充电电路由接触器 AK1，K1 和限流电阻组成。当中间电压为零时，先合上接触器 AK1，牵引变压器的牵引绕组通过充电电阻向四象限整流器供电，给中间直流回路支撑电容充电。当中间直流电压达到 2 000 V 时，合上接触器 K1，再断开充电接触器 AK1，在切除充电电阻的同时，继续向中间电路充电，直至中间直流回路电压达到 2 800 V。此时，牵引变流器预充电过程完成，PWM 逆变器才允许投入工作，向牵引电机供电。

② 四象限整流器电路。

在 SS$_{J3}$ 型交流传动货运电力机车上，四象限整流器并不局限于整流功能，同时还是一个逆变器。在牵引工况时，它是一个整流器，将电网的交流电变成直流电；当机车在再生制动工况下工作时，异步牵引电机工作在发电机状态，这时四象限整流器变成逆变器，将电能回馈给电网。但无论是牵引还是再生制动，都要求电流和电压在正反两个方向工作，相当于坐标的四个象限上工作，故称为四象限整流器。

四象限整流器是一个脉宽调制变流器，将电源的交流电压通过脉冲宽度控制，控制中间直流电压的幅值和流入变流器的交流电流的相位，并使交流电流的波形尽量接近正弦形。这样，使得交流侧的基波电压和基波电流的相位差接近于零，即相移系数 $\cos\varphi_1 = 1$，同时限制了谐波电流分量，也就提高了电流畸变系数。因此与相控整流器比较，四象限整流器有很高的功率系数，谐波电流含量也小得多。

由于牵引变压器牵引绕组的短路电压达到 40%，所以整流器的交流侧有较大的电抗。由于电抗的储能作用，四象限整流器又是一个升压整流器，将牵引绕组 1 450 V 的交流电压整流后变为 2 800 V 直流电压。

③ 中间直流电路。

中间直流电路由中间电压支撑电容、瞬时过电压限制电路、中间电压测量电路和主接地保护电路组成。与欧洲和国内以往的交流传动电力机车不同，SS$_{J3}$ 型交流传动货运电力机车取消了二次滤波电路。

SS$_{J3}$ 型交流传动货运电力机车采用的是电压型逆变器，为了稳定中间回路电压，并联了大量的支撑电容，同时它还对四象限脉冲整流器和逆变器产生的高次谐波电流进行滤波。当牵引电机工作时，由电容器上取得电能，相当于电容器处于放电状态，同时四象限整流器对电容器充电。为了保持中间电压在 2 800 V，就必须有中间电压测量电路。通过电压传感器对牵引变流器中间回路的电压进行监测，并对四象限脉冲整流器进行控制，保证牵引变流器的中间电压维持在正常许用值范围内。

瞬时过电压限制电路由 IGBT 和限流电阻组成。当中间电压测量电路检测到中间直流电压异常时，瞬时过电压限制电路的 IGBT 将导通，直流回路能量经限流电阻放电和释放，以消除过电压。过电压最容易发生于机车空转、滑行或者受电弓跳弓引起的网压中断等情况。

（4）牵引逆变器和牵引电机电路

机车在牵引状态时，牵引逆变器的作用是将中间直流电压逆变成交流电，供电给交流异步电动机；机车在再生制动状态时，牵引逆变器将按整流器运行，把牵引电机发出的交流电，整流成中间直流电压。

SS_{J3} 型交流传动货运电力机车的牵引逆变器是由 IGBT 元件组成的 PWM 逆变单元，整车的 6 个牵引逆变器分别向 6 台牵引电机供电。由于牵引逆变器采用矢量控制模式，使异步牵引电动机具有快速反应的动态性能，实现了机车每个牵引电机的独立控制。由于整车采用轴控方式，当整台机车的 6 个轴的轮径差、轴重转移及空转等情况引起负载分配不均匀时，均可以通过牵引变流器的控制进行适当的补偿，以实现最大限度地发挥机车牵引力。

为了充分利用中间直流电压，当牵引电机的电压达到额定值时，逆变器供给电动机的电压往往是方波电压。这就意味着除基波电压外，还有一系列的谐波电压，在谐波电压的作用下，流经电动机的电流中就含有高次谐波电流，谐波电流对牵引电机的影响有：增加了损耗，形成附加转矩。此外，由于变流器件的开通和关断，产生脉冲尖峰电压，在传输过程中被放大，对电机的绝缘产生不利的影响，特别是对绕组的前三匝造成破坏。SS_{J3} 型电力机车的异步牵引电机在设计中已考虑到这些不利的影响。

2. 主电路的保护

在每一组牵引变流器的输入回路中，设有输入电流互感器 ACCT，起控制和监视变流器充电电流及牵引绕组短路电流的作用，其动作保护值为 1 750 A。保护发生时，四象限整流器和逆变器的门极均被封锁，输入回路中的工作接触器断开，同时向微机控制系统发出跳主断的信号。

在每一组牵引变流器的输出回路中，设有输出电流互感器 CTU，CTW，对牵引电机过载及牵引电机三相不平衡起控制和监视保护作用，牵引电机过载保护的动作值为 950 A。保护发生时，四象限整流器和逆变器的门极均被封锁，输入回路中的工作接触器断开，同时向微机控制系统发出跳主断的信号。

通过对牵引变流器中间直流回路电压传感器的监测，当牵引变流器的中间直流回路电压大于或等于 3 200 V 时，中间回路过电压保护环节动作，四象限整流器和逆变器的门极均被封锁，输入回路中的工作接触器断开；当牵引变流器的中间直流回路电压小于或等于 2 000 V 时，中间回路低电压保护环节动作，四象限整流器和逆变器的门极均被封锁，输入回路中的工作接触器断开。

主接地保护电路由跨接在中间回路的 2 个串联电容和 1 个接地信号传感器组成。当主电路正常时，由于只有 1 点接地，接地保护电路中流过的电流为零，接地信号检测传感器无信号输出。当主电路某一点接地时则形成回路，有故障电流流过，传感器输出电流信号，使保护装置动作。可以通过转换接地故障开关，实施对接地保护的隔离。

7.3 牵引变压器

牵引变压器也叫主变压器，其作用一是将机车供电系统与接触网相隔离；二是将电网电压转换成适当的电压供机车电气系统使用；三是提供滤波、保护等措施，为机车提供安全、可靠、高质量的电力。下面以 SS$_{J3}$ 型机车牵引变压器为例说明电力机车牵引变压器。

7.3.1 变压器的基本工作原理

变压器是一种常用的电气设备，它和电机一样以电磁感应定律作为理论基础。变压器是通过电磁感应关系，或者说利用互感作用，从一个电路向另一个电路传递电能或传输信号的一种电器，这两种电路具有相同频率、不同的电压和电流，也可以有不同的相数。

1. 变压器的用途与分类

变压器的种类很多，主要有以下几种：
① 电力变压器。用在输电和配电系统中。其体积大、容量大、电压等级高。
② 特殊用途的变压器。如电炉变压器、各种电焊变压器。
③ 测量变压器。如电流互感器、电压互感器。
④ 电讯变压器和控制用变压器。在各种电子产品和设备中，使用着品种繁多的变压器，统称为电讯变压器。它们都是单相小容量变压器。如小功率电源变压器，它的作用是将电网供给的 380 V 或 220 V 交流电压变成几种大小不同的交流电压，经整流后供电子线路使用。

2. 变压器的基本结构

变压器的主要结构部件有：由铁芯和绕组两个基本部分组成的器身。
（1）绕　组

绕组是变压器的电路部分，包括原绕组（初级绕组）和副绕组（次级绕组）。原绕组和电源或输入电压相连，它的两端就是变压器的输入端。副绕组与负载相连，它的两端就是变压器的输出端。原绕组只有一个，副绕组为一个或多个。
（2）铁　芯

铁芯是变压器的磁路部分。为了减少铁芯内的磁滞损耗与涡流损耗，变压器铁芯一般用 0.35 mm 或 0.5 mm 的硅钢片或其他高磁导率的合金钢片叠成或卷绕而成。片间要有一定程度的绝缘。

（3）其他结构

小容量的变压器通常是干式的，即自然风冷的，其结构非常简单；对于容量较大的变压器多采用油浸式的，这是因为：
① 变压器油的绝缘性能比空气好，可以缩小尺寸，节约材料。
② 通过油受热后加速对流的作用，及时将绕组和铁芯的热量传到油箱壁和散热器壁，以扩散到四周，改善变压器的散热条件。

变压器的油箱四侧焊装有一定数量的散热管，增加了总的散热面积。当变压器运行时，它的热油由散热管上部流出，经散热冷却后，从管的下部进入油箱，如此周而复始地循环流动，可使变压器的温升不致超过额定温升。同时，在运行时，油温增高，会使油的体积膨胀；油温降低时，则油的体积收缩。这样使油在空气中呼吸，造成吸收空气中水分和尘埃的不良影响。为防止这种现象，必须设法使油与空气的接触面积尽量减少。

3. 变压器的额定值

额定值是制造厂对变压器在指定工作条件下运行时所规定的一些量值。在额定状态下运行时，可以保证变压器长期可靠地工作，并具有优良的性能。额定值亦是变压器厂进行产品设计和试验的依据。额定值通常标在变压器的铭牌上，又称铭牌值。

（1）额定容量 S_N

额定容量是变压器的视在功率，单位以伏安（V·A）、千伏安（kV·A）或兆伏安（MV·A）表示。通常把变压器原、副绕组的额定容量设计得相同。对三相变压器，其额定容量指的是三相容量之和。

（2）额定电压 U_N

额定电压指铭牌规定的各个绕组在空载、指定分接开关位置下的端电压，单位用伏或千伏表示。对于三相变压器，额定电压指的是线电压。

（3）额定电流 I_N

根据额定容量和额定电压算出的电流称为额定电流，单位以安表示。对于三相变压器额定电流指的是线电流。

对于单相变压器，一次和二次额定电流分别为

$$I_{1N} = \frac{S_N}{U_{1N}}, \quad I_{2N} = \frac{S_N}{U_{2N}}$$

对于三相变压器，一次和二次额定电流分别为

$$I_{1N} = \frac{S_N}{\sqrt{3}U_{1N}}, \quad I_{2N} = \frac{S_N}{\sqrt{3}U_{2N}}$$

（4）额定频率 f_N

我国规定标准工业用电的频率为 50 Hz。

此外，额定运行情况下变压器的效率、温升等数据均属于额定值。

7.3.2 SS$_{J3}$型电力机车牵引变压器的主电路及特点

1. 原 理

牵引变压器是将 25 kV 的接触网电压变换为电力机车所需的各种等级电压，以满足电力机车各种电机电器工作的需要，SS$_{J3}$型交流传动货运电力机车采用 JQFP-9000/25 型变压器，其原理图如图 7.8 所示，包括一个原边绕组 AX；6 个牵引绕组，分别以端子 a1x1，a2x2，a3x3，a4x4，a5x5，a6x6 向两套牵引变流器柜内的 6 组牵引变流器供电；2 个辅助绕组，分别以端子 a7x7，a8x8 向两套辅助变流器供电；2 个控制绕组，其中 a10x10 用于司机室各加热设备的供电以及控制电路电源的供电，后者通过 IPM 高频电源模块变换，提供直流 110V 控制电源并给蓄电池充电；a9x9 控制绕组作为备用电源。

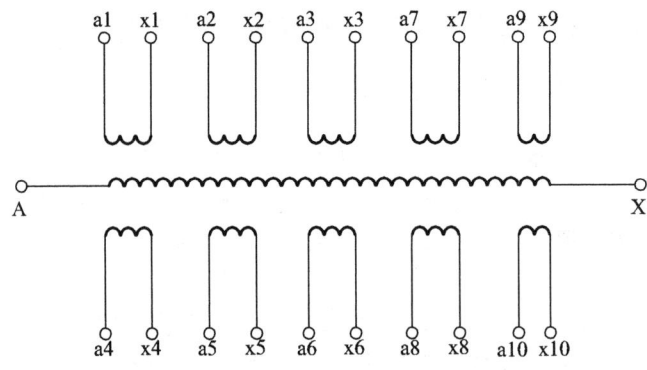

图 7.8 JQFP-9000/25 型牵引变压器接线原理图

2. 特 点

① 采用下悬式安装,强迫导向油循环风冷方式,总重 10 t。牵引变压器与冷却装置、储油柜分开布置。

② 牵引变压器采用心式卧放结构,A 级绝缘,普通矿物油。

③ 高阻抗绕组结构,使变压器内部空间磁场很强,大量采用无磁结构件。

④ 油箱采用低磁钢板加铝屏蔽的方式,避免漏磁干扰外部信号。

⑤ 线圈导线采用 Nomex 纸绝缘,具有耐热等级高,机械强度大的特点,低压线圈采用温度指数 180 °C 的换位导线。

⑥ 全铝板翅式冷却器,两路油循环系统。

⑦ 高压回路采用电缆结构,A 端子采用美国 Elastimold 公司生产的套管。在低压套管中采用了新型结构的出线装置,具有安装拆卸方便。可靠及使用寿命长的特点。

⑧ 考虑到机车的使用环境,提高了变压器的抗振性能,所以该变压器具有抗振、耐久的特点。

⑨ 将温度计、呼吸器等需要经常检测及保养的部件安装在车上储油柜内,以便进行维护保养、检查。

⑩ 将通过强大电流的低压出线装置分别安装在牵引变流器最近处,使其间连线最短。

7.3.3 牵引变压器的主要结构与组件

1. 主要结构

(1) 外部结构

JQFP-9000/25 型牵引变压器由油箱、器身、油保护装置、冷却系统、其他附属装置等组成。器身由铁芯、线圈、绝缘件组成。通风机、冷却器、储油柜安装在车体台架的上方。高压绕组的高压端子 A 安装在油箱壁上,其余端子都安装在油箱箱盖上。

(2) 内部结构

牵引变压器内部结构的几个主要部件的具体结构如下:

① 铁芯。

铁芯的作用是构成变压器的闭合磁路,同时也是支撑绕组及引线装置的机械骨架。必须具有良好的导磁性能和足够的机械稳定性。铁芯由芯柱、铁轭和夹紧装置组成。芯柱和铁轭均采用高磁导率的冷轧电工钢片叠装而成。

JQFP-9000/25 型牵引变压器铁芯为拉螺杆心式结构。主要组成部分是拉螺杆、上夹件、下夹件、硅钢片等。上、下夹件由低磁钢板焊接而成。为提高刚度，腹板和肢板之间焊有加强筋。两个上夹件之间和两个下夹件之间除了用穿心螺杆连接之外，在两端各有构件连接，这就提高了夹件的刚度，不易变形。上夹件共有 16 个 M30 的压钉，夹件上还有吊孔，以便铁芯起吊等情况使用。

② 绕组。

绕组是主变压器的最关键的部件，为了保证变压器运行可靠，变压器绕组必须有足够的电气强度、耐热强度、机械强度和良好的散热条件，使变压器既能在额定条件下长期使用，又能经受住过渡过程中（如短路、雷击、操作等）产生的过电压、过电流以及相应的电磁力作用，不致发生绝缘击穿、过热、变形或损坏。

单相心式变压器的每个绕组都是由分别布置在两个芯柱上的两个绕组并联或串联而成。绕组由纸包扁铜线和绝缘体组成，绝缘体构成绕组的主绝缘的纵绝缘，使绕组固定在一定位置上，并形成冷却油道。绕组的结构形式有圆筒式绕组、螺旋式绕组、连续式绕组、双饼式绕组等。

牵引变压器有 4 种绕组：高压绕组、牵引绕组、辅助绕组、控制绕组。

为满足高阻抗的要求，JQFP-9000/25 型牵引变压器绕组每柱采用四分裂形式，心式结构，饼式线圈，交错式布置。牵引线圈采用组合导线来降低附加损耗。牵引线圈之间互不相连，相互退耦。

③ 器身绝缘和引线装置。

油浸式变压器的内部绝缘分为主绝缘和总绝缘两类。主绝缘是指绕组（或引线）对地及对其他绕组（或引线）之间的绝缘；总绝缘则是指同一绕组不同位置之间的绝缘。绝缘结构尺寸，特别是主绝缘尺寸将直接影响变压器的质量和外形尺寸，以及阻抗电压、损耗等性能数据。

应当指出，变压器的内部绝缘强度在很大程度上与器身的工艺处理有关，例如，固体绝缘材料被油浸透的程度；绝缘干燥程度；绝缘结构中存在的空气多少；器身的清洁度以及变压器油的净化脱气程度等。因此，主变压器的器身在组装完成后，应进行真空干燥处理。器身进油箱前要用干净的变压器油冲洗干净。

JQFP-9000/25 型牵引变压器引线设计结构紧凑，采用电缆顶部出线，占用空间少；电缆交叉处用绝缘纸板包扎，电流大的引线采用多根并联，可以随意弯曲；引线固定采用绝缘螺杆和绝缘螺母，拧紧后上绝缘胶，防止松动。

④ 油箱。

油箱是油浸式主变压器的外壳，变压器的器身就放在充满冷却油的油箱内。对油箱的基本有求是：

- 在保证内部必要的绝缘距离条件下，使体积尽可能小，以节约用油；
- 应具有必要的真空强度，以便在检修时能利用油箱进行真空干燥；
- 油箱外部各种附件的布置应便于安装和维护。

油箱分为上油箱和下油箱。下油箱安装变压器的器身，上油箱可以安装储油柜和油温度传感器。油箱壁上装有压力释放阀，以便迅速排出箱内过高的压力。另外，在箱壁开有冷却系统的进出口管道，油冷却器就安装或固定在箱壁上。油箱上装有油管，便于接通油路。

JQFP-9000/25 型牵引变压器油箱采用低磁钢板焊接，并采用电屏蔽的方法使外泄漏磁限制在一定的范围内。4 个吊挂座用 M24 螺栓把变压器与车体底架连接起来。在油箱上壁下部装有 $\phi50$ 活门以作为注油、滤油和放油用。此外还装有油样活门，由此取样以对变压器油进行化验。箱底上设有放油塞，用来放净箱底残存的变压器油。油箱壁的上部在两侧各有一压力释放阀。

（3）冷却系统

主变压器运行中产生的所有损耗将转变为热能，使各部件的温度升高，当主变压器温升超过规定的限值，将使绝缘损坏，直接影响主变压器的使用寿命（20~30 年）。因此，主变压器必须具有相应的散热能力。JQFP-9000/25 型牵引变压器保证内部散热能力良好的同时，其外部采用了油循环强迫风冷式冷却系统。冷却系统完成变压器的散热。JQFP-9000/25 型牵引变压器冷却系统如下：

① 冷却系统的油路。

变压器有两个油路，被隔板分隔成 3 个区，两端为进油区，中间为出油区。两个进油区有管路连接，保持两端油压平衡。上部热油在中间被潜油泵抽出，经蝶阀、油流继电器，被吹风冷却后经油管和蝶阀由油箱两端进入线圈，通过挡油圈、撑条、垫块、围屏导向在线圈内部流动，由线圈中部流出。

② 冷却系统的风路。

冷却柜上部装有 TZTF-6.0 号 F 通风机，冷却风从车顶吸入后，先进入通风机，再进入冷却柜内的复合冷却器，先冷却复合冷却器上层牵引变流器的冷却水，然后冷却下层的变压器油，最后从车底排出。

2. 组　件

（1）油冷却器

变压器油冷却分为两路，分别由 FL220 型复合冷却器的油冷却器进行冷却。每台复合冷却器的油冷却器功率为 120 kW。牵引变压器部分总散热功率为 2×120 kW。

（2）潜油泵

牵引变压器有 2 个潜油泵，其型号是 BZ2.45-16/68，强迫变压器油循环进行冷却。潜油泵冷却方式采用油内循环方式，具有运行可靠、结构简单、使用方便等特点。

该潜油泵是电动机与油泵组合为一体的。

油泵部分：叶轮直接装在电机轴端。靠叶轮旋转离心力作用产生扬程，泵壳将叶轮排出的高速汇流动能转化成压力迫使变压器油进行循环。

电动机部分：电动机为特殊设计，将一部分热量传给机壳，机壳再将热量传给周围的空气中，但主要部分经泵的压力区由前轴承座上的几个进油孔将油压入机体内，而后油经轴的中心孔和前轴承流回泵壳进行循环冷却。

（3）油流继电器

油流继电器又叫油流传感器。JQFP-9000/25 型牵引变压器油流继电器的型号为

YJ-80/30-A 型，是为检测由油泵进行循环的油流是否正常的电器。当油流正常时，变压器油进入探头，靠油的流动压力作用于微动开关，推动触头使常闭触头打开，给出一个油流正常的信号，显示正常。它的输出是一个开关量。

（4）压力释放阀

由于变压器采用全密封结构，压力释放阀装在油箱壁上。变压器在运行中，因外电路或变压器内部有故障，出现很多的短路电流时，过高的热量使变压器油迅速汽化，变压器内部压力升高。为防止变压器事故扩大，造成油箱薄弱环节破裂和变形，安装了压力释放阀。当压力增加到动作压力时，压力释放阀动作，将油箱中的压力释放出来，喷出的油流被轨基道砟迅速吸收，不致酿成火灾；当压力低到关闭压力时，压力释放阀关闭，这时油箱中仍保持着正压，确保外部的空气、灰尘等不进入变压器油中。当恢复正常时，阀口关闭。JQFP-9000/25 型牵引变压器压力释放阀的型号是 YSF-70/50 kJ。

（5）蝶　阀

在潜油泵、散热器、波纹管和油联管的入油口和出油口处均装有声 $\phi 80$ 的蝶阀。该型蝶阀为半球芯金属硬密封蝶阀，采用偏心结构，阀体材料采用球墨铸铁，蝶板与密封圈采用 1Cr18Ni9Ti 不锈钢材料，能实现双向密封的要求。该型蝶阀能承受的工作压力为 0.5 MPa。

牵引变压器正常工作时为"开（OPEN）"状态。在需要更换潜油泵、散热器、波纹管或油联管时，应先将阀关闭，使阀处于"闭（CLOSE）"状态，这样无须全部排出变压器油就能更换某些配件。该阀可在更换配件时短时间将油封住，但没有长时间封油的功能。如需要长时间封油，应在阀门上装上遮盖板。

（6）油样活门

油样活门的型号为 YZF-2 型，是为提取变压器油进行油样分析的专用装置。在提取变压器油时，应注意油样活门出油口的清洁。

（7）变压器油

变压器油是从石油中提炼出来的优质矿物油。在油浸式变压器中，变压器油既是一种绝缘介质，又是一种冷却介质。对变压器油的要求是：绝缘强度高、黏度低、闪点高、凝固点低、酸度低、灰粉等杂质及水分少。变压器油中只要含少量水分和杂质就会使绝缘强度大为降低（含 0.004% 水分时绝缘强度降低约 50%）。此外，变压器油在较高温度下长期与空气中的氧接触时会逐渐老化，在油中生成不传热的悬浮物，堵塞油道，并使酸度增加绝缘强度降低，这对变压器的安全运行是十分不利的。

还必须注意：不同产地或不同牌号的变压器油不能混用，这是因为变压器油的牌号是以凝固点的温度值命名的，不同牌号的变压器油混用后，对油的黏度、闪点、凝固点等都有一定的影响，会加速油的老化。混用使用时，首先必须测量油的凝固点，若相近方可混用使用。JQFP-9000/25 型变压器采用的是 45 号变压器油，因而具有 170 ℃ 的高燃点及 −45 ℃ 的低凝固点。

7.3.4　牵引变压器的维护与检修

为了使牵引变压器处于良好的工作状态，必须对变压器进行日常的维护和定期检修，以减少或避免主变压器在运行过程中发生故障及不必要的临时检修，从而保证主变压器安全可靠运行。

① 主变压器必须保持正常的油量，以保证良好的冷却作用和绝缘性能。油量不足时，必须及时补足合格的同型号变压器油。

② 定时检查和校验测量油温用的温度计，以保证指示准确。

③ 经常检查油的温度，正常运行时应在温度范围内。

④ 主变压器刚开始投入运行、长期停用或检修后投入运行时，必须仔细检查它的外部状态，并对主变压器的各绕组及变压器油进行绝缘强度试验，确认合格后，方可投入运行。

⑤ 加强对变压器油的保养。若变压器油不干净或老化，将严重威胁变压器的安全运行。若变压器制造厂过滤不净或在使用中由于油泵烧损、轴承磨损等原因使变压器油内混入金属碎片和产生游离，使油变污；变压器油经长期使用后也会发生老化析出酸和油泥，所以变压器必须进行滤油处理，以提高变压器的质量。

⑥ 定期检查吸湿器中的干燥剂，观察是否变色。硅胶在干燥时呈蓝色，吸收潮气后呈粉红色。因此当硅胶呈粉红色时，需要进行干燥或变色。受潮的硅胶在 140 ℃ 温度下烘约 8 小时（或 300 ℃ 下烘约 2 小时）后，便完全可以变成蓝色。

7.4 牵引变流器

7.4.1 牵引变流器用电力电子器件

电力电子器件是机车牵引变流器的基础与核心，电力电子器件的性能直接决定了牵引变流器的性能指标。其发展经历了两个重要阶段，即以 SCR 为代表的传统半控型电力电子器件时代和以 IGBT 为代表的全控型自关断现代电力电子时代。

电力电子器件可分为双极性、单极性和混合型三大类型。除了晶闸管、RCT，ASCR，TRLAC 等器件外，GTO，IGBT/IPM，IGCT 等均为全控型器件。下面对机车常用的 GTO，IGBT/IPM 进行简单介绍。

1. 可关断晶闸管（简称 GTO）

GTO 是高电压、大电流双极型全控型器件。与 SCR 相比，GTO 的工作频率较高且具有自关断能力，省去了强迫换流电路，所以整体体积减小、质量减轻、效率提高、可靠性增加。在大容量变流设备中 GTO 发挥了其高电压大电流的优势，在机车牵引传动、交流电机调速、不停电电源和直流斩波调速等领域被广泛应用。

GTO 有两个缺点：一是关断增益较小，门极反向关断电流较小；二是为限制 du/dt 及关断损耗需配置专门的缓冲电路，这部分电路消耗一定能量，而且需要快速恢复二极管、无感电阻、无感电容等器件。

2. 绝缘栅极晶体管（简称 IGBT）

IGBT 是一种增强型场控（电压）复合器件，集大功率晶体管 GTR 通态压降小、载流密度大、耐压高和功率 MOSFET 驱动功率小、开关速度快、输入阻抗高、热稳定性好的优点于一身。IGBT 通过施加正向门极电压形成沟道、提高晶体管基极电流使其因流过反向门极电流而关断，其门极控制电路大为简化。其具体特点如下：

① 高输入阻抗，关闭时泄漏电流极小，损耗可忽略，用极小的栅极电压即可控制元件的开闭。
② 高速元件，器件关断时间比 GTO 等其他元件短，开关损耗小。
③ 可正常切断，属于可自消弧的元件，模块内部无过电压吸收电路，构成简单。
④ 该元件电流密度高，用比较小的元件可以控制大电流。
⑤ 可以并联连接，目前四象限整流器的桥臂就是采用 2 个元件并联。

大功率 IGBT 的研制成功为提高电力电子装置的性能，特别是为牵引变流器的小型化、高效化、低噪化提供了有利条件。目前，常用于机车变流器的 IGBT 器件容量为 3 300 V/1 200 A, 6 500 V/600 A 等多个等级。

智能型功率模块 IPM 是以 IGBT 技术为基础的电力电子开关。所谓智能模块，是把逆变管配套的驱动电路、检测与保护电路以及某些接口电路等和功率器件都集成到一起的功率集成模块。由高速低功耗的管芯和优化的门极驱动电路以及快速保护电路构成。IPM 还具有以下特点：① 快速的过流保护；② 过热保护；③ 桥臂对管的互锁保护；④ 器件布局合理，无外部驱动线，抗干扰能力强，工作可靠性高；⑤ 驱动电源欠压保护。

7.4.2 交-直变流器

1. 网侧变流器概述

在交-直-交电力机车中电网端变流器的基本任务是整流作用，将交流电压变换为直流电压。对于电力牵引来说，除了运行特性和可靠性、维修性方面的要求以外，还有一个很重要的评价标准，就是对电网有较好的亲和性，不引起其中电流的畸变，不产生太大的无功电流，从而提高功率因数，降低电能传输中的损耗；同时，尽可能地减少电磁干扰。

在具有电压型或电流型变流器的交流传动上，可以用作交-直变流器的主要有以下两类：

（1）自然换流的可控整流器

如果说不可控整流器是由二极管构成的话，那么可控整流器就必须选择电力电子器件替代二极管。这种整流器简单、可靠，但是它有一个很大的缺点，就是低的功率因数和高的波形畸变，在小功率范围内尤为严重。为了满足电力牵引设备在这方面的强烈要求，人们不得不采用各种补偿技术。这类整流器有各种不同的结构，但都可以通过改变延迟角来调节输出电压。

（2）强迫换流的可控整流器

从历史上看，在这类整流器中，先后开发过扇形控制整流器和四象限脉冲整流器，其目的都是为了解决有关功率因数的问题。

扇形整流器的一种结构是包含 $2C$ 的电路（见图 7.9）。实际上这是一种强迫关断的半控桥式整流器。通过强制的方式使供电电源中的电流与电压同相。开始时，电容器 C_1 和 C_2 经过电阻 R_c 和二极管 D_{c1} 和 D_{c2} 充电到供电电源电压的峰值。在供电电压正半周的 α 角处，T_2 开通，负载电流流经 D_1 和 T_2。在 β 角处（$\beta=\pi-\alpha$），T_{20} 开通而使 T_2 关断，负责电流通过 D_1 和 D_2 续流。类似的，在负半周时，在角度 $\pi+\alpha$ 处，T_1 开通，负载电流流过 T_1 和 D_2，并在角度 $2\pi-\alpha$ 处，T_{10} 开通而使 T_1 关断。扇形控制整流器能使基波的位移系数提高到接近于 1，但输入电流仍包含很大的谐波分量。所以，这种整流器自问世以来，并没有在电力牵引中引起强烈反应。

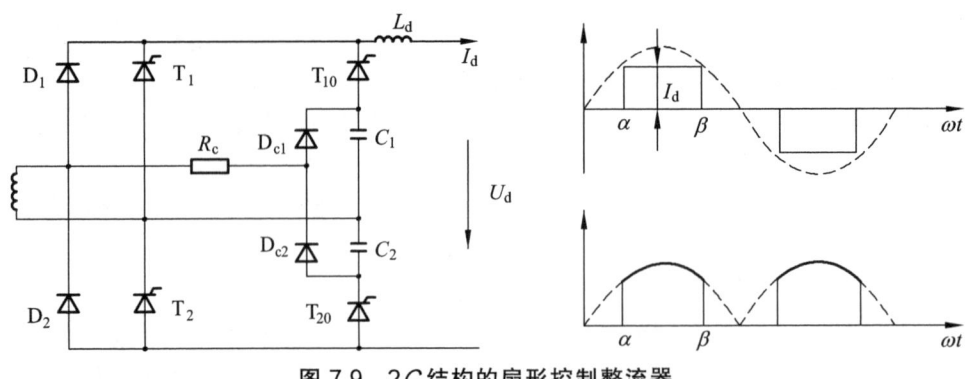

图 7.9　2C 结构的扇形控制整流器

强迫换流的可控整流器的另一个范例是四象限脉冲整流器。迄今，几乎在所有交流传动电力机车和电动车组中，都毫无例外地采用四象限脉冲整流器作为网侧交-直变流器。

四象限整流器压倒其他各类交-直变流器的优势，显然在于它彻底、全面地解决了电力牵引设备对于功率因数、等效干扰电流、优化黏着利用和再生制动能力方面的特殊而苛刻的要求。

2. 四象限脉冲整流器

如上所述，在传统的变流技术中，几乎全部采用平波电抗器来达到使直流量平直的目的。在单相交流电网供电时，这是以电网中出现引起波形畸变的无功功率为代价的。一个理想的交-直变流器，一方面为直流侧提供平直的直流电流和直流电压，另一方面只从交流电网吸取有功功率。

为了改善机车的功率因数和减少谐波电流对电网的干扰，在交-直-交机车上除电机侧有逆变器以外，电源侧还设有四象限脉冲整流器。从本质上讲，四象限脉冲整流器是按斩波方式工作的整流器。所以，它通常被称为脉冲整流器，这种整流器能够在电压、电流平面上的所有四个象限中工作，在牵引时作为整流器，再生制动时作为逆变器。

如图 7.10 所示为四象限脉冲整流器的基本电路图。显然，与 PWM 逆变器相比较，四象限脉冲整流器是由如同逆变器一样的两个桥臂组成。每个桥臂电路的控制方法也与 PWM 逆变器类似，即由三角形载波与正弦形调制波的交点来决定桥臂中的上、下两个元件的换流时刻。二个桥臂的正弦调制波相位差为 180°。由于电源侧存在回路电感（或机车牵引变压器的漏抗），因而可使中间直流电压 U_d 高于由整流二极管 $D_1 \sim D_4$ 所产生的最大可能的整流电压，即

$$U_d > U_{N-m}$$

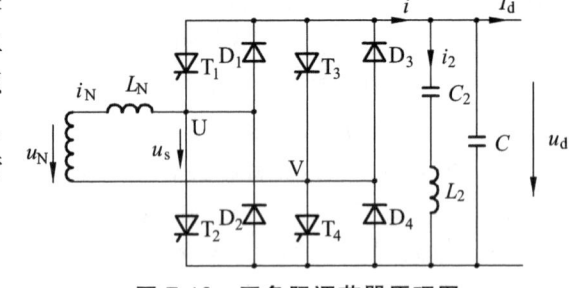

图 7.10　四象限调节器原理图

其中，U_{N-m} 为网侧的峰值。譬如在正半波时，（见图 7.10 中 U 端为正、V 端为负）触发 T_2，那么变压器次边绕组通过 T_2—D_4 短接；由于变压器具有相当大的短路电抗（对于 50 Hz 接触网，通常短路阻抗 $U_k > 30\%$），所以电流上升率是有限的。现在如果使 T_2 重新关断，那么变压器次边电压加上其漏感储能形成的电压，比中间回路直流电压要大，所以电流从变压器经由 D_1 和 D_4 流入中间回路。正是这种升压斩波的结

果,使得在较低的变压器次绕组电压(如 1 500 V)下,能够得到较高的中间回路直流电压 U_d(如 2 800 V)。对于负半波也有类似的情况。

如果把一台机车上的几组四象限脉冲整流器错开相位进行斩波,譬如 4 组四象限脉冲整流器相互位移 90°,从而成倍地提高接触网上的等效斩波频率,进一步改善接触网的性能。所以不同于一般的交-直整流电路,它是一种交-直斩波升压电路。与此同时,通过调制,可使直流电压 U_d 在电源回路的 U,V 两端产生工频交流正弦电压 U_{s1}。通过对 U_{s1} 相位和幅值的控制,可以达到电源侧回路内电流 I_N 与网压 U_N 同相位,即基波相位移系数等于 1,同时由于调制的频率足够高或者电感 L_N 足够大,可使电流畸变系数 λ 接近于 1,这样就可使功率因数接近于 1。

图 7.11(a)为四象限脉冲整流器的等效电路图,图 7.11(b)为其向量图。

对于接触网电压可表示为

$$u_N = \sqrt{2}U_N \sin\omega t$$

并假定流过正弦电流为

$$i_N = \sqrt{2}I_N \sin\omega t$$

四象限脉冲整流器调制电压的基波分量为

$$u_{s1} = \sqrt{2}U_{s1}\sin(\omega t - \varphi)$$

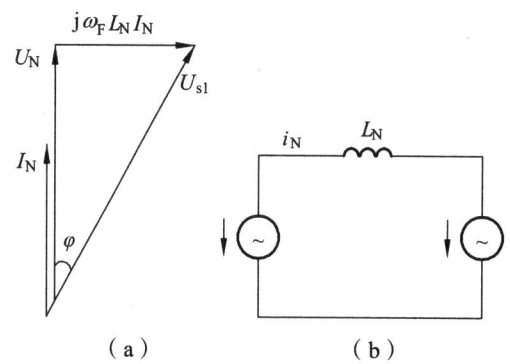

图 7.11 四象限调节器的等值电路及向量图

假定四象限脉冲整流器和中间储能器的损耗可以忽略,那么,交流端和直流端的功率在每一瞬间都必定是相等的,即

$$u_{s1} \cdot i_N = U_d i$$

式中,i 为四象限脉冲整流器的输出电流(见图 7.11),把上述有关等式代入,可求得

$$i = \frac{u_{s1}}{U_d} \cdot i_N = \frac{2U_{s1}I_N}{U_d}\sin(\omega t - \varphi)$$
$$= \frac{U_{s1}I_N}{U_d}[\cos\varphi - \cos(2\omega t - \varphi)] = I_d - i_2$$

式中直流分量

$$I_d = \frac{U_{s1}I_N}{U_d}\cos\varphi$$

而 $i_2 = \dfrac{U_{s1}I_N}{U_d}\cos(2\omega t - \varphi)$ 为两倍网频的交流分量,可以通过串联谐振电路 L_2,C_2 滤去。

必须指出,在有限的调制开关频率相电感 L_N 之下,u_s 除了基波分量 u_{s1} 外,还包含高次谐波。因此,整流电流除了直流分量 I_d 和二倍网频交流分量 i_2 外,还包含更高次谐波分量。同时,在接触网中也同样存在高次谐波分量。所以,即使 $\cos\varphi_1 = 1$,但由于 $\lambda < 1$,接触网的功率因数也总略小于 1。

7.4.3 牵引逆变器

牵引逆变器可以分成电压源型和电流源型两种，为同步电机供电的大多采用电流源型逆变器，为异步电机供电的大多采用电压源型逆变器，我国高速列车全部采用电压源型逆变器。根据输出电平数的不同，电压源型牵引逆变器又可分为两电平和三电平两种。

7.4.4 中间直流环节

在交-直-交变流器中，中间直流环节属于储能环节。在电压型脉冲整流器中，其组成部分包括：相应于 2 倍电网频率的串联谐振电路；支撑电容和过压限制电路。

1. 二次串联谐振电路

由于脉冲整流器输出的电流含有大量的高次谐波，其中二次谐波对系统的性能影响最大。二次串联谐振电路的作用就是消除二次谐波。下面首先分析二次谐波产生的机理。

交流电源提供的瞬时功率为

$$P_N(t) = u_N(t) \times i_N(t) = \sqrt{2}U_N \sin\omega_N t \times \sqrt{2}I_N \sin\omega_N t = U_N I_N - U_N I_N \cos 2\omega_N t$$

其中包含一个恒定分量和一个以 2 倍电源频率脉动的交变分量。

变压器漏抗上的瞬时无功功率为

$$Q_{LN}(t) = u_{LN}(t) \times i_N(t) = \sqrt{2}U_{LN} \sin\omega_N t \times \sqrt{2}I_N \sin\left(\omega_N t + \frac{\pi}{2}\right) = U_{LN} I_N \sin 2\omega_N t$$

变流器输入瞬时功率为

$$P_s(t) = u_{ab}(t) \times i_N(t) = \sqrt{2}U_{LN} \sin(\omega_N t - \varphi) \times \sqrt{2}I_N \sin\omega_N t$$
$$= U_N I_N - U_N I_N \cos 2\omega_N t - U_N I_N \sin 2\omega_N t$$

变流器输出电流可根据变流器为无损耗和无储能器件的简化假设，由以下功率平衡关系求得

$$i_N(t)u_{ab}(t) = i_{dc}(t)U_d$$

则

$$i_{dc} = \frac{\sqrt{2}U_{ab}\sin(\omega_N t - \varphi) \times \sqrt{2}I_N \sin w_N t}{U_d} = \frac{U_{ab}I_N}{U_d}[\cos\varphi - \cos(2\omega_N t - \varphi)]$$

从上式可知，变流器的输出电流包含直流分量和 2 倍于供电频率的交流分量这两个重要的分量，其中直流分量 $U_{ab}I_N\cos\varphi/U_d$ 流入负载，幅值为 $U_{ab}I_N/U_d$ 的二次谐波电流从串联谐振电路流过，而串联谐振电路吸收漏抗产生的无功功率，因而可以降低电源瞬时功率的脉动分量。

2. 支撑电容

在电压源型变流器中，支撑电容器作为储能元件可以支撑中间回路电压并使其保持稳定。支撑电容值的大小直接决定着中间直流环节的工作性质，因此合理选择支撑电容值十分重要。

由于中间回路与两端变流器之间存在着复杂的能量交换过程，迄今还没有简单实用的方法来选择合适的支撑电容值。但可以通过系统仿真，并按照以下准则来判定经验取值的正确性。这些准则包括：

① 中间回路直流电压保持稳定，峰-峰波动值不超过规定的允许值；
② 中间回路直流电流是连续的，没有间断，其峰-峰波动值不超过规定的允许值；
③ 中间回路的损耗应保持最小；
④ 所选择的电容器的参数不会影响整个系统的稳定性；
⑤ 应当成功地抑制逆变器和电机中发生的暂态过程，保持系统稳定；
⑥ 防止高频电流可能引起的对通信和信号系统的电磁干扰。

7.4.5 牵引控制策略

电力机车牵引控制系统的主要控制目标是：
① 网侧功率因数接近于1，电流畸变小；
② 在网压波动时中间直流电压保持恒定；
③ 在负载或供电电压波动时具有快速响应的动态性能，保持良好的稳态运行能力；
④ 启动平稳，谐波转矩小，启动力矩恒定；
⑤ 在宽广的速度范围内实现恒功率控制。

目前，高速列车牵引控制中牵引逆变器-异步电机驱动系统多采用磁场定向矢量控制和直接转矩控制。

7.4.6 SS$_{J3}$牵引变流器

SS$_{J3}$牵引变流器由四象限整流器、直流环节、PWM逆变器组成，采用IGBT元件。SS$_{J3}$型机车采用电压型交-直-交变流器。电压型变流器转矩脉动小，黏着利用高；采用脉冲整流器可使接触网的$\lambda \approx 1$，且对电厂和输电系统影响极微，无需额外投资；等效干扰电流小；网侧整流采用四象限脉冲整流器，可通过再生制动节省能量。逆变器采用二点式逆变电路及PWM调制。变流器采用高开关频率IGBT，并且通过对各变流器的位相差控制，达到抗高谐波及抑制感应干扰和控制高功率因数的目的。

逆变器和变流器同样使用IGBT元件，与32位的高速数据处理芯片协调配合进行矢量控制，实现主电机转矩的控制应答速度的高速化与提高黏着特性的目的。车整体控制与监视采用TCMS（Train Control and Monitoring System）系统。该系统为全方位的双重热备系统，具高冗余性能。

根据PWM控制VVVF逆变器采用完全的轴控驱动方式，使得各轴可以完全独立地控制，降低了故障时的功率损失比率，增加了故障发生时的冗余性，提高各轴轴重转移电气补偿控制的牵引力性能。

在中间直流回路中，直流电压产生两倍于输入电源频率的脉动（100 Hz），因此逆变器频率接近脉动频率时，牵引电机电流产生脉动现象，由此而带来的问题是元件电流增加，电机转矩脉动增大。欧洲生产的电力机车一般是通过LC滤波器来减小直流电压脉动，但SS$_{J3}$型电力机车取消了中间二次滤波回路环节，它是通过逆变器的软件控制，调节逆变器频率，使逆变器输出电压正负周期的电压时间乘积趋于相等，来消除二次谐波电压的影响，大幅度抑制电动机电流脉动现象和转矩脉动现象。取消二次滤波回路,是 SS_{J3} 型电力机车主回路的一个重要特点。

1. 四象限整流器

PWM 整流器是一个电力转换系统,它采用 IGBT 将交流电转换成直流电,其特性如下:
① 与二极管电桥相比,IGBT 与二极管反并联,将交流电转换成直流电。
② 直流输出电压幅值大于交流输入电压幅值。
③ 在交流电路中即使有电抗,功率因数也能控制到 1.0 附近。
④ 即使当交流电电源和/或直流电负载变化时,直流输出电压也能被控制在恒定状态。

接触网为单相交流电,SS_{J3} 型电力机车采用单相 PWM 整流器。而传统整流电路采用简单的二极管整流器,其工作情况比较如下。

(1) 采用二极管整流器将交流电转换成直流电

采用 PWM 整流器和二极管整流器将交流电转换成直流电的基本电路的比较如图 7.12 所示。采用 PWM 整流器的时候,其电路功能在 IGBT 的控制门电路启动之前,由于所有的 IGBT 被关掉,所以与二极管的电路功能是一样的。

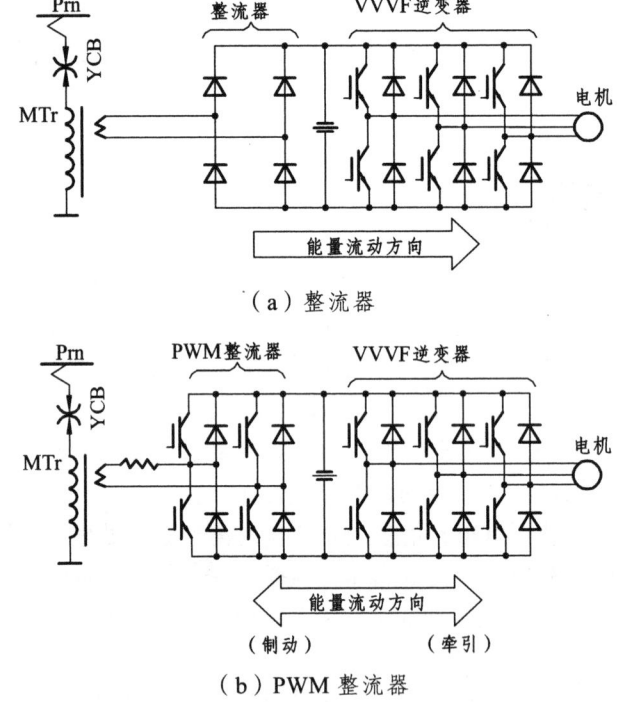

(a) 整流器

(b) PWM 整流器

图 7.12 交流与直流转换电路

图 7.13 的电路中没有电抗元件,那么当在正负极之间施加正向电压时,单个二极管就会导通。在交流电源电压条件下每个二极管导通的情况如图 7.13 所示。

在电源电压正半周期内,电流 i_1 通过负载。在电源电压负半周期内,电流 i_2 通过负载。这里,施加在负载上的电压 U_d 是已整流的全波直流电。这是交流直流转换的基本原则。一般来说,由于电路中有电抗元件(如牵引变压器和电机)和电容元件(如滤波电容器),交流电源的功率因数不可能达到 1.0。而且用整流器获得的直流电压 U_d 不可能大于电源电压。

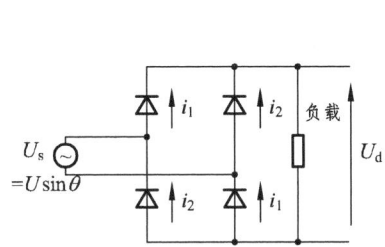
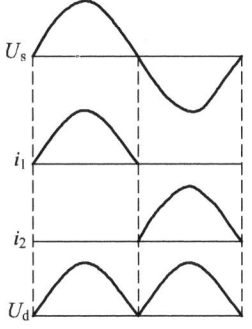

图 7.13 整流器工作状态

（2）采用 PWM 整流器将交流电转换成直流电

如前所述，PWM 整流器可以将交流电转换成直流电。变流器的功率因数可控制到 1.0，且输出的直流电压要比交流输入电压高。PWM 整流器电路工作状态说明如下。

① 功率因数控制。

图 7.14 表明了 PWM 整流器的基本电路图及在交流区域中个别电压和电流矢量之间的关系。

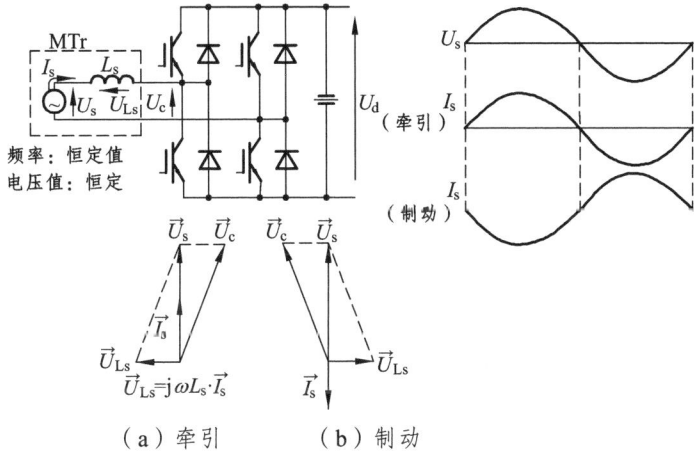

图 7.14 PWM 整流器矢量

为将牵引变压器一次侧的功率因数控制在 1.0，PWM 整流器控制交流电流与牵引变压器二次电压 U_s 同相。为此，施加在输入电路中电抗 L_s 的电压 U_{Ls} 就是一个很重要的因素，必须控制整流器输入端电压 U_c 与电源电压同步，使 I_s 与 U_s 同相。

② 升压斩波器。

以升压斩波器的工作状态为例，PWM 整流器的直流输出电压比交流电压振幅高的原因解释如下。

如图 7.15 所示，当 IGBT QV 在交流电源电压正半周期内导通时，交流电源经由牵引变压器的内部感抗 L_s 形成回路，并且在 L_s 累积磁能。此时，IGBT 关断，蓄积在 L_s 内的磁能释放，流入直流电路的滤波电容 FC 中，直流电压 U_d 升高。

IGBT 重复以上这些操作，这样直流电压就能高于交流电压的幅值。

③ PWM 整流器开关定时。

控制 PWM 整流器的 IGBT 适时开、关，使交流电流和输入电压同相并且保持直流电压恒定。图 7.16 为单相 PWM 整流器电路在 9 个脉冲方式中的开关定时。

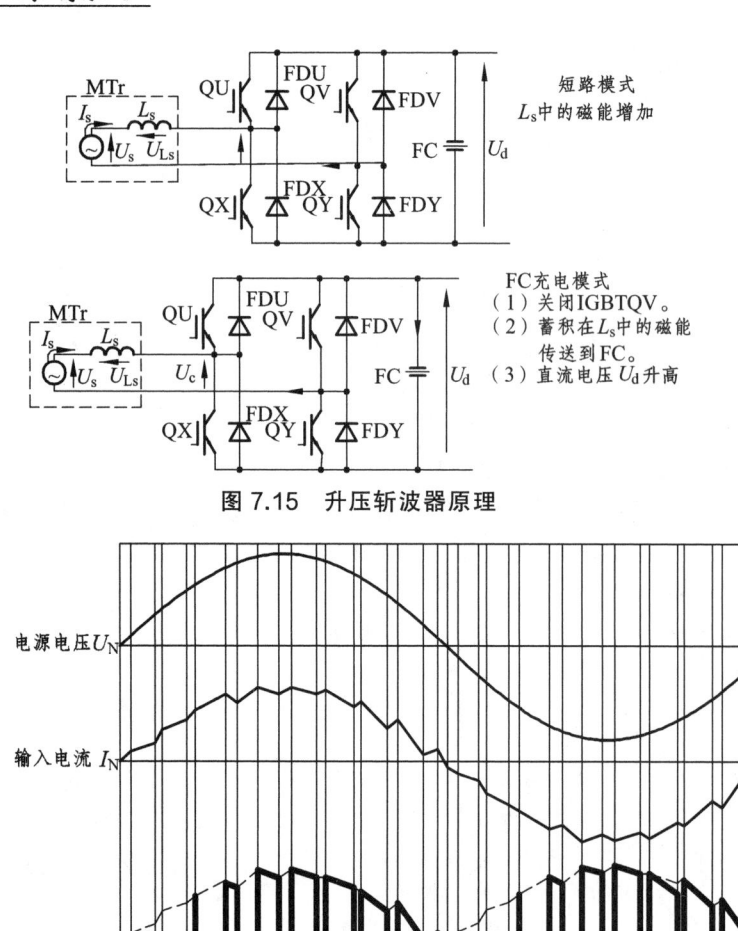

图 7.15 升压斩波器原理

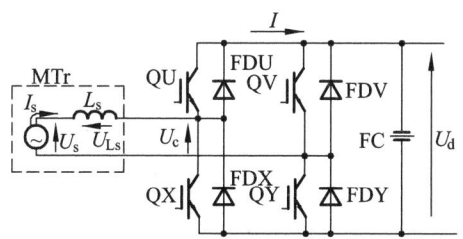

图 7.16 PWM 整流器开关定时

如图 7.16 所示，PWM 整流器的工作由 4 个周期组成：
Ⅰ 只增加交流输入电流 I_s 的周期。
Ⅱ 当交流输入电流在增加和降低时受到控制的周期。
Ⅲ 在输入电压为负向而整流器工作与Ⅰ相同的周期。
Ⅳ 在输入电压为负向而整流器工作与Ⅱ相同的周期。

以上每个周期可分成 1~4 和 1'~4' 时间方式，且在这些方式中交流电路工作遵循图 7.17 所示的线路。

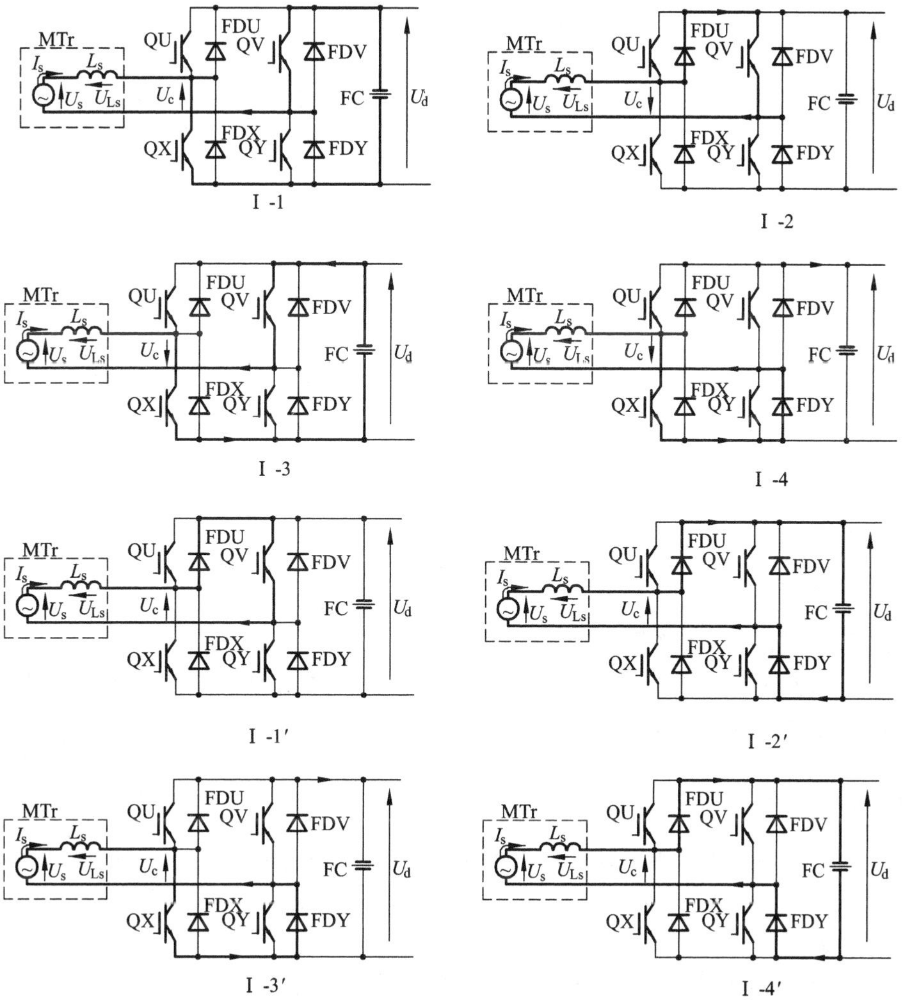

Ⅰ-1

Ⅰ-2

Ⅰ-3

Ⅰ-4

Ⅰ-1'

Ⅰ-2'

Ⅰ-3'

Ⅰ-4'

图 7.17 PWM 整流器工作方式

周期Ⅰ。

在1~4方式中,电源电压 U_s 为正向,而调制波为负向。

- Ⅰ-1方式

在这个方式中,由于直流电压高于交流电压,放电电流从滤波电容器FC流经IGBT-QV和QX到达交流电源,由此,交流电流 I_s 以高比率增加。

- Ⅰ-2方式

在这个方式中,交流电源经由IGBT QV和稳流二极管FDU形成回路,整流器输入电压 U_e 的极性相对于交流电源电压成反向,由于电抗 L_s 促使电流继续流动的原因,交流电增加。然而,交流电增加的比率与Ⅰ-1方式相比还是低一些。

- Ⅰ-3方式

这一方式是Ⅰ-1方式的重复。在这个方式中,电能重新生成并返回到交流电路。由于从FC放电的原因,交流电增加的比率高。

- Ⅰ-4方式

和Ⅰ-2方式一样,在这个方式中,交流电源被短路而交流电增加。本方式与Ⅰ-2方式不同之处是同IGBT QX和FDY形成回路。

周期Ⅱ。

在这个周期内,调制波的极性被转换成正极,而整流器输入电压与电源电压一样具有相同的极性。

- Ⅱ-1′方式

由于交流电源经由IGBT-QV和FDU形成回路,所以交流电流增加。结果,在交流电路的电抗 L_s 中积累的磁能得到增加。

- Ⅱ-2′方式

IGBT QV切断已经流经IGBT-QV的交流回路电流,因此,电压在交流电路的电抗 L_s 中产生感应电势以防止电流的降低,在交流电路的电抗 L_s 中积累的磁能经FDU和FDY给直流电路的滤波电容器FC充电。在这种情况下,根据从 L_s 释放出的能量,交流电压被降低。因此,由于 L_s 的增加效应,FC被迫充电,使直流电压 U_d 有可能比交流电源电压 U_s 要高。

- Ⅱ-3′方式

和Ⅱ-1,方式一样,由于交流电源经由IGBT-QV和FDY形成回路,所以交流电流增加。

- Ⅱ-4′方式

本方式是重复Ⅱ-2′方式的操作。

通过重复以上这些方式,PWM整流器可以使交流电的波形成为正弦曲线,能使直流电压高于交流电压并可以将功率因数控制在1.0。

2. 中间直流环节

中间直流电路是四象限整流器和电机侧逆变器之间的中间环节。在三相交流传动系统中,中间直流电路起着很重要的作用。

（1）中间直流电路主要作用

① 在网侧整流器和电机侧逆变器之间实现瞬时功率平衡。

② 储能电容向牵引电机提供基波无功功率和高次谐波的通路。

③ 变流器换流能力直接受中间电路电压的影响,逆变器的调制电压质量也取决于其平衡程度,因此对它要求较高。总之,中间直流电路是保证交-直-交系统正常工作的一个重要环节。

（2）中间直流电路的组成

中间直流电路由中间电压支撑电容、瞬时过电压限制电路和主接地保护电路组成。瞬时过电压限制电路由 IGBT 和限流电阻组成。主接地保护电路由跨接在中间回路的 2 个串联电容和 1 个接地信号传感器组成。每套机组分别含 3 套接地保护电路,可以分别对 3 个交-直-交电路进行检测和保护,接地检测信号送至 TCMS。可以通过转换接地故障开关,实施对接地保护的隔离。

3. VVVF 逆变器的控制

机车的牵引电机 M1～M3 分别由牵引变流器 UM1 的 3 个 PWM 逆变器单独供电,M4～M6 分别由牵引变流器 UM2 的 3 个 PWM 逆变器单独供电,实现牵引电机独立控制。这样,机车的 6 根动轴的轮径差、轴重转移及空转等可能引起的负载分配不均匀,均可以通过牵引变流器的控制进行适当的补偿,以实现最大限度地发挥机车的牵引力。

（1）交流电动机的控制系统

直流电机的速度控制主要基于电压和磁场。而感应电机,则需控制诸多因素（如端电压、电流、电源频率及转差率）。

① 交流电动机的扭矩特性。

图 7.18 到图 7.20 为当电机电压、电流、频率及转差率变化时速度和扭矩的变化。

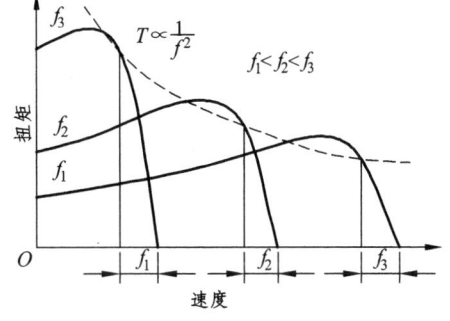

图 7.18　速度-扭矩特性（当只有频率变化时）

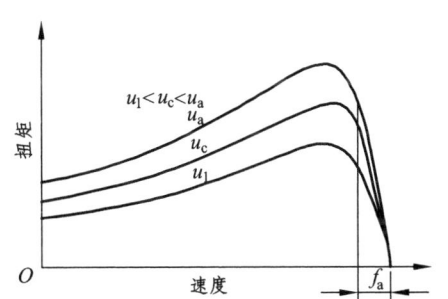

图 7.19　速度-扭矩特性（当只有电压变化时）

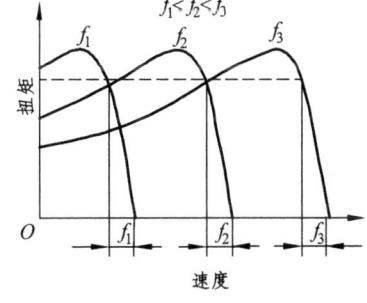

图 7.20　速度-扭矩特性（当 u/f 恒定时）

图 7.18 为当只有频率发生变化而电压恒定不变时的特性。当频率发生变化时,扭矩按 $1/f^2$ 的比例降低。

图 7.19 为当只有电压发生变化而频率恒定不变时的特性。当只有频率发生变化时,扭矩按 u^2 成比例增加而速度并不增加。图 7.20 为当频率发生变化而保持电压与频率（u/f）的比率恒定不变时的特性。通过变化电压和频率可能会变化速度而保持扭矩不变,这样 u/f 就会保持恒定。

② 基本控制方法。

利用感应电机的上述特性,可能使感应电机驱动的电力机车具有与传统的直流电机驱动的电力机车一样的速度-牵引力特性,如图 7.21 所示。

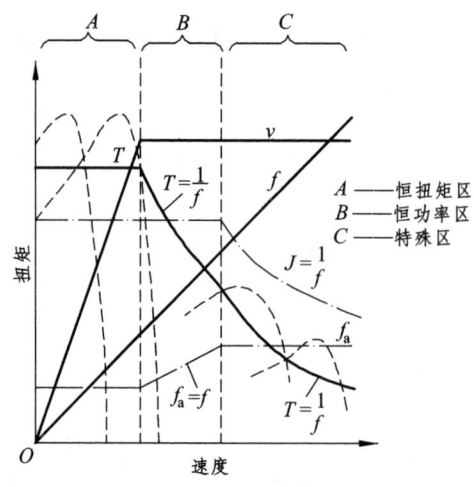

图 7.21 速度-牵引力特性

当采用感应电机生成的扭矩的基本特性表示方法时，如图 7.21 所示的特性很容易理解。该基本特性的表示方法如下：

由于机车需要较高的牵引力，所以 A 区和 B 区应施加在机车上。在 A 区，扭矩指令应根据列车的速度向下调整以获取较高的黏着特性。

在转差系数 "f_s" 较小的区域，电机扭矩 "T"、端电压 "U"、电机电流 "I" 和逆变器频率 "f" 之间的关系由式（7.1）~（7.3）表示：

$$T = k_1 \cdot \Phi \cdot I \tag{7.1}$$

其中

$$\Phi = k_2 \cdot \frac{U}{f} \tag{7.2}$$

$$I = k_3 \cdot \Phi \cdot f_s \tag{7.3}$$

用式（7.2）"磁通量 Φ" 和式（7.3）"电机电流" 代替式（7.1）得

$$T = k_4 \cdot \left(\frac{U}{f}\right)^2 \cdot f_s \tag{7.4}$$

其中 $k_4 = k_1 \cdot k_2^2 \cdot f_3$（恒定）

此外，电机输出功率 "P" 和电机扭矩之间的关系可用式（7.5）表示。其中 k_5 恒定不变。

$$T = k_5 \cdot \frac{P}{f} \tag{7.5}$$

每个区域的详细扭矩特性如下：

- 恒扭矩区。

为了使扭矩保持不变，式（7.1）需保持不变。为此，有必要将电机电流 "I" 和磁通量 "Φ" 控制在不变的水平上。但是由于电机电流 "I" 与磁通量 "Φ" 和转差频率 "f_s" 成正比，所以，逆变器只得控制磁通量 "Φ" 和转差频率 "f_s" 在不变的水平上。为了使磁通量 "Φ" 保持不变，根据公式（7.2），电机端电压 "U" 与频率 "f" 的比率需控制恒定不变。所以，为了使扭矩保持不变，如式（7.4）所示，"U/f"和转差频率"f_s"需控制到恒定不变。为了增加速度，逆变器频率"f"需要增加。然而，为了获得不变的输出扭矩，电机端电压"U"需要以逆变器频率"f"同样的比率增加，这样，磁通量"Φ"就会保持恒定，同时，转差系数需控制在不变的水平上以使电机电流"I"保持不变，即在不变扭矩区，保持电机电流"I"和转差频率"f_s"不变，控制电机端电压"U"和逆变器频率"f"，保持"U/f"不变，因而，输出扭矩也就保持不变。当根据负载条件有必要改变扭矩，而保持"U/f"不变时，就得改变转差频率以此来改变电机电流，从而获得所要求的扭矩。

- 恒功率区。

这是电机端电压在不变扭矩区中达到最大值以后，在较宽的范围内，获得大牵引力扭矩的区域。在电机端电压"U"达到最大值以后，由于电压"U"在最大值上不变，随着速度的提高，"U/f"与逆变器频率"f"成反比降低，结果造成磁通量"Φ"与频率"f"成反比降低，而且，电机电流"I"也降低。此时，为了尽可能减少扭矩的降低，有必要进行控制使电流"I"减少得小一些，也就是说要增加转差频率。为了使降低了的磁通量"Φ"所造成的扭矩降低得小一些，转差频率要与逆变器频率成正比增加，使电机电流被控制在不变的水平上。

在不变功率区内，由于电机端电压"U"不变，转差频率"f_s"与逆变器频率"f"成正比增加，所以电机电流"I"不变，从而防止了牵引力扭矩的增加。在这种情况下，扭矩与逆变器频率"f"（≈速度）成反比降低。

- 特性区。

由于转差频率使用范围有一个限制，所以转差系数在达到某个水平后应保持不变。在该区，由于只有逆变器频率"f"提高，所以特性曲线就变得如图7.18所示。

在特性区内，由于电机端电压处在可控最大位，由于增加逆变器频率而导致磁通量"Φ"降低的转差频率无法再增加，"U"和"f_s"不变。所以，如式（7.4）所示，扭矩与速度的平方成反比降低。

（2）逆变器工作原理

① 感应电机和VVVF逆变器。

在早些时候，感应电机在工业领域是以恒速使用的。其优点是：结构简单、紧凑、质量轻、无导致环火的换向器，所以故障率低，便于保养等，但将其用于车辆行业，就必须有大范围速度控制和扭矩控制。为达到这个目的，开发了VVVF（变压变频）逆变器，它可以自由改变输出电压和输出频率，因此能够控制感应电机的扭矩和转速。

② 逆变器结构和操作。

下面以单相逆变器为例，说明直流如何转换成交流（逆变器操作）。

图7.22（a）表明了开关A和D在闭合时情况，而图7.22（b）表明了开关B和C在闭合时的状况。虽然该电路采用直流电源，操作这些开关可以将施加在负载上的电压反向。即通过操作这些开关，交流电压可以施加在负载上。这是直流-交流转换的基本原理。图7.23所示是一个三相逆变器的操作，使用的是半导体元件而不是图7.22中的开关元件。根据图中定时方式1到6，通过闭合/断开这些元件，可获得U，V和W相由E V和0 V组成的矩形波，然后，形成每两个相位之间的线压差。由此，可获得120°相位差的三相交流电压。图7.23和图7.24表明在60°~120°，180°~240°，300°~360°区域内各相位电流的流通路径。此时，Z_U，Z_V和Z_W被认为是纯电阻。

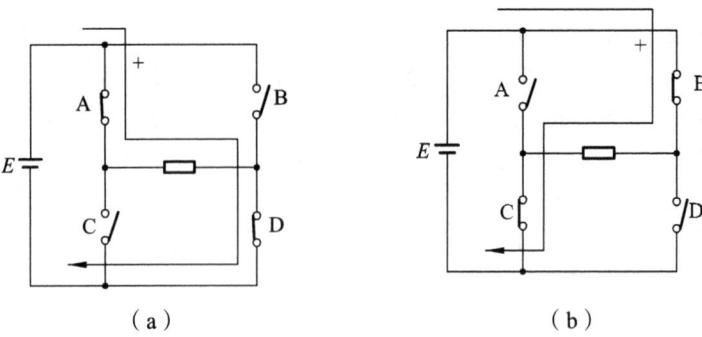

(a) (b)

图 7.22 逆变器工作原理

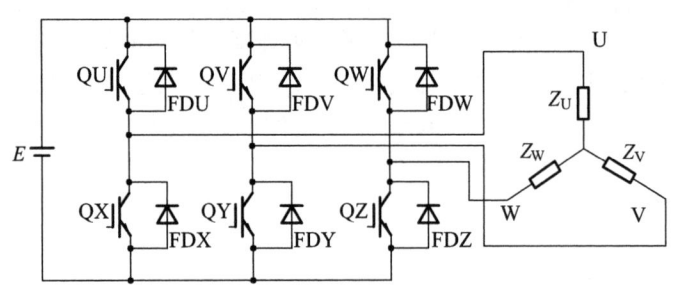

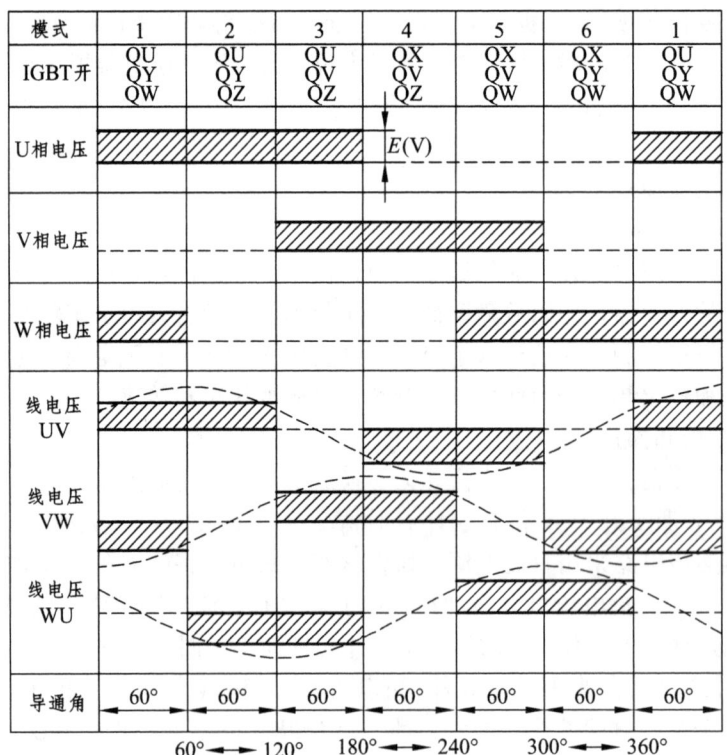

图 7.23 三相逆变器基本电路和工作方式

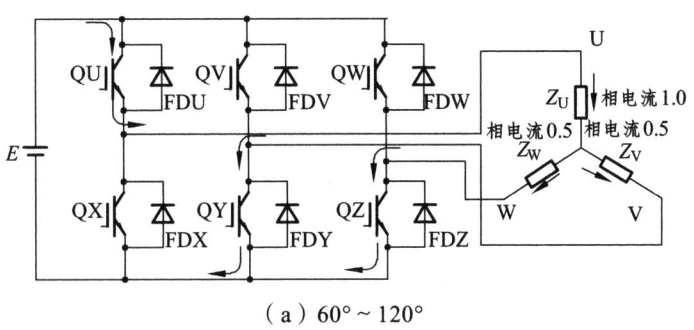

（a）60°~120°

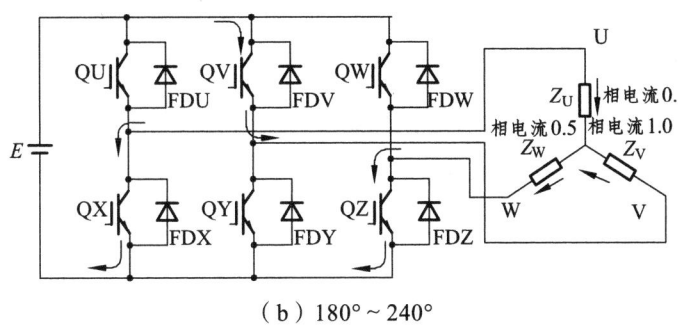

（b）180°~240°

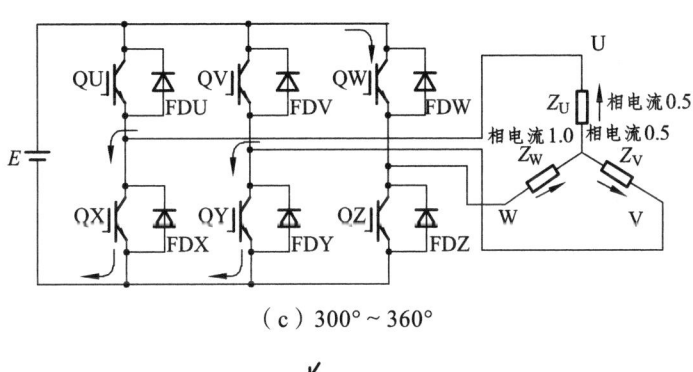

（c）300°~360°

图 7.24　逆变器的基本操作

（3）IGBT 的开关定时

为了获得 PWM（脉宽调制）控制，VVVF 逆变器适当控制闭合/断开开关元件的定时。通过把载波信号与同步于逆变器输出电压基波的正弦波（调制波）相比，来确定开关定时。如图 7.25 所示为一个开关定时的例子。

（4）PWM（脉宽调制）控制

作为增加/降低逆变器输出电压的一种手段，采用了控制平均电压的方法。通过闭合/断开开关元件，把一个不变的电压截成数块，以此来改变平均电压。因此，这种方法被称之为"PWM（脉宽调制）控制"。PWM 是脉宽调制的缩写形式。如图 7.26 所示，恒定的电压被切开数块，通过改变这些被切开块的宽度来控制平均电压。

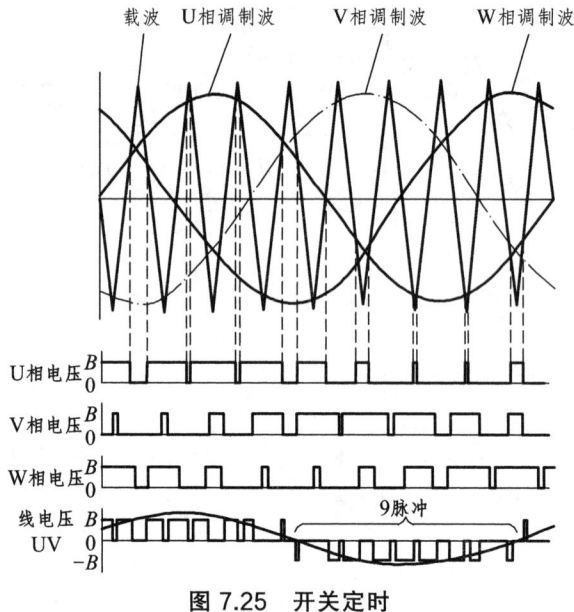

图 7.25 开关定时

为了控制逆变器输出频率，改变单位时间的开关频率，即改变 IGBT 的开关频率或其他开关元件的开关频率。图 7.27 为当改变开关元件的开关频率而保持其闭合时间不变时的一个逆变器的输出波。

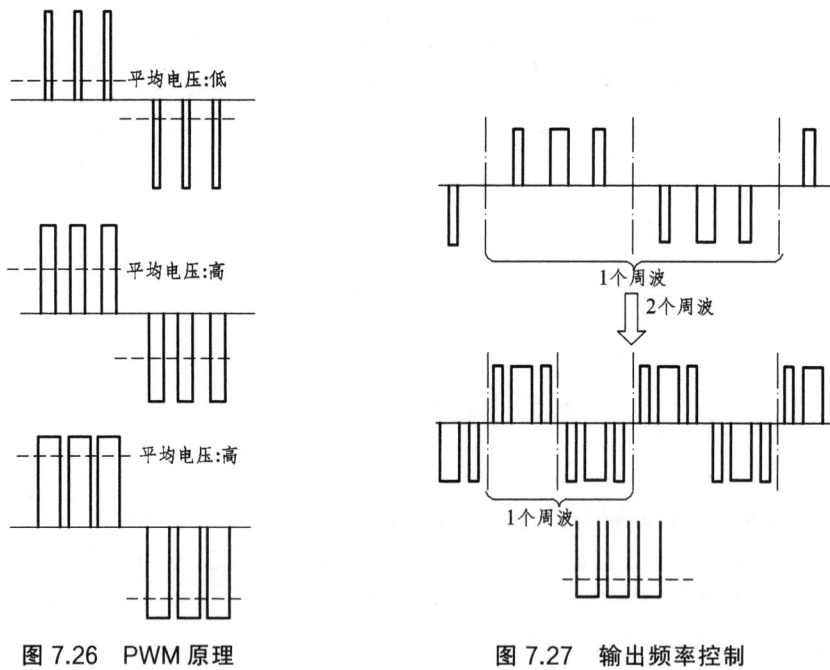

图 7.26 PWM 原理　　　　图 7.27 输出频率控制

（5）脉冲方式

VVVF 逆变器通过转换恒定电压电路输出矩形波，因此，逆变器输出电压为含高次谐波的正弦波。通过增加开关频率可以使输出电压接近于正弦波；而另一方面，由于元件开关损耗和冷却系统的特性，开关频率又受到限制。由于驱动车辆要求 VVVF 逆变器有一个大范围的输出频率，因此在每个速度区内要选择最为合适的转换方法（脉冲方式），在中高速度区内采用同步脉冲方式。

（6）同步脉冲方式与异步脉冲方式的区别

① 同步脉冲方式。
- 载波的零交叉点与调制波的零交叉点[见图 7.28（a）中的"a"和"b"]吻合。
- 在调制波的一个周期内的载波循环数为一个整数，适合脉冲方式。
- 当脉冲方式相同时，开关频率的改变与逆变器频率同步。
- 载波频率用下式表示：

$$f_c = N_p \cdot f_{inv}$$

式中 f_{inv} —— 调制波频率；
f_c —— 载波频率；
N_p —— 脉冲方式。

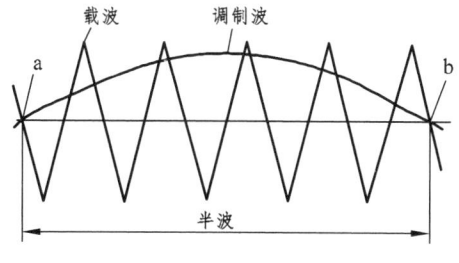
（a）同步脉冲方式

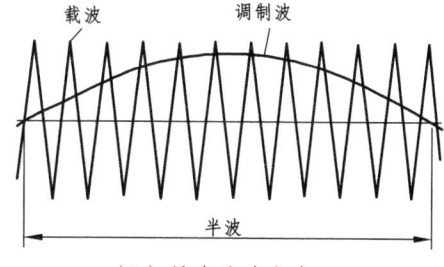
（b）异步脉冲方式

图 7.28 同步与异步脉冲方式

② 异步脉冲方式。
- 载波的零交叉点与调制波的零交叉点没有任何关系。
- 在调制波的一个周期内的载波循环数随调制波频率的改变而改变。
- 即使当逆变器频率改变时，开关频率也不改变。

（7）逆变器输出电压和脉冲方式

图 7.29 显示逆变器输出电压和脉冲方式之间的关系。在中低速度区，使用异步 PWM 方

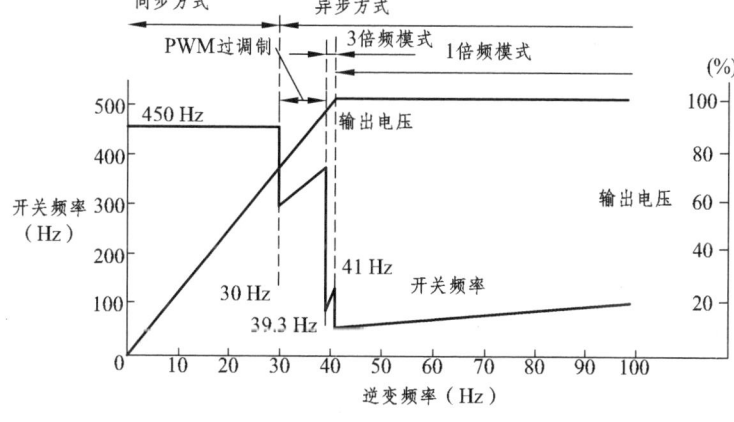

图 7.29 脉冲方式

式,通过把电压输出指令与载波的三角波相比,执行 PWM 控制。在逆变器输出电压最大的高速区,使用单脉冲方式。此外,为了在这两者之间顺利改变输出电压波,在 PWM 方式和单脉冲方式之间使用过调 PWM 方式。如图 7.30 所示是在每一脉冲方式中的输出电压波。

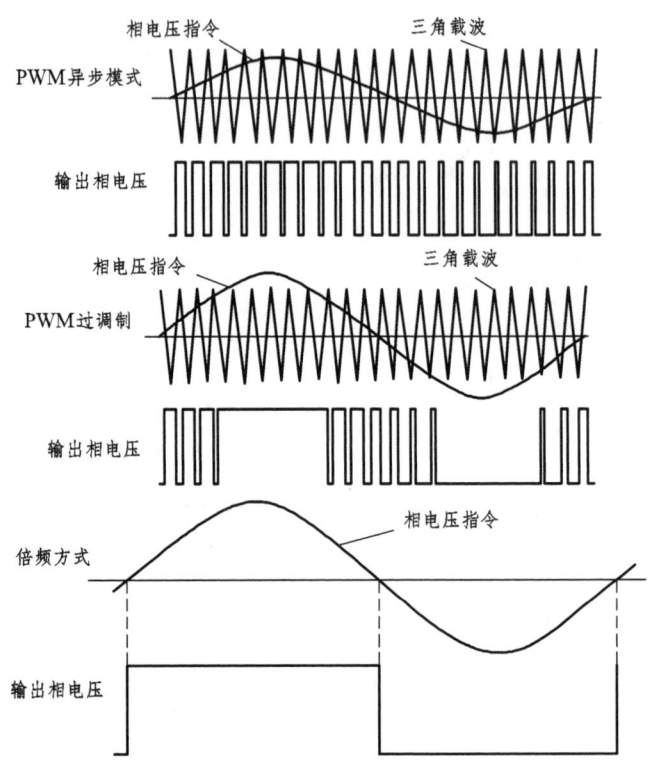

图 7.30 单脉冲方式中的输出电压波

4. VVVF 逆变器的矢量控制

机车采用矢量控制作为感应电机的控制系统。与传统的机车驱动控制系统的转差频率控制相比,矢量控制能够把感应电机的输出扭矩迅速控制在目标值,从而提高对瞬时现象(如空转、滑行)的反应速度。

(1)矢量控制原理

矢量控制具有优良的瞬时特性,并能够迅速控制感应电机的输出扭矩。众所周知,他励直流电机具有相当好的瞬时扭矩特性。矢量控制能够使感应电机具有相同或更高的扭矩控制性能。在传统的用作驱动机车的感应电机的转差频率控制条件下,转差频率和逆变器输出电压大小依据扭矩指令(挡位指令)的变化而变化。一方面,有了"转差频率式矢量控制",当转差频率和逆变器输出电压大小变化时,电压相位也同时变化。这与传统方法相比,扭矩反应更快。

① 矢量控制框图。

在矢量控制状态下,为了输出所要求的扭矩,扭矩电流矢量 I_q 和激磁电流矢量 I_d(通过分解电机电流而得到的)是单独控制的。I_q 和 I_d 在 90°角交叉并与电机电流和直流电机的磁通量保持一致。图 7.31 为矢量控制的框图。

7 交流拖动电力机车

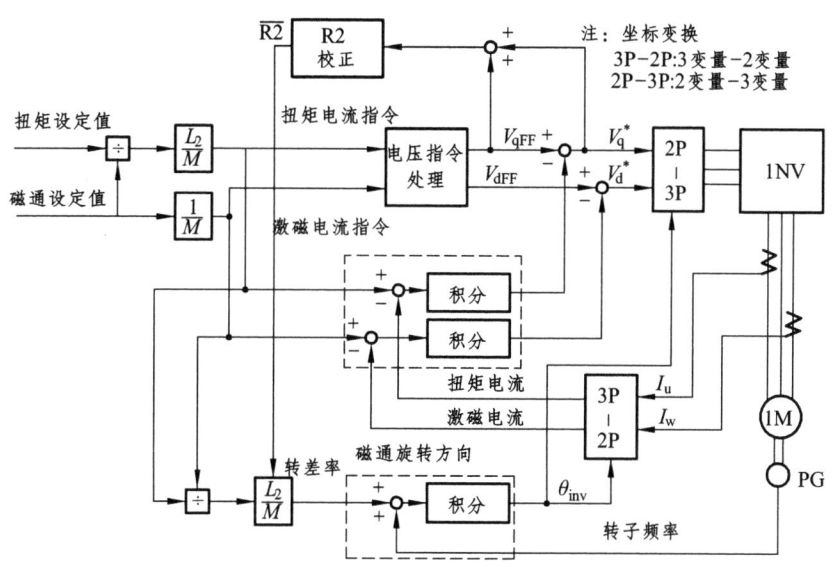

图 7.31 矢量控制框图

I_u—u 相电流瞬时值；I_w—w 相电流瞬时值；V_{dFF}—d 轴反馈电压指令；V_{qFF}—q 轴反馈电压指令；V_d^*—d 轴电压指令；V_q^*—q 轴电压指令；θ_{inv}—逆变器输出电压角

② 控制要素。

对于矢量控制，为了控制物理量或扭矩及磁通量，要把它们转换成电气量。这样的电气量是激磁电流矢量 I_d、扭矩电流 I_q 和转差频率 f_s。扭矩、磁通量和电机常数的关系如下：

$$I_d^* = \frac{\Phi^*}{M}$$

$$I_q^* = \frac{L_2}{M} \times \frac{T_{rq}^*}{\Phi^*}$$

$$f_s = \frac{R_2}{L_2} \times \frac{I_q^*}{I_d^*}$$

其中　　I_d^* —— 激磁电流矢量指令；

　　　　I_q^* —— 扭矩电流指令；

　　　　f_s —— 转差频率；

　　　　L_2 —— 二次漏电抗；

　　　　R_2 —— 二次侧电阻；

　　　　Φ^* —— 磁通量指令；

　　　　M —— 互感。

③ 输出指令。

为了输出所要求的扭矩，VVVF 逆变器最终控制输出电压 U_1 和它的相位。图 7.32 为感应电机的简化电路和矢量控制的电压矢量。其中，σ 为漏感系数，表示如下：

$$\sigma = 1 - \frac{M^2}{L_1 L_2}$$

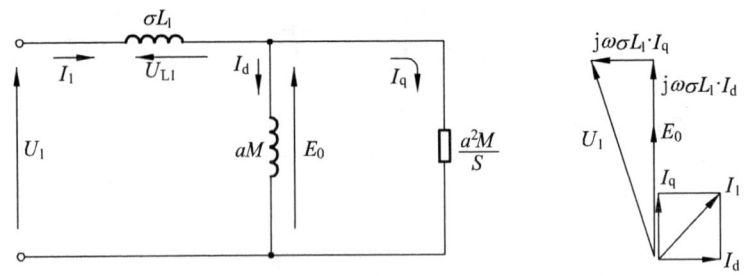

图 7.32 感应电机的简化电路和电压矢量

U_1—逆变器输出电压；E_0—感应电势；I_d—激磁电流；I_q—扭矩电流；
s—转差频率；σ—漏感系数；a—常数

下面以"1个脉冲方式"为例，解释为了得到双倍的输出扭矩如何去控制逆变器的输出电压。

当只有扭矩电流被加倍而不改变感应电压 E_0 时，输出扭矩才会被加倍。要加倍 I_q，转差频率就得加倍，所以，逆变器输出电压 U_1 的数值和相位就被矢量控制着，如图 7.33 所示。

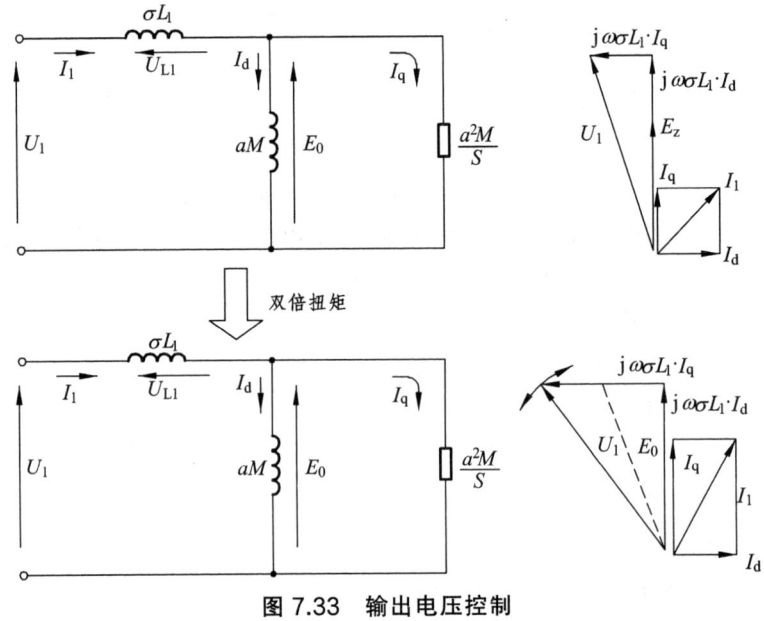

图 7.33 输出电压控制

因此，为了控制感应电机的输出扭矩，VVVF 逆变器通过输出电压和它的相位直接控制着磁通量 Φ 和扭矩电流。

（2）与传统的转差频率控制的区别

当感应电机的输出扭矩由矢量控制或转差频率控制降低 1/2 时，逆变器输出电压、感应电机的感应电压等之间的关系如图 7.34（a）和（b）所示。在这两种情况下，逆变器频率最终设定在降低输出扭矩到 1/2 的转差频率上。矢量控制的特性是逆变器输出电压的大小和相位每次都有变化。

流经逆变器到感应电机的电流 I_1 由初级阻抗的端电压 U_{L1} 和逆变器输出电压 U_1 有关的感应电压 E_0 的矢量关系决定，如图 7.32 中的感应电机的简化电路所示。在图 7.32 中，I_d 是激磁电流矢量，它将感应电机的主线圈励磁；I_q 是扭矩电流。

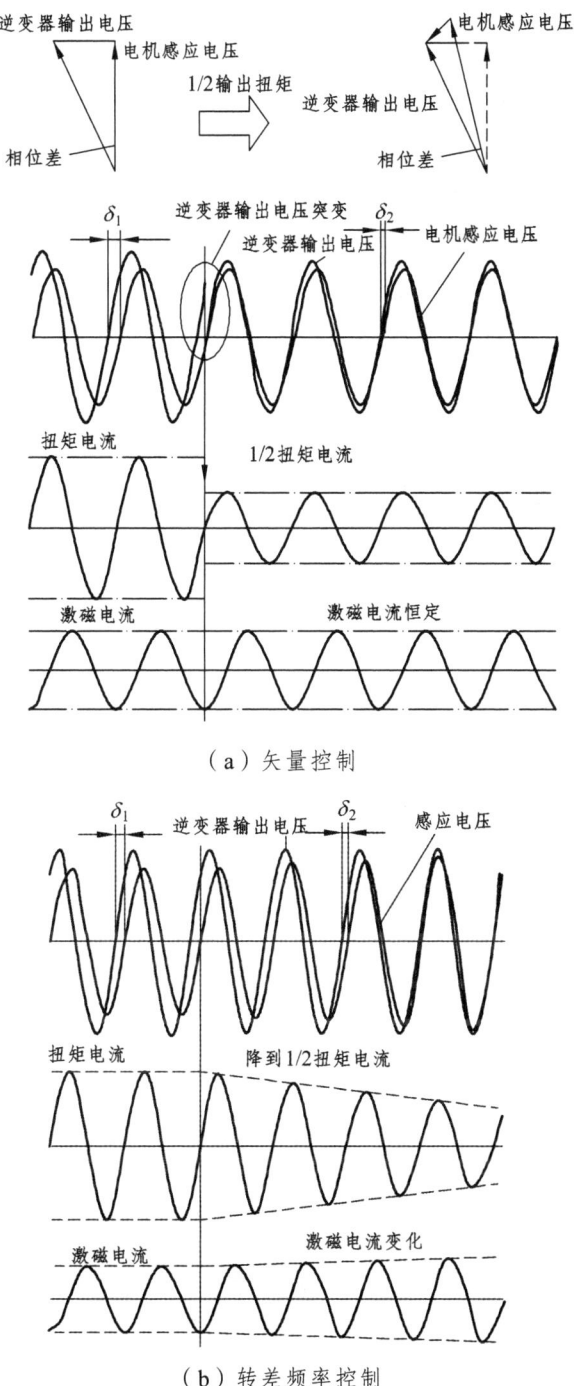

图 7.34 转差频率控制和矢量控制之间的区别

在矢量控制情况下,如图 7.33 所示,通过瞬间改变逆变器输出电压的大小和相位而保持 E_0 不变,有可能只把扭矩电流迅速降低到 1/2 而不改变激磁电流矢量 I_d。因为感应电机的输出扭矩与激磁电流矢量 I_d 和扭矩电流 I_q 成正比,还因为激磁电流矢量 I_d 被控制为恒定值,所以输出扭矩随着扭矩电流 I_q 的改变而快速地改变。

另一方面，在传统的转差频率控制情况下，逆变器输出电压的大小和相位不变，而转差频率改变，即频率本身在改变。结果，感应电压 E_0 改变，而流经逆变器到感应电机的电流 I_1 只在 E_0 改变后才改变。因为在感应电压 E_0 中的变化是感应电机主磁通量变化的结果，所以反应非常慢。由于这个原因，增加电流控制反应速度是不可能的。

换句话说，在矢量控制的条件下，电流在符合等同漏感 σ_{L1} 的常数时发生变化（见图 7.33），而在转差频率控制的条件下，电流在符合等同互感 a_M 的常数时发生变化。采用驱动机车的感应电机的常数，时间常数对矢量控制来说大约为 10 ms，而对转差频率控制来说大约为 100 ms 或更多，即两者在反应速度方面相差 10 倍或更多。

（3）在单脉冲方式中的控制

因为机车的空间有限，所以要求机车用的逆变器结构紧凑，质量轻。由于这个原因，单脉冲控制能够最低限度地降低转换损耗并最大限度地在中高速度区增加输出电压。"在单脉冲控制"方式中，由于逆变器的每个臂以 180° 间隔重复着闭合/断开的操作，所以理论上最大电压能够针对输入电压而输出，但是失去了电压的控制功能。

图 7.35 为单脉冲矢量控制的式样系统结构。1 个脉冲控制在严格的意义上来讲是不能执行矢量控制的。这是因为矢量控制要能够通过瞬间改变逆变器电压的大小和相位来控制扭矩。1 个脉冲控制不能改变电压的大小。

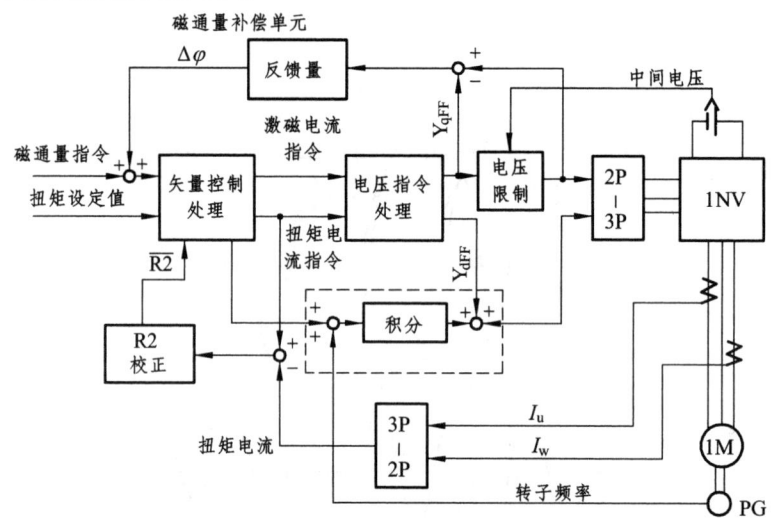

图 7.35 脉冲矢量控制系统结构

然而，1 个脉冲控制可以瞬间改变相位。利用迅速改变相位的这一特性，有可能瞬间改变扭矩电流，如图 7.34 所示。此时，由于电压大小是固定的，输出扭矩根据给定值而改变。磁通量补偿单元（见图 7.35）可预测这种变化并纠正磁通量指令，这样，输出的扭矩就与给定值相吻合。

借助这一特性，即使当扭矩指令迅速变化时，也能获得高速输出扭矩的反应（反应时间常数大约 10 ms）。

5. 辅助变流器

机车设有 2 套辅助变流器，每套分别与 3 套牵引变流器安装在一起，组成功率变流柜。辅助变流器由相控整流、直流中间电路、逆变电路组成。辅助变流器由牵引变压器的辅助绕组供电，能够提供 VVVF 和 CVCF 三相电源，向辅助电机分类供电。该系统冗余性强，一组辅助变流器故障后可以由另一组辅助变流器对全部辅助机组供电，此时辅助变流器将工作在 CVCF 方式。

6. 牵引变流器的保护

在牵引变流器内，设立了多种保护功能，以保护牵引变流器和整车的安全运行。

（1）水冷却系统的保护

牵引变流器的冷却系统是由复合冷却器的水-空气热交换器、联管、阀门、储水箱、水泵、塞门、流量计、冷却介质等组成，利用去离子水和乙二醇的混合冷却介质通过热交换器对 IGBT 器件进行冷却，具有很好的冷却效果。在冷却系统中，设定了如下监视和保护：

① 通过流量计的监测，实现牵引变流器进口水压监测和失压保护；
② 通过对水-空气热交换器风速的监测，实现牵引变流器水冷却的保护；
③ 通过热敏电阻温度继电器对元件的监测，实现牵引变流器进出口水温的监视和保护；
④ 通过水位计，对储水箱的水位进行监视和低于最低许用水位的保护。

（2）过流和过载保护

① 在每一组牵引逆变器的输入回路中，设有输入电流互感器交流 CT，起控制和监视逆变器充电电流及牵引绕组短路电流的作用，其动作保护值为 1 750 A。保护发生时，四象限脉冲整流器和逆变器的门极均被封锁，输入回路中的工作接触器断开，同时向微机控制系统发出跳主断的信号。

② 在每一组牵引逆变器的输出回路中，设有输出电流互感器 CTU，CTW，对牵引电机过载及牵引电机三相不平衡起控制和监视保护作用，牵引电机过载保护的动作值为 950 A；保护发生时，四象限脉冲整流器和逆变器的门极均被封锁，输入回路中的工作接触器断开，同时向微机控制系统发出跳主断的信号。

（3）接地保护

牵引变流器的接地保护系统由跨接在中间回路的 2 个串联电容和 1 个接地信号检测传感器组成。当主牵引回路正常时，由于只有 1 点接地，接地保护电路中流过的电流为零，接地信号检测传感器无信号输出。

当主电路某一点接地时则形成回路，接地检测回路有故障电流流过，传感器输出电流信号，使保护装置动作，其动作保护值为 10 A。保护发生时，四象限脉冲整流器和逆变器的门极均被封锁，输入回路中的工作接触器断开，同时向微机控制系统发出跳主断的信号。

（4）瞬时过电压保护

在机车出现空转、滑行或者受电弓离线造成的网压中断等情况时，牵引变流器上可能出现瞬时过电压，为了防止这种过电压对变流器造成损坏，在中间直流回路设有瞬时过电压限制电路，由 IGBT 和限流电阻组成。这是一种多次重复方式的保护方法。当过电压存在时，该 IGBT 将导通，直流回路能量经限流电阻放电和释放，消除过电压。

（5）器件保护

① 四象限脉冲整流器器件的短路保护。

通过对四象限脉冲整流器门放大器的监测，当出现门电压不一致时，说明四象限脉冲整流器器件短路，四象限脉冲整流器和逆变器的门极均被封锁，输入回路中的工作接触器断开，同时向微机控制系统发出跳主断的信号。

② 逆变器器件的短路保护。

通过对逆变器门放大器的监测，当出现门电压不一致时，说明逆变器器件短路，四象限脉冲整流器和逆变器的门极均被封锁，输入回路中的工作接触器断开，同时向微机控制系统发出跳主断的信号。

（6）牵引变流器中间直流回路电压范围保护

通过对牵引变流器中间直流回路电压传感器的监测，当牵引变流器的中间直流回路电压大于等于 3 200 V 时，中间回路过电压保护环节动作，四象限脉冲整流器和逆变器的门极均被封锁，输入回路中的工作接触器断开；当牵引变流器的中间直流回路电压小于等于 2 000 V 时，中间回路低电压保护环节动作，四象限脉冲整流器和逆变器的门极均被封锁，输入回路中的工作接触器断开。

（7）牵引变流器内部的控制电源故障时的保护

牵引变流器内部的控制电源故障时，通过微机系统内部检测实施保护，四象限脉冲整流器和逆变器的门极均被封锁，输入回路中的工作接触器断开。

（8）牵引变流器的检修安全连锁保护

在检查或操作牵引变流器之前，断开真空主断路器，降下受电弓，然后闭合牵引变流器的试验开关，通过司机台上的微机显示屏确认设备内的电容器已放电完毕后（小于 36 V），才能进行检查操作。

（9）牵引变流器的超压保护和欠压保护

当牵引变流器检测到网压超过 35 kV（1 ms）或 32 kV（10 ms）时，四象限脉冲整流器和逆变器的门极均被封锁，输入回路中的工作接触器断开，牵引变流器实施超压保护。

当牵引变流器检测到网压低于 16 kV（10 ms）时，四象限脉冲整流器和逆变器的门极均被封锁，输入回路中的工作接触器断开，牵引变流器实施欠压保护。

7.5 辅助电路

电力机车在运行时，主变压器、变流器、牵引电机、制动电阻等部件都会产生大量的热，需要通风机进行强迫风冷；主变压器需要设油泵强迫变压器循环；机车与列车的制动、受电弓的升降、启动器件的动作需要空气压缩机提供风源，所有这些都需要用三相异步电动机来驱动。为此，需要将单相交流电变换成三相对称交流电。目前，使用的方法有采用旋转劈相机、电容分相和静止逆变器 3 种。前两种方法受负载变化影响大，很难保证三相交流电源在任何时候都对称，必须在电机投入运行的同时投入补偿元件，结果使系统变得复杂、故障率高、维修量大。为保证机车安全可靠运行，交-直-交机车上广泛采用由电力半导体开关组成的静止逆变器。

辅助系统中另一重要的设备是 110 V 直流电源。该直流电源用于系统的控制、检测和给蓄电池组充电，一般由牵引变压器的辅助绕组经整流、滤波、直-直变换后得到。

交-直-交电力机车辅助系统的核心是三相 SPWM 逆变器。机车辅助系统有 2 台三相 SPWM 逆变器，主电路采用二电平逆变器的结构，主开关用 IGBT 或 IPM。由于辅助电机一般都采用三相 380 V 的异步电机，为此逆变器的输入直流电压应为 600 V。为防止过大的电流冲击，逆变器软启动后进入恒频率运行方式。由于辅助功率不大，因此也允许辅助电机以突然投入方式工作。辅助逆变器在机车上具有特殊的重要性,要求它可靠性高、过载能力强、谐波分量小、三相对称度好。

图 7.36 为国产交流动车组辅助逆变器的主电路。图中 R 和 K_2 的作用是限制电容器的充电电流值,以防止电容的损坏。当 K_1 闭合后,K_2 先断开,直流电压经 R 给 C 充电;当电容电压达到电源电压后,K_2 闭合,切除电阻 R。当辅助逆变器发生故障时,K_3 断开,用另一台逆变器给辅助系统供电,以维持机车运行。

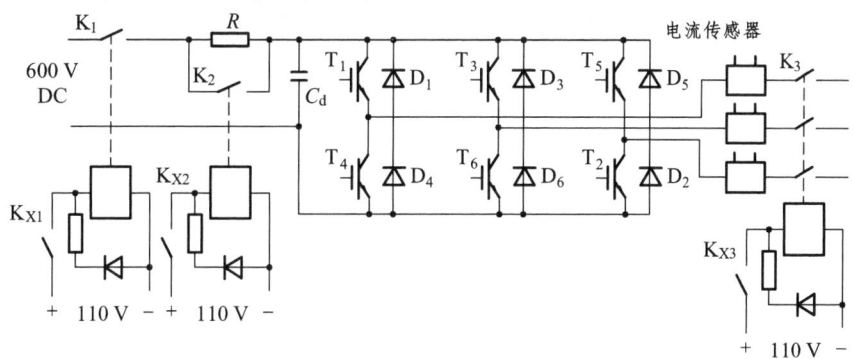

图 7.36 辅助逆变器结构图

图 7.37 为 SS_{J3} 辅助电动机的供电电路。辅助电动机供电电路由辅助变流器、电磁接触器、自动开关、辅助电动机等组成。

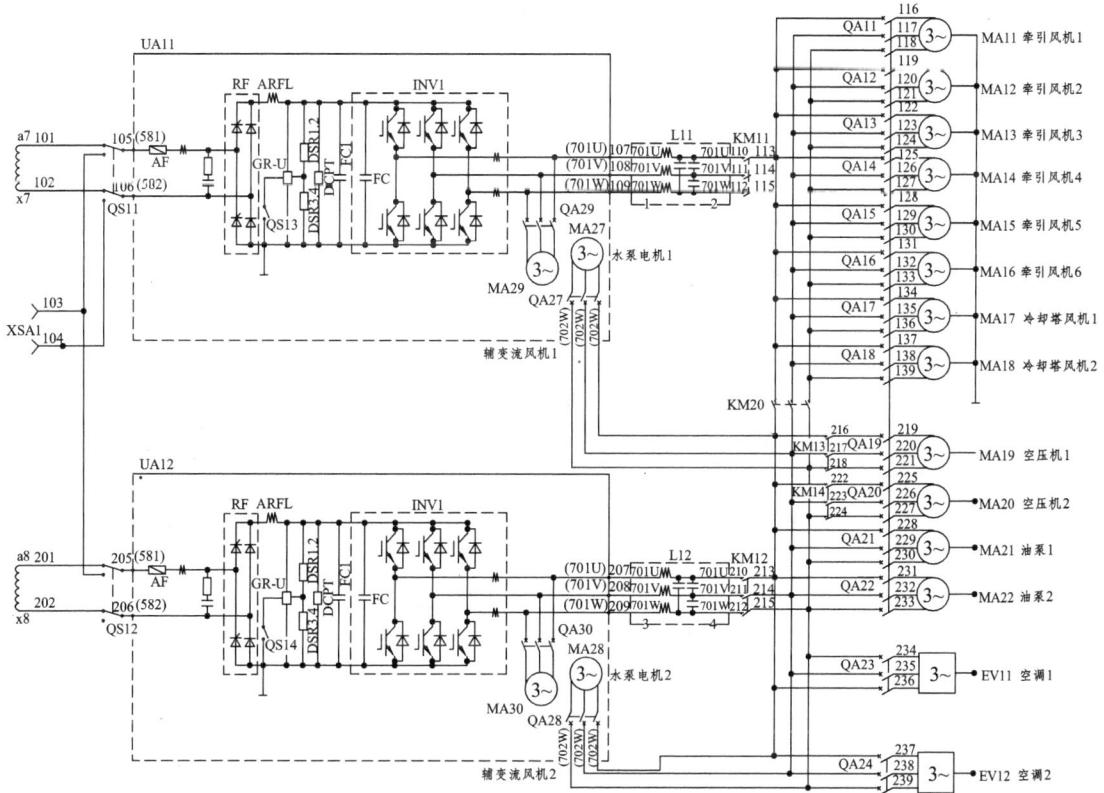

图 7.37 SS_{J3} 辅助电路

7.5.1 辅助变流器

辅助变流器是辅助电动机供电电路的核心，机车共设置有 2 套辅助变流器 UAl1，UAl2，分别同 2 套牵引变流器安装在一起。辅助变流器 UAl1，UAl2 都有 VVVF 和 CVCF 两种工作方式，可以依据连接的辅助电动机的情况根据需要工作在适当的方式。辅助变流器的额定容量按照机车辅助电动机系统总工作容量设计。

在正常情况下，辅助变流器 UAl1，UAl2 全部工作，基本上以 50%的额定容量工作，辅助变流器 UAL1 工作在 VVVF 方式，辅助变流器 UAl2 工作在 CVCF 方式，分别为机车辅助电动机供电。

当某一套辅助变流器发生故障时，不需要切除任何辅助电动机，另一套辅助变流器可以承担机车全部的辅助电动机负载。此时，该辅助变流器按照 CVCF 方式工作，辅助电动机系统能全功率运行，从而确保机车辅助电动机供电系统的可靠性。辅助电动机负载功率转换的控制由机车微机控制系统（TCMS）自动完成。

辅助变流器内设有元器件的过压、过流保护。

7.5.2 辅助变流器供电电路

如图 7.37 所示，辅助变流器 UAl1，UAl2 的额定容量均为 230 kV·A，分别由机车牵引变压器的两个辅助绕组供电。辅助绕组的电压均为 857.8 V，分别经辅助电路库内试验转换开关 QSl1，QSl2 送至辅助变流器 UAl1，UAl2。

辅助变流器 UAl1 的输出，经过滤波器 L11，通过输出接触器 KM11 给牵引风机电动机 Mal1，MAl2，MA1，MAl4，MAl5，MA16 和冷却塔风机电动机 MA17，MA18 供电。另外，在辅助变流器 UAl1 内部，还给辅助变流器风机 MA29 供电。

辅助变流器 UAl2 的输出，经过滤波器 L12，通过输出接触器 KM12 给空气压缩机电动机 MAl9，MA20、牵引变压器油泵 MA21，MA22、辅助风机 MA23，MA24、司机室空调 Evl1，EVl2、牵引变流器内部的水泵 MA27，MA28 供电。另外，在辅助变流器 UAl2 内部，还给辅助变流器风机 MA30 供电。

在辅助变流器 UAl1 或辅助变流器 UAl2 发生故障的情况下，将断开其相应的输出接触器 KMl1 或输出接触器 KMl2，再闭合故障转换接触器 KM20，把发生故障的辅助变流器的负载切换到另一套辅助变流器上，由该辅助变流器对全车的三相辅助电动机供电。

当在库内对机车的辅助变流器和辅助电动机系统进行试验时，可通过辅助电路库用插座 XSl1 引入地面的单相工频 850 V 交流电，并通过操作辅助电路库用转换开关 QSl1，QSl2 分别将电源引入辅助变流器 UAl1，UAl2，分别进行辅助变流器 UAl1，UAl2 的地面试验。试验可以两套辅助变流器分别进行，也可以同时进行。

7.5.3 辅助电动机电路

机车上的各辅助电动机均通过各自的自动开关与辅助变流器连接，除 2 台空气压缩机外，均不设电磁接触器。使辅助电动机电路更简化、更可靠。当辅助变流器启动并输出电压的同

7 交流拖动电力机车

时,除空气压缩机电动机外,其他辅助电动机也随之启动。空气压缩机的启动受电磁接触器的控制,电磁接触器受机车司机控制扳键开关和总风缸的空气压力继电器的控制。

7.5.4 辅助电动机电路的保护系统

(1) 辅助系统电路的接地保护

由设置在辅助变流器 UAl1,UAl2 的内部分别设有 2 套接地保护装置实施辅助系统电路的接地保护。当辅助系统主电路发生 1 点以上接地时,可以实施保护。当发生接地故障,且确认只有 1 点接地时,可以将接地故障隔离开关 QS13 或 QS14 置隔离位,维持机车故障运行。此时,由于接地检测不起作用,司机应加强巡视,以防故障扩大。

(2) 辅助系统过压保护

由设置在辅助变流器 UAl1,UAl2 内部的 2 套阻容保护实施辅助系统的过压保护。

(3) 辅助变流器的故障保护

当辅助变流器系统发生故障后,把故障信息输入微机控制与监视系统(TCMS),并给出相应的故障显示信息。

(4) 辅助异步电动机的故障保护

当异步电动机中的某个电动机发生短路、堵转等故障时,通过相应的自动开关实现保护,并给出相应的故障显示信号。

7.6 牵引电机及悬挂方式

牵引电机是机车的重要部件之一,对于高速机车的牵引电机与工业用电机不同,它悬挂在转向架或车体上,通过齿轮与轮对相连,经常受到振动和冲击,易造成转子与绝缘的破坏。机车在牵引运行状态时,牵引电机将电能转换成机械能,通过轮对驱动机车运行。当机车在电气制动状态运行时,牵引电机将机械能转换成电能,产生列车的制动力,此时电动机处于发电状态。

牵引电机的工作条件十分恶劣:负载变化大,冲击和振动严重,恶劣的风沙、雨雪气候、酸碱性气体影响侵蚀严重。对于交流变频调速异步牵引电机来说,要在 PWM 波调制的、含有大量谐波和尖峰脉冲的、非纯正正弦波电源供电下工作。

机车在运行中,牵引电机要在启动、爬坡这样的大电流状态下运行;要在平直道上轻载高速状态下运行;要在过弯道、过道岔这样的冲击和振动状态下运行;还要能适应沿海多雨潮湿、内地干燥风沙的环境。

7.6.1 牵引电机的设计要求

为满足机车对电机的运行要求,牵引电机设计的要求和思路如下:
① 在尺寸和重量受限制的情况下,应满足机车牵引和制动功率的要求。
SS_{J3} 在设计时,为满足尺寸要求,在设计中采用高的电磁参数,用高耐热等级的绝缘

材料，高性能的硅钢片和高强度的转轴等材料，选用高的加工精度要求；在制造中采用数控加工和真空压力浸漆等精细工艺。为满足重量要求，在设计中采用无专门机座的轻量化结构，定子铁芯用铁芯冲片和二端压圈通过中间拉板焊接；通过选择合适的极数来控制电机重量。

② 在机车总体控制和逆变器供电下，应满足机车电传动系统对牵引电机的要求。

③ 电机结构要成熟可靠，具有良好的制造工艺性。

7.6.2 牵引电机传动方式

牵引电机传动方式有组合传动和个别传动两种。

1. 组合传动

组合传动就是每台转向架上只装有一台牵引电机，通过齿轮链来驱动该转向架上的所有轮对，如图 7.38 所示。当采用组合传动时，牵引电机只能采用全悬挂方式。组合传动的优点是：① 各轴转速一致，使整台机车黏着利用较好；② 对牵引电机空间尺寸限制小；③ 牵引电机为簧上质量，有利于改善轮轨动力作用；④ 结构复杂，制造维护困难。目前很少采用组合传动。

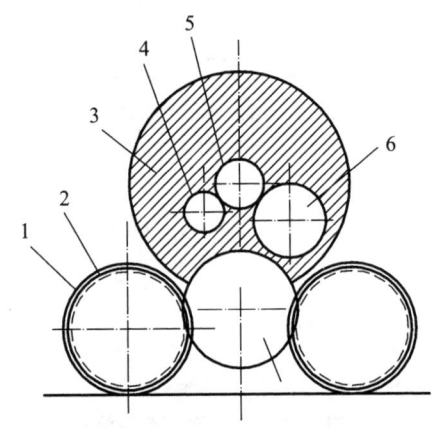

图 7.38 单电机两轴转向架组合传动
1—车轮；2—大齿轮；3—牵引电机；4，6—变速齿轮；
5—牵引电机轴上小齿轮；7—中间齿轮

2. 个别传动

个别传动就是一台牵引电机只驱动一个轮对。个别传动也叫独立传动。个别传动的优点是：齿轮传动装置简单，维护方便；当一台电机出现故障时可单独切除，而不影响其他牵引电机正常工作。个别传动的缺点是同一转向架上的各个轮对之间没有机械上的联系，因此个别轮对容易发生空转。

当采用个别传动时，牵引电机有半悬挂和全悬挂两种方式。

（1）半悬挂

半悬挂也叫抱轴式悬挂或轴支承式悬挂。其特点是牵引电机的一侧通过滑动或滚动的抱轴轴承直接扣压在车轴上，另一侧则通过悬挂装置弹性地悬挂在转向架构架的横梁上。对于半悬挂方式，牵引电机的一部分（约一半）质量直接属于簧下质量，所以对线路的动力作用大，也就是冲击力较大。鉴于这种情况，个别传动主要用于低速系统中。

（2）全悬挂

又称架承式悬挂，其特点是牵引电机通过悬挂装置完全固定在转向架构架上。也有悬挂在车体上的。全悬挂的优点是牵引电动机的全部质量均为簧上质量，从而克服了半悬挂的缺点。但当线路不平顺时，电动机和轮对之间将会产生较大的相对位移，因此传动机构相对复杂。

7.7 机车控制监视系统(TCMS)

SS$_{J3}$型交流传动货运电力机车的微机网络系统采用标准化、模块化设计原则,在东芝公司机车控制监视系统方面成熟的软件、硬件、控制模式和系统思想的基础上研制的。整车由多微机环境组成,包含机车控制监视系统(简称 TCMS)、牵引变流器(简称 CI)微机系统和辅助变流器(简称 APU)微机系统。机车的驱动控制级由变流器柜内的 CI 和 APU 完成。机车控制监视系统 TCMS 属于列车控制级和机车控制级,它的核心任务就是根据司机指令完成牵引变流器 CI 的实时控制、辅助变流器 APU 的实时控制、牵引/制动特性控制、传动系统的时序逻辑控制,显示机车运行状态,TCMS 具备完整的故障保护、故障记忆及显示功能,并具有一定程度上的故障自排除、自动切换和故障处理指导功能。机车微机网络系统如图 7.39 所示。

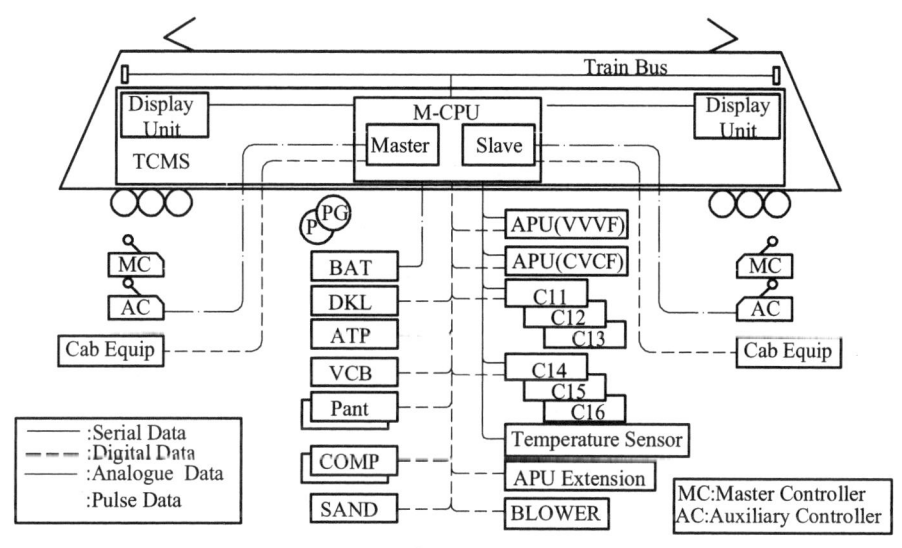

图 7.39 机车微机网络控制系统

7.7.1 机车控制监视系统 TCMS 的组成

1. 系统构成

机车控制监视系统在硬件上主要由电源模块、逻辑运算控制部分、数字量输入/输出部分、模拟量信号采集部分、通信部分等组成。主控制单元采用 32 位 CPU,并在配置上采取冗余、双机热备措施,以提高系统的可靠性。机车控制监视系统机箱外形结构如图 7.40 所示。机箱内包括 AVR 电源模块,为 TCMS 提供工作所需的各种直流电,如 24 V,±15 V,5 V;PUZ 处理器单元,包括 CPU、软件以及与显示屏通信的接口;DET 检测模块,检测主控制系统是否存在故障,以便在主系统发生故障时立即进行主辅系统的切换;SIF 串行通信接口,完成 TCMS 与两个牵引变流器和辅助变流器之间的通信;DI 数字量输入模块,将接收到的各种开关信号处理后传送给处理器单元;AUX 辅助模块,具有数字量输出、模拟量输入及脉冲量输入的功能，实现对各辅助继电器的控制及特殊信号的输入功能；MDM 重联控制模块，将本车的信息通过以太网（Ethernet）传往他车，并将收到的他车信息传送给处理器单元，实现机车的重联控制。TCMS 控制单元（M-CPU）的内部构成如图 7.41 所示。

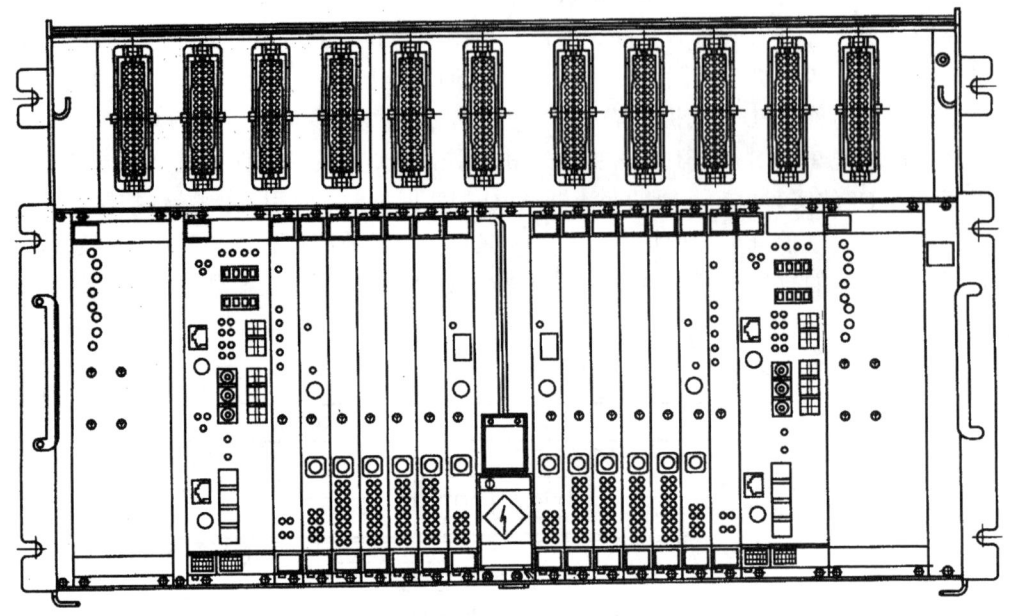

图 7.40　机车控制监视系统机箱外形结构

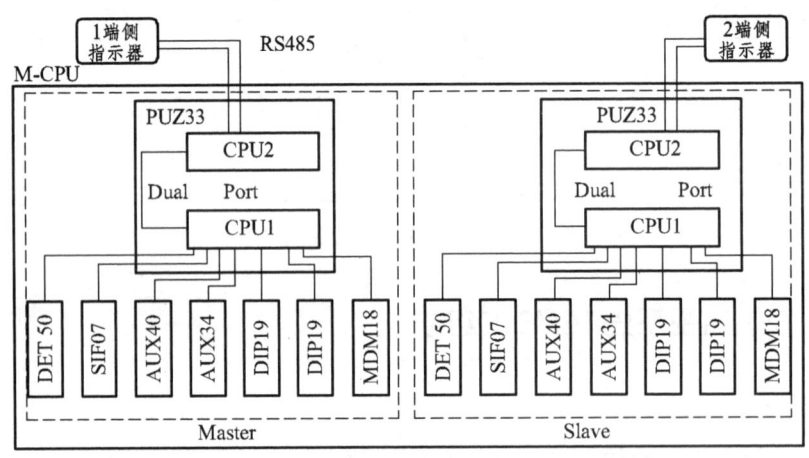

图 7.41　TCMS 的控制单元（M-CPU）内部构成

2. 系统功能

TCMS 在整个机车控制中起主导作用，它的工作正常与否直接决定了机车能否安全、正常地运行。TCMS 主要完成如下工作：通过人机接口接收和输出所有输入输出指令，采集各种反馈信号，进行相关运算，生成相应控制命令，将命令以通信方式发送给牵引变流器、辅助变流器，将计算结果、故障信息、有关参数送显示屏显示，并在重联时将重联信息通过以太网传送给被重联机车。

(1) 系统的控制切换功能

机车的控制监视系统 TCMS 采用冗余设计,设有两套控制环节,一套为主控制环节(Master),一套为备用控制环节(Slave)。当主控制环节发生故障时,双机热备机制将自动切换到备用控制环节。其结构形式如图 7.42 和 7.43 所示。Master 和 Slave 每一个都由完全相同的基板构成,其输入信号也是完全并列地输入到双系统中,软件处理也是同时动作。TCMS 完全正常时,Master 与 Slave 同时工作,但 Master 的输出连接到外部,Slave 热备;当 Master 故障时,Slave 就与外部连接。

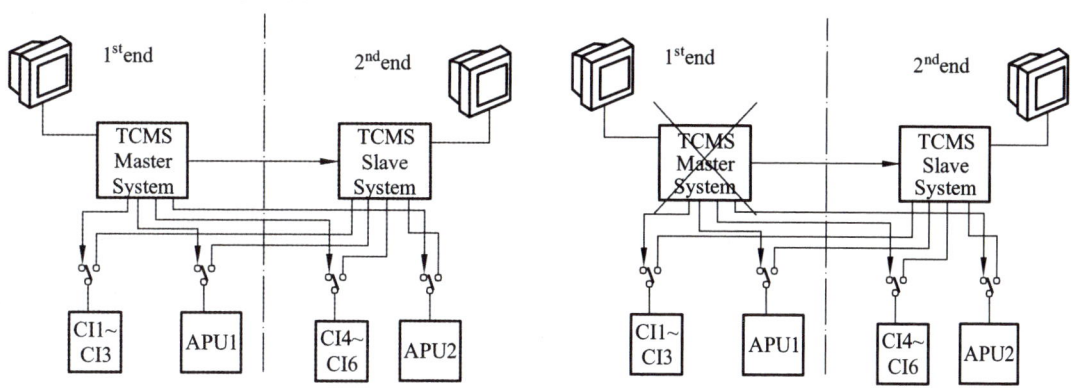

图 7.42 微机系统双机热备形式示意图(正常时)　图 7.43 微机系统双机热备形式示意图(1端故障时)

(2) 系统的传送切换功能

TCMS 与牵引变流器 CI 和辅助变流器 APU 之间,以 RS485 网络通信方式实现信息的传递。其传输通路如图 7.44 所示,当 TCMS 完全正常时,机车控制监视系统送往牵引变流器 CI 和辅助变流器 APU 的数据均来自 Master;当 Master 故障时,控制监视系统将自动通过继电器切换传输通路,转由 Slave 提供数据。

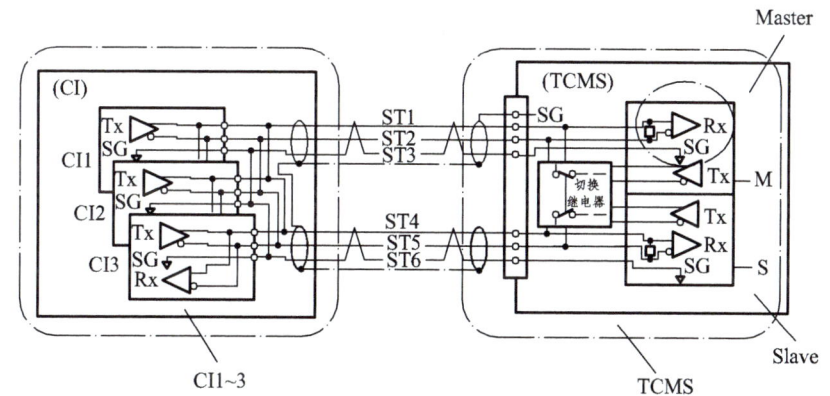

图 7.44 TCMS 与牵引变流器 CI 之间的传输通路

(3) 微机显示屏的切换

通常 1 端操纵台的微机显示屏由 Master 进行控制,2 端操纵台的微机显示屏由 Slave 进行控制,如图 7.42 所示。

当 Master 和 SlaVe 中任何一个 CPU 发生异常时,非操纵端的显示屏就不能工作,操纵端的显示屏(接通钥匙 Key)将由正常的 CPU 进行控制(参照表 7.1)。

表 7.1 微机显示屏的切换

Key 状态		控制 CPU	
1 端操纵台	2 端操纵台	1 端微机显示屏	2 端微机显示屏
Key ON	Key OFF	Master 正常：Master Master 异常：Slave	Master 正常：Slave Master 异常：不显示
Key OFF	Key ON	Slave 正常：Master Slave 异常：不显示	Slave 正常：Slave Slave 异常：Master
Key OFF	Key OFF	Master	Slave

7.7.2 微机显示屏的界面设计

显示部分的设计原则是显示简洁、明了醒目，但又兼顾现有的习惯。

驱动模式下的主画面上部为常显的信息，显示时间、速度、工况、重联状态等；中间区域为主信息显示区，根据不同的工况、按键的选择，将显示牵引/制动的有关参数、机车的状态、开关信息；底部为功能键区，由于采用触摸显示屏，因此功能键区将根据不同的工况和选择，显示不同的功能键。通过显示屏亦可显示出机车重联与否以及重联机车的相关信息。

显示模式分为驱动模式和维护模式，开机后根据不同工况来选择。

1. 微机显示屏的模式转换

（1）驱动模式（见图 7.45）

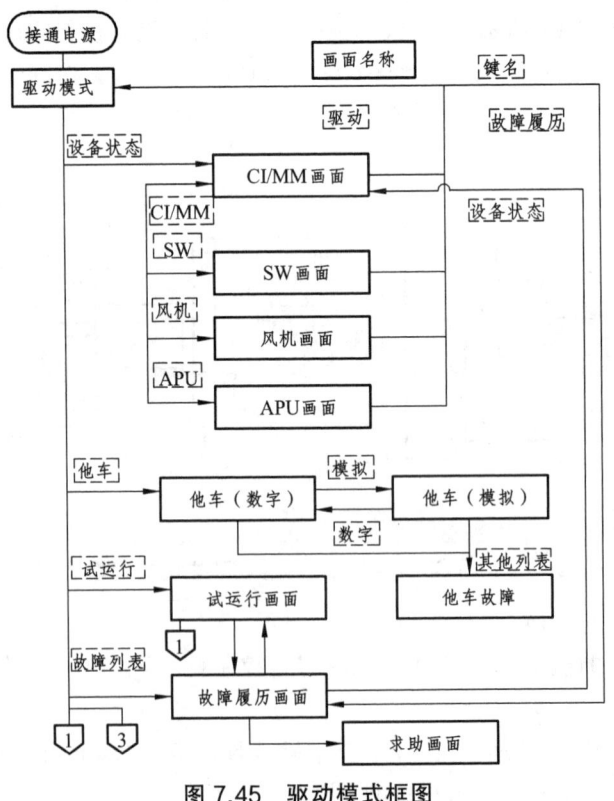

图 7.45 驱动模式框图

（2）维护模式（见图 7.46）

① 维护模式/设置画面（见图 7.47）。

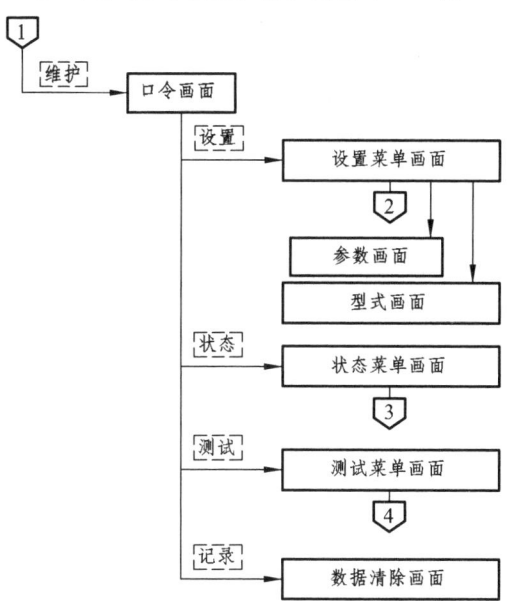

图 7.46 维护模式框图

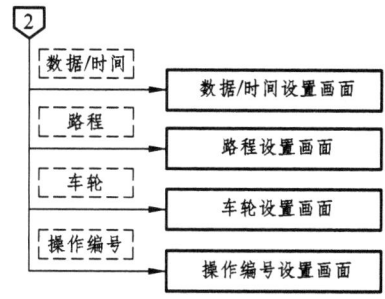

图 7.47 维护模式/设置画面结构

② 维护模式/状态画面（见图 7.48）。

③ 维护模式/测试画面（见图 7.49）。

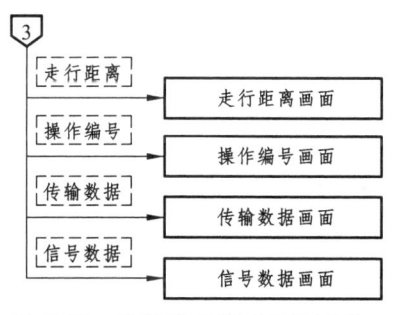

图 7.48 维护模式/状态画面结构

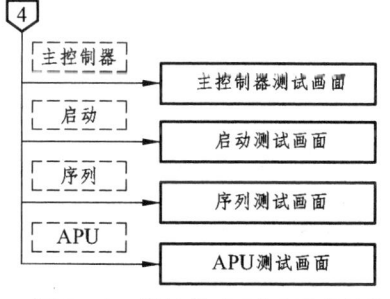

图 7.49 维护模式/测试画面结构

7.7.3 机车控制监视系统 TCMS 的对外接口及通信方式

1. TCMS 的对外接口

TCMS 对外接口数量情况列于表 7.2。

表 7.2 TCMS 对外接口概况

名 称	数 量	所接设备	说 明
RS485	2	牵引变流器	
RS485	2	辅助变流器	

续表 7.2

名 称	数 量	所接设备	说 明
RS485	2	显示屏	
以太网（Ethernet）	2	与他车 TCMS 重联	
110 V 数字量输入	120	各开关	
脉冲输入	2	速度传感器（PG）	
110 V 数字量输出	30	LED 指示灯	功率较小
110 V 数字量输出	19	BRAKE、VCB、升弓、撒砂等	功率较大
模拟量输入 0~160 V	2	蓄电池电压	
模拟量输入 0~24 V	2	司控器	司机控制器级位
模拟量输入 0~5 A	1	电流互感器	原边电流

（1）TCMS 与牵引变流器的通信接口

TCMS 与牵引变流器的通信接口如图 7.50 所示。

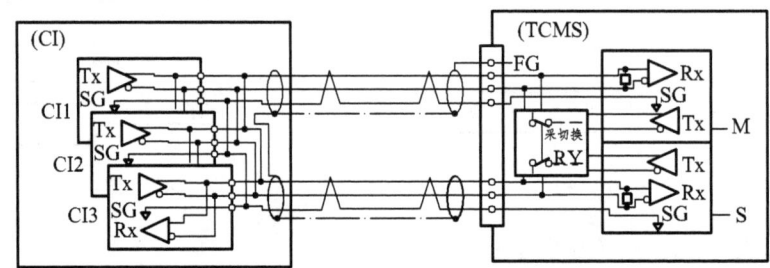

图 7.50 TCMS 与牵引变流器的通信接口

（2）机车网重联接口

机车网重联接口如图 7.51 所示。

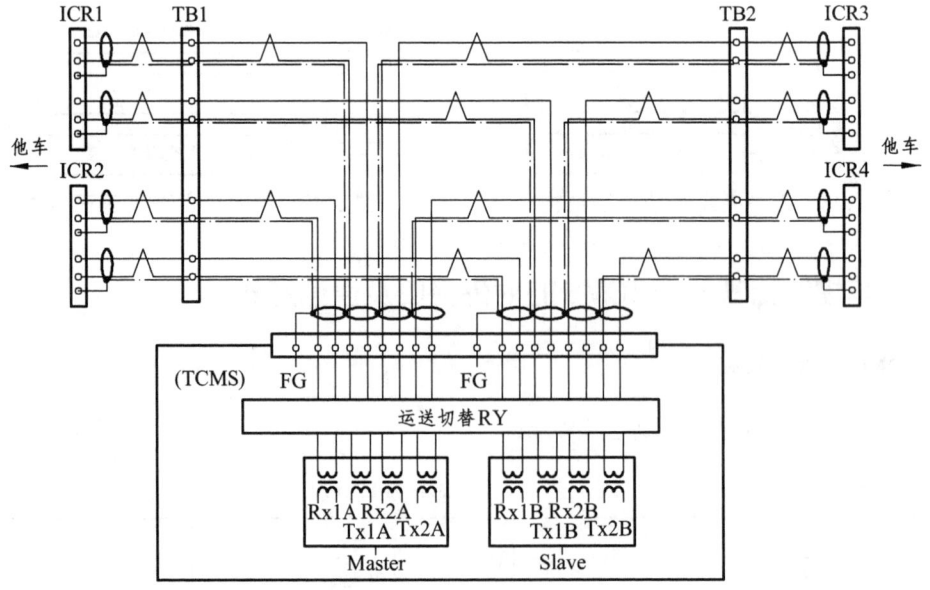

图 7.51 机车网重联接口

（3）110 V 数字量输入接口

110 V 数字量输入接口如图 7.52 所示。

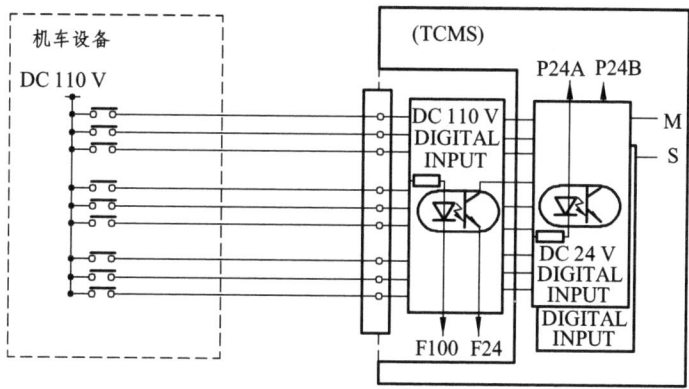

图 7.52　110 V 数字量输入接口

（4）脉冲输入接口

脉冲输入接口如图 7.53 所示。

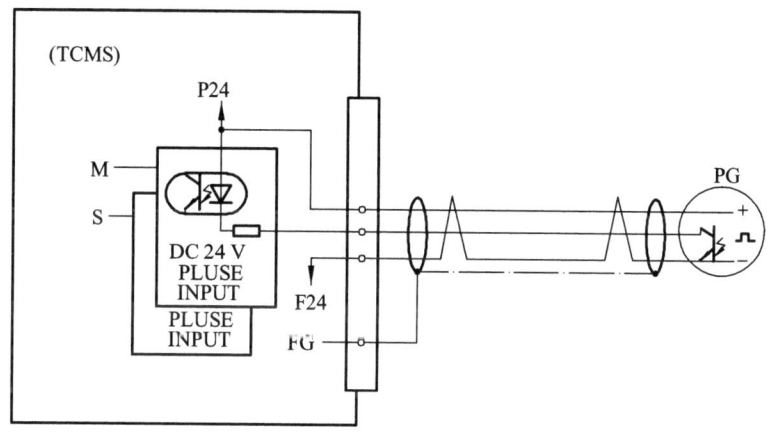

图 7.53　脉冲输入接口

（5）故障显示屏 LED 指示灯驱动接口

故障显示屏 LED 指示灯驱动接口如图 7.54 所示。

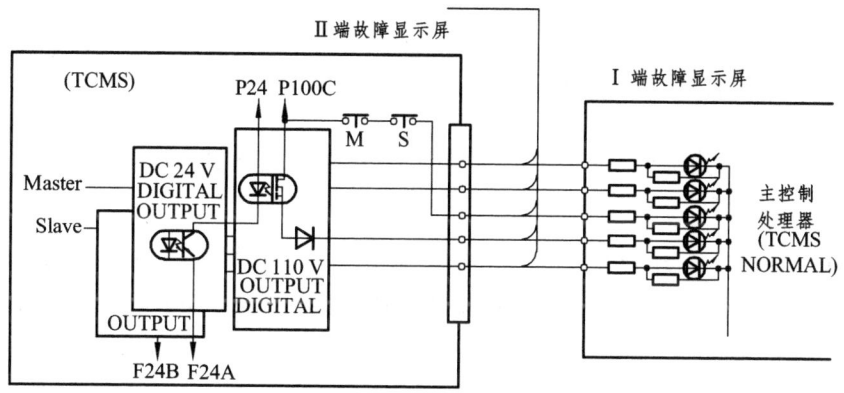

图 7.54　故障显示屏 LED 指示灯驱动接口

(6) 110 V 模拟输入接口

110 V 模拟输入接口如图 7.55 所示。

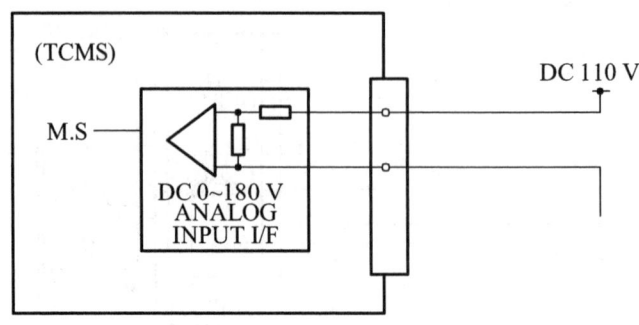

图 7.55　110 V 模拟输入接口

(7) 司机控制器级位模拟输入接口

司机控制器级位模拟输入接口如图 7.56 所示。

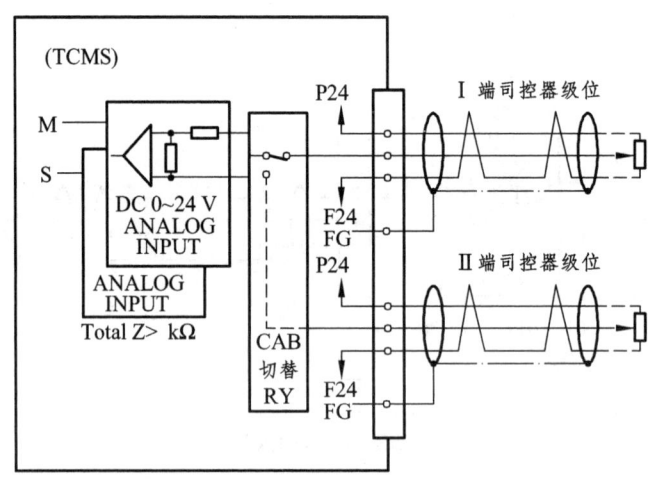

图 7.56　司机控制器级位模拟输入接口

(8) TCMS 与主、辅变流器的硬线接口

机车控制监视系统与主、辅变流器之间除通过 RS485 通信接口来交换信息，还有一部分采用硬线方式进行连接，以实现相应的信息传递，如图 7.57 所示。

2. TCMS 与牵引变流器 CI 及辅助变流器 APU 的通信方式

(1) 通信界面

TCMS 以 RS485、两线半双工方式，按照 HDLC 协议，实现与牵引变流器 CI 及辅助变流器 APU 的信息传递，其中 TCMS 与 CI 之间的波特率为 100 Kbit/s、传送周期为 20 ms；TCMS 与 APU 之间的波特率为 9 600 bit/s，传送周期为 200 ms。TCMS 与 CI 的通信界面如图 7.58 所示。

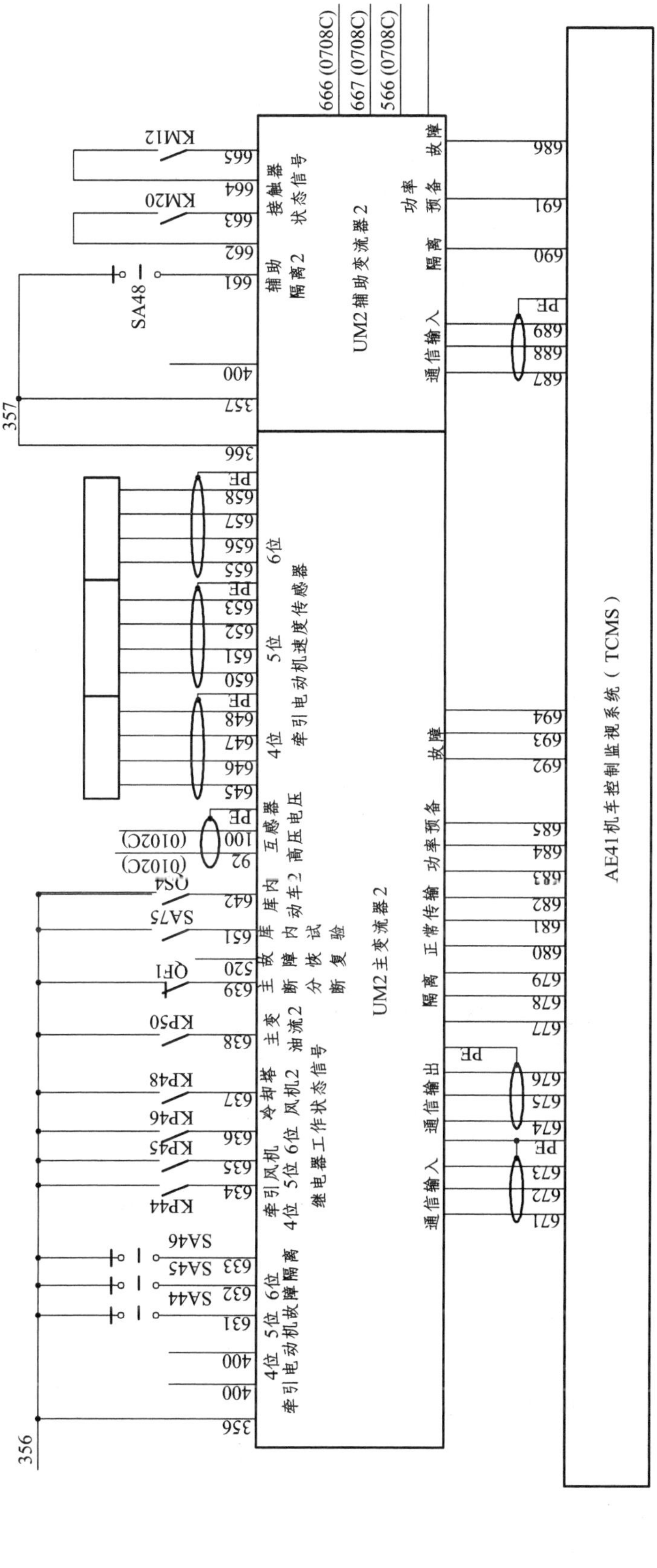

7 交流拖动电力机车

图 7.57 TCMS 与主、辅变流器的硬线接口

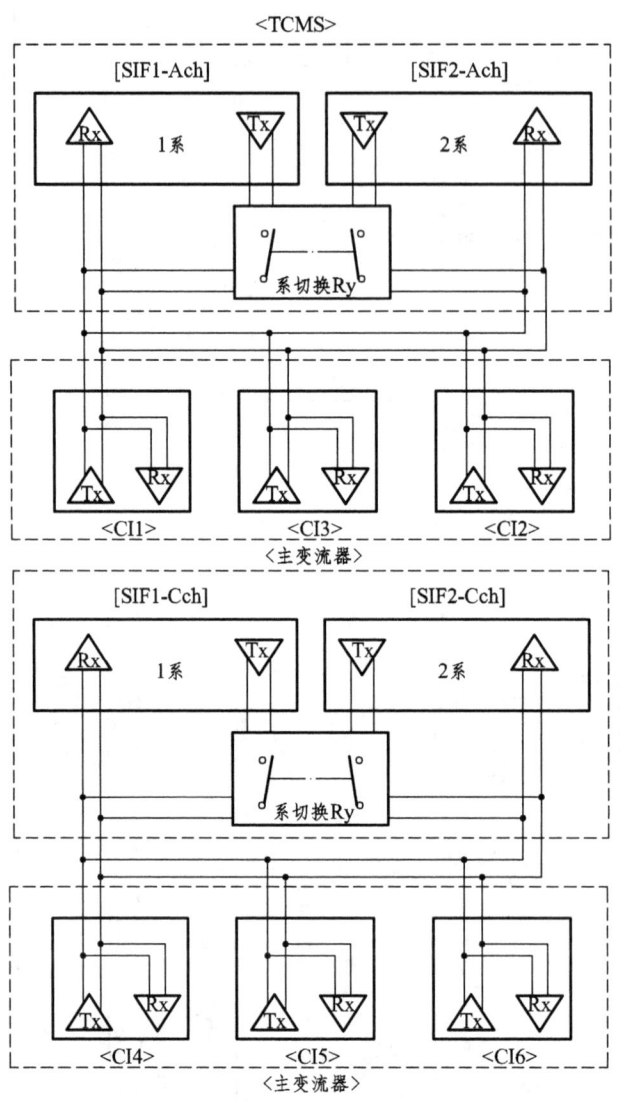

图 7.58 CI 通信界面

（2）TCMS 与 CI 之间的传送控制

TCMS 的指令信息为全局可以接收。微机网络系统启动后，TCMS 每 20 ms 向 CI 发出指令信息，如牵引/再生、前进/后退、级位、扭矩、定速等指令数据，实现对 CI 的实时控制；同时 TCMS 每 20 ms 依次从 CI 处查收信息，对 CI 的状态实施监控，并通过微机显示屏把必要的实时信息进行显示和记录（如输出电源频率、输出电压、电机电流，装置有无异常等）。由于整车设有两组变流柜，每个柜由 3 组 CI 组成，因此 TCMS 和 CI 之间以 1 对 3 的形式进行应答，即每组 CI 的应答周期为 60 ms。

① 传送正常时如图 7.59 所示。
② 传送异常时如图 7.60 所示。

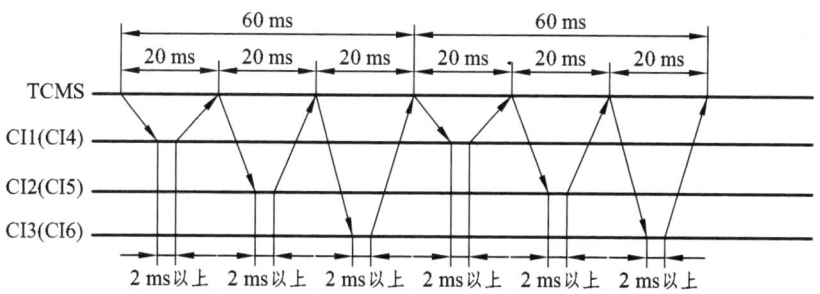

图 7.59　TCMS 与 CI 之间的传送控制（正常时）

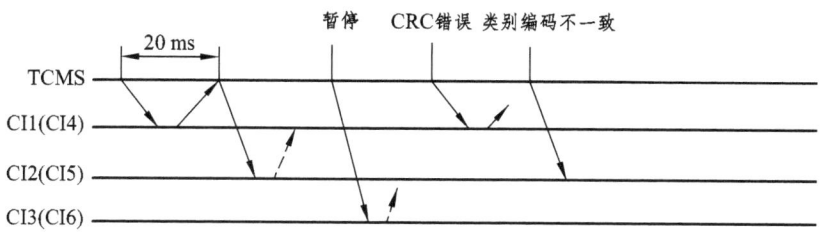

图 7.60　TCMS 与 CI 之间的传送控制（异常时）

（3）TCMS 与 APU 之间的传送控制

微机网络系统启动后，TCMS 每 200 ms 向 APU 发出指令信息，如牵引/再生、前进/后退、级位、主断合/分等指令数据，实现对 APU 的实时控制；同时 TCMS 每 200 ms 依次从 APU 处查收信息，对 APU 的状态实施监控，并通过微机显示屏把必要的实时信息进行显示和记录（如输出电源频率、输出电压、电机电流、装置有无异常等）。TCMS 和 APU 的传送是一对一的关系。

① 传送正常时如图 7.61 所示。

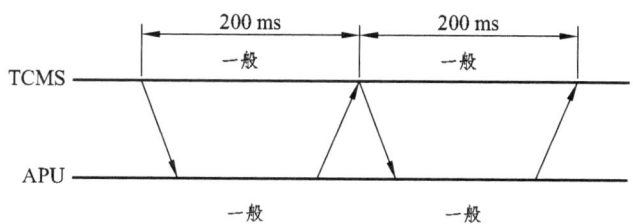

图 7.61　TCMS 与 APU 之间的传送控制（正常时）

② 传送异常时如图 7.62 所示。

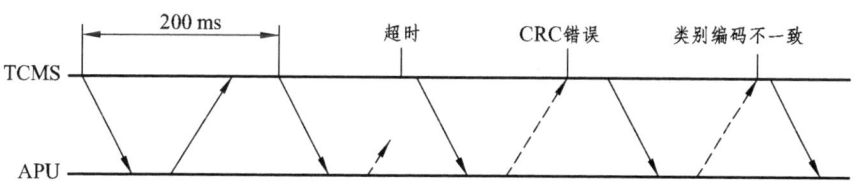

图 7.62　TCMS 与 APU 之间的传送控制（异常时）

7.7.4 机车控制监视系统 TCMS 的控制与保护

1. TCMS 的控制

SS_{J3} 型电力机车的控制监视系统 TCMS 具备列车控制级和机车控制级功能，主要完成以下几方面的控制。

顺序逻辑控制：如升、降受电弓，分、合主断路器，司机控制器的换向、牵引、制动，辅助电动机的逻辑控制，机车库内动车逻辑控制，主辅变流器库内试验逻辑控制等。

机车特性控制：采用恒牵引力/制动力 + 准恒速特性控制，实现对机车的控制要求。

定速控制：根据机车运行速度，可以实现牵引工况下机车恒定速度控制。

辅助电动机的控制：除空气压缩机外，机车各辅助电动机根据机车准备情况，在外部条件具备的前提下，由 TCMS 发出指令，与辅助变流器同时启动、运行。空气压缩机则根据总风缸压力情况，通过控制接触器的分合来实现控制。

机车黏着控制：包括防空转、防滑行控制、轴重转移补偿控制。

机车重联控制：机车采用以太网，以网络重联的形式，实现本台机车 TCMS 与重联机车 TCMS 之间的信息传递，可实现 2~4 台机车的重联控制。

机车的顺序逻辑控制梯形图简述如下：

（1）升弓控制

机车受电弓的升弓指令由 TCMS 来发出，其控制梯形图如图 7.63 所示。对应受电弓隔离开关处于正常运行状态，在操纵端司机室闭合升弓扳键，TCMS 将发出升弓指令，如果所有升弓环节均具备，则对应受电弓将升起。

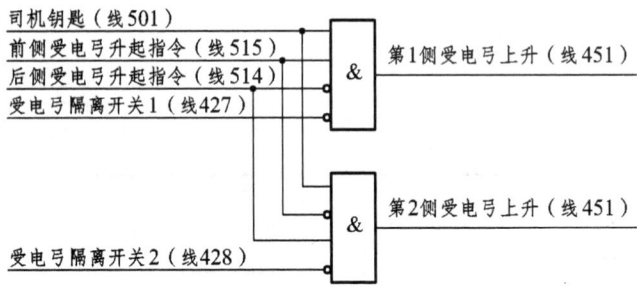

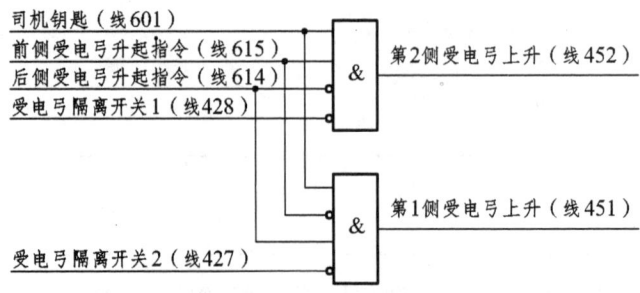

图 7.63 升弓控制梯形图

（2）真空断路器的控制

① 闭合控制。

真空断路器的闭合指令由 TCMS 来发出，其控制梯形图如图 7.64 所示。

真空断路器闭合的前提是：非库用状态；有网压或无网压下试验开关在试验位；主回路系统无接地故障。满足以上前提，在司控器手柄为零位时，将主断扳键置"合"位，TCMS 将发出真空断路器闭合指令；此外在通过分相区后，满足以上条件时，TCMS 也将发出真空断路器闭合指令。

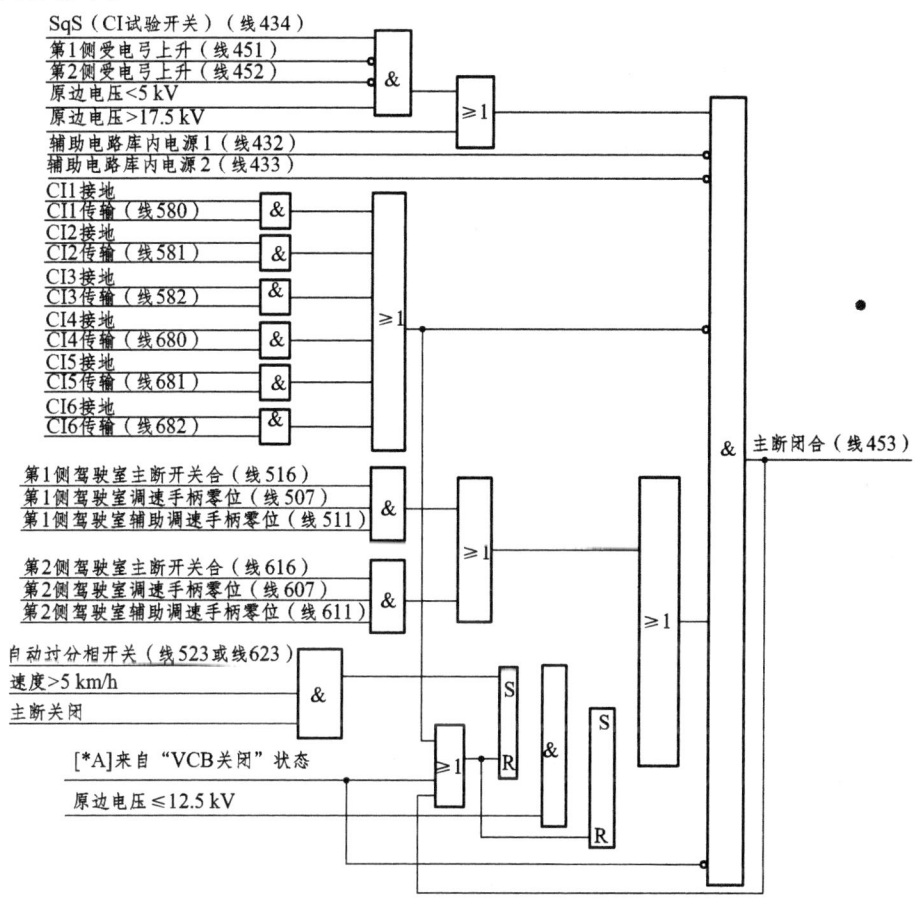

图 7.64 真空断路器闭合控制梯形图

② 断开控制。

真空断路器的断开控制梯形图如图 7.65 所示。

由梯形图可以看出，以下几种状况跳主断：将主断扳键置"断"位；闭合过分相按钮；机车实施紧急制动；辅库用开关置"库用"状态；欠压保护；牵引变流器系统出现故障；变压器油温太高；变压器压力释放阀动作；原边过流。

（3）机车撒砂的控制

TCMS 控制监视系统在以下条件下发出撒砂指令：操纵端司机室的撒砂开关被踩下；TCMS 监测到机车出现空转情况；TCMS 检测到机车空气制动逻辑控制单元发出撒砂指令。撒砂控制梯形图如图 7.66 所示。

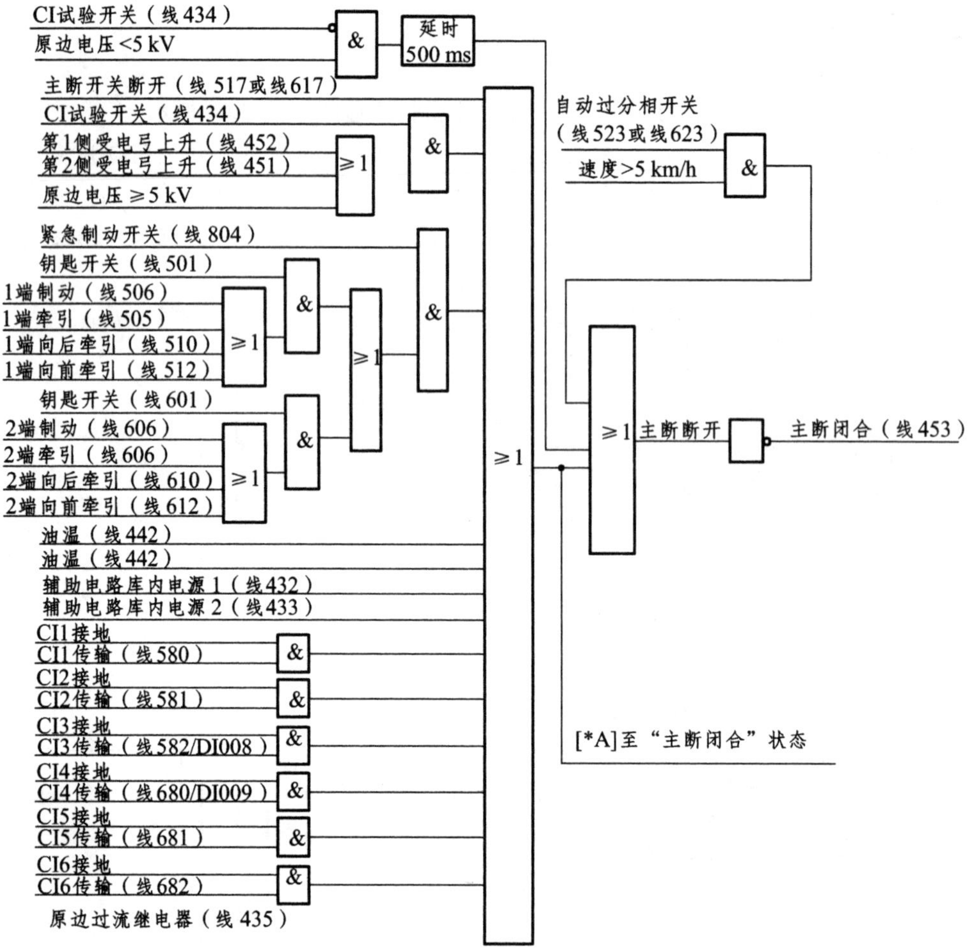

图 7.65 空断路器断开控制梯形图

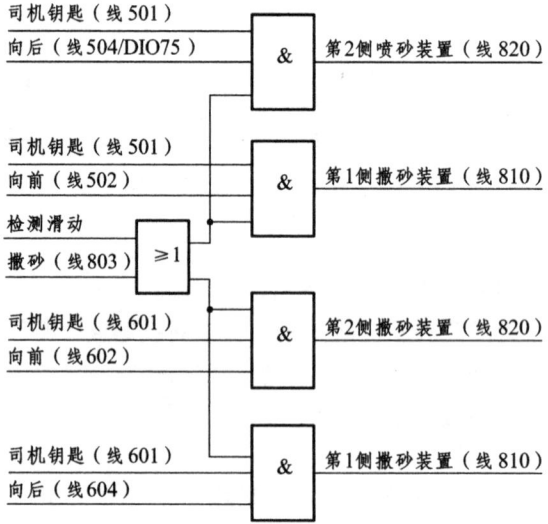

图 7.66 机车撒砂控制梯形图

（4）压缩机的控制

压缩机的控制指令梯形图如图 7.67 所示。

辅助变流系统投入工作后，当压缩机强泵指令给上或压缩机指令闭合同时总风缸压力开关闭合时，压缩机 1 和压缩机 2 先后启动。

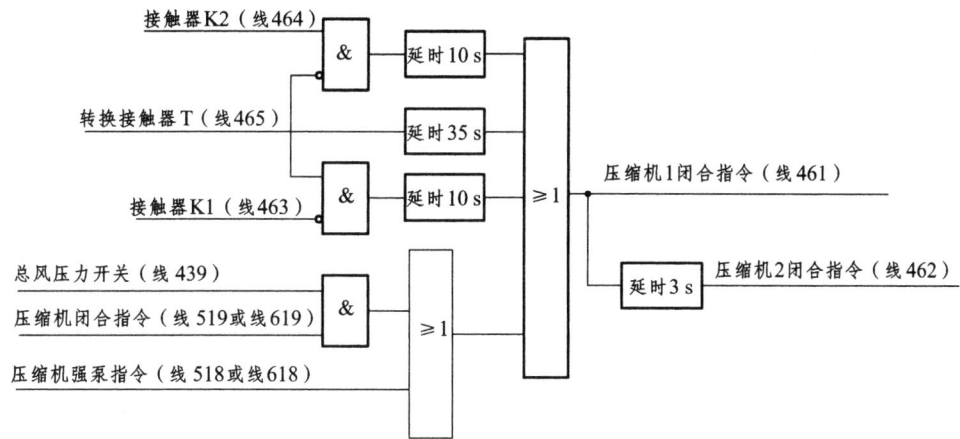

图 7.67　压缩机的控制梯形图

（5）机车辅助变流器的控制

辅助变流器的控制梯形图如图 7.68 所示。

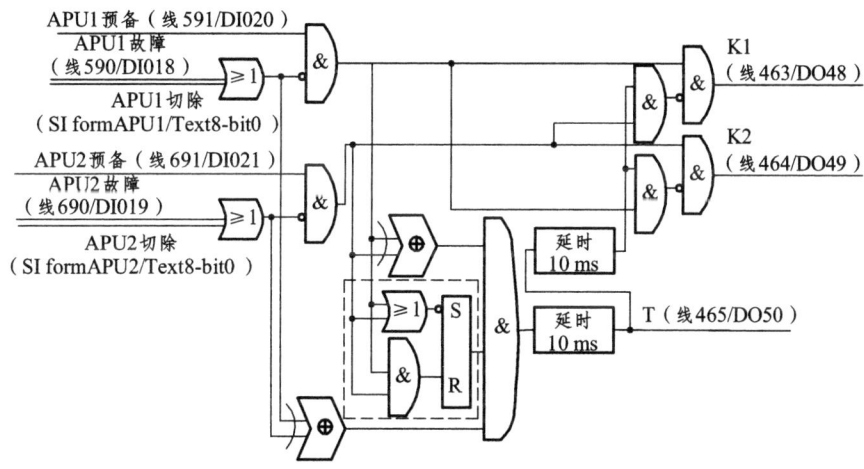

图 7.68　机车辅助变流器的控制梯形图

辅助变流器自检状态正常时，当主断路器闭合，TCMS 控制监视系统将控制辅助变流器 APU2 自动启动，其对应的负载接触器也提前自动闭合；当换向手柄离开零位时，TCMS 控制监视系统将控制辅助变流器 APU1 自动启动，其对应的负载接触器也提前自动闭合。

2. TCMS 的故障诊断与保护

机车控制监视系统 TCMS 和微机显示屏可以动态监视机车正常运行时的状态信息，如网压、原边电流、机车工况、级位、机车牵引力、机车速度，各类接触器、自动开关的状态，牵引变流器及辅助变流器的运行工况等，同时显示机车即时发生的故障信息，并将故障发生时的有关数据进行记忆存储。当有一组辅助变流器故障或一组微机系统MASTER故障时，TCMS可以自动切换，保证机车在故障状态下的正常运行。TCMS在机车出现故障时，以显示屏显示和报警灯指示两种方式通知操作人员，并自动完成相应的保护动作，如跳主断、使变流器禁止功率输出等，同时记录发生故障时的其他相关信息，为后期诊断提供有用且必要的信息，而且还可以通过便携式计算机将故障履历下载进行分析和保存。

8 高速磁悬浮列车控制系统

8.1 磁悬浮铁路发展概况

磁悬浮铁路是一种新型的交通运输系统，它利用异性相吸、同性相斥的电磁感应原理，以直线电动机驱动车辆，运行时车体悬浮或吸浮于导轨上面，并与之保持一定间隙。磁悬浮铁路所用的车辆通常称为磁悬浮列车。磁悬浮列车运行时，没有轮轨间的摩擦，不受黏着条件限制。传统轮轨系统与磁悬浮系统的驱动原理比较如图 8.1 所示。

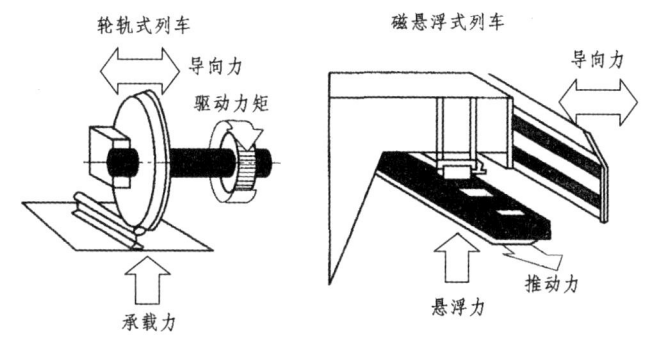

图 8.1 传统轮轨系统与磁悬浮系统的驱动原理比较

1922 年，德国人赫尔曼·肯佩尔（Hermann Kemper）提出了电磁悬浮原理，并在 1934 年获得了磁悬浮技术的发明专利。但随后的 30 多年时间里，磁悬浮技术没有明显进展。直到 20 世纪 60 年代，随着世界范围的经济高涨，解决环境与能源问题的迫切要求，各国开始致力于新的地面高速交通体系的研究开发。在世界范围内，高速轮轨系统铁路与磁悬浮系统铁路几乎在 20 世纪 60 年代初同时起步研究。当时有些人认为轮轨式铁路的极限速度大约在 270 km/h，要想超过这一速度必须采用不依赖轮轨接触黏着的新交通运输方式，这个观点也为磁悬浮列车的开发提供了市场动力。磁悬浮列车的优越性引起世界许多发达国家的重视，已投入这一研究和开发的有德国、日本、美国、英国、法国、加拿大、苏联、韩国及中国等。其中，德国和日本是研究磁悬浮列车时间最长、投放经费最多的国家，其技术水平处于世界前列。德国、日本通过几十年的努力，从理论到实践取得了不少经验，并成功地研制了各型试验车，建成了规模较大的磁悬浮系统试验线，目前正向磁悬浮系统工程实用化方向迈进。

德国是磁悬浮铁路研究起步最早的国家。1969 年，慕尼黑的克劳斯-马菲（KM）股份公司按肯佩尔的设计原则制造出了世界上第一台常导吸引型磁悬浮列车，被称为 TR-01。德国当时从事磁悬浮列车研究的有两大集团：一是由 KM，MBB，TH 三大公司组成，主要从事常导吸引型系统的研究；二是由 Simens，AEG，BBC 三大公司联合，主要从事超导排斥型系统的研究。经过对常导吸引、超导排斥以及多种牵引驱动装置广泛的对比试验和研究分析，这两个集团认为常导吸引型以及短定子直线异步电动机和长定子直线同步电动机在磁悬浮列车领域有发展前途，且最后确认为常导吸引型采用长定子直线同步电动机驱动的方式。继而两集团合二为一，组成了德国磁悬浮列车联合体。1979 年，世界上第一辆采用长定子直线同步电动机驱动的磁悬浮列车（TR-05），在汉堡国际交通运输展览会 900 m 长的示范线上展出，该车长 27 m，有 70 个座位的两节车，车速为 100 km/h。1980 年，德国政府决定在埃姆斯兰建造 31.5 km 的磁悬浮列车试验线。1989 年 12 月，在埃姆斯兰磁悬浮试验线上 TR-07 型列车试验速度达到 436 km/h，1993 年 6 月 10 日达到 450 km/h。1994 年，德国政府决定修建汉堡至柏林之间 292 km 长的磁悬浮列车线路。1997 年 4 月，在汉诺威博览会上德国展示出新一代 TR-08 型磁悬浮列车，由 5 节车厢组成，是用于柏林—汉堡线上的实用型车辆，设计时速 500 km/h。由于所需投资过高，资金又难以落实，最终德国政府于 2000 年 2 月宣布放弃了柏林—汉堡磁悬浮项目这一计划。最近，德国计划在慕尼黑机场与慕尼黑火车总站之间建设了一条磁悬浮铁路，这表明德国磁悬浮铁路建设计划在一度中断后又将重新启动。

在磁悬浮列车的研究方面，日本和德国是两大竞争对手。日本从 1962 年就开始研究磁悬浮高速铁路。1970 年，经论证后认为 400～500 km/h 的高速铁路系统采用超导排斥式磁悬浮列车是合适的，常导吸引式 10 mm 的空隙不能用于多地震的日本。1972 年，用 ML100 型试验车实现了 60 km/h 的悬浮运行。1977 年 4 月，建成长 7 km 的宫崎试验线，同年 7 月开始利用倒 T 形导轨和跨座式 ML500 型试验车进行无人驾驶的试验，1979 年 12 月，试验速度达到 517 km/h。从 1980 年起，为了载客需要而加宽了车体，导轨改为 U 字形结构，试验由空载转向载人运行，先后进行了 MLU001，MLU002，MLU00X1 和 MLU002N 试验车试验。1989 年为提高超导磁悬浮列车的实用化水平，日本决定在山梨县境川村至秋山村间修建一条新的试验线，全长 42.8 km，最小曲线半径 8 000 m，最大坡度 40‰，复线区间的最小线间距为 5.8 m。1997 年 12 月 24 日，在建成的山梨试验线第一段线路（18.4 km）上用 3 节车编组的新型 MLX01 型超导磁悬浮列车达到了 550 km/h 的最高速度目标，载客运行达到 531 km/h。1998 年初第二列 4 节车编组 MLX01 型投入试验，12 月两列车交会试验达到 966 km/h 的相对速度，车辆摇动很小。1999 年初开始了 5 辆车编组的试验，于同年 4 月 14 日在模拟满载工况下达到 552 km/h 的最高速度。2003 年，又进行了两列车的会让运行试验，会让速度为 1 003 km/h。2003 年 12 月 2 日，日本中央铁路公司（JCRJ）、铁道研究院（RTRI）和日本铁路技术研究院联合宣布磁悬浮列车在山梨线上试验速度达到 581 km/h。目前试验还在继续进行，主要围绕实用化的高速性能、输送能力、准时性及经济性能的目标积极进行工作，解决基本性能、可靠性、安全性、环境性与经济性 5 个方面的主要问题。此外，日本航空公司从 1974 年起，开始开发常导吸引式的磁悬浮列车 HSST（High Speed Surface Transport）体系，作为一种新型的联结机场的交通系统。1975 年，用直线电机驱动的磁悬浮车 HSST-01 研制成功，空载时速达 300 km/h 以上。1978 年开发了 HSST-02，并进行了载人运行试验，最高速度为 110 km/h，约有 3 000 人次试乘。1983 年又完成了 HSST-03，该车于 1985 年的筑波国际科技博览会上展出，它有 48 个座位，约有 61 万人次试乘。1987 年和 1988 年，分别制成了 HSST-04 和 HSST-05，由 8 台直线感应电动机驱动，可容纳 70 名乘客，并先后在埼玉国际博览会、横滨国际博览会期间展出。在 HSST-05 型基础上又开发了 HSST-100 型，自重 9.3 t，满载 15 t，并于 1993 年在日本名古屋港口附近修建了 1.5 km 的单线磁悬浮试验线路。在这条试验线上 HSST-100 型磁悬浮列车最高运行速度为 110 km/h。日本还在研制速度更高的 HSST-200 型（200 km/h）、HSST-300 型（300 km/h），但尚未达到实用化阶段。

美国于 20 世纪 60 年代初，由交通部主持成立了"全美高速地面运输系统研究中心"，组织了全美各研究机构、大学的研究力量，投入了大量的物力与财力，对各种高速地面运输方式进行了全面的研究，包括气浮列车、磁悬浮列车、高速轮轨系列车、独轨列车及高速管道子弹列车。除高速管道子弹列车外，各种运输模式均进行了原理试验研究及模型实物研究，最后结论是气浮、磁悬浮列车离实用化还有相当距离，独轨列车只适用于城市内低噪声交通，高速管道子弹列车综合了各种先进的高新技术，在 21 世纪必将有发展前景，要予以重视，而高速轮轨系列车具有现实意义。1975 年，美国停止了对各种高速地面运输模式研究的支持，并将已研究的实物模型在科里拉多州普书布洛试验中心附近展览，之后集中力量在普书布洛试验中心建设轮轨滚动试验台及轮轨振动试验台，并建成高速环行试验线及重载高运量小环线，以专门研究轮轨系铁路的高速化、重载化。进入 20 世纪 90 年代后，美国科技界、工业界对磁悬浮列车又表现出十分浓厚的兴趣。开始先投资 800 万美元在 4 个研究部门进行可行性论证，采用其中两个方案于 1993 年开始实施，并建造了试验场。有人认为在拉斯维加斯—洛杉矶走廊地带采用磁悬浮系统最为合适。但由于航空方面的激烈竞争，美国后来又撤销了这个项目。

英国于 20 世纪 60 年代末，在英国铁路协会（BR）支持下，开始研究磁悬浮铁路，其主要目的在于解决市内短程交通运输问题，力图发展一种大运量、低能耗、低噪声及高舒适性的市内交通系统。试验研究工作委托英国德比铁路研究中心进行。1974 年，英国在德比中心 100 m 长的试验线上进行首次低速短定子直线电机磁悬浮列车运行试验。试验车长 3.5 m，重 3 t，初步取得成功。1984 年，为了将新建的伯明翰机场与国际博览会展区及火车站联结起来，英国由德比中心负责建造一条长 620 m 的低速磁悬浮系统。采用电磁悬浮型直线电机驱动，速度最高 50 km/h，轨道高架 6 m，钢结构复线，无道岔，三辆磁悬浮车往复运行，每辆车有 6 个座位 26 个站位，车辆底架为铝焊接，车体为玻璃钢结构。这是世界上第一条投入运营的公共运输低速磁悬浮系统。运行时间为 1.5 min，输送能力为 2 600 人次/h。1996 年，由于磁悬浮车故障率太高，维修频繁，备件供应困难，再加上经济亏损，伯明翰磁悬浮系统关闭停运。

法国在 20 世纪 70 年代曾与德国联邦研究技术部合作，研究开发磁悬浮系统方案，采用电磁式悬浮和导向系统，U 形线性电机驱动，用于市郊运输和短途运输，最高速度可达 150 km/h。1983 年，还通过直线电机试验台对直线感应异步电机进行 300 km/h 高速电机试验。但最终在与轮轨系统进行试验分析比较后，还是认为轮轨系统更有竞争力，因而终止了磁悬浮和气浮运输的技术研究，转而集中力量开展 TGV 高速轮轨系统地面运输系统的开发。

加拿大有关磁悬浮研究开始于 1972 年，由金斯顿皇后大学负责进行，倾向于开发电动悬浮导向技术，并在 20 世纪 70 年代末详细进行了实验室理论与试验研究，取得较大进展，但后来却没有研制接近实用的样车和试验线路。

苏联从 1976 年开始从事电磁悬浮和永磁悬浮的理论与试验研究。20 世纪 80 年代，在莫斯科附近建造了一条长 600 m 的磁悬浮试验线，并建造一辆 18 t 重的磁悬浮样车，在其上进行双侧短定子线性电机驱动试验,速度 60 km/h,有 10 个座位。还计划从埃里温到阿博维扬至赛温修建 60 km 的营业线,采用 35 t 自重、载重 5 t 的磁悬浮车辆。随着苏联的解体,技术上尚有许多难点,也无经济实力进行攻关,不得不终止磁悬浮系统的进一步研究。

韩国开始磁悬浮研究较晚,直至 1988 年才开始进行低速常导电磁悬浮的研究。1994 年曾于大田科技展览会上展出过一辆磁悬浮样车及 500 m 长的试验线路,试验运行速度达 60 km/h,在此基础上,韩国还专门组织力量对首尔至釜山间的高速交通采用高速磁悬浮系统还是高速轮轨系铁路进行技术经济论证,最后决定引进法国 TGV 高速轮轨系铁路技术,从而终止了磁悬浮系统的应用开发研究。

我国在磁悬浮列车的研究和开发方面也取得了重大发展,并率先进入实用化阶段。20 世纪 80 年代初我国开始对磁悬浮技术进行跟踪研究。铁道科学研究院 1985 年完成了悬球试验等基础性研究,1987 年完成了中国科技馆的直传列车展示模型,此模型是利用直线电机、感应短定子直线电机来推动列车高速前进的。1992 年,国家正式将"磁悬浮列车关键技术研究"列入"八五"国家科技攻关计划,开展常导低速磁悬浮列车的研究,主要用于城市交通。该项目由铁道科学研究院主持,并由国防科技大学、西南交通大学、长春客车厂、中科院电工所等单位参与。1994 年、1995 年,西南交通大学和国防科技大学分别研制成功 4 t 和 6 t 载人磁悬浮列车,悬浮高度为 8 mm 和 10 mm,并先后实现了成功运行,从而为我国磁悬浮列车技术的进一步发展奠定了基础。2001 年 8 月 14 日,我国第一辆磁悬浮列车在长春客车厂成功下线,该车营运速度为 60 km/h,最高速度为 100 km/h。2001 年 2 月由西南交通大学主持,中科院电工所、西北有色金属研究院、北京有色金属研究总院参加的国家"863"计划课题"高速超导磁悬浮实验车"通过验收,该载人实验车命名为"世纪号",采用国产高温超导体块材,自行研制的车载薄底液氮低温容器可连续工作 6 h 以上,液氮工作温度为 77 K,车载 5 人,车悬浮质量为 530 kg,悬浮高度为 23 mm,加速度为 1 m/s^2,由直线电机推进,是世界上第 1 台高温超导磁悬浮载人实验车。课题组首次试验研究了 YBC0 高温超导体块材在永磁导轨上的磁悬浮性能,为高温超导磁悬浮研究奠定了良好的基础。2001 年 3 月,由我国引进德国西门子公司、蒂森高速列车公司、磁悬浮国际公司先进技术的上海磁悬浮快速列车项目正式开工建设。该项目西起地铁二号线龙阳路站,东至浦东国际机场,线路总长 31.17 km,设计时速和运行时速分别为 505 km 和 430 km,单向运行时间仅 7 min。2002 年 12 月 31 日,上海磁悬浮列车试运行成功。2003 年 11 月 12 日,用于商业运行的上海磁悬浮列车创下了 501 km/h 的世界纪录,该项纪录已列入"世界吉尼斯纪录"。2003 年 12 月 29 日,上海磁悬浮线开始了全天候运营。2004 年 4 月 13 日,上海磁悬浮通过合同验收和安全验收,开始正式运行。

8.2 磁悬浮系统分类

根据磁悬浮列车上采用的电磁铁种类,磁悬浮列车一般分两大类,一类为常导吸引型(Electro Magnetic Suspension),简称 EMS 型,也称电磁悬浮型;另一类为超导排斥型(Electro Dynamic Suspension),简称 EDS 型,也称电动悬浮型。

1. 常导吸引型

常导吸引型磁悬浮列车采用常导磁铁（即普通磁铁），导轨为导磁体，装在车上的常导磁铁励磁后产生磁力吸向导轨，使车辆悬浮，以气隙传感器控制悬浮间隙（悬浮高度为 10 mm 左右）。这种列车成本较低，但悬浮控制属于不稳定型。

根据驱动车辆所用的直线电机类型不同，常导吸引型磁悬浮列车还可分成两种：一种是采用长定子同步直线电机推进，定子设置在导轨上，其定子绕组可以在导轨上无限长地铺设，故称为"长定子"。此种列车一般采用导轨驱动技术，列车的运行速度和运行工况由地面控制中心直接控制。其效率较高，速度也较高，主要用于高速运行，速度可达 400～500 km/h，这种列车的典型代表是德国的 TR 系列磁悬浮列车。另一种采用短定子感应直线电机推进，定子设置在车辆上，由于其长度受列车长度的限制，故称为"短定子"。此种列车一般采用列车驱动技术，列车的运行速度和运行工况由司机直接控制。其效率较低，速度也低，主要适用于中低速运行，速度一般为 50～100 km/h，典型代表是日本 HSST 系列磁悬浮列车。

2. 超导排斥型

超导排斥型磁悬浮列车利用磁极同性相斥、异性相吸的原理，使车辆在轨道上浮起，由于采用了超导磁铁，磁场特别强，因此车辆悬浮高度也较高，可达 100 mm 左右。推进装置也是采用长定子同步直线电机。这种列车成本较高，但悬浮控制属于稳定型。这种类型的磁悬浮列车运行速度较高，可达 500～600 km/h。

根据所采用的超导材料不同，超导排斥型磁悬浮又可分为低温超导磁悬浮及高温超导磁悬浮两种类型，低温超导磁悬浮采用 -269 ℃ 液氦冷却。这种列车的典型代表为日本 MLX 型低温超导磁悬浮列车，其试验速度已达到 581 km/h。高温超导磁悬浮采用 -192 ℃ 液氮冷却。这是一种更有广阔应用前景的超导方式，目前尚处于实验室实验阶段。这种列车的典型代表为中国的"世纪号"高温超导磁悬浮实验车。

磁悬浮铁路按导轨结构形式可划分为多种形式。常用的有"T"形、"⊥"形、"U"形和"—"形导轨。

（1）"T"形导轨

该种导轨梁的横断面为"T"形。直线电机的驱动绕组及悬浮绕组均安装在导轨梁两侧翼的下方，导向绕组安装在两侧翼的外端，导轨梁直接安装在桥墩上。德国 TR 系列和日本中低速 HSST 系列磁悬浮系统采用这种导轨结构形式。由于这种磁悬浮列车"抱"着导轨运行，故遇突发事故时的安全性较好，并且线路设计中的最小曲线半径也可以更小一些。但它对轨道梁的加工精度和列车的悬浮及导向的控制要求很高。

（2）"⊥"形导轨

这种导轨结构类似于城市轨道交通中的跨座式独轨交通。日本在早期磁悬浮试验线上曾经采用过这种结构形式。由于这种导轨的凸出部分侵占车辆的底部空间，影响车厢的载客率，所以目前一般不再采用这种导轨结构形式。

（3）"U"形导轨

这种导轨梁的横断面为"U"形，列车在"U"形槽中运行。地面的驱动、悬浮及导向绕组均安装在"U"形槽的内侧壁。这种导轨梁可以采用高架结构架设在桥墩上,也可以采用无砟轨道形式铺设在路基上。与"T"形导轨的要求相比,"U"形轨道梁的加工精度及对列车的悬浮控制、导向控制的要求较低,但对最小曲线半径的要求更高一些(即要求最小曲线半径更大一些)。日本的 MLX 型磁悬浮列车目前采用这种导轨结构形式(见图 8.2)。

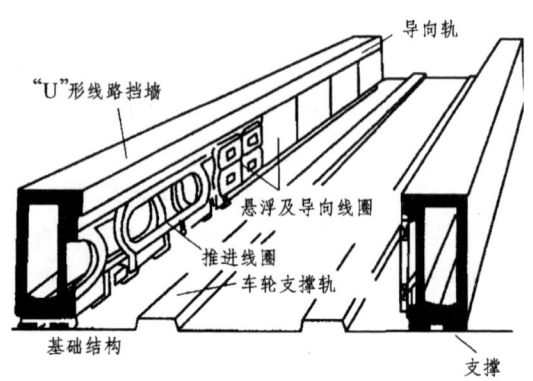

图 8.2 "U"形线路结构图

(4)"一"形导轨

这种导轨梁的横断面为"一"形,地面绕组均安装在导轨梁的正上方,车辆绕组均安装在车辆的正下方,列车在导轨梁上方运行。这种导轨梁一般架设在桥墩上,采用高架结构,特点是结构简单,但导向功能稍差一些,因此主要适用于中低速磁悬浮。我国西南交通大学研制的"世纪号"高温超导磁悬浮实验车就采用这种导轨结构形式。

8.3 磁悬浮列车工作原理

近年来,作为最有实用价值的非黏着驱动方式,直线牵引电动机在轨道交通车辆中的应用越来越受到各国的重视。

直线电机无旋转部件,呈扁平形,可降低车辆高度,从而缩小地铁隧洞直径,降低工程成本。直线电机运行不受黏着限制,可得到较高的加速度和减速度,噪声较小,这都是适合城市轨道交通车辆应用的突出优点。

8.3.1 直线电机的基本结构与工作原理

1. 基本结构

如图 8.3(a)和(b)所示分别为一台旋转电机和一台直线电机的基本结构。直线电机可以认为是旋转电机在结构方面的一种演变,它可看作是将一台旋转电机沿径向剖开,然后将电机的圆周展成直线,如图 8.4 所示。这样就得到了由旋转电机演变而来的最原始的直线电机。由定子演变而来的一侧称为初级,由转子演变而来的一侧称为次级。

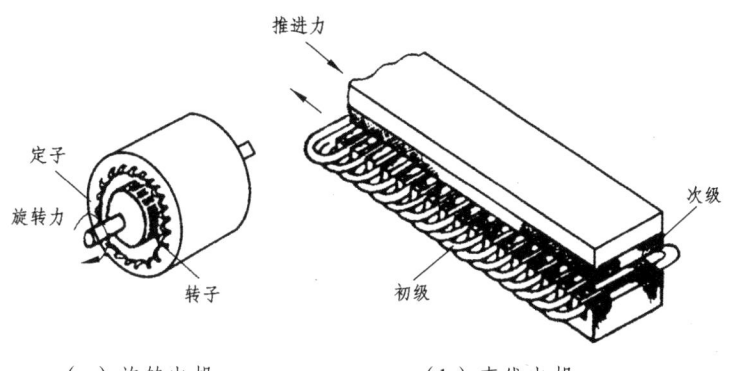

(a)旋转电机　　　　　　（b）直线电机

图 8.3　旋转电机和直线电机示意图

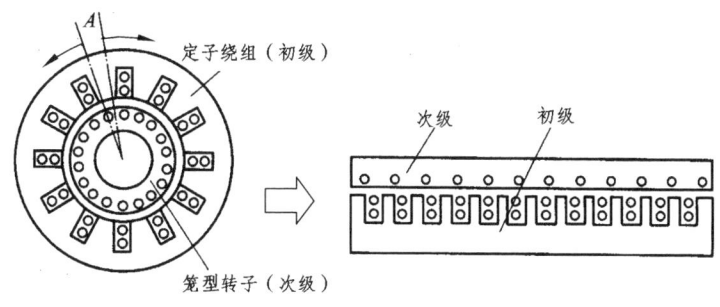

(a)沿径向剖开　　　　　　（b）把圆周展成直线

图 8.4　旋转电机演变为直线电机的过程

图 8.4 中演变而来的直线电机，其初级和次级长度是相等的。由于在运行时初级与次级之间要做相对运动，如果在运动开始时初级与次级正巧对齐，那么在运动中，初级与次级之间互相磁耦合的部分越来越少，而不能正常运动。为了保证在所需的行程范围内初级与次级之间的磁耦合能保持不变，在实际应用时，是将初级与次级制造成不同的长度。在制造直线电机时，既可以是初级短、次级长，也可以是初级长、次级短。前者称为短初级长次级，后者称为长初级短次级。但是由于短初级在制造成本、运行的费用上均比短次级低得多，因此，目前除特殊场合外，一般均采用短初级长次级，如图 8.5 所示。

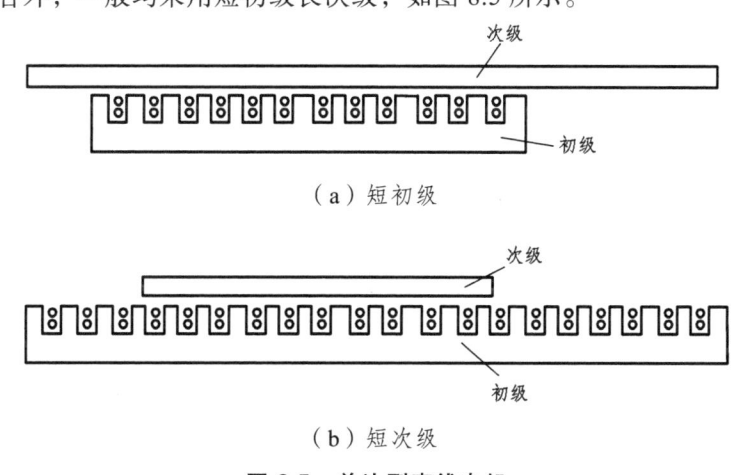

(a)短初级

(b)短次级

图 8.5　单边型直线电机

如图 8.5 所示的直线电机中仅在一边安放初级，对于这样的结构型式称为单边型直线电机。这种结构的电机最大特点是在初级与次级之间存在着一个很大的法向吸力，这个法向吸力，在钢次级时约为推力的 10 倍，在大多数的场合下，是不希望这种法向吸力存在的。如果在次级的两边都装上初级，那么这个法向吸力可以相互抵消，这种结构型式称为双边型直线电机，如图 8.6 所示。

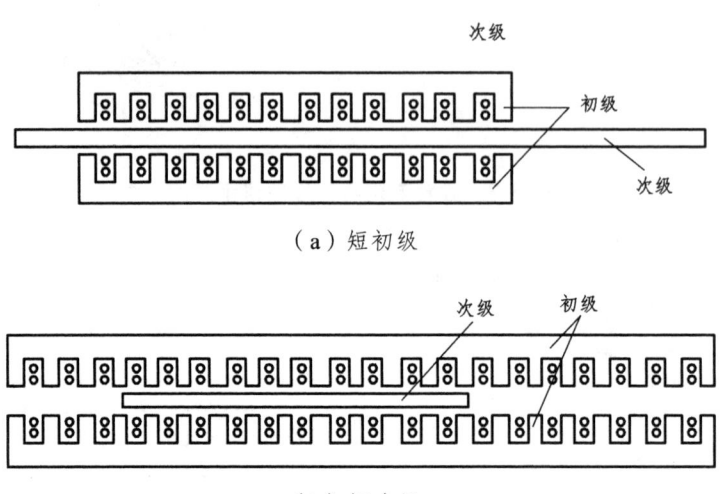

（a）短初级

（b）短次级

图 8.6 双边型直线电机

上述介绍的直线电机称为扁平型直线电机，是目前应用最广泛的。除了上述扁平型直线电机的结构型式外，直线电机还可以做成圆筒型（也称管型）结构，它也可以看作是由旋转电机演变过来的，其演变的过程如图 8.7 所示。

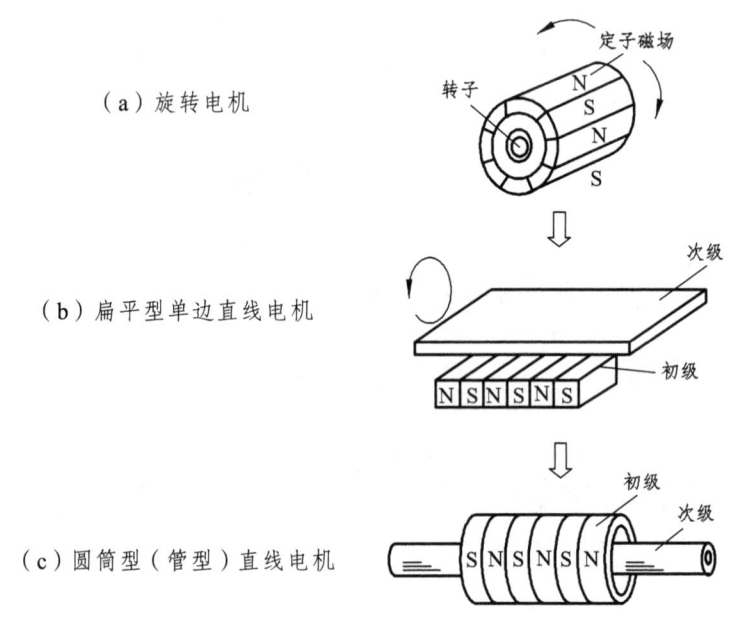

图 8.7 旋转电机演变为圆筒型直线电机的过程

图 8.7（a）表示一台旋转电机以及由定子绕组所构成的磁场极性分布情况；图 8.7（b）表示转变为扁平型直线电机后，初级绕组所构成的磁场极性分布情况；然后将扁平型直线电机沿着和直线运动相垂直的方向卷接成筒形，这样就构成如图 8.7（c）所示的圆筒型直线电机。

2. 工作原理

直线电机不仅在结构上相当于是从旋转电机演变而来的，而且其工作原理也与旋转电机相似，遵循电机学的一些基本原理。下面将以直线感应电动机为例，从旋转电机的基本工作原理出发，引申出直线电机的基本工作原理。

（1）旋转电机的基本工作原理

一台简单的两极感应旋转电机如图 8.8 所示。图中线圈 AX，BY，CZ 为定子 A，B，C 三相绕组。当在其中通入三相对称正弦电流后，便在气隙中产生了一个磁场，这个磁场可看成沿气隙圆周呈正弦分布。

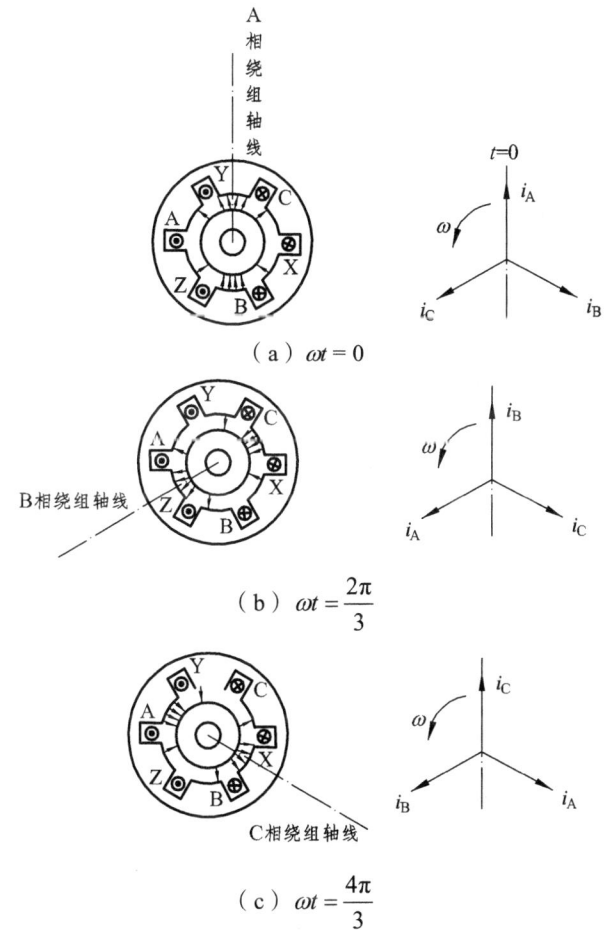

图 8.8 旋转电机的旋转磁场

当 A 相电流达到最大值时，B 和 C 相电流都为负的最大值的 1/2，这时磁场波幅处于 A 相绕组轴线上，如图 8.8（a）所示。经过 $t = \dfrac{2\pi}{3\omega}$ 时间后（其中 ω 为电流的角频率），B 相电流达到最大值,这时 C 和 A 相电流都为负的最大值的 1/2,而磁场波幅转到 B 相绕组轴线上,如图 8.8(b)所示。经过 $t = \dfrac{4\pi}{3\omega}$ 时间后,C 相电流达到最大值时,A 和 B 相电流为负的最大值的 1/2,磁场波幅又转到 C 相绕组轴线上,如图 8.8(c)所示。由此可见,电流随时间变化,磁场波幅就按 A,B,C 相序沿圆周旋转。电流变化一个周期,磁场转过一对极。这种磁场称为旋转磁场,它的旋转速度称为同步转速,用 n_s(r/min)表示,它与电流的频率 f(Hz)成正比,而与电机的极对数 P 成反比,可表示为

$$n_s = \frac{60f}{p} \tag{8.1}$$

如果用 v_s(m/s)在定子内圆表面上磁场运动的线速度,则有

$$v_s = \frac{n_s}{60} 2p\tau = 2f\tau \tag{8.2}$$

式中　τ——极距,m。

通过图 8.9 可说明旋转磁场对转子的作用。为了简单起见,图中笼型转子只画出了两根导条。当气隙中旋转磁场以同步速度 n_s 旋转时,该磁场就会切割转子导条,而在其中感应出电动势。电动势的方向应按右手定则确定,如图 8.9 中转子导条上所示。由于转子导条是通过端环短接的,因此在感应电动势的作用下,便在转子导条中产生电流。当不考虑电动势和电流的相位差时,电流的方向即为电动势的方向,这个转子电流与气隙磁场相互作用便产生切向电磁力 F,电磁力的方向应按左手定则确定。由于转子是个圆柱体,故转子上每根导条的切向电磁力乘上转子半径,全部加起来即为促使转子旋转的电磁转矩。由此可以看出,转子旋转的方向与旋转磁场的转向是一致的。转子的转速用 n 表示。在电动机运行状态下,转子转速 n 总要比同步转速 n_s 低一些,因为一旦 $n = n_s$,转子就和旋转磁场相对静止,转子导条不切割磁场,于是感应电动势为零,不能产生电流和电磁转矩。转子转速 n 与同步转速 n_s 的差值经常用转差率 s 来表示,即

$$\left. \begin{array}{l} s = \dfrac{n_s - n}{n_s} \\ n_s - n = sn_s \\ n = (1-s)n_s \end{array} \right\} \tag{8.3}$$

以上就是一般旋转电机的基本工作原理。

(2)直线电机的基本工作原理

将图 8.9 所示的旋转感应电机在顶上沿径向剖开并将圆周拉直,便构成了如图 8.10 所示的直线感应电机。在这台直线感应电机的三相绕组中通入三相对称正弦电流后,也会产生气隙磁场。当不考虑由于铁芯两端开断而引起的纵向边端效应时,这个气隙磁场的分布情况与旋转电机的相似,即可看成沿展开的直线方向呈正弦形分布。当三相电流随时间变化时,气隙磁场将按 ABC 相

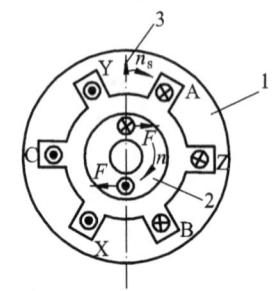

图 8.9　旋转感应电机的基本工作原理

1—定子;2—转子;3—磁场方向

序排列方向沿直线移动。这个原理与旋转电机的相似,两者的差异是:这个直线感应电机的磁场是平移的,而不是旋转的,因此称为行波磁场。显然,行波磁场的移动速度与旋转磁场在定子内圆表面上的线速度是一样的,即为 v_s(m/s),称为同步速度,且

$$v_s = 2\tau f \tag{8.4}$$

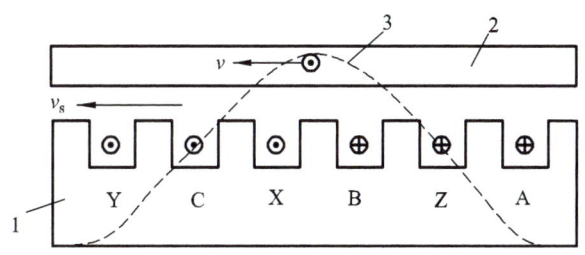

图 8.10 直线感应电机的基本工作原理
1—初级;2—次级;3—行波磁场

再来看行波磁场对次级的作用。假定次级为栅形次级,在图 8.10 中仅画出其中的一根导条。次级导条在行波磁场切割下,将感应电动势并产生电流。而所有导条的电流和气隙磁场相互作用便产生电磁推力。在这个电磁推力的作用下,如果初级是固定不动的,那么次级就顺着行波磁场运动的方向做直线运动。若次级移动的速度用 v 表示,转差率用 s 表示,则有

$$\left.\begin{array}{l} s = \dfrac{v_s - v}{v_s} \\ v_s - v = sv_s \\ v = (1-s)v_s \end{array}\right\} \tag{8.5}$$

在电动机运行状态下,s 一般为 0~1。

上述就是直线感应电机的基本工作原理。

应该指出,直线感应电机的次级大多采用整块金属板或复合金属板,并不存在明显的导条。但在分析时,不妨把整块看成是无限多的导条并列安置,这样仍可以应用上述原理进行讨论。在图 8.11 中,分别画出了假想导条中的感应电流及金属板内电流的分布,图中 l_δ 为初级铁芯的叠片厚度,C 为次级在如长度方向伸出初级铁芯的宽度,它用来作为次级感应电流的端部通路,C 的大小将影响次级的电阻。而旋转感应电机通过对换任意两相的电源线,可以实现反向旋转。这是因为二相绕组的相序对换后,旋转磁场的转向也随之反了,使转子转向跟着反过来。同样,直线电机对换任意两相的电源线后,运动方向也会反过来。根据这一原理,可使直线电机做往复直线运动。

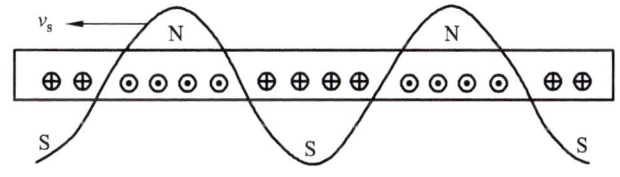

(a)假想导条中的感应电流

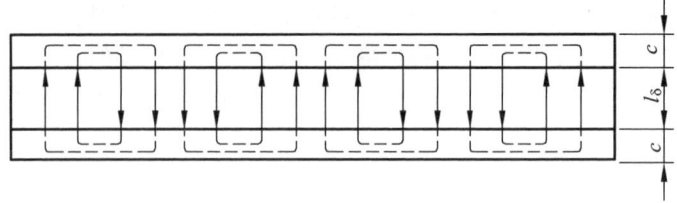

（b）金属板内电流分布

图 8.11　次级导体板中的电流

8.3.2　长定子同步直线电机推进的常导吸引型

德国长定子同步直线电机推进的常导吸引型磁悬浮列车与路轨的相互作用如图 8.12 所示。

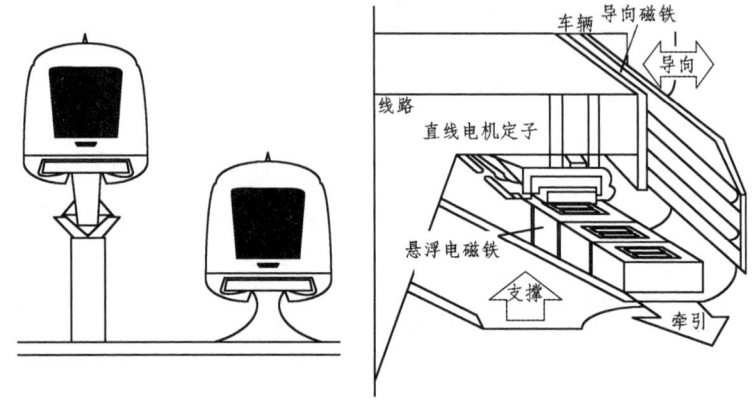

图 8.12　TR 系列常导吸引型磁悬浮列车与路轨的相互作用示意图

1. 悬浮原理

T 形梁翼底部为同步直线电机的定子，其下方为安装在车体上的悬浮电磁铁，该电磁铁同时兼作同步直线电机的转子。悬浮电磁铁通电时产生磁场，成为电磁铁，与直线电机定子的铁芯产生吸引力，把磁悬浮车往上拉向定子。利用距离传感器控制悬浮电磁铁与定子的距离（即悬浮气隙），保持在 10 mm 左右。

2. 导向原理

TR 磁悬浮列车的车体从两侧将 T 形轨道梁的翼缘围抱，T 形梁翼缘两侧面为导向轨，安装在车体上的导向电磁铁通电后将与之产生吸引力。通过测量两侧导向电磁铁与导向轨之间的距离，并调节导向电磁铁的电流，就可以控制列车位于道路中间。即使列车在路面倾斜的曲线路段停车，该导向力仍可保持列车不与导向轨接触。

3. 牵引原理

磁悬浮列车的驱动靠长定子同步直线电机实现。这个无接触的牵引工作原理类似于转动的同步电动机，只是将转动的电机的定子切开，并且沿着线路方向展开。这样，在定子上产生的就不再是一个旋转的行波磁场,而是一个移动的行波磁场。列车的悬浮电磁铁通电后,就成为电动机的转子(励磁磁极)。路轨上的定子中三相绕组产生的移动行波磁场,作用于车上的悬浮磁铁(转子),产生了同步的电磁牵引力,引导磁悬浮列车前进或后退。同步直线电机驱动示意图如图 8.13 所示。调节定子供电的频率与电压,即可改变磁悬浮列车的运行速度。

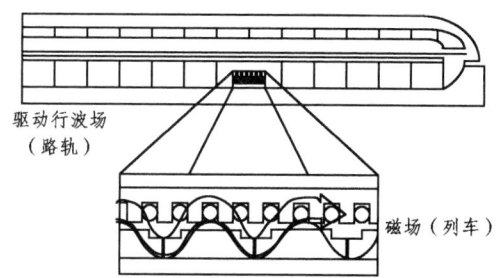

图 8.13　同步直线电机驱动原理图

4. 车上非接触供电的原理

TR 磁悬浮列车运行时与轨道完全无接触,其导向电磁铁和悬浮电磁铁的供电,以及车载控制、照明、空调等用电,均来自车载电源(镍镉可充电电池组和整流设备)和直线发电机。车载电源的充电,在列车运行时也靠直线发电机,停站时靠车站的供电轨(列车到站后受流器与供电轨接触供电)。直线发电机是将三相绕组固定放在悬浮磁铁上。当列车运行时,由于速度的变化以及定子槽电压的作用,装在悬浮磁铁上的三相绕组将产生感应的交流电,如图 8.14 所示,经整流后供车上用电。这些高频磁场分量因列车运行时惰性较大,对列车悬浮控制影响不大。

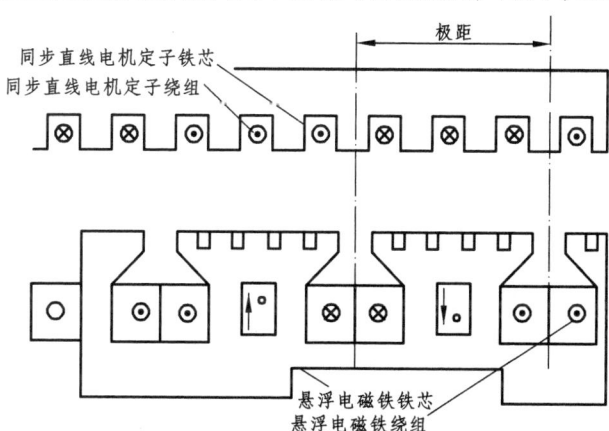

图 8.14　直线发电机结构示意图

5. 同步直线电机定子的供电原理

如前所述,TR 磁悬浮列车的动力和其他用电全部从同步直线电机定子获取。定子分段铺设于线路上,每段的长度不等,视列车的长度和在该段的运行速度、加速度、爬坡、转弯等情况而定,一般为 300~2 000 m。定子线圈供电来自沿线的变电站,一般变电站相隔距离 25~40 km。两个变电站之间一般只允许有一辆列车运行,而且仅对列车所在的那一段定子供电,其他段则无电。

由于定子安装在线路上,因而可以根据该段线路的具体情况(如爬坡或加速),确定该段直线电机的功率,再确定为这段线路供电的变电站的功率与距离,而无需像轮轨列车那样按整个线路可能出现的最大功率需求来确定列车上的电机功率。直线同步电机的控制,采用VVVF变压变频调速方式。

6. 制动原理

常导磁悬浮列车的正常制动方式均利用同步直线电机作为发电机进行控制。当列车高速运行时,采用再生制动方式,即直线电机的工作方式由牵引改为发电,将列车的动能转化为电能回馈给电网,以降低列车速度。当列车速度较低时,再生制动改为电阻制动,即电能不再反馈给电网,而是消耗在变电站的特殊电阻上以热的形式散发。当列车的速度很低时,直线电机改为反接制动,即电机的牵引方向与列车的运行方向相反,直到列车停止。当长定子供电产生故障导致直线电机制动失灵或需要紧急制动时,采用涡流制动方式。即车上的涡流制动磁铁励磁,使侧向导轨上产生涡流,形成对列车的涡流制动力。

7. 列车控制及信号传输

传统的轮轨列车依靠轮轴短路两根钢轨上传输的电信号来确定列车的位置。磁悬浮列车无轮轨系统,不能采用这种方式。TR磁悬浮列车的定位,由两部分构成。在线路上定子下方每隔大约500 m设置有电磁性地址标志板,列车经过时,即读取标志板上的绝对地址。标志板之间的定位靠记录经过的定子齿槽数而获得,定子齿槽间距为8.6 cm。因此TR磁悬浮列车的定位精度较高。

磁悬浮列车与地面的联系以无线通信方式进行。沿线路每隔大约300 m(视线路具体情况而定)有一根无线电杆(见图8.15),通过38 MHz的高频专用信道以安全编码方式与列车进行双向通信,传输所有与安全有关的数据及指令。与安全无关的信号(如语音)通过其他频道传输。

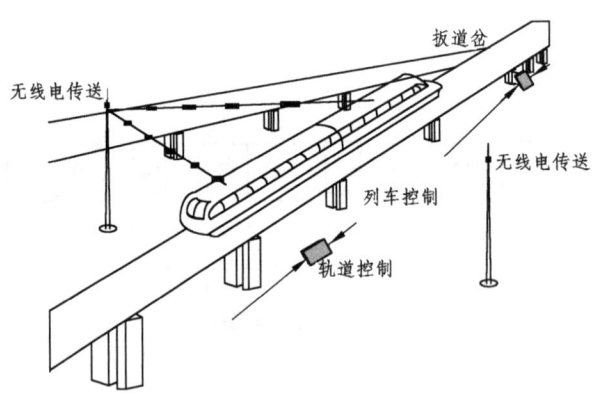

图 8.15 常导磁悬浮列车的通信示意图

TR磁悬浮列车的自动控制系统由三级构成:第一级为中央控制中心;第二级为分区控制中心(设在变电站);第三级为列车控制系统。每一级都由高可靠独立冗余(三取二)安全计算机系统构成,其中列车两端各有一套独立的计算机系统。正常情况下由一套计算机系统工作,另一套热机备用。一旦工作系统出现异常,备用系统立即自动投入工作,并实现列车安全停车。

8.3.3 短定子感应直线电机推进的常导吸引型

日本的短定子感应直线电机驱动的常导吸引型磁悬浮列车以 HSST-100 型为其典型代表。磁悬浮列车与磁悬浮路轨的相互作用如图 8.16 所示。

1. 悬浮与导向原理

如图 8.17 所示,HSST-100 型短定子常导吸引型磁悬浮列车采用了悬浮电磁铁与导向电磁铁合一的方法。既能保持垂直方向车体与轨面下端悬浮间隔距离,又能保持车体与轨道侧面的间隙。

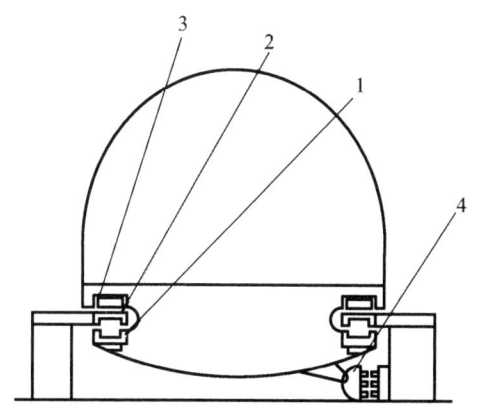

图 8.16 HSST-100 型短定子常导吸引型磁悬浮列车与路轨相互作用示意图

1—车上悬浮及导向电磁铁;2—路轨上导向轨及直线转子板;
3—车上直线电机短定子绕组;4—车上发电系统

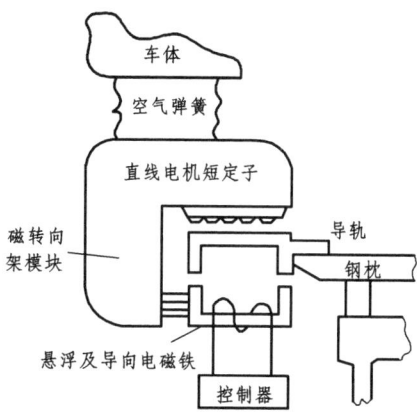

图 8.17 HSST-100 型磁悬浮列车悬浮与导向原理图

2. 牵引原理

与 TR 系列长定子直线电机驱动方式不同,HSST-100 型短定子直线电机驱动是将定子绕组固定在车辆上而转子展开铺置于路轨上。当在定子绕组中输入相移动行波磁场后,轨面上的转子被感应产生磁场,由此产生电磁牵引力,引导磁悬浮列车前进或后退,所采用的是交流异步电机的原理。为此,向直线电机定子供电的整套电源装置应放置在车辆上。这是与长定子同步直线电机常导型磁悬浮列车最大的不同点。如图 8.18 所示为短定子感应直线电机车辆上的定子电磁绕组及车下路轨上的转子轨板相互作用图。

3. 车上非接触供电原理

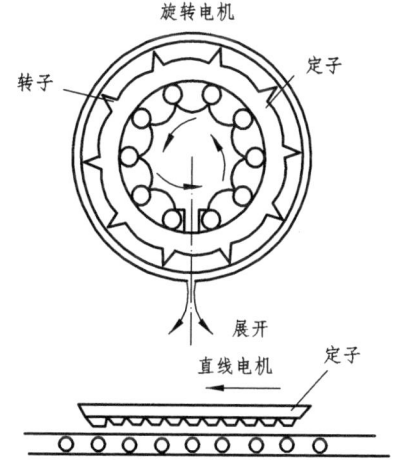

图 8.18 短定子直线电机的定子与转子

如图 8.16 所示,在 HSST 系列短定子直线电机驱动的磁悬浮车上,专门设置了一套非接触式直线发电系统,其原理与 TR 系列完全相同。所发出的电源通过逆变器供给直线电机定子绕组、悬浮导向电磁铁励磁、车内控制、照明、空调、蓄电池充电等。

4. 制动原理

制动原理与 TR 系列磁悬浮列车基本相同。

由于 HSST 系列磁悬浮列车采用短定子感应直线电机驱动，在定子两端由于漏磁等原因，直线电机的功率因数较低，效率也较低，加上悬浮、导向的电磁铁合一使用，速度太高时控制上会产生问题。因此，该型磁悬浮列车只能用于中、低速的城市交通运输，最高运行速度不超过 300 km/h。

8.3.4 长定子同步直线电机推进的低温超导排斥型

日本的长定子低温超导排斥型磁悬浮列车以 MLX01 型为其典型代表，磁悬浮列车与路轨的相互作用如图 8.19 所示。

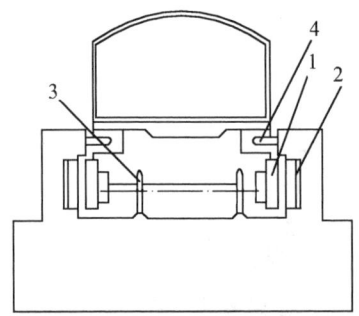

图 8.19 MLX01 低温超导排斥型磁悬浮列车与路轨相互作用示意图

1—车上的悬浮导向及直线电机转子功能合一的超导电磁铁；2—路轨上的长定子绕组和悬浮、导向 8 字形绕组；3—辅助支撑车轮；4—横向支撑车轮

1. 悬浮原理

如图 8.20 所示，8 字形的悬浮短路绕组固定在路轨侧壁上，当车上的超导磁铁以一定速度通过时，如果它的位置偏低于侧壁绕组的中心线若干厘米，由于 8 字形上下绕组间交链磁通产生了不均衡，则在侧壁悬浮绕组里立即产生感应电流，同时产生电磁场。结果使车上的超导磁铁同时受到 8 字形绕组上部的吸引力及 8 字形绕组下部的排斥力，使磁悬浮车辆悬浮

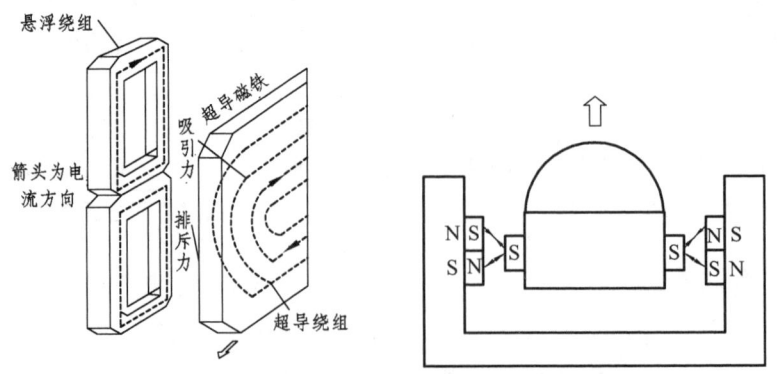

图 8.20 超导排斥型磁悬浮列车悬浮原理图

起来。与常导吸引型不同之处是超导排斥型必须先使列车运动到一定速度（150 km/h 以上），才能使 8 字形悬浮绕组中产生足够大的感应电流及感应磁场，由此产生悬浮效应。所以，超导排斥型磁悬浮车上必须有辅助车轮支撑，并在车上安装有蓄电池组、发动机或其他车载电源，用于启动列车并达到一定的速度后，产生足够稳定的磁悬浮作用。

2. 导向原理

如图 8.21 所示，路轨两侧侧壁上的 8 字形悬浮绕组通过路轨下面相连，构成一个回路。在磁悬浮车辆运行中，如果超导磁铁横向位置发生了偏移，使车辆偏离中心位置时，左右两绕组的交链磁通将不一样，则在回路中立即产生感应电流，在 8 字形绕组上产生电磁场，使靠近磁悬浮车辆一侧的绕组产生一个排斥力，而远离磁悬浮车辆一侧的绕组产生一个吸引力。这样，运行中的磁悬浮车辆总是处于路轨两导向轨的中间位置。

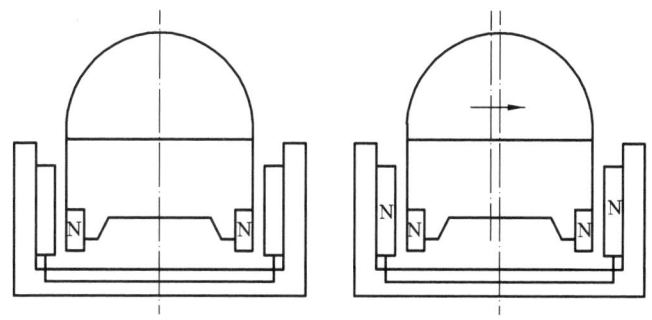

图 8.21 超导排斥型磁悬浮列车导向原理图

3. 牵引原理

超导排斥型磁悬浮列车的牵引原理与常导吸引型 TR 磁悬浮车相同，都是采用长定子同步直线电机实现牵引功能，如图 8.22 所示。长定子三相绕组布置在路轨的两侧壁上，并由变

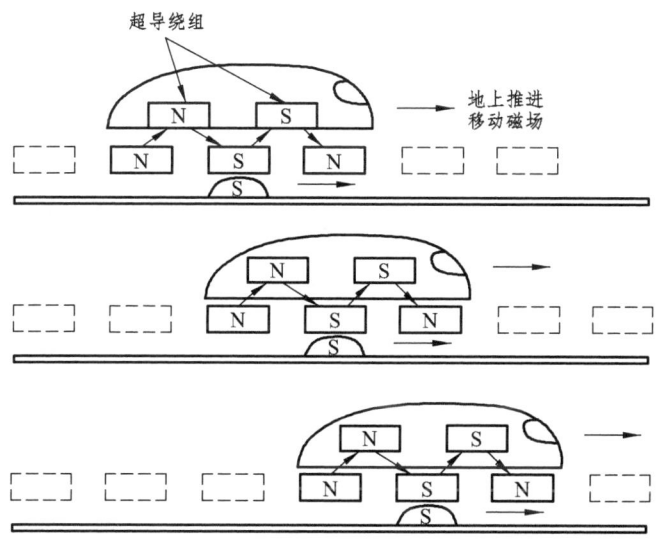

图 8.22 超导排斥型磁悬浮列车牵引原理图

电站输入变频变压的三相交流电，由此产生一个移动的行波磁场。而车上的超导电磁铁励磁后成为直线电机的励磁绕组（转子）。在长定子行波磁场作用下产生了同步的电磁牵引力，引导磁悬浮列车前进或后退。调节长定子供电电流的频率与电压，即可改变磁悬浮列车的牵引力，从而改变其运行速度。

4. 制动原理

超导排斥型磁悬浮列车在高速运行速度下进行制动时，也采用再生制动方式，即同步直线电机的工作方式由牵引改为发电，将列车动能转化为电能，反馈回电网并降低列车速度。当电网发生故障时，可采用电阻制动，将列车动能在牵引变电站的电阻上变成热能消耗掉。也可以采用绕组短路制动，即将许多路轨侧面的绕组相互连接起来短路，以产生电磁阻力消耗列车能量。

另外，对于超导排斥型磁悬浮列车还有其他制动方式。如采用轮盘式制动作为保证列车安全可靠停车的机械制动方式，也可采用闸靴与导轨的摩擦制动方式及空气动力制动（张开空气阻力板）方式。这些方式是常导吸引型 TR 系列磁悬浮列车尚未采用的。

至于超导排斥型的车上非接触式供电原理、同步直线电机长定子供电原理、列车控制及信号传输原理均与常导吸引型基本相同。

8.3.5 常导吸引型（EMS）与超导排斥型（EDS）的比较

综上所述，常导吸引型（EMS）与超导排斥型（EDS）的技术特性比较如表 8.1 所示。

表 8.1 常导吸引型与超导排斥型的技术特性比较

项 目	常导吸引型	超导排斥型
悬浮高度及控制稳定性	10 mm 左右，控制不稳定	100 mm 以上，控制稳定
悬浮消耗	能耗较小	基于超导流效应，能耗较大
推 力	励磁绕组极距小相同供电条件下高速时推力小	由于超导极距大，在高速时推力大
外部停电影响	外部停电时，必须靠蓄电池励磁悬浮，否则车辆会突然落下来	只要车辆有速度，外部停电时，车辆不会突然落下来
低速时运行	不用车轮支撑系统	必须有车轮系统，启动和制动
车载励磁电源	必须具备	不必具备
车辆自重	较重	超导绕组是空心的较轻
强磁场影响	弱	强
成 本	较高	高

参考文献

[1] 陈伯时. 电力牵引交流传动与控制[M]. 北京：机械工业出版社，2009.
[2] 连级三. 电力牵引控制系统[M]. 北京：中国铁道出版社，1994.
[3] 王书林，王茜. 电力牵引控制系统[M]. 北京：中国电力出版社，2005.
[4] 徐安. 城市轨道交通电力牵引[M]. 北京：中国铁道出版社，2000.
[5] 连级三. 电传动机车概论[M]. 成都：西南交通大学出版社，2001.
[6] 黄立培. 电动机控制[M]. 北京：清华大学出版社，2003.
[7] 孙中央. 列车牵引计算实用教程[M]. 北京：中国铁道出版社，2005.
[8] 彭其渊，石红国，魏德勇. 城市轨道交通列车牵引计算[M]. 成都：西南交通大学出版社，2005.
[9] 谭复兴，高伟君. 城市轨道交通系统概论[M]. 北京：中国水利水电出版社，2007.
[10] 宋雷鸣. 动车组传动与控制[M]. 北京：中国铁道出版社，2007.
[11] 李群湛，连级三，高仕斌. 高速铁路电气化工程[M]. 成都：西南交通大学出版社，2006.
[12] 崔殿国. SS_{J3}型交流传动电力机车[M]. 北京：中国铁道出版社，2008.
[13] 丁荣军，黄济荣. 现代变流技术与电气传动[M]. 北京：科学出版社，2009.
[14] 黄济荣，孙流芳. 电力牵引交流传动与控制[M]. 北京：机械工业出版社，1998.
[15] 谢维达. 电力牵引与控制[M]. 北京：中国铁道出版社，2010.
[16] 张效融. 电力机车总体及走行部[M]. 北京：中国铁道出版社，2008.
[17] 沈本荫. 牵引电机[M]. 北京：中国铁道出版社，2010.
[18] 王成元，夏加宽，孙宜标. 现代电机控制技术[M]. 北京：机械工业出版社，2009.